KB088720

현대 과학의 빅 아이디어

현대 과학의 빅 아이디어

앨리스와 밥이 화염의 벽을 만나다

토머스 린 편집

이덕환 옮김

ALICE AND BOB MEET THE WALL OF FIRE:
The Biggest Ideas in Science from *QUANTA*
edited by Thomas Lin

역자 이덕환(李悳煥)

서울대학교 화학과를 거쳐 미국 코넬 대학교 화학과에서 박사학위 취득. 미국 프린스턴 대학교의 연구원을 거쳐 서강대학교 화학과에서 교수로 재직 중이다. 전공은 비선형 분광학, 양자화학, 과학 커뮤니케이션이다. 저서로는『이덕환의 과학세상』이 있고, 옮긴 책으로는『같기도 하고 아니 같기도 하고』,『거의 모든 것의 역사』,『아인슈타인』,『아인슈타인 일생 최대의 실수』,『거인들의 생각과 힘』,『강아지도 배우는 물리학의 즐거움』,『양자혁명』,『양자-101가지 질문과 답변』외 다수가 있으며, 대한민국 과학문화상(2004), 닮고 싶고 되고 싶은 과학기술인상(2006), 과학기술훈장 웅비장(2008)을 수상했다.

현대 과학의 빅 아이디어 : 앨리스와 밥이 화염의 벽을 만나다

편집 / 토머스 린
역자 / 이덕환
발행처 / 까치글방
발행인 / 박후영
주소 / 서울시 용산구 서빙고로 67, 파크타워 103동 1003호
전화 / 02 · 735 · 8998, 736 · 7768
팩시밀리 / 02 · 723 · 4591
홈페이지 / www.kachibooks.co.kr
전자우편 / kachibooks@gmail.com
등록번호 / 1-528
등록일 / 1977. 8. 5
초판 1쇄 발행일 / 2019. 7. 15
      2쇄 발행일 / 2020. 8. 10

값 / 뒤표지에 쓰여 있음

ISBN 978-89-7291-692-5 93420

이 도서의 국립중앙도서관 출판예정도서목록(CIP)은 서지정보유통지원시스템 홈페이지(http://seoji. nl.go.kr)와 국가자료공동목록시스템(http://www.nl.go.kr/kolisnet)에서 이용하실 수 있습니다. (CIP제어번호 : 2019024496)

"사람들은 세상에서 그 무엇보다도 생각을 무서워한다. 심지어 멸망이나 죽음보다 더 무서워한다. 생각은 체제전복적이고, 혁명적이고, 파괴적이며, 끔찍한 것이다. 생각은 권력이나 제도나 익숙한 관행에 대해서 무자비하다. 생각은 무정부적이고, 무법적이고, 권위를 인정하지 않고, 세대를 통해서 검증된 지혜도 개의치 않는다. 생각은 지옥의 구덩이를 들여다보고도 두려워하지 않는다. 생각은 인간을 깊이를 짐작조차 할 수 없는 정적이 둘러싸인 희미한 흔적으로 여기지만, 우주의 구세주인 양 흔들리지 않을 것처럼 자기 스스로 당당하다. 생각은 위대하고, 신속하고, 자유롭고, 세상의 빛이면서 인류에게 최고의 영광이다."

버트런드 러셀, 『사람들은 왜 싸우는가(Why Men Fight)』

차례

제4부 생명이란 무엇일까?

제5부 우리를 인간으로 만들어준 것은?

제6부 기계가 어떻게 학습할까?

제7부 어떻게 더 많이 알아낼까?

제8부 여기서부터 어디로 갈까?

서문

숀 캐럴

「퀀타(*Quanta*)」는 신의 계시였다.

과학과 언론의 경계에서 형성되는 외교적 관계가 대체로 "경계"에서부터 "지극히 적대적인" 수준에 이르기까지 다양하다는 것을 모든 과학자들은 알고 있다. 명예로운 성과를 추구하는 헌신적인 전문가들로 구성된 두 집단 사이에 자연적인 거부감이 존재한다는 의미가 아니다. 과학자들은 자연 세계에 대한 진리를 발견하려고 노력하고, 자신의 발견을 언론을 통해서 더 많은 사람들에게 알리고 싶어한다. 언론인들은 그런 발견을 매력적이고 정확하게 전달하고 싶어하고, 그것을 더욱 잘 이해하고 소통할 수 있도록 만들기 위해서 노력하는 자신들을 과학자들이 도와줄 것이라고 기대한다. 그러나 각자의 수준과 동기가 다르다. 과학자들은 정확한 표현이라는 핑계로 낯선 전문용어에 집착하고, 자신들의 공로를 정확하게 인정해주는 일에 큰 의미를 부여한다. 그러나 언론인들은 과학자가 아닌 사람들에게 감동을 주는 인간미가 있는 이야기를 좋아하고, 당연히 발견과 관련된 가장 극적인 관점에 매력을 느낀다.

그래서 두 집단 사이에 긴장이 발생한다. 과학자들은 결정(結晶)을 이

11

용해서 빛의 속도를 느리게 만드는 새로운 방법이, 사실은 워프 항법*
이나 시간 여행**을 가능하게 하지는 못할 것이라고 고집하게 된다. 언
론인들은 네 문단 길이의 기사에 연구에 참여한 공동 저자 12명의 이름
이 전부 들어갈 수도 없고, 단열 연화(軟化)***에 대한 구체적인 내용을
설명할 수도 없다는 사실을 조심스럽게 말해주어야만 한다. 결국 과학
자들은 불편한 마음으로 이를 참지만, 네 문단 중 절반이 어느 대학원
학생이 연구실에 데려왔던 강아지의 엉뚱한 익살에 대한 이야기로 채워
진 기사에 경악한다. 그런 것들이 독자의 흥미를 불러일으키는 관점을
위해서 치러야 하는 희생이다.

　「퀀타」는 누구나 곧바로 알아볼 수 있을 정도로 다른 유형의 과학
잡지이다. 「퀀타」는 최신 발견과 추론들을 있는 그대로 소개한다. 과학
소설이 실현될 수 있을 것처럼 과장하지 않는다. 흥미로운 과학을 흥미
로운 과학이 되게 한다. 나는 「퀀타」의 이야기를 읽은 동료들의 눈이
휘둥그레지는 것을 보았다. "오, 맞아. 그 잡지는 흥미롭지. 정말로 과학
에 대해서 진짜 있는 그대로 이야기해줘!"

　「퀀타」는 언론인들에게도 영향을 주었다. 나는 글 쓰는 친구들과 나
누었던 다음과 같은 대화를 기억한다. "나는 「퀀타」가 정말로 무엇을
원하는지 혼란스러워. 나는 실험실의 강아지 이야기가 훨씬 더 좋다고
생각했는데, 그 사람들은 실제로 실험실에서 일어나고 있는 일에 더 신
경을 쓰는 모양이야. 그럴 수가 없는데. 그렇지?"(대화의 구체적인 내용
은 지어낸 것이지만 핵심은 정확하다.)

---

* 「스타 트랙」에서 시공간을 휘어지게 만들어서 빛보다 빨리 움직이도록 해주는 공간
　이동 장치. 이하의 각주는 모두 역주이다.
** 시간의 차원에서 과거나 미래로 이동하는 것으로 1895년 H. G. 웰스의 「타임머신」에
　서 처음 소개되었다.
*** 금속의 열전도율을 감소시켜서 변형 과정에서 발생하는 열에 의한 균열을 방지하는
　기술.

그리고 나는 「퀀타」의 시도가 이 책을 읽는 독자들에게도 영향을 줄 것이라고 예상한다. 이 책에 소개된 글들이 무미건조하거나 인간적인 흥미가 없는 것은 아니다. 오히려 정반대이다. 과학자들도 사람이고, 그들의 희망과 두려움이 이 책을 통해서 생생하게 드러난다. 그러나 언제나 과학이 다른 어떤 것보다도 중요하다. 그리고 「퀀타」는 그것을 잘못된 것이라고 생각하지 않는다.

이것이 바로 그런 과학이다! 나는 나 자신이 편견을 가지고 있다는 사실을 고백한다. 실제로 이 책은 내가 관심을 가지고 있는 도전적이고 추론적인 첨단 물리학을 집중 소개한다. 나는 이런 글들을 읽으면서 이들이 내 사람들이라는 뜨거운 느낌을 받는다.

현대는 기초물리학에 흥미로운 시대이다. 우리는 실험적 검증을 완전히 통과한, 놀라울 정도로 엄밀하고 아름다운 이론을 가지고 있다. 양자역학, 중력에 대한 아인슈타인의 일반상대성이론, 입자물리학의 표준모형(Standard Model)*, 뜨거운 빅뱅 우주론 모델이 그런 이론들이다. 그래서 우리가 행복할 것이라고 생각할 것이다. 그러나 동시에 우리는 그런 이론들이 마지막 이야기가 아니라는 사실도 알고 있다. 그 이론들은 서로 잘 어울리지 않고, 아직 해결하지 못한 핵심적인 의문도 많이 남아 있다. 직접적이고 적용 가능한 실험적 실마리가 없는 상황에서 우리는 어떻게 앞으로 나아갈 수 있을까?

우주론을 연구하는 과학자들은 우리가 다중우주에 살고 있다는 개념에 점점 더 흥미를 느끼고 있다. 다중우주는 생각처럼 철학적이지 않다. 우주론 학자들이 "다중우주"라고 부르는 것은 사실 하나의 우주이지만,

---

* 1960년대에 셸던 글래쇼, 스티븐 와인버그, 압두스 살람이 완성한 이론. 세상의 모든 물질은 6종의 쿼크(quark)와 6종의 경입자(leption)로 구성되고, 전자기력, 강한 상호작용, 약한 상호작용을 매개하는 5종의 보손이 존재한다.

서로 조건이 전혀 다르면서 접근할 수 없는 여러 영역들로 구성되어 있는 것이다. 다중우주는 이것저것을 무작정 모아놓은 기숙사 판타지가 아니다. 그것의 개념은 (여전히 추론적이기는 하지만) 오늘날의 기초물리학에서 가장 유행하는 이론인 인플레이션 우주론(inflation theory)*과 끈 이론(string theory)**으로부터 자연스럽게 등장했다.

독자들은 이 책을 통해서 현대 물리학자들이 극단적인 가능성을 생각하는 이유를 알게 될 것이다. 우주론 학자들이 심심해서 수십억 개의 우주를 상상하기 시작한 것이 아니다. 현재 지구상에 있는 실험실에서 관찰하는 우리 우주의 특징 중에는 우리가 우주의 거대한 앙상블 속에서 살고 있다고 가정해야만 제대로 설명할 수 있는 경우가 있기 때문이다. 더욱이 우리가 직접 다중우주를 관찰할 수 없다는 사실이 생각처럼 확실하지 않을 수 있는 가능성도 인정하게 될 것이다. 어려운 문제에 직면한 연구자들이 황당하게 보이는 해결책을 제시하고, 그런 거창한 아이디어를 확인하기 위해서 지저분한 데이터와 씨름하는 것이 과학의 발전 방식이다.

물론 누구나 그런 상황을 좋아하는 것은 아니다. 연구 현장의 많은 과학자들은 다중우주가 실제 과학적 성과에서 지나치게 벗어나 걷잡을 수 없는 추론의 영역으로 들어가버렸다고 걱정하고 있다. 이 책에는 그런 긴장이 잘 기록되어 있다. "전력 질주하는 물리학의 전투"(인간적 관심!)라는 현수막을 걸어놓은 세계적인 과학자들의 모임을 살펴보기 바란다.

---

* 우주 탄생의 초기에 강한 상호작용의 영향으로 우주가 급격하게 팽창했다는 이론으로 우주론의 평탄성 문제(flatness problem)와 지평선 문제(horizon problem)를 해결해주는 것으로 알려져 있다.

** 일반상대성이론과 양자역학을 통합하려는 양자중력 이론으로 우주의 가장 궁극적인 물질과 그들 사이의 상호작용을 설명해주는 유력한 후보로 알려져 있다.

우주 전체의 구조 이외에 현대 물리학의 또다른 주요 관심사가 바로 시공간(time-space)의 본질이다. 시공간의 문제는 한 세기 전에 규명되었다고 생각할 수도 있다. 아인슈타인의 일반상대성이론에 따르면, 시간과 공간은 동적(動的)인 4차원의 시공간으로 통합되고, 시공간의 휘어짐과 비틀림이 우리에게 중력으로 관찰된다. 몇 세기 전에 아이작 뉴턴에 의해서 정립된 물리학 체계로, 물체들이 분명한 위치와 속도를 가지고 있다는 "고전적" 수준에서는 그런 결론이 사실인 것처럼 보인다. 그러나 오늘날 우리는 세상을 전혀 다르게 설명하는 양자역학에 대해서 알고 있다. 양자역학에 따르면, 관찰 가능한 세상은 시계 장치와 같은 예측 가능성에 따라 앞으로 나가지 않는다. 특정한 상황에서 우리가 알아낼 수 있는 최선의 설명은 실험에서 얻을 수 있는 여러 가지 결과를 관찰하게 될 확률뿐이다.

이런 양자적 설명이 아직도 일반상대성의 휘어진 시공간과 양립하지 않는다는 것이 문제이다. 이는 매우 심각한 문제이다. 그것이 바로 이 책의 주요 주제인 양자 중력(quantum gravity)의 문제이다. 이 책의 부제이기도 한 "앨리스와 밥이 화염의 벽을 만나다"라는 글에서는 방화벽 패러독스(firewall paradox)를 소개한다. 논란을 일으킨 최근의 한 연구에 따르면, 블랙홀로 떨어지는 관찰자는 중력장에 의해서 산산이 부서지는 대신 화염의 벽(Wall of fire)에 의해서 불타버린다는 것이 양자역학에 담겨 있는 의미라고 한다. 이런 불편한 결론은 양자 얽힘(quantum entanglement)*에 의해서 서로 얽혀 있는 입자들이 시공간의 웜홀**과 연결될 수 있다는 주장과 같은 몇 가지의 기이한 해결책으로 이어지기

---

* 양자 시스템의 두 부분이 하나의 파동함수에 의해서 표현되어 서로 얽혀 있는 것처럼 보이는 상태.
** 시공간에서 주위의 모든 물질을 빨아들이는 '블랙홀'과 어떤 물질도 들어갈 수 없는 '화이트홀'을 연결해주는 통로.

도 했다. 실제로 얽힘이 궁극적으로 시공간 자체를 존재하게 만들어줄 수도 있다는 것이다.

얽힘에 관한 모든 이야기들은, 양자 중력이라는 어려운 문제에 도전하겠다고 각오를 다지던 우리가 마음속에 품고 있는 우려를 떠오르게 해준다. 솔직히 말하면, 우리는 중력은 말할 것도 없이 양자역학 자체도 제대로 이해하지 못하고 있다. 우리가 양자역학을 **활용해서** 놀라울 정도로 정밀한 예측을 하고, 입자와 장(場, field)의 동력학에 숨겨져 있는 아름다움을 밝혀내고 있다는 데에는 의문의 여지가 없다. 그러나 어느 물리학자에게 양자역학이 **실제로 무엇**이냐고 물어보면, 그들은 불안해하고 당혹스러워할 것이다. 물론 사람들은 아이디어를 가지고 있고, 여러분은 이 책에서 그런 사람들 중 몇 사람을 만나게 될 것이다. 아마도 그들은 아인슈타인을 비롯한 많은 **사람들**이 오래 전부터 꿈꾸던 것과 같은 숨은 변수(hidden variable)*의 가능성을 찾거나 무(無)에서부터 완벽한 체제를 만들 수 있을 것이다.

어쩌면 양자 이론과 시공간이 서로 어울리게 만드는 비밀은 양자에 대한 이해보다 시간에 대한 이해에 있을 수도 있다. 아마도 시간이 앞으로만 흘러가고 거꾸로 흘러가지 않는다는, 이 평범하게 보이는 사실을 이해하기 위해서 양자 효과가 반드시 필요할 수 있다. 그렇지 않다면 어쩌면 더 극적으로 얽힘이, 시간 자체가 무엇인지를 설명해주는 핵심일 수도 있을 것이다.

이런 이야기에서 '아마도'와 '어쩌면'이라는 표현이 지나친 것으로 보일 수도 있다. 과학은 자연에 대한 확고하게 정립된 진실의 보고(寶庫)라고 여겨지지 않는가?

---

* 양자역학의 수학적 표현에 구체적으로 포함되지 않아서 불확정성 원리와 확률론적 해석이 필요하도록 만들어주는 변수.

궁극적으로는 그렇다. 그러나 그런 목표에 도달하는 과정은 엉망진창이고, 예측 불가능하고, 실패한 시작과 폐기된 가설들로 채워져 있다. 「퀀타」의 목표는 어떤 일도 단순하게 여기지 않는 첨단 과학을 이해하는 것이다. "시간의 물리학에 대한 논쟁"에서는 변증법적 과정이 작동하는 것을 볼 수 있을 것이다. 물리학자와 철학자들이 함께 모여서 아이디어를 교환하고, 때로는 (실제로 "나는 이런 블록 우주에 진절머리가 난다!"고) 서로에게 고함치는 장면(그렇다. 우리는 정말 그렇게 이야기를 한다)을 자세하게 살펴보게 될 것이다.

이 책에 소개되는 과학은 물리학에만 한정되지 않는다. 모든 과학 분야 중에서 물리학이 어려워 보일 수도 있지만 사실은 매우 단순한 것이다. 우리는 흔들리는 진자(振子)나 태양 주위를 공전하는 행성과 같은 기초적인 문제에 대해서는 대체로 정확하게 설명한다. 그리고 우리는 휘어진 시공간, 아(亞)원자 입자들, 우주 자체의 기원과 같은 훨씬 더 어려운 문제로 넘어간다. 쉽게 이해할 수 있는 많은 열매들은 이미 해결했고, 이제 우리에게 남은 문제는 지극히 야심찬 아이디어가 필요한 첨단 연구 과제들이다.

과학에서 남은 부분들은 훨씬 더 엉망진창이고, 당연히 훨씬 더 어렵다. 생물학에서는 지렁이나 박테리아와 같은 기초적인 문제를 선택하더라도, 그들이 어떻게 작동하는지에 대한 정확한 설명에는 조금도 가까이 다가가지 못하고 있다고 말할 수 있다. 물리학에서는 (마찰, 잡음, 공기 저항 등의) 여러 가지 복잡한 요소들을 무시하더라도 상당히 만족스러운 결과를 얻을 수 있다. 그러나 생물학적 복잡성으로 채워진 야생의 털북숭이 세상에서는 모든 조각들이 모두 중요하다.

「퀀타」가 선택한 생물학과 생명에 대한 이야기에서는 몇 가지의 주제들이 등장한다. 그중 하나가 다윈의 자연 선택에 의한 진화론이라는 사실은 놀라운 것이 아니다. 오히려 과학자들이 끊임없이 다듬는 과정에서 진화론의 패러다임이 얼마나 더 풍부해졌는지가 훨씬 더 놀라울 것이다. 물론 다윈 자신은 미생물학이나 DNA에 대해서 알지 못했다. 현대 과학자들은 유전 정보가 세대를 통해서 후손에게 어떻게 전달되는지를 이해하기 위해서 경쟁하고 있다. 그리고 아직도 궁극적인 의미를 충분히 이해하지 못하고 있는 획기적인 발명인 크리스퍼(CRISPR)*라는 도구가 유전 암호(genetic code)의 기본적인 글자를 통해서 DNA를 직접 편집하도록 해줄 것이다. 그러나 이 이야기가 「퀀타」에 소개되는 유전자 편집에 대한 마지막 이야기가 되지는 않을 것이다. 유전자 편집은 의약품 개발을 혁명적으로 변화시킬 것이고, 어쩌면 인간의 존재 의미에 대한 우리의 생각을 완전히 바꿔놓을 수도 있다.

또다른 주제는 생명의 기원과 그 복잡성이다. 우주의 역사라는 더 넓은 범위에서 생각하면 생명이 역설적으로 보인다고 걱정할 수도 있을 것이다. 열역학 제2법칙에 따르면, (무질서나 무작위도의 척도인) 엔트로피는 시간에 따라 증가한다. 그렇다면 생명체와 같이 질서정연하고 무작위적이 아닌 것이 어떻게 존재하게 되었을까? 흥미로운 현대적 해석에 따르면, 생명의 출현은 전혀 역설적인 것이 아니라 오히려 자연적인 결과라고 한다. 어쩌면 생명은 엔트로피의 증가에도 불구하고 등장한 것이 아니라, 오히려 그것 때문에 시작된 것일 수도 있다. 어쨌든 개별적인 생명체는 정교한 질서를 가지고 있을 수 있다. 그러나 생명체는 생존을 위해서 음식물을 소화시켜야 한다는 단순한 사실 때문에 필연적으로 우주의 엔트로피를 증가시키게 된다. 그러나 우리는 여전히 생명이 어떻게 자신이 선택한 특정한 방법을 통해서 복잡하게 진화했는지에

---

* DNA에서 특정한 염기 서열을 찾아 DNA를 절단하는 제한 효소를 이용하여 유전자를 교정하는 기술로 '유전자 가위' 또는 '유전자 편집'이라고 부른다.

대한 자세하고 역사적인 이해를 원한다. 그런 변화는 자연 선택이 우리를 그런 방향으로 이끌어주지 않았더라도 일어날 수 있었을 것이다. 심지어 뉴런과 같은 특정한 구조마저도 한 차례 이상 독립적으로 발생했을 가능성이 있다.

생명의 나무에 달려 있는 모든 나뭇잎들 중에서 많은 사람들이 가장 많은 호기심을 가지고 있는 것이 인류 그 자체이다. 말할 필요도 없이 우리가 오늘날의 우리가 된 과정을 설명하는 데에는 진화가 핵심적인 역할을 한다. 호모 사피엔스는 제우스의 머리에서 탄생한 아테나처럼 느닷없이 완전하게 갖춰진 상태로 나타나지는 않았다. 다양한 환경에서 번성하는 우리의 놀라운 능력은 우리가 선사시대의 선조들로부터 물려받은 유전자의 유산일 수도 있다. 우리를 정말 유별나게 만들어준 것은 물론 300만 년 전에 시작된 "뇌 팽창(Brain Boom)"이었다. 인간 뇌의 크기가 조상과 비교해서 거의 4배나 커지기 시작했다.

뇌가 어떻게 작동하는지를 이해하기 위한 탐구는 앞으로 몇 세대의 과학자들을 바쁘게 만들 과제일 것이 분명하다. 한 단계는 우리 마음의 다양한 능력이 어린 시절의 양육 과정에서 어떻게 길러지는지를 이해하는 것이다. 그런 일은 매우 빠르게 진행된다. 신생아의 뇌는 출생 후 6개월 이내에 성인과 똑같은 기본 조직을 갖추게 된다. 물론 뇌가 훌륭하게 조립된다고 해서 완벽하게 합리적인 기계가 되는 것은 아니다. 만약 피자 한 조각이나 아이스크림 한 숟가락을 뿌리치지 못하는 것에 대해서 죄책감을 느낀다면, 그런 유혹은 뇌가 더 중요한 과업을 위해서 에너지를 아끼려는 단순한 신경학적 최적화 전략일 뿐이라는 사실을 위안으로 삼아야 할 것이다. 홀로 있고 싶어하는 성향처럼 근본적으로 인간적인 문제에 대해서도, 그런 성향이 우리의 사회적 협동심을 고취시키기 위한 일종의 동기부여라는 과학적인 설명이 가능하다.

뇌는 우리가 생각에 사용하는 것이기 때문에 중요하다. 우리가 그렇게 중요하게 여기는 "생각"이라는 것이 과연 무엇일까? 몇 년 동안 과학자와 철학자들은 인간의 생각과 비슷한 일이 컴퓨터와 같은 기계 장치에서도 일어날 수 있을 것이라고 추론해왔다. 우리는 그런 예측을 시험해보는 첫 세대가 될 수도 있을 것이다. 몇몇 분야에서는 인상적인 성과를 거두었다. 미시적인 원자 스위치로 구성된 "뇌" 모델이 새로운 사실을 학습할 수 있고, 인공 에이전트(artificial agent)가 호기심이라고 할 수 있는 특성을 보여주기도 한다. 오늘날 컴퓨터는 세계에서 가장 뛰어난 체스 선수를 가볍게 이겨내고, 더 최근에는 훨씬 더 복잡한 바둑 경기에서 승리하면서 이제는 "직관(intuition)"이라고 부를 수 있는 것의 개발 가능성도 확인되었다. 인공 뉴런으로 구성된 네트워크가 높은 수준의 개념을 인식하고 조작할 수 있도록 스스로 학습하게 만들어주는 "딥 러닝(deep learning)"의 출현에 대해서 흥분하는 사람도 많다. 초기의 성공에도 불구하고, 그런 네트워크가 스스로 훈련을 하고 나면, 네트워크를 만든 사람들조차 그런 일이 실제로 어떻게 가능해졌는지를 이해하지 못하게 될 것이라는 우려가 남아 있다. 그래서 최종적으로 딥 러닝의 이론을 구축하는 연구도 필요하다.

이 책에 실린 글의 범위와 깊이를 살펴보면, 독자들은 과학과 과학 저널리즘의 미래를 포함한 미래에 대해서 낙관적으로 느낄 수밖에 없게 될 것이다.

어떤 경우에도 그런 낙관론이 순수하거나 오염되지 않을 수는 없다. 과학의 측면에서 우리는 언제나 실험에서 기대하고 있던 답을 찾지 못하는 경우에 대비해야만 한다. 실제로 최근에 입자물리학에서 그런 일이 있었다. 2012년 힉스 보손을 발견한 이후 더 이상 발견할 새로운 입자가 없게 되었다는 사실 때문에 물리학자들은 머리를 긁적이면서, 우리가 자연에 대해서 생각해왔던 방법에 근본적인 실수가 있었던 것이 아닌지를 의심하게 되었다. 그러나 실망이 생길 때마다 몇 배의 성공 가능성이 있는 법이다. 우리에게 영감을 주는 블랙홀과 중성자 별에서 방출되는 중력파(gravitational wave)의 검출은 앞으로 상당 기간 동안 천체물리학에 에너지를 불어넣어줄 것으로 보이는 혁명을 불러일으켰다. 현재 과학 발전의 속도가 아무리 실망스럽더라도 우리는 우리를 행복하게 만들어주는 것이 우주의 책무가 아니라는 사실을 기억해야만 한다. 오히려 우주의 비밀을 밝혀내기 위해서 최선을 다하는 것이 우리의 책무이다.

동시에 과학 저널리즘은 전통적인 언론 보도의 일반적인 쇠퇴로 어려움을 겪고 있다. 신문과 잡지에서 많은 일자리들이 사라졌다. 그러나 매우 다양한 매체들이 새로 등장하면서 생태계가 확장되고 있다는 데에서 희망을 찾아야 한다. 여기에서도 「퀀타」는 다른 언론이 관심을 가져야 할 과학 저술의 가장 뛰어난 본보기가 되고 있다.

어떤 의미에서 이런 이야기들은 역사에서 순간적으로 정지된 단면들이다. 첨단에 대해서 중요한 사실은 그것이 끊임없이 변화한다는 것이다. 여기서 살펴보는 과학적 아이디어들 중에는 서서히 사라지거나 극적으로 퇴출되는 것도 있을 것이고, 우주에 대한 우리 생각의 중심에 서게 될 것도 있을 것이다. 그러나 과학을 진지하게 받아들이고, 어려운 개념과 씨름하면서 그런 개념을 솔직하고 분명한 언어로 설명함으로써 과학과의 소통을 추구한다는 이상(理想)이 바로 여기에 있다.

서론

「퀀타 매거진」 편집장 **토머스 린**

과학이나 수학의 훌륭한 이야기들을 이기는 것은 쉽지 않다.

2012년 7월 4일의 일을 생각해보자. 그날 아침 스위스의 제네바 근처에 있는, 세계에서 가장 큰 물리학 실험장비인 대형강입자충돌기(LHC)*의 과학자들이 일생에서 가장 중요한 발표를 했다. 설계와 건설에 20년 이상 걸렸던 LHC가 2008년에 가동을 시작했지만, 계속되는 기계의 오작동으로 사기가 떨어졌던 그들이 마침내 힉스 보손(Higgs boson)을 발견한 것이다. 힉스 보손이라는 입자가 없었더라면 우리가 알고 있는 생명과 우주는 출현하지 못했을 것이다. 1960년대에 힉스 입자의 존재를 예측하는 이론적 기반을 마련했던 피터 W. 힉스와 프랑수아 앙글레르는 바로 그 다음 해인 2013년에 노벨 물리학상을 받았다.

이듬해에는 힉스 발견에 기여한 과학자 수천 명의 꿈과 희망을 기록한 영화 「입자 열병(Particle Fever)」**이 제작되었다. 내가 가장 좋아하

---

* 유럽핵연구센터(CERN)가 100개국의 협력으로 1998년부터 건설한 대형 입자 가속기. 2008년에 완공되었고, 2012년 힉스 보손의 존재를 확인하는 성과를 거두었다.

** 2008년부터 2012년에 힉스 보손을 발견할 때까지 LHC의 활동을 기록한 다큐멘터리. 이 작품을 제작한 마크 레빈슨과 데이비드 카플란은 미국과학원 등으로부터 소통상을 수상했다.

는 장면은, 2008년에 이론학자 데이비드 카플란이 강연장을 가득 메운 청중에게 실험학자 모니카 던포드가 "5층 규모의 스위스제 시계"라고 부르기도 했던 LHC를 지은 이유에 대해서 설명하는 모습이었다. 카플란의 강연에 감동을 받지 못한 어느 경제학자가 수십억 달러를 들인 실험에서 얻을 수 있는 것이 무엇인지를 물었다. "경제적 보상은 무엇입니까? 모든 것을 어떻게 정당화시킬 것입니까?"

카플란이 무뚝뚝하게 대답했다. "모르겠습니다." 그는 언제나 그런 질문을 받았던 것이 틀림이 없었다. 그는 기초과학에서의 위대한 돌파구는 "사람들이 '경제적 성과가 무엇이냐?'고 묻지 않는 수준에서 이룩됩니다. 사람들은 '우리가 알지 못하는 것이 무엇이고, 어디에서 발전을 이룩할 수 있는가?'를 묻습니다"라고 차분하게 설명했다. 가장 순수한 형식의 과학과 수학은 실용적인 응용기술을 개발하거나 이윤을 창출하기 위한 것이 아니다. 세월이 흐른 후, 그것도 많은 세월이 흐르고 나서야 그런 성과가 얻어지는 경우도 있다. 과학과 수학은 과거에 알지 못했던 것을 알아내기 위한 것이다.

"그렇다면 LHC는 무엇을 위한 것일까요?" 카플란은 결정적인 발언을 위해서 거꾸로 경제학자에게 물었다. "그것은 단순히 모든 것을 이해하려는 것 이외에는 아무것도 아닐 수 있습니다."

공교롭게도 이 책은, 모든 것을 이해하기 위한 노력에 대한 이야기에서 「입자 열병」이 들려주지 못하고 남겨두었던 부분에서부터 시작한다. 유명한 이론물리학자 니마 아르카니-하메드는 기초물리학에서의 그런 노력을 "원칙적으로 다른 모든 것을 설명해주는 가장 적은 수의 기본 원리들을 가장 단순한 방법으로 이해하려는 것"이라고 설명했다. 그 입장에서는 가설과 근사와 수정이 적을수록 진리에 더욱 가까워지게 된다. 힉스 보손은 발견되었고, 입자물리학의 표준 모형도 완성되었다. 문제는 표준 모형을 넘어서는 입자들이 존재하지 않는다면 우주를 이해할 수 없다는 것이다. 그렇다면 우주를 어떻게 이해할 수 있을까?

우리는, 이 책 『현대 과학의 빅 아이디어』와 이 책의 시리즈인 『현대 수학의 빅 아이디어』에서 인간 지식의 한계를 시험하고 있는 가장 위대한 과학자와 수학자들을 만나게 될 것이다. 이 두 권에 소개된 글들은 지난 5년 남짓한 기간에 진행되었던, 우주의 신비를 풀고 자연의 보편적 언어를 밝혀내기 위한 노력에 관한 이야기이다. 우주의 기원과 기본 법칙, 우주에 담겨 있는 크고 작은 이야기, 우주에 살고 있는 매우 복잡한 생명체 등에 대한 글에는 거대 담론을 관통하고, 우리의 물리적, 생물학적, 논리적 세계의 이해에 필요한 여러 가지 훌륭한 아이디어들과 이론들이 담겨져 있다. 우리는 또한 논란이 되고 있는 중요한 이슈들과 더 이상의 발전을 가로막는 장애 요인들도 살펴보게 될 것이다.

「퀀타 매거진」에서 이 책에 실을 글들을 선정하고 편집한 나는 단순히 인기가 높았던 글을 모아놓은 평범한 '선집'의 형식을 극복하기 위해서 노력했다. 나는 아드레날린을 분비시켜주는 지적 여행을 통해서 독자들에게 지식에 대한 인간의 영원한 탐구라는 서사적 로켓에 단단하게 연결된 최첨단 발견을 소개하고 싶었다. 그러나 그런 여행이 실제로 어떤 모습이어야 할까? 그런 논픽션 모험은 소수의 핵심, 우리 우주가 "자연적"인지의 여부, 시간과 무한의 본질, 우리의 기묘한 양자 실재(實在), 시공간이 근원적인 것인지 아니면 창발적인 것인지, 블랙홀의 내부와 외부, 생명의 기원과 진화, 우리를 인간으로 만들어주는 것, 계산의 한계에 대한 기대, 과학과 사회에서 수학의 역할, 그리고 이 모든 의문의 최종 목표 등에 대한 핵심 문제를 살펴보는 것이 되었다. 이 책에 수록된 글은 첨단 연구가 이루어지는 과정, 특히 이론, 실험, 수학적 직관 사이의 생산적인 긴장이 승리, 실패, 무위(無爲)에 이르는 길을 열어주는 과정을 보여준다.

"퀀타(Quanta)"는 무엇일까? 알베르트 아인슈타인은 광자(photon)를 "빛의 양자(quanta)"라고 불렀다. 「퀀타 매거진」은 대중의 눈길이 닿지 않는 곳에서 가장 도발적이고 근본적인 아이디어들이 탄생하고 있는 과학과 수학의 어두운 구석을 밝혀보려고 노력한다. 누군가가 그것을 애써 감추려고 노력하고 있다는 뜻이 아니다. 그런 연구들은 흔히 일반인의 평범한 시야에서 벗어난 지극히 기술적인 학술회의와 워크숍, 논문을 올려놓는 아카이브(arXiv.org)*나 통찰력 있는 학술지에서 소개된다. 관련 분야의 전문가들도 그런 이야기들을 쉽게 이해하지 못한다. 일반 언론에서 힉스 수준의 발견들만 소개하는 것은 조금도 놀랄 일이 아니다.

「퀀타」의 이야기는 2012년 힉스가 발표되고 몇 주일 후부터 시작되었다. 2008년의 세계 금융위기와 인쇄 광고 감소의 여파에서 벗어나지 못하고 있던 언론계의 현실에도 불구하고 나는 과학 잡지를 창간하겠다는 그리 똑똑하지 못한 아이디어를 품고 있었다. 내가 꿈꾼 잡지는 「뉴욕 타임스」나 「뉴요커」처럼 최고의 편집 수준을 고집하면서도 내용은 기존의 언론과 전혀 다른 것이었다. 무엇보다도 독자들이 실제로 유용하다고 생각하는 것은 소개하지 않을 생각이었다. 건강이나 의학 뉴스나 최신 기술적 돌파구에 대한 화려한 소개도 하지 않을 것이었다. 어떤 음식과 비타민을 섭취하거나 피해야 하고, 매일 어떤 운동을 해야 하고, 어떤 제품을 꼭 구매해야 한다고 권하지도 않을 것이었다. 사회 기반시설이 부서지고 있다거나, 경이로운 공학적 성과에 대한 이야기도 없을

---

* 수학, 물리학, 천문학, 컴퓨터 과학, 정량 생물학, 통계학 등의 다양한 과학 분야의 게재 승인을 받은 논문의 원고를 찾아볼 수 있도록 해주는 인터넷 사이트. 1991년에 처음 개설되었고, 현재 매달 1만 편 이상의 원고가 업로드되고 있다.

것이었다. 심지어 나사(NASA)의 최신 미션, 태양계 바깥의 행성 발견, 스페이스 X*의 로켓 발사에 대한 소식도 싣지 않을 것이었다. 물론 그런 내용을 담은 기사에 문제가 있는 것은 아니다. 사실을 신중하게 확인해서 정확하고 잘 쓴 기사는 "독자에게 유용한 뉴스"가 된다. 그러나 나는 다른 아이디어를 가지고 있었다. 나는 우리에게 스스로의 작은 세상에서 벗어나는 데에 필요한 탈출 속도를 가지도록 도와주는 것 이외에는, LHC가 쓸모없는 것과 똑같은 이유로 쓸모없는 과학 잡지를 만들고 싶었다. 그렇게 쓸모없는 잡지가 바로 「퀀타」가 되었다.

나와 내 동료들은 독자들을 다르게 대한다. 우리는 독자들에게 핵심 개념이나 새로운 아이디어가 만들어지는 과정을 그대로 보여준다. 사실 말도 안 될 정도로 어려운 과학이나 수학 문제와 개인이나 공동 연구가 발전을 이룩하는 방식이 바로 「퀀타」의 서사를 이끌어주는 갈등과 해결의 역할을 하는 것이다. 우리는 가능하면 낯선 전문용어를 사용하려고 하지 않겠지만, 독자들을 과학 그 자체로부터 차단시키지는 않을 것이다. 독자들이 과학적 배경을 가지고 있는지에 상관없이 우리는 독자들이 더욱 많은 것을 알고 싶어할 정도의 지적 호기심을 가지고 있다고 믿는다. 그래서 독자들에게 더욱 많은 것을 제공하려고 한다.

잡지와 마찬가지로, 이 책도 자연이 어떻게 작동하고, 우주가 무엇으로 만들어지고, 생명이 어떻게 시작되어서 지금처럼 무한히 다양한 형태로 진화했는지를 알고 싶어하는 모든 사람들을 위한 것이다. 이 책은 가장 위대한 수학적 수수께끼를 해결하는 현장을 앞자리에서 지켜보고 싶어하고, 우리의 수학적 우주의 팽창을 직접 지켜보는 것을 즐겁게 생각하는 호기심을 가진 독자들을 위한 것이다.

---

* 2002년에 엘론 머스크가 창립한 우주 개발 기업.

쉘 실버슈타인의 유명한 시를 개역해서 소개한다. (고인이 된 실버슈타인에게는 진심으로 양해를 구한다.)

당신이 몽상가라면, 들어오세요,

당신이 몽상가이고, 사상가이고, 호기심에 찬 사람이라면,

이론가이고, 실험가이고, 수학자라면……

당신이 수선공이라면, 어서 들어와서 나의 비커를 채워주세요

우리가 가지고 있는 환상적인 수수께끼를 살펴보세요.

들어오세요!

들어오세요!

제 1 부

우리의 우주는 왜 이해할 수 없을까?

자연은 비자연적일까?

내털리 볼초버

2013년 4월 말의 어느 흐린 날 오후, 컬럼비아 대학교의 강연장에 물리학과 교수들과 학생들이 모여들었다. 멀지 않은 뉴저지 주 프린스턴에 있는 고등연구소(IAS)의 유명한 이론물리학자인 니마 아르카니-하메드가 강연을 위해서 방문했기 때문이었다. 어깨까지 기른 검은색의 머리를 귀 뒤로 넘긴 아르카니-하메드는 최근 유럽의 대형강입자충돌기(LHC)의 실험 결과에 대한 이중적이고 서로 모순인 것처럼 보이는 두 가지 해석을 제시했다.

"우주는 필연이다." 그가 선언했다. "우주는 불가능하다."

2012년 7월 힉스 보손의 화려한 발견은, 소립자들이 질량을 가지게 되어 은하나 인간과 같은 거대한 구조를 형성할 수 있도록 해주는 이유를 설명하는, 거의 50년이나 된 이론을 확인시켜주었다. "대체로 우리가 예상했던 곳에서 그것을 발견했다는 사실은 실험의 승리이고, 이론의 승리이고, 물리학이 작동한다는 증거이다." 아르카니-하메드가 청중에게 말했다.

그러나 힉스 보손이 반드시 가지고 있어야만 하는 질량(또는 그에 상응하는 에너지)을 이해하려면, LHC에서 수많은 다른 입자들도 함께 발견되어야만 했다. 그런데 아무것도 발견되지 않았다.

오직 한 종류의 입자만 발견됨으로써, LHC 실험은 수십 년 동안 고민 거리였던 물리학의 심오한 문제를 더욱 어렵게 만들어버렸다. 현대의 방정식들은 실재를 놀라울 정도로 정확하게 설명해주고, 자연의 여러 상수들의 값과 힉스와 같은 입자들의 존재를 정확하게 예측해주는 것처럼 보인다. 그러나 힉스 보손의 질량을 비롯한 몇 가지 상수들은 신뢰할 수 있는 법칙들의 예측과 완전히 달랐다. 우주가 설명할 수 없을 정도의 미세 조정과 상쇄(相殺)에 의해서 만들어지지 않았다면, 어떤 생명의 가능성도 배제할 수밖에 없을 것처럼 보인다.

자연 법칙이 장엄할 정도로 아름답고, 필연적이고, 자립적이어야 한다는 알베르트 아인슈타인의 "자연성(naturalness)"에 대한 꿈이 위기에 처하게 되었다. 그런 꿈이 사라진다면, 물리학자들은 자연 법칙들이 그저 공간과 시간의 구조에서 나타나는 무작위적인 요동(搖動)에 의한 임의적이고 지저분한 결과로 전락해버린다는 냉혹한 전망에 직면하게 된다.

아르카니-하메드를 비롯한 최고의 물리학자들은 논문과 강연과 인터뷰를 통해서, 어쩌면 우주가 비자연적(unnatural)일 수도 있다는 가능성과 맞서고 있었다. (그러나 그것을 증명하기 위해서 무엇을 해야 하는지에 대해서는 상당한 의견 차이가 있다.)

"나도 10년이나 20년 전에는 자연성의 확고한 신봉자였다." 아인슈타인이 1933년부터 1955년에 사망할 때까지 강의를 했던 고등연구소의 이론물리학자로 있는 네이선 사이버그가 말했다. "그런데 지금은 잘 모르겠다. 여전히 우리가 지금까지 생각하지 못했던 무엇, 즉 그런 모든 것을 설명해줄 수 있는 다른 메커니즘이 있다는 것이 나의 희망이다. 그러나 나는 그것이 도대체 무엇인지를 모르겠다."

만약 우주가 생명이 존재할 수 있도록 해주는 지극히 가능성이 낮은 기본 상수들을 가진 비자연적인 곳이라면, 우리의 불가능한 현실이 실현되기 위해서는 엄청나게 많은 수의 우주들이 존재해야 한다는 것이 물리학자들의 추론이다. 그렇지 않다면, 왜 우리가 그렇게 운이 좋아야만 할까? 비자연성은 우리 우주가 무한히 많으면서도 접근이 불가능한 수많은 거품들 중 하나에 불과하다는 다중우주 가설(multiverse hypothesis)에 큰 도움이 될 것이다. 잘 알려져 있기는 하지만 논란이 많은 체계인 끈 이론에 따르면, 다중우주에서 거품으로 등장할 수 있는 우주들의 가능한 형식은 대략 10^{500}개에 이른다. 그들 중 몇 개에서는 우연한 상쇄에 의해서 우리가 관찰하는 이상한 상수들이 만들어질 수 있다는 것이다.

그런 관점에서는, 이 우주의 모든 것들이 필연적이어야 할 이유가 없기 때문에 우주는 예측 불가능하게 된다. "개인적으로 나는 다중우주 해석이 옳지 않기를 바란다. 그것이 물리학 법칙을 이해하는 우리의 능력을 제한할 가능성이 있기 때문이다. 그러나 우리 중 어느 누구도 우주가 생성될 때에 조언을 해달라는 요청을 받은 적이 없다." 고등연구소의 끈 이론학자인 에드워드 위튼이 이메일에서 말했다.

"그것을 싫어하는 사람들도 있다." 캘리포니아 대학교 버클리의 물리학자인 라파엘 부소가 말했다. "그러나 나는 우리가 감정적 근거로 그것을 분석할 수 있다고 생각하지는 않는다. 그것은 LHC에 자연성이 존재하지 않는 경우에 더욱 선호하게 될 논리적 가능성이다."

우리가 지나치게 복잡하지만 독립적으로 존재하는 우주에 살고 있는지, 아니면 다중우주의 이례적인 거품에 살고 있는지의 두 가지 가능성을 가려내는 데에는 LHC에서 앞으로 무엇이 발견될지 아니면 발견이 되지 않을지가 결정적인 근거가 될 가능성이 크다. "LHC 덕분에 지금부터 5년이나 10년 후의 우리는 훨씬 더 똑똑해져 있을 것이다." 사이버그가 말했다. "흥미로운 일이다. 그런 사실이 곧 밝혀질 것이다."

우주적 우연의 일치

언젠가 아인슈타인은 과학자에게 "종교적인 느낌은 자연 법칙의 조화에 대한 황홀한 경이로움으로 인식되고, 그런 느낌이 그 사람의 인생과 일의 지도 원리가 된다"라고 적었다. 실제로 20세기에는, 자연의 법칙이 조화롭다는 "자연성"에 대한 뿌리 깊은 믿음이 진리를 밝혀내는 신뢰할 수 있는 지침이라는 사실이 입증되었다.

"자연성은 뛰어난 실적을 가지고 있다"라고 아르카니-하메드가 말했다. 실제로 자연성은 (입자의 질량이나 우주의 여러 가지 고정된 성질과 같은) 물리적 상수들이 가능성이 낮은 상쇄가 아니라 물리학 법칙으로부터 직접 나타나기 위한 필요조건이다. 물리학자들은, 어떤 상수의 초기 값이 다른 효과들을 마술적으로 상쇄하도록 미세 조정된 것처럼 보이는 경우에는, 언제나 반복적으로 자신들이 무엇을 놓치고 있다고 의심했다. 자신들이 놓쳤다고 생각한 것을 찾아나선 그들은 언제나 미세 조정에 의한 상쇄의 가능성을 배제시키고, 상수를 질료적(質料的)으로 조정해주는 어떤 입자나 특징을 발견했다.

그런데 이번에는 우주의 자기 치유 능력이 작동하지 않는 것처럼 보인다. 힉스 보손은 126GeV(기가전자볼트)의 질량을 가지고 있지만, 알려진 다른 입자들과의 상호작용 때문에 그 질량은 약 10,000,000,000, 000,000,000기가전자볼트만큼 더 늘어나야만 한다. 그것은 다른 입자들의 영향이 미치지 않는 출발 값인 힉스의 "맨 질량(bare mass)"이 우연히도 천문학적으로 큰 음(陰)의 값이어서 결과적으로 거의 완벽하게 상쇄된 후에 126GeV라는 힉스의 흔적만 남게 되었다는 뜻이다.

물리학자들은 3세대에 걸친 입자 가속기를 이용해서 새로운 입자들을 찾으려고 노력해왔다. 힉스의 질량을 알려진 입자들에 의해서 늘어난 질량만큼 정확하게 줄여주는 초대칭(supersymmetry)이라는 이론이 그런 노력의 근거였다. 그러나 지금까지는 아무런 소득이 없었다.

현 시점에서는 LHC에서 새로운 입자들이 발견된다고 하더라도, 그런 입자들이 힉스 질량에 적절한 영향을 주기에 너무 무거울 가능성이 거의 확실해 보인다. 물리학자들은 이런 상황이 자연적이고 독립적인 우주에서도 용납되는지에 대해서 합의를 하지 못하고 있다. "약간의 미세 조정으로 어쩌면 그런 일이 일어날 수도 있을 것이다." 하버드 대학교의 리사 랜들 교수가 말했다. 그러나 아르카니-하메드의 의견은 다르다. "약간의 미세 조정은 약간 임신되었다고 말하는 것처럼 비현실적이다. 그런 것은 존재하지 않는다."

만약 새로운 입자들이 나타나지 않고 힉스가 천문학적으로 미세 조정된 상태로 남아 있게 된다면, 다중우주 가설이 다시 주목을 받게 될 것이다. "그것이 옳다는 뜻은 아니지만, 그것이 현재 고려할 수 있는 유일한 대안이라는 뜻이다." 오래 전부터 다중우주 이론을 지지해왔던 부소의 주장이다.

일리노이 주 바타비아에 있는 국립 페르미 가속기 연구소의 조 리켄과 이탈리아 피사 대학교의 알레산드로 스트루미아를 비롯한 몇몇 물리학자들은 세 번째 가능성을 제시했다. 그들의 주장에 따르면, 지금까지는 물리학자들이 힉스의 질량에 미치는 다른 입자들의 영향을 잘못 추정해왔고, 다른 방법으로 계산하면 힉스의 질량이 자연스러운 것으로 보이게 된다고 한다. 암흑물질의 알려지지 않은 구성요소들을 비롯한 입자들을 계산에 추가하면, "수정 자연성(modified naturalness)"은 더 이상 성립하지 않게 되지만, 똑같은 비전통적인 경로로부터 다른 아이디어를 얻을 수도 있다.[1] 뉴욕 주 롱아일랜드에 있는 국립 브룩헤이븐 연구소에서 2013년에 개최되었던 강연에서 "나는 그런 가능성을 공개적으로

지지하지는 않지만, 그 결과에 대해서 논의하고 싶다"라고 스트루미아가 말했다.

그러나 수정 자연성 이론은 우주가 빅뱅 직후 스스로의 에너지 덕분에 순간적으로 소멸되지 않았다는 물리학의 훨씬 더 큰 자연성 문제를 해결해주지는 못한다.

암흑 딜레마

진공 상태의 공간에 축적된 (진공 에너지, 암흑 에너지, 또는 우주 상수로 알려진) 에너지는, 자기 파괴적이기는 하지만 자연적인 것으로 계산되는 값보다 조(兆)의 10제곱 배나 더 작다. 이렇게 엄청난 불일치를 자연적으로 바로잡아줄 수 있는 것에 대한 이론은 어디에도 존재하지 않는다. 그러나 우주가 급격하게 폭발하거나 한 점으로 수축되는 것을 막으려면, 우주 상수가 놀라울 정도로 미세 조정되어야만 한다. 생명이 기회를 가지기 위해서도 미세 조정이 반드시 필요하다.

지난 수십 년 동안 우주론 학계에서는 이렇게 고약한 행운을 설명하기 위한 방법으로 다중우주 아이디어가 대세로 자리를 잡아왔다. 노벨상을 받은 물리학자로 현재 오스틴에 있는 텍사스 대학교의 교수인 스티븐 와인버그가 1987년에 우리 우주의 우주 상수가 다중우주 시나리오에서도 예상된다는 계산 결과를 발표하면서 다중우주 이론에 대한 신뢰도가 더 높아졌다.[2] 생명이 존재할 수 있는 가능한 우주들 중에서 우리가 직접 관찰하고 고려할 수 있는 유일한 우주인 우리 우주는 미세 조정이 가장 덜 된 것에 속한다. "만약 우주 상수가 관찰된 값보다 예를 들어 10배 정도 더 컸더라면, 우리 우주에는 어떤 은하도 존재하지 못했을 것이다." 터프츠 대학교의 우주론 학자이고 다중우주 이론가인 알렉산

더 빌렌킨이 말했다. "그런 우주에서 생명이 존재할 수 있을 것이라고 상상하기는 어렵다."

대부분의 입자물리학자들은 우주 상수 문제에 대해서 더욱 확실하게 검증할 수 있는 설명을 찾고 싶어한다. 지금까지는 그런 설명이 없었다. 이제 물리학자들은 힉스의 비자연성 때문에 우주 상수의 비자연성이 훨씬 더 심각한 문제가 되어버렸다고 말한다. 아르카니-하메드는 이런 이슈들이 서로 연관되어 있을 것이라고 생각한다. "우리는 우리 우주에 대한 근본적으로 특이한 사실을 이해하지 못하고 있다. 그것은 거대하고, 그 속에 거대한 것들이 담겨져 있다." 그가 말했다.

2000년부터 다중우주는 단순히 편리한 주장 이상의 것이 되었다. 부소와 캘리포니아 대학교 산타 바버라의 이론물리학 교수인 조지프 폴친스키가 평행 우주들의 파노라마를 만들어줄 수 있는 메커니즘을 찾아냈기 때문이다. 입자들을 보이지 않을 정도로 작으면서 진동하는 끈으로 간주하는 가설적 "만물의 이론"인 끈 이론에서는 10차원의 공간을 가정한다. 인간의 규모에서 우리는 단순히 3차원의 공간과 1차원의 시간을 경험하지만, 끈 이론학자들은 우리의 4차원 실재의 구조에 존재하는 모든 점에는 추가적인 6차원의 구조가 단단하게 짜여 있다고 주장한다. 계산을 통해서 추가적인 6차원들이 짜여지는 서로 다른 방법이 대략 10^{500}가지나 되기 때문에 가능한 우주의 종류는 상상할 수 없을 정도로 거대하고 다양하다고 부소와 폴친스키는 주장한다.[3] 다시 말해서, 자연성은 반드시 필요한 것이 아니다. 유일하고, 필연적이고, 완전한 우주는 존재하지 않는다.

"나에게 그것은 분명한 깨달음의 순간이었다." 부소가 말했다. 그러나 그들의 논문은 격론을 불러일으켰다.

"입자물리학자들, 특히 끈 이론학자들은 자연의 모든 상수들을 고유하게 예측하는 그런 꿈을 가지고 있었다." 부소가 설명했다. "모든 것이 오직 수학과 π와 2[또는 다른 단순한 상수들]에서 나와야만 한다고 믿었다. 그런데 우리가 등장해서 '보아라. 그렇게 되지 않을 것이고, 그렇지 않을 이유가 있다. 우리가 지금까지 이것을 완전히 잘못된 방법으로 생각해왔다'고 말한 것이다."

다중우주에서의 생명

부소-폴친스키의 다중우주 시나리오에서 빅뱅은 요동이다. 실재의 구조에서 한 땀을 구성하는 조밀한 6차원의 매듭이 갑자기 모양이 바뀌면서 에너지를 방출하면, 공간과 시간에서 하나의 거품이 형성된다. 요동 과정에서 방출되는 에너지의 양을 비롯한 새로운 우주의 성질들은 모두 확률에 의해서 결정된다. 그런 식으로 갑자기 존재하게 되는 우주들은 거의 대부분 진공 에너지로 가득 채워지게 된다. 그런 우주들은 너무 빠르게 팽창하거나 수축하기 때문에, 그 속에서 생명이 등장할 수는 없다. 그러나 불가능한 것처럼 보이는 상쇄에 의해서 우주 상수가 지극히 작아지는 비전형적인 우주는 우리 우주와 매우 비슷해질 것이다.

2013년 물리학 원고 웹사이트인 arXiv.org에 올려놓은 논문에서, 부소와 그의 버클리 동료인 로런스 홀은 다중우주 시나리오로 힉스의 질량을 설명할 수 있다고 주장했다.[4] 그들은 (암흑물질과 비교해서) 충분히 많은 양의 가시적 물질을 가지고 있어서 생명이 존재할 수 있는 거품 우주들이 대부분 LHC의 에너지 영역을 넘어서는 초대칭적 입자들과 미세 조정된 힉스 보손을 가지고 있다는 사실을 발견했다. 1997년에 다른 물리학자들도 역시 만약 힉스 보손이 알려진 것보다 5배 정도 더 무겁다면, 수소 이외의 원자의 형성이 억제되어서 전혀 다른 방법으로 무생명

적 우주가 만들어질 수 있다는 사실을 보여주었다.[5]

성공적으로 보이는 이런 설명에도 불구하고, 많은 물리학자들은 다중 우주 세계관으로부터 얻을 것이 거의 없다고 걱정한다. 평행 우주들은 검증해볼 수가 없고, 더욱이 비자연적인 우주는 이해가 불가능하다. "자연성을 포기하면 새로운 물리학을 탐구할 동기를 잃어버리게 된다."고 등연구소의 물리학자 크피르 브럼이 2013년에 말했다. "우리는 그것이 존재한다는 것을 알고 있지만, 우리가 그것을 반드시 찾아야만 한다는 확실한 근거가 없다." 그런 주장이 계속해서 공감을 얻고 있다. "나는 우주가 자연적이기를 바란다." 랜들이 말했다.

그러나 이론은 물리학자들의 마음에 드는 방향으로 발전할 수 있다. 10여 년 동안 다중우주에 익숙해진 아르카니-하메드는, 이제 다중우주가 단순히 가능할 뿐만 아니라 우리 세상의 방식들을 이해하는 실용적인 길이라고 생각하게 되었다. "내 입장에서 훌륭한 점은, 근본적으로 LHC에서 얻은 어떤 결과라도 우리를 이렇게 다양한 경로들 중 하나를 따라 서로 다른 정도의 힘으로 이끌어줄 수 있다는 점이다." 그가 말했다. "이런 종류의 선택은 정말, 정말 중요한 것이다."

자연성은 다시 복구될 수 있을 것이다. 그렇지 않다면 그것은 이상하지만 편안한 다중우주의 세계에서 잘못된 희망일 수도 있을 것이다.

아르카니-하메드가 컬럼비아 대학교의 청중에게 말했듯이, "지켜보자."

앨리스와 밥이 화염의 벽을 만나다

제니퍼 오울렛

양자역학의 다양한 사고실험들에서 단골로 등장하는 인물인 앨리스와 밥이 이번에는 교차로에 서 있다. 모험심이 강하고, 무모하기까지 한 앨리스가 아주 큰 블랙홀로 뛰어든다면, 아마도 밥은 블랙홀의 사건 지평선(event horizon) 바깥에 쓸쓸하게 남겨지게 될 것이다. 사건 지평선은 블랙홀에서 다시 되돌아 나올 수 없는 지점으로, 심지어 빛을 비롯한 아무것도 그 지점 바깥으로 탈출할 수 없다.

관행적으로 물리학자들은 충분히 큰 블랙홀에서는 앨리스가 일단 지평선을 건너가고 나면 더 이상 아무것도 보지 못하게 될 것이라고 가정해왔다. "노 드라마(No Drama)"라는 화려한 이름이 붙여진 이 시나리오에서는, 그녀가 블랙홀 내부에 있는 특이점(singularity)이라고 부르는 점에 도달할 때까지는 중력의 영향이 극단적으로 커지지 않는다. 그러나 특이점에서는 머리보다 발에 훨씬 더 강한 중력이 작용되고, 결국 앨리스는 "스파게티"처럼 늘어날 것이다.

이런 새로운 가설은 불쌍한 앨리스를 자신이 기대했던 것보다 훨씬 더 극적으로 만들어버린다. 그런 대안이 옳다면, 아무 낌새를 채지 못하고 사건 지평선을 건너간 앨리스는 곧바로 그녀를 완전히 불태워버릴 거대한 화염의 벽을 만나게 된다. 그런 일은 앨리스에게 몹시 부당한 것이겠지만, 이 시나리오는 이론물리학이 소중하게 여겨왔던 세 가지 개념들 중 적어도 하나가 반드시 틀린다는 사실을 뜻하기도 한다.

앨리스가 불에 타버릴 운명일 수도 있다는 주장이 처음 제기되었던 2012년 여름에 물리학자들 사이에서 열띤 논란이 벌어졌다. 처음에는 많은 물리학자들이 매우 회의적인 입장이었다. "나도 처음에는 '농담이 겠지'라고 생각했다"라고 라파엘 부소가 말했다. 그는 곧바로 강력한 반론이 제기되고, 논란이 수그러들 것이라고 여겼다. 그러나 논쟁적인 논문들이 계속 쏟아져 나왔다. 그와 그의 동료들은 그런 주장에 매우 훌륭한 패러독스의 요소가 포함되어 있다는 사실을 깨달았다.

"지옥의 메뉴"

물리학에서의 패러독스는 핵심적인 이슈를 규명하는 수단이 되기도 한다. 특히 이 특정한 수수께끼의 핵심에는 많은 물리학자들이 좋아하는 세 가지 근본적인 가설들 사이의 갈등이 포함되어 있다. 일반상대성이론의 "동등성 원리(equivalence principle)"*에 근거를 두고 있는 첫 번째 가설은 '노 드라마' 시나리오로 이어진다. 지평선을 지나가는 앨리스는 자유 낙하 상태가 되고, 자유 낙하와 관성 운동은 구별할 수가 없기 때문에 그녀는 중력의 극단적인 효과를 느낄 수 없다. 두 번째 가설인 "유니타리성(unitarity)"**은 양자역학의 기본 교리에 따라 블랙홀로 떨어지는 정보가 복구할 수 없을 정도로 사라지지는 않는다는 가정이다. 마지막 가설

---

* 관성 기준계에서 중력 질량과 관성 질량이 동등하기 때문에 가속(加速)은 물체의 본질과 무관하다는 원리.
** 관성 기준계를 변환시키더라도 확률의 합은 1로 보존된다는 뜻으로 '일관성(consistency)'이라고 부르기도 한다.

은 "규격성(normality)"*이라고 부르는 것이다. 물리학이 특이점이나 사건 지평선처럼 블랙홀 내부의 어느 특정한 지점에서는 깨져버릴 수도 있지만, 블랙홀에서 멀리 떨어진 곳에서는 예상대로 작동한다는 것이다.

이런 개념들을 모으면, 부소가 유감스럽게도 "지옥의 메뉴"라고 부르는 것이 된다. 패러독스를 해결하려면, 세 가지 가설 중 하나는 반드시 포기해야 하는데 어느 것을 탈락시켜야 하는지에 대해서는 아무도 동의하지 않는다.

물리학자들은 오래 전부터 존중되어왔던 가설을 가볍게 포기하지 않는다. 많은 사람들이 화염의 벽이라는 생각을 완전히 엉터리라고 여겼던 것도 그런 이유 때문이었다. 2012년 12월 스탠퍼드 대학교의 레너드 서스킨드가 주최했던 비공식 워크숍에서 캘리포니아 공과대학의 존 프레스킬은 "그런 주장은 혐오스럽다"라고 선언했다. 이틀에 걸친 활발한 집단 논의에 참여했던 50여 명의 물리학자들은, 패러독스를 해결하기 위해서 칠판에 빠른 속도로 방정식들을 휘갈겨 써가면서 말도 안 되는 온갖 아이디어들을 주고받았다. 그러나 집단적인 고민에도 불구하고, 화염의 벽을 가장 격렬하게 거부하던 물리학자들마저도 여전히 수수께끼에 대한 만족스러운 답을 찾아내지는 못했다.

이 아이디어를 제안한 직후에 「퀀타」와 이야기를 나눈 끈 이론학자 조지프 폴친스키(2018년 2월에 뇌암으로 사망했다)에 따르면, 가장 간단한 해결 방법은 사건 지평선에서 동등성 법칙이 깨어지기 때문에 화염의 벽이 생겨난다고 보는 것이다. 폴친스키는 흔히 "AMPS" 그룹으로 알려진 아메드 알름헤이리, 도널드 마롤프, 제임스 설리와 함께 이 주장을 처음 제기한 논문을 발표했다.[1] 그러나 폴친스키도 자신들의 아이디

---

* 양자역학에서 모든 가능한 측정의 확률의 합은 언제나 1이 되어야 한다는 조건.

어가 설득력이 떨어진다고 생각했다. 그것은, 화염의 벽이 가장 과격하지 않은 답이 되려면 문제가 얼마나 골치 아프게 설계되어야 하는지를 보여주는 증거였다.

혹시 화염의 벽 논거에 오류가 있더라도 그 흔적은 쉽게 드러나지 않는다. 그것이 훌륭한 과학적 패러독스의 대표적인 특징이다. 그리고 대형강입자충돌기가 표준 모형을 넘어서는 이국적인 물리학을 암시하는 데이터를 내놓지 못하면서 이론학자들이 새로운 도전에 목말라 있을 때에 이런 패러독스가 등장했다. "이론학자들은 데이터가 없을 때에는 패러독스를 즐긴다." 폴친스키가 재미있게 말했다.

만약 AMPS의 논거에 오류가 있다면, 그들의 주장은 물리학을 발전시켜줄 수 있을 정도로 정말 흥미로운 방법으로 틀렸을 것이고, 어쩌면 그런 오류가 확실한 양자 중력 이론을 향한 길을 열어줄 수도 있다는 것이 서스킨드의 견해이다.[2] 어쨌든 블랙홀이 물리학자들에게 흥미로운 이유는 일반상대성과 양자역학이 동시에 적용되기 때문이다. 블랙홀에서 멀리 떨어진 우주의 다른 영역에서는, 양자역학이 미시적인 아(亞)원자 규모의 물체를 지배하고 일반성대성이 거시적 물체를 지배한다. 두 권의 "규정집"이 각각의 영역에서는 충분히 잘 작동한다. 그런데 물리학자들은 두 이론을 결합시켜서 블랙홀처럼 이례적인 경우도 설명하고, 그 연장선에서 우주의 기원도 알아내고 싶어한다.

얽힌 패러독스

문제는 복잡하고 미묘하다. 물론 문제가 간단하다면 패러독스도 없을 것이다. 그러나 AMPS 논거의 대부분은 전적으로 한 번에 한 종류의 얽힘만이 존재할 수 있다는 일부일처 식의 양자 얽힘을 기반으로 한다.

AMPS는 "지옥의 메뉴"에 포함된 세 가지 가설들이 모두 성립하려면 서로 다른 두 종류의 얽힘이 필요하다고 주장한다. 그런데 양자역학의 법칙은 두 종류의 얽힘을 용납하지 않기 때문에 세 개의 가설 중 하나는 희생될 수밖에 없다는 것이다.

알베르트 아인슈타인이 "장거리 유령 작용(spooky action at a distance)"이라고 조롱했던 얽힘이 양자역학의 잘 알려진 특징이다(앨리스와 밥은 사고실험에서 얽혀 있는 입자 쌍을 나타낸다). 아원자 입자들이 서로 충돌하면, 두 입자들은 물리적으로는 서로 떨어져 있으면서도 눈에 보이지 않게 연결되어 있을 수 있다. 그런 입자들은 멀리 떨어져 있더라도 서로 정교하게 연결되어 있어서 마치 하나의 대상인 것처럼 행동한다. 그래서 한 파트너에 대한 정보로부터 다른 파트너에 대한 정보를 순간적으로 알아낼 수 있다. 문제는 주어진 한 순간에는 오직 한 종류의 얽힘만 존재할 수 있다는 것이다.

프레스킬이 칼텍의 양자 선구자들(Quantum Frontiers)이라는 이름의 블로그에서 설명했듯이, 고전물리학에서는 앨리스와 밥이 똑같은 신문을 통해서 똑같은 정보에 접근할 수 있다. 그런 종류의 연관성을 공유하는 것이 그들을 "서로 강하게 상관되도록" 만들어준다. 제3자인 "캐리"도 역시 같은 신문을 통해서 똑같은 정보에 접근함으로써, 앨리스와의 상관성을 약화시키지 않으면서 밥과의 상관성을 강화시킬 수 있다. 실제로 여러 사람들이 똑같은 신문을 통해서 서로 강하게 상관될 수 있다.

그러나 양자 상관성의 경우에는 그렇지 않다. 밥과 앨리스가 최대로 얽힌 상태가 되려면, 두 사람이 가지고 있는 신문이 모두 똑같은 방향이 되어야만 한다. 두 신문이 모두 똑바로 있거나, 뒤집어져 있거나, 옆으로 뉘어져 있어야만 한다. 앨리스와 밥은 신문의 방향이 똑같을 때에만 똑같은 정보에 접근하게 된다. "신문을 읽는 고전적인 방법은 오직 한 가지뿐이고, 양자 신문을 읽는 방법은 여러 가지가 있기 때문에 양자 상관성은 고전적 상관성보다 훨씬 더 강하다." 프레스킬이 말했다. 그래서 밥은 앨리스와의 얽힘을 조금도 포기하지 않으면서 앨리스와 같은 정도의 강도로 캐리와 얽혀 있는 것은 불가능하게 된다.

블랙홀과 관련된 얽힘은 여러 종류가 존재하기 때문에 문제가 되고, AMPS 가설에서는 두 종류의 얽힘이 서로 상충된다. 노 드라마의 상태를 유지하려면, 블랙홀로 떨어지고 있는 관찰자인 앨리스와 외부에 있는 관찰자인 밥 사이에 반드시 얽힘이 있어야만 한다. 그러나 블랙홀에서 정보가 상실되는지의 문제와 관련된 또다른 유명한 물리학 패러독스에서 나온 두 번째 얽힘도 있다. 1970년대에 스티븐 호킹은 블랙홀들이 완전히 검은색이 아니라는 사실을 깨달았다. 사건 지평선을 건너는 앨리스에게는 조금도 이상하게 보이지 않겠지만, 밥의 시각에서는 지평선이 석탄 덩어리처럼 밝게 빛나는 것으로 보인다는 것이다. 오늘날 호킹 복사(Hawking radiation)라고 알려진 현상이다.

그런 복사는 블랙홀 근처의 양자 진공에서 튀어나오는 가상 입자 쌍에서 방출되는 것이다. 일반적으로 그런 입자 쌍은 서로 충돌해서 에너지로 소멸되지만, 때로는 한 쌍 중의 하나는 블랙홀로 빨려들어가고, 나머지 하나는 바깥 세계로 탈출하게 된다. 이런 효과를 상쇄시키면서도 여전히 에너지가 보존되려면 블랙홀의 질량은 아주 조금씩 줄어들어야 하고, 결국 오랜 시간이 흐르고 나면 블랙홀은 더 이상 존재할 수 없게 된다. 블랙홀이 얼마나 빨리 증발하는지는 블랙홀의 크기에 따라 달라진다. 블랙홀이 클수록 더욱 천천히 증발한다.

호킹은 복사가 전부 증발하고 나면 그런 복사에 포함된 블랙홀의 내용에 대한 모든 정보가 사라져버린다고 가정했다. "신은 주사위 놀이를 할 뿐만 아니라, 때로는 우리가 볼 수 없는 곳으로 주사위를 던져서 우리를 혼란스럽게 만들기도 한다." 그가 남긴 유명한 주장이다. 심지어 그와 칼텍의 물리학자 킵 손은 1990년대에 블랙홀에서 정보가 정말 사라지는지 아닌지에 대해서 회의적인 입장이었던 프레스킬과 내기를 했다. 프레스킬은 정보가 반드시 보존되어야 한다고 고집했고, 호킹과 손은 정보가 사라질 것이라고 믿었다. 결국 물리학자들은 대가를 치러야만 정보를 보존할 수 있다는 사실을 깨달았다. 블랙홀이 증발하는 과정에서 호킹 복사는 사건 지평선 바깥의 영역과 점점 더 강하게 얽히게 된다. 그래서 밥이 그런 복사를 관찰하면 정보를 추출해낼 수 있게 된다.

그러나 앨리스가 사건 지평선을 통과한 후에 밥이 자신의 정보와 앨리스의 정보를 비교하게 되면 어떻게 될까? "그것은 재앙이 될 것이다." 부소가 말했다. "외부에 있는 관찰자인 밥은 호킹 복사에서 똑같은 정보를 보게 되지만, 만약 두 사람이 그것에 대해서 서로 이야기를 나누게 된다면, 그것은 양자역학에서 엄격하게 금지된 양자 복사가 될 것이기 때문이다."

서스킨드를 비롯한 물리학자들은, 앨리스와 밥이 자신들의 정보를 함께 공유하는 것이 금지된다면 블랙홀에 대한 두 가지 관점들 사이의 차이는 문제가 되지 않을 것이라고 주장했다. 상보성(相補性, complementarity)이라고 부르는 이런 개념은 한 사람의 관찰자가 동시에 사건 지평선의 내부와 외부에 존재할 수 없기 때문에 직접적으로 모순이 된다는 뜻이다. 만약 앨리스가 사건 지평선을 건넌 후에 그 안에 있는 어느 별을 보고 나서 밥에게 그 사실을 말하고 싶더라도, 일반상대성이 그녀가 그렇게 하지 못하도록 만들 수 있다.

양자 복사를 이용하지 않고도 정보를 복구할 수 있다는 서스킨드의 주장은 충분히 설득력이 있었고, 2004년에 내기에 졌다고 인정한 호킹은 프레스킬에게 "이 백과사전에서 정보를 마음대로 검색할 수 있습니다"라고 적은 야구 백과사전을 선물했다. 그러나 동의하기를 거부했던 손의 고집이 옳았을 수도 있었다.

부소는 상보성이 화염의 벽 패러독스까지도 해결할 수 있을 것이라고 생각했다. 그러나 그는 곧바로 그것만으로는 충분하지 않다는 사실을 깨달았다. 상보성은, 사건 지평선의 내부와 외부에 있는 관찰자의 두 가지 관점을 모두 받아들여야 하는 구체적인 문제를 해결하기 위해서 개발된 이론적 개념이다. 그런데 화염의 벽은 사건 지평선에서 바깥쪽으로 아주 조금 벗어난 곳에 있기 때문에 앨리스와 밥은 서로 똑같은 관점을 가지게 되고, 그래서 상보성은 패러독스를 해결해주지 못한다.

양자 중력을 향해서

만약 물리학자들이 화염의 벽을 포기하고 노 드라마 시나리오를 지키고 싶다면, 그런 독특한 상황에 맞는 새로운 이론적 통찰을 찾아내거나 아니면 정보가 실제로 사라진다던 호킹이 처음부터 옳았고 프레스킬은 호킹으로부터 받았던 백과사전을 돌려줘야 한다는 데에 동의해야만 한다. 그래서 프레스킬이 스탠퍼드 워크숍에 참석했던 동료들에게 정보 손실의 가능성을 재고해보도록 제안했다는 사실은 놀라운 것이었다. 유니타리성을 포기하고 난 후에는 양자역학을 어떻게 이해해야 하는지를 알지 못하지만, "그렇다고 그것이 불가능하다는 뜻은 아니다." 프레스킬이 말했다. "거울을 쳐다보면서 유니타리성에 인생을 걸 것인가를 자문해보기 바란다."

2012년에 폴친스키는, 노 드라마를 지키려면 앨리스와 밥이 얽혀 있어야만 하고, 양자 정보를 보존하려면 호킹 복사가 사건 지평선 외부의 영역과 얽혀 있어야 한다는 사실을 설득력 있게 설명했다. 그러나 두 가지 모두가 동시에 성립할 수는 없다. 호킹 복사와 사건 지평선 외부 영역과의 얽힘을 포기해버리면 정보를 잃고 만다. 그리고 앨리스와 밥의 얽힘을 포기하면 화염의 벽이 생긴다.

"양자역학은 두 가지 모두가 성립하도록 허용하지 않는다." 폴친스키가 말했다. "블랙홀의 내부로 떨어지는 관찰자(앨리스)와 외부의 관찰자(밥) 사이의 얽힘을 잃어버린다는 것은 지평선에서의 양자 상태에 일종의 날카로운 꺾임을 집어넣는다는 뜻이다. 어떤 의미에서는 결합을 끊어버리는 셈이고, 결합을 끊으려면 에너지가 필요하다. 화염의 벽이 바로 그곳에 있어야만 한다는 뜻이다."

그 결론은 블랙홀이 증발하면서 사건 지평선의 외부 영역과 호킹 복사 사이의 얽힘이 증가해야만 한다는 뜻이다. 복사에 의해서 대략 절반 정도의 질량이 줄어들면, 블랙홀은 최대로 얽히게 되고, 실질적으로 중년의 위기를 겪게 된다. "블랙홀이 늙어가면서, 블랙홀 내부 깊숙한 곳에 있는 것으로 보이는 특이점이 사건 지평선 바로 근처까지 올라오게 되는 것과 같다." 프레스킬의 설명이다. 그리고 특이점과 사건 지평선 사이의 그런 충돌이 무시무시한 화염의 벽을 만들어낸다.

블랙홀의 깊은 곳에 있는 특이점이 사건 지평선 쪽으로 이동한다는 상상은 스탠퍼드 워크숍의 참석자들로부터 격렬한 반발을 불러일으키기에 충분했다. 부소는 그런 반응을 충분히 이해할 수 있다고 생각한다. "우리는 실망할 수밖에 없었다. 그것이 일반상대성에 대한 치명타이기 때문이다."[3] 그가 말했다.

화염의 벽에 대한 자신의 회의적인 인식에도 불구하고, 부소는 논쟁에 참여하는 것에 대해서 전율했다. "그것은 아마도 내가 물리학을 시작한 이후에 일어났던 가장 흥미로운 일이 될 것이다." 그가 말했다. "그것은 내가 마주했던 가장 훌륭한 패러독스이고, 내가 그런 패러독스를 연구하게 된 것은 기쁜 일이다."

앨리스가 화염의 벽에서 죽게 되는 것이 앞으로 물리학의 고전적인 사고실험으로 알려지게 될 것이 분명하다. 물리학자들이 양자 중력에 대해서 더 많은 것을 알아낼수록 우주가 어떻게 작동하는지에 대한 우리의 현재 생각은 더욱 많이 변하게 될 것이고, 물리학자들은 과학 발전의 제단(祭壇)에 올려놓았던 오래된 믿음을 하나씩 포기하게 될 것이다. 이제 물리학자들은 유니타리성이나 노 드라마 중 하나를 포기해야 하거나, 양자장(量子場) 이론을 극단적으로 수정하는 일을 시작해야 한다. 아니면 이 모든 것이 그저 끔찍한 실수로 밝혀질 수도 있을 것이다. 어느 면에서 보든지 물리학자들은 새로운 무엇을 배우게 될 것이 분명하다.

웜홀이 블랙홀 패러독스를 풀어준다

K. C. 콜

알베르트 아인슈타인이 일반상대성이론을 정립한 지 100년이 흘렀지만 물리학자들은 여전히 우주에서 아마도 가장 큰 부정합성(不整合性, incompatibility) 문제에서 벗어나지 못하고 있다. 아인슈타인이 제시했던 완만하게 휘어진 시공간의 풍경은 솔기도 없고, 끊어지지도 않은 살바도르 달리*의 기하학적 그림을 닮았다. 그런데 그런 공간을 차지하고 있는 양자 입자들은 대체로 점묘적(點描的)이고, 불연속적이고, 확률로 설명되는 조르주 쇠라**의 그림을 닮았다. 두 가지의 해석은 핵심적인 부분에서 서로 모순된다. 그러나 새롭고 과감한 의견에 따르면, 인상파적 그림을 구성하는 점들 사이의 양자 상관성이 실제로 달리의 풍경만이 아니라 두 그림이 그려진 캔버스와 그 주위의 3차원 공간도 만들어낸다. 그리고 생전에 자주 그랬듯이, 아인슈타인은 지금도 이 모든 것의 중심에 앉아서 무덤 너머로부터 모든 것을 거꾸로 뒤집어놓고 있다.

나무판에 새겨놓은 머리글자처럼 보이는 ER = EPR은 아인슈타인이 1935년에 제안했던 두 가지의 아이디어를 결합시킨 새로운 아이디어를

---

* 스페인의 초현실주의 화가(1904-1989)
** 프랑스의 신인상주의의 창시자로 알려진 화가(1859-1891)

나타내는 것이다. 하나는 그가 양자 입자들 사이의 "장거리 유령 작용"
이라고 불렀던 것에 등장하는 패러독스(논문의 저자들인 아인슈타인,
보리스 포돌스키, 네이선 로젠의 이름을 따라 EPR 패러독스라고 한다)
에 관한 것이다. 다른 한 아이디어는 두 개의 블랙홀들이 "웜홀"(아인슈
타인-로젠의 다리라는 뜻으로 ER이라고 부르기도 한다)을 통해서 공간
적으로 멀리 떨어진 곳과 어떻게 연결될 수 있는지를 보여주는 것이다.
아인슈타인이 이런 아이디어들을 제시했던 때는 물론이고 그로부터 80
여 년이 흐르는 동안에도, 두 아이디어는 서로 관계가 없는 것으로 여겨
졌었다.

그러나 만약 ER = EPR이 옳다면, 그런 아이디어들은 단절된 것이 아
니라 같은 것을 두 가지 형식으로 나타낸 것이어야만 한다. 그리고 그런
근원적인 연결성이 모든 시공간의 기반을 형성하게 된다. 스탠퍼드 대
학교의 물리학자이며 그런 아이디어의 핵심 설계자들 중 한 사람인 레
너드 서스킨드에 따르면, 아인슈타인을 그렇게 괴롭혔던 장거리에서의
작용이라는 양자 얽힘은 "공간을 함께 봉합해주는 공간적 연결성"을 만
들어낼 수 있다. 뉴저지 주 프린스턴에 있는 고등연구소의 물리학자이
자 서스킨드와 함께 아이디어를 개발했던 후안 말다세나는, 그런 연결
이 없으면 공간의 모든 것이 "원자화"될 것이라고 했다. "다시 말해서,
시공간의 견고하고 신뢰할 수 있는 구조는 얽힘의 유령 같은 특징에서
비롯된다." 말다세나가 말했다. 더욱이 ER = EPR은, 중력이 양자역학과
어떻게 조화를 이루게 되는지를 설명해줄 능력을 가지고 있다.

물론 누구나 그런 주장을 인정하는 것은 아니다. (누구나 그렇게 해야
할 이유도 없다. 그런 아이디어는 "시작 단계"에 있을 뿐이라고 서스킨
드는 말했다.) 패러독스를 제안해서 최근의 발전을 촉발시켰던 조지프
폴친스키도 그에 대한 질문을 받았던 2015년에 조심스러워했지만 흥미

를 느끼고 있었다. "나는 그런 주장이 어디로 향하고 있는지는 모르겠다." 그가 말했다. "지금이 흥미로운 때이다."

블랙홀 전쟁

ER = EPR에 이르는 길은, M. C. 에셔의 그림처럼 뒤엉킨 뒤틀림과 꼬임으로 구성되어 스스로 다시 접히는 뫼비우스 띠와 같다.

양자 얽힘이 적절한 출발점이 될 수 있을 것이다. 만약 두 개의 양자 입자들이 서로 얽혀 있다면, 실질적으로 그들은 한 단위를 구성하는 두 부분이 된다. 서로 얽혀 있는 입자들 중 어느 하나에서 일어나는 일은 다른 입자에도 일어난다. 두 입자가 얼마나 멀리 떨어져 있는지는 상관이 없다.

말다세나는 그런 일을 한 쌍의 장갑에 비유하기도 한다. 만약 오른손 장갑을 생각하면, 다른 장갑은 왼손이라는 사실을 곧바로 알게 된다. 그런 일에는 유령 같은 것이 없다. 그러나 양자적 이야기에서는 장갑을 실제로 관찰하기 바로 직전까지는 두 장갑이 모두 왼손과 오른손(그리고 그 중간의 모든 것)이다. 더욱 놀랍게도 오른쪽 장갑을 관찰하기까지는 왼쪽 장갑이 왼쪽인지를 알 수 없지만, 오른쪽 장갑을 관찰하고 나면 순간적으로 두 장갑이 모두 어느 쪽인지를 분명하게 알게 된다.

얽힘은 블랙홀이 증발할 수 있다는 스티븐 호킹의 1974년 발견에서 핵심적인 역할을 했다. 블랙홀의 증발에도 역시 한 쌍의 얽힌 입자들이 관여된다. 수명이 짧은 물질과 반(反)물질의 짝으로 이루어진 "가상" 입자들이 우주 전체에서 끊임없이 등장하고 사라진다. 호킹은 그중 한 입자가 블랙홀로 떨어지고 나머지가 탈출한다면, 블랙홀은 복사를 방출하면서 꺼져가는 숯불처럼 빛을 내게 된다는 사실을 깨달았다. 충분한 시간이 지나고 나면 블랙홀은 증발해서 아무것도 남지 않게 되고, 블랙홀 속으로 떨어진 것들의 정보는 어떻게 될 것인지에 대한 의문이 남게 된다.

그러나 양자역학 법칙은 정보의 완전한 파괴를 허용하지 않는다. (절망적으로 뒤죽박죽이 된 정보는 전혀 다른 이야기이다. 문서를 태우고, 하드디스크가 망가지는 것이 그런 이유 때문이다. 그러나 원칙적으로는 책이 타고 남은 연기와 재를 통해서 사라져버린 정보를 복구하지 못하게 만드는 물리학 법칙은 없다.) 그래서 다음과 같은 의문이 생긴다. 처음에 블랙홀로 들어간 정보는 단순히 뒤죽박죽으로 뒤섞여버리는 것일까? 아니면 정말 사라져서 잃어버리게 되는 것일까? 그런 주장들이 서스킨드가 "블랙홀 전쟁"이라고 부르는 논쟁을 촉발시켰고, 여러 권의 책들을 채울 정도로 많은 이야기들이 만들어졌다. (서스킨드가 쓴 그 책의 부제는 "양자역학에 안전한 세상을 만들기 위한 나와 스티븐 호킹의 싸움"이었다.)

마침내 서스킨드는, 자신도 충격을 받은 발견을 통해서 (제라드 트후프트와 함께) 블랙홀로 떨어진 모든 정보는 실제로 돌아올 수 없는 점을 나타내는 표면인 블랙홀의 2차원 사건 지평선에 갇혀버리게 된다는 사실을 깨달았다. 지평선에는 내부의 모든 정보가 홀로그램과 마찬가지로 암호화된 상태로 남겨진다. 당신의 집과 그 속에 있는 모든 것들을 다시 만들기 위해서 필요한 정보가 벽에 새겨지게 된다. 정보는 없어지는 것이 아니라, 뒤죽박죽으로 뒤섞인 상태로 닿을 수 없는 곳에 저장된다.

서스킨드는 그가 "달인"이라고 불렀던 말다세나를 비롯한 동료들과 함께 그 문제에 대한 연구를 계속했다. 그들은 블랙홀뿐만 아니라 그 경계라고 설명할 수 있는 공간의 모든 영역을 이해하기 위해서 홀로그래피*를 활용하기 시작했다. 지난 10여 년 동안 공간이 일종의 홀로그램이라는 황당해 보이는 아이디어가 다소 평범해지면서, 홀로그램은 우주론에서부터 응축상 물질에 이르기까지 모든 것을 연구하는 현대 물리학의 수단이 되기 시작했다. "과학적 아이디어에 생길 수 있는 일 중 하나가 어설픈 추론이 합리적 추론을 넘어 일상적인 수단이 되는 것이다." 서스킨드가 말했다. "일상화된다."

홀로그래피는 경계에서 일어나는 일과 관련이 있다. 블랙홀의 지평선도 그런 경계에 포함된다. 그래서 서스킨드는 내부에서 무슨 일이 일어나고 있는지에 대한 의문이 생기는 것이라고 말했고, 그런 의문에 대한 답은 "전체에 흩어져 있었다." 어쨌든 내부의 어떤 정보도 블랙홀의 지평선을 벗어날 수 없다는 물리학 법칙 때문에, 과학자들은 내부에서 어떤 일이 일어나고 있는지를 직접 확인해볼 수가 없었다.

그런데 2012년에 폴친스키는 당시 산타 바버라에 있던 아메드 알름헤이리, 도널드 마롤프, 제임스 설리와 함께 놀라운 통찰을 발표했다. 기본적으로 그것은 물리학자들에게 "잠깐. 우리는 아무것도 모른다"라고 말하는 것이나 마찬가지였다.

(각 저자들의 이름 첫 글자를 따라) AMPS라고 부르는 이 논문은 아주 특별한 얽힘 패러독스를 소개한다. 블랙홀의 지평 바로 안쪽에 있는 "화염의 벽"이 블랙홀의 비밀을 알아내려는 모든 사람을 포함한 모든 것을 태워버릴 것이기 때문에 블랙홀에는 실제로 내부라는 것 자체가 존재하지 않는다는 놀라운 주장이었다.[1]

스탠퍼드의 물리학자 스티븐 쉔커는 AMPS 논문이 "진정한 방아쇠"가 되었고, 우리가 얼마나 많은 것을 이해하지 못하고 있는지를 "뚜렷하게 보여주었다"라고 말했다. 물론 물리학자들은 발견을 위한 비옥한 토

---

* 레이저의 간섭 현상을 이용해서 3차원 입체의 영상을 저장하고 재현하는 기술.

양이 되어주는 패러독스를 좋아한다.

서스킨드와 말다세나가 곧바로 도전을 시작했다. 얽힘과 웜홀에 대해서 생각하고 있던 두 사람은, 얽힘과 시공간이 서로 밀접하게 관련되어 있다는 사실을 보여주는 결정적인 사고실험을 제시했던 밴쿠버 브리티시컬럼비아 대학교의 물리학자 마크 반 람스돈크의 연구에 감동했다.

"어느 날 말다세나가 나에게 ER＝EPR이라는 방정식이 포함된 암호와 같은 메시지를 보냈다. 나는 순간적으로 그가 무엇을 말하는지를 이해했고, 그때부터 우리는 메시지를 주고받으면서 아이디어를 확장했다." 서스킨드가 말했다.

"얽힌 블랙홀의 서늘하게 식은 지평선(Cool Horizons for Entangled Black Holes)"이라는 2013년 논문에서, 그들은 AMPS 저자들이 간과한 것으로 보이는 특별한 얽힘이 있다고 주장했다. 서스킨드는 그런 얽힘을 "갈고리처럼 공간을 묶어주는" 얽힘이라고 불렀다.[2] AMPS는 사건 지평선의 내부와 외부 공간들이 서로 독립적이라고 가정했다. 그러나 서스킨드와 말다세나는 경계의 양쪽에 있는 입자들이 웜홀을 통해서 서로 연결될 수 있다고 주장했다. 반 람스돈크는 ER＝EPR 얽힘이 "어떤 면에서는 명백한 패러독스를 해결해줄 수 있을 것"이라고 말했다. 논문에는 블랙홀의 내부에서 바깥의 호킹 복사까지 연결시켜주는 여러 개의 웜홀들을 나타내는 삽화가 있었고, 사람들은 그것을 반(半)농담으로 "문어 그림"이라고 불렀다.

다시 말해서, 블랙홀 입구의 부드러운 표면에 꺾임(kink)을 만들어주는 얽힘은 더 이상 필요하지 않았다. 내부에 남아 있는 입자들도 여전히 오래 전에 떠나버린 입자들과 직접 연결될 수 있다. 지평선을 통과할 필요도 없고, 허가를 받을 필요도 없다. 내부에 있는 입자와 외부의 먼 곳에 있는 입자들은 나와 나 자신처럼 하나의 똑같은 입자로 생각할 수 있다는 것이 말다세나의 설명이었다. 복잡한 "문어" 웜홀이 블랙홀의 내부를 호킹 복사로 오래 전에 떠나버린 입자들의 구름과 직접 연결시켜 준다.

웜홀 속에 있는 구멍들

ER＝EPR이 화염의 벽 문제를 해결해줄 것인지는 여전히 아무도 모른다. 칼텍의 양자정보 및 물질 연구소의 "양자 선구자들"이라는 블로그에서 존 프레스킬은 독자들에게, 물리학자들은 어떤 이론의 가능성을 알아내기 위해서 자신들의 "후각"을 이용하기도 한다는 사실을 상기시켰다. 그는 "처음에는 ER＝EPR이 신선하고 달콤한 냄새로 느껴질 수도 있지만 선반에서 한동안 숙성이 되어야만 할 것이다"라고 썼다.

어떤 일이 일어나든지 상관없이 얽힌 양자 입자들과 부드럽게 휘어진 시공간의 기하학 사이의 소통은 "중요하고 새로운 통찰"이라고 쉔커는 말했다. 그런 소통 덕분에 그와 그의 공동 연구자인 고등연구소의 연구원 더글러스 스탠퍼드는 쉔커가 "심지어 나도 이해할 수 있는 간단한 기하학"이라고 부르는 것을 이용해서 복잡한 양자 카오스(quantum chaos) 문제에 도전할 수 있게 되었다.[3]

아직은 ER＝EPR이 어떤 종류의 공간이나 얽힘에도 적용되지 않는 것은 분명하다. 그런 일에는 특별한 종류의 얽힘과 웜홀이 필요하다. "레니와 후안도 그 사실을 잘 알고 있다." 두 개 이상의 끝이 있는 웜홀에 대한 논문의 공동저자 중 한 사람인 마롤프가 말했다.[4] 그는 ER＝EPR이 매우 특별한 상황에서 작동한다고 했지만, AMPS는 화염의 벽이 훨씬 더 광범위한 도전을 제공한다고 주장한다.

폴친스키를 비롯한 사람들과 마찬가지로, 마롤프도 ER＝EPR이 표준 양자역학을 바꿔놓을 것이라고 우려한다. 마롤프는 "많은 사람들이 ER＝EPR 가설에 정말 흥미를 느끼고 있다"라고 말했다. "그러나 레니와 후안 이외에는 아무도 그것이 무엇인지를 이해하지 못하고 있는 것처럼 보인다." 그럼에도 불구하고, "이 분야에서 연구하는 것이 매우 흥미롭다."

양자 쌍들이 시공간을 엮어주는 방법

제니퍼 오울렛

브라이언 스윙글은 매사추세츠 공과대학(MIT)에서 물질물리학을 공부하는 대학원 학생이었다. 처음부터 끈 이론 강의에서 알게 된 개념들에는 아무런 관심이 없었던 그는 단순히 교육의 완성도를 높이기 위해서 몇 개의 강의를 더 수강했다. 그는 "그런 강의를 듣지 말아야 할 이유가 있을까?"라고 생각했다고 기억한다. 그러나 강의 내용을 깊이 파고들던 그는 물질의 색다른 성질을 예측하기 위해서 소위 텐서 네트워크라는 것을 사용하던 자신의 연구와 블랙홀 물리학과 양자 중력에 대한 끈 이론의 접근 방법 사이에 뜻밖의 닮은 점이 있다는 사실을 깨닫기 시작했다. "무엇인지 심오한 것이 있다는 것을 깨달았다." 그가 말했다.

물리학의 모든 영역에서 등장하는 텐서(tensor)*는 단순히 한꺼번에 여러 개의 숫자들을 나타낼 수 있는 수학적 방법이다. 예를 들면, 속도 벡터도 속력과 운동 방향의 값들을 나타내는 간단한 텐서이다. 서로 연결된 네트워크를 구성하는 더욱 복잡한 텐서들은 물질을 구성하는 엄청나게 많은 수의 아원자 입자들처럼 서로 상호작용하는 여러

---

* 벡터의 개념을 확장한 물리량.

부분들로 구성된 복잡한 시스템에 대한 계산을 단순화시키기 위해서 사용된다.

스윙글은 텐서 네트워크가 우주론에도 유용하다는 사실을 깨닫기 시작한 많은 물리학자들 중 한 사람이었다. 특히 텐서 네트워크는 여러 가지 장점이 있지만, 시공간 자체의 본질에 대해서 진행 중인 논쟁을 해결하는 데에도 도움이 될 수 있었다. 존 프레스킬에 따르면, 60여 년 전 물리학자 존 휠러가 처음으로 거품(foam)을 이용해서 시공간의 기하학을 설명한 이후에 많은 물리학자들은, 알베르트 아인슈타인을 몹시 성가시게 만들었던 "장거리 유령 작용"과 같은 양자 얽힘과 가장 작은 규모에서의 시공간 기하학 사이에 깊은 관계가 있을 것이라고 의심해왔다. "(상상할 수 있는 가장 짧은 거리인) 플랑크 규모*에 버금가는 수준에서의 기하학은 시공간처럼 보이지 않게 된다"라고 프레스킬이 말했다. "그것은 실제로 더 이상 기하학이 아니다. 그것은 훨씬 더 근원적인 어떤 것으로부터 [등장하는] 창발적인 것에 해당한다."

물리학자들은 더욱 근원적인 것이 무엇인지에 대한 복잡한 문제와 계속 씨름하는 과정에서 그것이 양자 정보(quantum information)**와 관련되어 있다는 생각을 하게 되었다. "정보의 암호화에 대해서 이야기하는 것은 하나의 시스템을 여러 부분으로 분할할 수 있고, 그 부분들 사이에 어떤 상관성이 있을 것이고, 그래서 한 부분에 대한 관찰에서 다른 부분에 대한 무엇을 배울 수 있다는 뜻이다." 프레스킬이 말했다. 그것이 얽힘의 핵심이다.

---

* 1899년에 막스 플랑크가 현대 물리학의 가장 기본이 되는 길이로 제안했던 것으로, 대략 1.6×10^{-35}미터이다.

** 양자역학으로 설명되는 시스템의 양자 상태에 들어 있는 정보. 고전적인 '비트(bit)'와 마찬가지로 양자 정보도 '큐비트(qubit)'를 이용해서 저장하고, 전달하고, 분석할 수 있다.

시공간은 흔히 '천(fabric)'에 비유된다. 개별적인 실을 함께 짜서 부드럽고 연속적인 전체를 만든다는 개념을 강조하기 위한 것이다. 천을 구성하는 실은 근원적으로 양자적이다. "얽힘이 시공간의 천이다." 2015년에 스탠퍼드 대학교에서 연구원으로 근무하던 스윙글이 말했다. "그것은 시스템을 서로 결합시켜주고, 개별적 성질과는 구별되는 집단적 성질을 만들어준다. 그러나 실제로 흥미로운 집단적 행동을 보려면 얽힘이 어떻게 분포되어 있는지를 이해할 필요가 있다."

텐서 네트워크는 바로 그런 일을 해줄 수 있는 수학적 도구가 된다. 그런 관점에서 보면, 시공간은 복잡한 네트워크에서 서로 연결되어서, 양자 정보의 개별적인 조각들이 레고처럼 서로 끼워 맞춰지는 일련의 마디들에서 등장한다. 얽힘은 네트워크를 서로 붙여주는 접착제이다. 시공간을 이해하고 싶다면, 우선 얽힘을 기하학적으로 생각해야만 한다. 그것이 바로 시스템에 포함된 엄청나게 많은 수의 서로 상호작용하는 마디들 사이에 정보를 암호화시켜 저장하는 방법이기 때문이다.

다체(多體)와 하나의 네트워크

복잡한 양자 시스템의 모델을 만드는 것은 결코 쉬운 일이 아니다. 상호작용하는 두 개 이상의 부분으로 구성된 고전적인 시스템의 경우도 마찬가지이다. 1687년 『프린키피아(*Principia*)』를 발간한 아이작 뉴턴이 살펴보았던 여러 주제들 중의 하나가 "삼체문제(three-body problem)"라고 알려진 것이다. 지구와 태양처럼 두 물체의 움직임을 중력에 의한 상호 인력의 효과를 고려해서 계산하는 것은 비교적 쉬운 일이다. 그러나 달처럼 세 번째 물체를 추가하면, 정확한 해를 구할 수 있는 간단한 문제가 강력한 컴퓨터가 있어야만 할 수 있는, 장시간에 걸친 시스템의 진화에 대한 근사(近似)의 시뮬레이션이 가능한 카오스적 문제로 변해 버린다. 일반적으로 시스템에 들어 있는 물체의 수가 많아질수록, 계산이 더 어려워진다. 고전역학에서는 그런 어려움이 선형적이거나 그에 가까운 정도로 늘어난다.

이제 수십억 개의 원자들 모두가 복잡한 양자 방정식에 따라 서로 상호작용하는 양자 시스템을 상상해보자. 그런 규모에서는 시스템에 포함된 입자의 수에 따라서 문제의 난이도가 기하급수적으로 증가하기 때문에 무작정 밀어붙이는 계산 방법은 적용이 되지 않는다.

금 덩어리를 생각해보자. 금 덩어리는 서로 상호작용하는 수십억 개의 금 원자로 구성되어 있다. 금속의 색깔, 강도, 또는 전도도와 같은 다양한 고전적 성질은 원자들 사이의 상호작용으로부터 나타난다. "원자는 아주 작은 양자역학적 대상이지만 그런 원자들을 함께 모아놓으면 새롭고 멋진 일들이 일어난다." 스윙글이 말했다. 그러나 그런 규모에서도 양자역학의 법칙이 적용된다. 물리학자들은 금 덩어리의 상태를 설명해주는 파동함수를 정밀하게 계산해야만 한다. 그리고 그런 파동함수는 머리가 여러 개 달린 히드라처럼 기하급수적인 복잡성을 가지고 있다.

금 덩어리가 100개의 원자로 이루어지고, 각각의 원자가 업 또는 다운의 양자 "스핀(spin)"을 가지고 있으면, 가능한 상태의 수가 2^{100}, 즉 1조(兆)의 100만 조 배에 이른다. 원자 한 개를 추가할 때마다 문제는 기하급수적으로 복잡해진다. (그리고 모든 현실적인 모델에서 그렇듯이 원자 스핀 이외의 다른 것을 고려해야 하는 경우에는 상황이 더욱 복잡해진다.) "만약 가시적인 우주 전체를 돈으로 구입할 수 있는 최고의 저장 매체와 하드 디스크로 채운다고 하더라도 대략 300개 정도의 스핀 상태를 저장할 수 있을 뿐이다." 스윙글이 말했다. "그래서 정보는 그곳에 존재하지만, 전혀 물리적이라고 할 수가 없다. 지금까지 아무도 그런 숫자를 모두 측정해보지는 못했다."

텐서 네트워크는 물리학자들에게 파동함수에 포함된 모든 정보를 압축하도록 해주고, 실제로 실험에서 측정할 수 있는 몇 가지 성질에만 집중할 수 있도록 해준다. 그래서 예를 들면, 주어진 물질이 빛을 얼마나 휘어지게 만드는지, 소리를 얼마나 흡수하게 만드는지, 또는 전기를 얼마나 잘 전도하도록 해주는지와 같은 성질들만 살펴볼 수 있는 것이다. 텐서는 한 무리의 숫자들로부터 다른 숫자들을 쏟아내는 일종의 "블랙박스"와 같은 것이다. 그래서 바닥 에너지 상태에 있으면서 서로 상호작용하지 않은 많은 전자들처럼, 간단한 경우의 파동함수에서 시작해서 시스템에 대한 텐서를 반복적으로 계산하면 금 덩어리처럼 수십억 개의 상호작용하는 원자들로 이루어진 크고 복잡한 시스템의 파동함수를 얻을 수 있게 된다. 결과적으로 복잡한 금 덩어리를 나타내는 간단한 도형이 얻어진다. 그런 결과는 물리학자들이 입자들 사이의 상호작용을 나타내는 방법을 단순화시켜준 20세기 중반 파인만 도형*의 개발에 버금가는 혁신이다. 텐서 네트워크는 시공간과 마찬가지의 기하학적 구조를 가지고 있다.

이런 단순화를 성취하는 핵심은 "국소성(locality)"이라고 부르는 법칙이다. 임의의 주어진 전자는 오직 근처에 가장 가까이 있는 전자들과만 상호작용을 한다. 여러 전자들이 주위의 다른 전자들과 얽히게 되면 네크워크에서 일련의 "마디(node)"가 만들어진다. 그런 마디들이 바로 텐서이고, 얽힘은 그런 마디들을 서로 연결시켜준다. 서로 연결된 마디들 전체가 네트워크를 구성한다. 따라서 복잡한 계산을 시각화시키기가 더

---

* 리처드 파인만이 광자를 포함한 입자들의 상호작용을 체계적으로 표현하기 위해서 고안해낸 방법. "파인만 도형이 어떻게 공간을 구원해주었을까?" 편 참조.

쉬워진다. 때로는 세기를 나타내는 하나의 숫자를 찾아내는 훨씬 더 간단한 문제로 단순화되기도 한다.

여러 가지의 서로 다른 형식의 텐서 네트워크가 있지만, 그중에서도 가장 유용한 것은 MERA(multiple entanglement renormalization ansatz, 다중규모 얽힘 재규격화 가설)라는 약칭으로 알려진 것이다. MERA는 원칙적으로 다음과 같이 작동한다. 1차원으로 늘어선 전자들을 상상한다. A, B, C, D, E, F, G, H로 나타내는 8개의 개별적인 전자들을 양자 정보의 기본 단위(큐비트, qubit)로 대체하고, 그것들이 가장 가까운 이웃들과 얽히도록 해서 링크를 만든다. A는 B와 얽히고, C는 D와 얽히고, E는 F와 얽히고, G는 H와 얽히게 된다. 이렇게 하면 네트워크에서 한 단계 높은 수준이 만들어진다. 이제 AB를 CD와 얽히게 하고, EF는 GH와 얽히게 하면 네트워크에서 다음 단계가 만들어진다. 마지막으로 ABCD가 EFGH와 얽혀서 가장 높은 층이 만들어진다. "어떤 면에서 우리는 얽힘을 이용해서 다체 파동함수(many-body wave function)를 만들어 나간다고 말할 수 있을 것이다." 독일 요하네스 구텐베르크 대학교의 물리학자 로만 오루스가 2014년에 발표한 논문에서 주장했다.[1]

MERA와 같은 텐서 네트워크를 이용해서 양자 중력을 설명하는 방법을 찾는 가능성에 대해서 물리학자들이 열광하는 이유는 무엇일까? 그런 네트워크가 여러 물체들 사이의 복잡한 상호작용에서 하나의 기하학적 구조가 등장하는 과정을 보여주기 때문이다. 그리고 (여러 사람들 중에서도) 스윙글은 그렇게 창발되는 구조를 이용해서 불연속적인 양자 정보의 조각들로부터 부드럽고, 연속적인 시공간이 창발되는 메커니즘을 설명하고 싶어한다.

시공간의 경계들

응축상 물질을 연구하는 물리학자들이 텐서 네트워크를 개발하는 과정에서 우연히 창발적으로 나타나는 추가적인 차원을 발견했다. 1차원으로부터 2차원의 시스템을 만들어내는 방법을 개발한 것이다. 그러나 중력 이론학자들은 오히려 홀로그래프 원리를 이용해서 3차원의 문제를 2차원으로 차원을 줄이려고 노력하고 있다. 두 개념을 서로 연결하면 시공간에 대한 훨씬 더 정교한 이해가 가능해질 수도 있다.

1970년대에 제이컵 베켄슈타인이라는 물리학자가 블랙홀의 내부에 대한 정보가 3차원의 부피("벌크")가 아니라 2차원의 표면("경계")에 암호화되어 있다는 사실을 증명했다. 20년이 지난 후에 레너드 서스킨드와 제라드 트후프트가 그 개념을 우주 전체로 확장하고 홀로그램에 비유했다. 우리의 영광스러운 3차원 우주가 2차원의 "소스 코드"에서 창발된다는 것이다. 1997년 후안 말다세나는 그런 홀로그래피가 작동하는 확실한 예를 발견했다. 중력이 작용하지 않는 평편한 공간을 설명하는 장난감 모형이, 중력이 작용하는 말안장 모양의 공간에 대한 설명과 동등하다는 사실도 증명했다. 이런 관계가 바로 물리학자들이 "이중성(duality)"이라고 부르는 것이다.

마크 반 람스돈크는 홀로그래프 개념을 비디오 게임의 3차원 가상 세계를 만들어내는 프로그램이 내장된 2차원 컴퓨터 칩에 비유했다. 우리는 3차원의 게임 공간에 살고 있다. 어떤 의미에서 우리가 살고 있는 공간은 옅은 공기에 투영된 일시적인 이미지에 불과한 환상이다. 그러나 반 람스돈크가 강조했듯이, "컴퓨터에는 여전히 모든 정보를 저장하고 있는 실제 물리적 대상이 존재한다."

많은 이론물리학자들은 그런 아이디어를 받아들이면서도 여전히 더 낮은 차원이 시공간의 구조에 대한 정보를 어떻게 저장할 것인가를 정확하게 파악하는 문제와 씨름하고 있다. 우리의 은유적 메모리칩이 일종의 양자 컴퓨터여야 한다는 것이 걸림돌이었다. 0과 1로 정보를 암호화하던 전통적인 방식을 0과 1 그리고 그 사이의 모든 것이 될 수 있는 큐비트로 대체해야만 한다. 실제 3차원 세상을 암호화하려면, 그런 큐비트들이 반드시 얽힘을 통해서 연결되어야 한다. 그런 상태에서는 한 큐비트의 상태가 이웃 큐비트의 상태에 의해서 결정된다.

마찬가지로 얽힘은 시공간의 존재에 가장 기본적인 전제조건인 것처럼 보인다. 2006년 두 사람의 박사후 연구원이 얻은 결론에 따르면 그렇다. 이런 공로로 신세이 류(현재 시카고 대학교)와 다카야나기 다다시(현재 교토 대학교)는 2015년 물리학의 새로운 지평선 상(New Horizon in Physics)을 공동수상했다.[2] "시공간의 구조가 암호화되는 방법은 메모리칩의 서로 다른 부분들이 서로 얽히게 되는 방법과 관계가 있다는 것이 아이디어였다." 반 람스돈크가 설명했다.

그들의 연구와 그 이후 말다세나의 연구에서 영감을 얻은 반 람스돈크는, 2010년에 시공간의 형성 과정에서 얽힘의 결정적인 역할을 증명해주는 사고실험을 제안했다. 만약 메모리칩을 반으로 잘라서 반쪽에 포함된 큐비트와의 얽힘을 제거하면 무슨 일이 생길 것인지를 생각해보자는 것이었다. 그는 껌을 양쪽으로 잡아당기면 중간에 홀쭉해지는 곳이 생기는 것과 마찬가지로, 시공간도 같은 방법으로 쪼개지기 시작한다는 사실을 발견했다. 메모리칩을 점점 더 작은 조각으로 자르는 일을 반복하다보면, 서로 연결되지 않은 아주 작은 조각들이 남게 되고, 결국 시공간이 풀어지게 된다. "얽힘을 제거하면, 시공간은 그저 허물어진다." 반 람스돈크가 말했다. 마찬가지로 "시공간을 구축하고 싶다면, [큐비트들을] 특별한 방법으로 서로 얽히게 만들고 싶어질 것이다."

그런 통찰을, 시공간의 얽힌 구조와 텐서 네트워크에 대한 홀로그래프 법칙을 연결시켜주는 스윙글의 결과에 결합시키면 수수께끼의 또다른 핵심적인 조각이 끼워 맞춰진다. 홀로그래피를 통한 텐서 네트워크들의 얽힘으로부터 휘어진 시공간이 매우 자연스럽게 창발된다.[3] 반 람스돈크는 "시공간은 이런 양자 정보의 기하학적 표현"이라고 말했다.

그런 기하학적 구조는 어떤 모양일까? 말안장 모양을 가진 말다세나의 시공간의 경우에, 그것은 1950년대 말에서 1960년대 초 M. C. 에셔의 "원의 극한(Circle Limit)" 연작들 중의 하나처럼 보인다. 오랫동안 질서와 대칭에 관심을 가져왔던 에셔는, 1936년 스페인의 알람브라 궁전을 방문했을 때 무어인들이 건축물에서 사용한 테셀레이션(tessellation)이라고 부르는 반복적인 타일 패턴 방식으로부터 영감을 얻어서 그런 수학적 개념들을 작품으로 표현하기 시작했다.

그의 "원의 극한" 목판화는 쌍곡선 기하학을 나타내는 도형이다. 구를 납작하게 만들어서 지구의 2차원 지도를 만들면 대륙의 모양이 왜곡되는 것과 마찬가지로, 음(陰)으로 휘어진 공간을 2차원의 변형된 원판으로 표현한 것이었다. 예를 들면, "원의 극한 IV(천당과 지옥)"은 천사와 악령을 나타내는 인물들을 반복적으로 표현한 작품이다. 진정한 쌍곡선 공간에서는 모든 인물들의 크기가 똑같지만, 에셔의 2차원 표현에서는 가장자리의 인물들이 중앙의 인물들보다 더 작고, 더 초라하게 보인다. 텐서 네트워크의 도형 역시 스윙글이 수강한 운명적인 끈 이론 강의에서 주목했던 심오한 관계를 시각적으로 표현한 "원의 극한" 시리즈와 놀라울 정도로 닮았다.

지금까지 텐서 분석은 말다세나가 제안했던 것과 같은 시공간의 모형에 한정되어왔다. 그러나 말다세나의 시공간은 우리가 살고 있는 우주를 설명해주지 않는다. 팽창이 가속되고 있는 우주는 말안장 모양이 아니다. 물리학자들은 몇 가지 특별한 경우에서만 이중적 모델들 사이를 옮겨다닐 수 있다. 이상적으로 그들은 보편적인 사전을 가지고 싶어 한다. 그리고 그들은 그럴듯해 보이는 근사치를 얻기보다는 직접적으로 사전을 유도해낼 수 있기를 바랄 것이다. "누구나 그것이 중요하다고 동의하지만, 아무도 그것을 어떻게 유도하는지를 모르기 때문에 우리는 그런 이중성에 대해서 난처한 상황에 처해 있다." 프레스킬이 말했다. "어쩌면 텐서 네트워크 접근법을 이용하면 더 멀리 갈 수 있게 될 것이다. 나는 우리가 간단한 장난감 모형에 대해서라도 '아하! 이것이 사전의 유도구나!'라고 말할 수 있게 된다면 발전의 증거가 될 것이라고 생각한다. 그것은 우리가 무엇을 얻게 될 것이라는 확실한 힌트가 될 것이다."

스윙글과 반 람스돈크는 시공간에 대한 정적(靜的) 설명을 넘어서 시공간이 시간에 따라 어떻게 변화하고, 어떻게 휘어지는지에 대한 동력학(動力學)을 탐구할 수 있도록 각자의 연구 결과를 공유해왔다. 그들은 시공간의 동력학과 그 기하학적 구조가 얽힌 큐비트에서 창발된다는 증거인 동등성(equivalence) 원리에 해당하는 아인슈타인 방정식을 유도하는 일에 성공했다. 이는 조짐이 좋은 출발이다.

"'시공간이 무엇인가?'는 완전히 철학적 질문처럼 들린다." 반 람스돈크가 말했다. "실제로 그런 질문에 대한 확실하고, 시공간을 계산할 수 있도록 해주는 답을 찾은 것은 매우 놀라운 일이 될 것이다."

다중우주에서, 확률은 얼마나 될까?

내털리 볼초버

현대 물리학이 정말 믿을 만한 것이라면, 우리는 현재 여기에 있을 수가 없었을 것이다. 진공에 주입되는 에너지의 양은, 높은 수준에서라면 우주를 산산조각 낼 수 있겠지만, 다행히 이론이 예측하는 것보다 10^{120}배나 작다. 그리고 은하나 인간과 같은 거대한 구조들이 형성될 수 있도록 해줄 정도로 작아야 할 힉스 보손의 질량도 예상되는 이론값보다 대략 10^{18}배나 작다. 이런 상수들 중에서 어느 하나만이라도 조금만 더 커진다면 우주에는 아무것도 존재할 수 없게 될 것이다.

앨런 구스와 같은 선도적인 우주론 학자들은, 우리의 믿기 어려운 행운을 설명하려면 우리 우주를 영원히 거품이 일고 있는 바다에 떠 있는 수없이 많은 거품들 중의 하나로 볼 수밖에 없다고 주장했다. 무한히 많은 "다중우주(multiverse)" 중에는 모든 상수들이, 우리와 같은 영외(營外) 거주자들까지 포함하는 생명이 존재하기에 적절한 성질을 가지도록 적절한 값으로 조정된 우주들도 있을 것이다. 그런 시나리오에서는 우리의 행운이 필연적이다. 생명친화적인 특이한 거품이 우리가 관찰할 수 있을 것으로 예상할 수 있는 전부이다.

남은 문제는 그런 가설을 확인해보는 방법이다. 다중우주 아이디어를 지지하는 사람들은, 생명이 존재할 수 있는 희귀한 우주들 중에서 우리 우주가 통계적으로 대표적인 것이라는 사실을 증명해야만 한다. 생명이 존재할 수 있는 우주들 안에서는, 진공 에너지의 정확한 양과 체중 미달인 힉스 보손의 정확한 질량을 비롯한 다른 특이 사항들이 충분히 높은 확률을 가져야만 한다. 생명이 존재할 수 있는 우주들 가운데 우리 우주의 성질이 예외적인 것으로 보인다면, 다중우주 설명은 실패한 것이다.

그러나 무한(無限)이 통계적 분석을 방해한다. 만들어질 수 있는 거품이 무한히 여러 차례에 걸쳐 반복적으로 만들어지는 영원히 팽창하는 다중우주에서, "대표적"이라는 사실은 어떻게 확인할 수 있을까?

매사추세츠 공과대학의 물리학과 구스 교수는, 그런 "측정 문제(measure problem)"를 해결하기 위해서 자연의 독특한 특징을 이용한다. "유일한 우주에서는 머리가 두 개인 송아지가 머리가 하나인 송아지보다 훨씬 드물다"라고 그가 말했다. 그러나 무한히 가지를 치는 다중우주에서는 "하나의 머리를 가진 송아지도 무한히 많고, 두 개의 머리를 가진 송아지도 무한히 많다. 그 비율은 어떨까?"

그동안 무한한 양들의 비율을 계산할 수 없다는 사실 때문에 다중우주 가설로는 그런 우주의 성질을 확인할 수 있는 예측이 불가능했다. 한 가설이 물리학의 완전한 이론으로 완성되려면, 두 개의 머리를 가진 송아지에 대한 의문부터 해결해야만 한다.

영원한 팽창

우주의 매끈함과 평편함을 설명하려고 노력하는 젊은 연구자였던 구스는, 1980년에 빅뱅이 시작되고 1초도 안 되는 짧은 시간 동안 기하급수적인 성장이 일어났을 수 있다는 제안을 했다.[1] 풍선을 불면 표면의 주름이 없어지는 것과 마찬가지로, 그런 성장 과정에서 공간의 변형들이 제거된다는 것이다. 인플레이션 가설은 여전히 실험 중이기는 하지만 모든 가능한 천체물리학적 자료와 일치했고, 많은 물리학자들로부터 폭넓게 인정을 받았다.

그로부터 몇 년 동안, 현재 스탠퍼드 대학교에 있는 안드레이 린데와 구스를 비롯한 여러 우주론 학자들은, 인플레이션이 거의 필연적으로 무한히 많은 우주들을 탄생시켰을 것이라고 추론했다. "인플레이션은 일단 시작되면 절대 완전히 멈추지 않는다." 구스가 설명했다. 실제로 일종의 붕괴를 통해서 안정한 상태에 도달하여 팽창이 멈춰지게 된다면, 시간과 공간이 우리 우주와 같은 상태로 완만하게 부풀어 오르게 된다. 다른 모든 곳에서는 시공간이 영원히 거품을 만들어내면서 빠르게 계속 팽창한다.

서로 단절된 시공간 거품은 저마다 다양한 양의 에너지 붕괴와 연결된 서로 다른 초기 조건의 영향을 받는다. 팽창한 후에 다시 수축하는 거품도 있고, 무한히 계속해서 딸 우주들을 탄생시키는 거품도 있을 것이다. 과학자들은 영원히 팽창하는 다중우주는 모두 에너지 보존, 광속, 열역학, 일반상대성, 양자역학을 따를 것이라고 가정했다. 그러나 그런 법칙과 관련된 상수들의 값은 거품마다 무작위적으로 차이가 날 수 있다.

프린스턴 대학교의 이론물리학자이자 초기에 영원한 인플레이션 이론(theory of eternal inflation)을 제기했던 사람들 중 한 명인 폴 슈타인하트는, 다중우주가 자신이 도움을 주었던 추론에 포함된 "치명적 오류"라고 보았다. 그는 지금도 다중우주를 단호하게 반대하고 있다. "우리 우주는 단순하고, 자연적인 구조를 가지고 있다." 2014년에 그가 말했다. "다중우주 아이디어는 바로크적이며, 비자연적이고, 불안정하고, 결국에는 과학과 사회에 위험할 것이다."

슈타인하트를 비롯한 반대론자들은 다중우주 가설이 과학을 자연의 성질에 대한 유일무이한 설명에서 멀어지게 만든다고 믿는다. 지난 세기 동안 훨씬 더 강력해진 이론들을 통해서 물질, 공간, 시간에 대한 심오한 의문들을 우아하게 설명할 수 있게 되었다. 그런데 그들의 입장에서, 우주에 대해서 여전히 설명하지 못한 성질들을 "무작위적"이라고 치부하는 것은 설명을 포기하는 것과 마찬가지이다. 다른 한편으로, 초기의 천문학자들이 태양계의 어지러운 행성 궤도에서 질서를 찾으려다 실패했던 경우처럼, 무작위성이 과학적 의문에 대한 대답이 되는 경우도 있었다. 인플레이션 우주론이 인정을 받게 되면서, 별들이 우연과 카오스에 의해서 배열된 우주가 존재하는 것처럼 무작위적 우주들로 구성된 다중우주도 존재할 수 있을 것이라고 동의하는 물리학자들이 점점 더 많아지고 있다.

"1986년에 영원한 팽창에 대한 이야기를 들었을 때, 나는 토할 것만 같았다." 암허스트에 있는 매사추세츠 대학교의 물리학자 존 도노휴가 말했다. "그러나 더 생각해보니, 그것도 말이 되는 것이었다."

다중우주를 위한 이론

다중우주 가설은 노벨상을 받은 스티븐 와인버그의 1987년 연구 덕분에 상당한 탄력을 받았다. 와인버그는 비어 있는 진공에 들어 있는 무한히 작은 에너지의 양에 해당하는 우주 상수* Λ의 값을 예측하기 위

---

* 아인슈타인이 당시 실험적으로 확인된 것으로 믿었던 정적(靜的) 우주를 설명하기 위해서 일반상대성이론에 도입했던 진공의 에너지 밀도에 해당하는 상수. 1929년 우주가 팽창하고 있다는 사실을 발견한 허블의 결과가 알려지면서 아인슈타인은 자신이 일반상대성이론에 우주 상수를 도입한 것을 '최대의 실수'라고 후회하게 되었다.

해서 다중우주 가설을 사용했다. 진공 에너지는 시공간을 팽창하게 만든다는 뜻에서 중력 반발적 특성을 가지고 있다. 따라서 Λ의 값이 0보다 큰 우주는 계속 팽창하고, 빈 공간이 늘어나면 점점 더 빨리 팽창해서 결국에는 어떤 물질도 존재하지 않는 진공 상태가 되어버린다. 반대로 Λ의 값이 0보다 작은 우주는 수축되어 "빅 크런치(big crunch)"에 도달하게 된다.

1987년에는 물리학자들이 우리 우주의 Λ 값을 측정하지는 못했지만, 우주 팽창의 속도가 비교적 빠르지 않은 것으로 보아서 그 값이 0에 가까울 것이라고 추정했다. 그런 추정은 Λ가 엄청나게 커서 진공 에너지의 밀도가 원자를 깨뜨릴 정도로 클 것이라는 양자역학적 계산과는 상반되는 것이었다. 어쨌든 우리 우주는 엄청나게 묽어진 상태인 것처럼 보였다.

와인버그는 「피지컬 리뷰 레터(*PRL*)」에 발표한 논문에서 "우주 상수의 값이 작은 것에 대한 미시적 설명을 찾아내지 못한 실패"를 해결하기 위해서 인간 중심의 선택(anthropic selection)이라고 부르는 개념을 도입했다. 그는 우주의 관찰자들을 탄생시킨 생명의 형태가 은하의 존재를 전제로 한다고 추론했다. 따라서 Λ의 값을 관찰할 수 있는 유일한 우주는 물질이 서로 뭉쳐져서 은하가 형성될 수 있을 정도로 느리게 팽창하는 경우뿐이다. 와인버그는 「피지컬 리뷰 레터」의 논문에서 은하들이 존재할 수 있는 우주가 가질 수 있는 Λ의 최댓값을 제시했다.[2] 와인버그의 시도는 다중우주를 이용해서 관찰을 수행할 관찰자가 존재한다는 조건에서 가능성이 가장 높은 진공 에너지의 밀도를 예측한 것이었다.

10여 년이 지난 후에 천문학자들은 우주의 팽창이 Λ가 ("플랑크 에너

그러나 1990년대에 우주의 가속 팽창 사실이 알려지면서 오늘날 우주 상수는 다시 암흑 에너지의 양을 나타내는 상수로 이해되고 있다.

지 밀도"의 단위로) 10^{-123}에 해당하는 안정된 속도로 가속되고 있다는 사실을 발견했다. 그 값이 0이라는 사실은, 양자 법칙에 알려지지 않은 대칭성이 포함되어 있기 때문에 다중우주가 필요하지 않다는 설명이 될 수 있다. 그러나 우주 상수의 값이 터무니없을 정도로 작은 것은 무작위적인 것으로 보였다. 그리고 그것은 와인버그의 예측과 놀라울 정도로 가까웠다.

"그것은 대단한 성공이었고, 영향력이 매우 컸다"라고 뉴욕 대학교의 다중우주 이론가인 매슈 클레반이 평가했다. 어쨌든 그런 예측은 다중우주가 설득력이 있다는 사실을 증명해주는 것처럼 보였다.

와인버그의 성공에 뒤이어서, 도노휴와 그의 동료들도 똑같은 인간 중심적 접근법을 이용해서 힉스 보손의 질량에 대한 가능한 값의 범위를 계산했다. 힉스는 다른 기본 입자들이 질량을 가지도록 해주고, 그런 상호작용의 피드백(되먹임) 효과에 따라서 그 질량이 늘어나거나 줄어들게 될 것이다. 그런 피드백 때문에 힉스의 질량은 관찰 값보다 훨씬 더 커질 것으로 예상된다. 그래서 힉스 질량이 줄어든 것처럼 보이는 것은 모든 개별적인 입자들이 미치는 영향들이 우연하게 상쇄되었다는 뜻이다. 도노휴의 연구진은 인간 중심의 선택에서는 우연하게 작아진 힉스가 예상된다고 주장했다. 만약 힉스 보손이 5배 정도만 더 무거워졌다면, 탄소와 같이 복잡하고, 생명에 핵심적인 원소들이 만들어지지 못했을 것이다.[3] 따라서 훨씬 더 무거운 힉스 입자를 가진 우주는 절대 관찰될 수 없을 것이다.

최근까지도 힉스 질량이 작은 것에 대한 가장 설득력 있는 이론은 초대칭이라는 것이었다. 그러나 이 이론의 가장 단순한 형태도 제네바 근처의 대형강입자충돌기에서 수행된 광범위한 검증을 통과하지 못했다. 새로운 대안들이 제시되기는 했지만, 몇 년 전까지만 해도 다중우주가 과학적이지 않다고 생각했던 많은 입자물리학자들은 지금도 마지못해서 그런 아이디어들에 마음을 열어주고 있을 뿐이다. "나는 그것이 사라져버리기를 바란다." 1980년대에 초대칭 이론을 연구했던 고등연구소의 물리학 교수인 네이선 사이버그가 말했다. "그러나 우리는 그런 현실을 마주할 수밖에 없다."

그러나 예측력이 있는 다중우주 이론에 대한 요구가 늘어났지만, 연구자들은 와인버그와 같은 사람들의 예측이 너무 순진했다는 사실을 깨달았다. 와인버그는 은하의 형성이 가능한 Λ의 최댓값을 추정했지만, 그것은 천문학자들이 Λ가 1,000배나 더 큰 우주에서 만들어질 수 있는 소형 "왜소 은하들(dwarf galaxies)"을 발견하기 이전의 결과였다.[4] 더 일반적인 그런 우주에도 역시 관찰자가 존재할 수도 있기 때문에, 이제는 우리 우주가 관찰할 수 있는 우주들 중에서 오히려 예외적인 것처럼 보인다. 반면에 왜소 은하에는 아마도 온전한 크기의 은하보다 더 적은 수의 관찰자가 있을 것이고, 그래서 왜소 은하만 존재하는 우주는 관찰될 확률이 낮을 것이다.

연구자들은 관찰 가능한 거품과 관찰 불가능한 거품을 구분하는 것만으로는 충분하지 않다는 사실을 깨달았다. 우리 우주의 예상되는 성질을 정확하게 예측하려면, 거품을 관찰하게 될 가능성을 그 속에 존재하는 관찰자의 수에 따라 평가해야만 한다. 이제 측정 문제(measure problem)로 들어가보자.

다중우주의 측정

구스를 비롯한 과학자들은 다른 종류의 우주를 관찰할 수 있는 확률을 가늠하기 위한 측정 방법을 찾기 시작했다. 그런 측정은 과학자들에게

이 우주에서 관측될 확률이 충분히 높은 다양한 기본 상수들 모두에 대한 예측을 가능하게 해준다. 처음에는 영원한 인플레이션에 대한 수학적 모델을 만들고, 각각의 유형들이 주어진 시간 간격 동안에 몇 차례씩 발생하는지를 근거로 관찰 가능한 거품의 통계적 분포를 계산했다. 그러나 시간을 측정 수단으로 사용하기 때문에 우주에 대한 최종 집계는 결국 과학자들이 시간을 어떻게 정의했는지에 따라 달라질 수밖에 없었다.

"사람들은 자신들이 선택한 무작위적 컷오프 법칙에 따라 매우 다른 결과를 얻었다." 캘리포니아 대학교 버클리의 라파엘 부소의 말이었다.

매사추세츠 주의 메드포드에 있는 터프츠 대학교의 우주론 연구소 소장인 알렉산더 빌렌킨은 지난 20여 년 동안 자신의 임의적 가정을 극복할 수 있는 방법을 찾는 과정에서 다중우주에 대한 몇 가지 측정 방법을 제시했다가 포기했다. 2012년에 그는 스페인 바르셀로나 대학교의 하우메 가리가와 함께 다중우주를 관통하면서 관찰자의 수를 비롯한 사건들의 수를 세는 불사(不死)의 "관람자(watcher)" 형식의 측정 방법을 제안했다.[5] 그렇게 하면, 사건들의 빈도가 확률로 변환되고, 측정 문제가 해결된다. 그러나 그들의 제안에는 처음부터 불가능한 가정이 포함되어 있었다. 관람자가 비디오 게임에서 죽었다가 곧바로 되살아나는 아바타처럼 수축해버리는 거품에서도 기적적으로 살아남아야 한다는 것이다.

구스와 현재 미네소타 대학교 덜루스에 있는 비탈리 반추린은 2011년에 무한한 다중우주 안에서 무작위적으로 선택한 시공간의 조각에 해당하는 유한한 "표본 공간"을 상상했다.[6] 표본 공간은 무한히 크지 않을 정도까지 팽창하는 과정에서 거품 우주들을 관통하면서, 양성자 형성, 별 형성, 또는 은하들 사이의 전쟁과 같은 사건들을 만나게 된다. 표본 채집이 끝날 때까지 그런 사건들을 가상적인 데이터뱅크에 기록해둔다.

서로 다른 사건들의 상대적인 빈도로부터 확률을 계산하면 예측 능력을 얻게 된다. "일어날 수 있는 모든 사건은 일어나게 되겠지만, 그 확률은 동일하지 않을 것이다." 구스가 말했다.

불사의 관람자나 상상 속의 데이터뱅크처럼 낯선 것 이외에도 그런 접근 방법에서는 여전히 어떤 사건들이 생명의 대용물이 될 것이고, 따라서 우주의 관찰 과정에서는 그 수를 헤아려서 확률로 변환시키기 위한 임의적 선택이 필요하게 된다. 생명에는 양성자가 필요하지만, 우주 전쟁은 그렇지 않다. 그러나 관람자들에게 별이 필요할까? 아니면 이마저도 생명의 개념을 너무 제한하는 것일까? 어떤 측정법을 사용하든지 상관없이 우리가 살 수 있는 우주의 확률이 우리 우주처럼 커지도록 선택할 수 있다. 추론의 정도에 대한 의혹이 제기된다.

인과적 다이아몬드

부소가 측정 문제를 처음 알게 된 것은, 자신이 블랙홀 물리학의 원로인 스티븐 호킹의 대학원 학생이었던 1990년대였다. 블랙홀은 전지전능한 측정자(measurer)는 있을 수 없다는 것을 증명해주었다. 그것은 빛이 더 이상 탈출할 수 없는 블랙홀의 "사건 지평선" 내부에 있는 사람이 외부에 있는 사람과 다른 정보와 사건을 함께 경험하게 되고, 그 역도 성립한다는 뜻이기 때문이다. 부소를 비롯한 블랙홀 전문가들은 그런 법칙이 "훨씬 더 일반적이어야만 하기" 때문에, 불사의 관람자와 같은 방법으로는 측정 문제를 해결할 수 없다고 생각하게 되었다고 그가 말했다. "물리학은 보편적이고, 그래서 우리는 원칙적으로 한 관찰자가 측정할 수 있는 것을 활용해야만 한다."

그런 통찰 덕분에 부소는 방정식에서 무한을 완전히 제거해버린 다중우주의 측정 방법을 개발하게 되었다.[7] 그는 시공간 전체를 살펴보는 대신 시간이 시작될 때부터 끝날 때까지 여행하는 한 사람의 관찰자가 접근할 수 있는 가장 큰 영역을 나타내는 "인과적 다이아몬드(causal dia-mond)"라고 불리는 다중우주의 유한한 부분에 집중했다. 인과적 다이아몬드의 유한한 경계는, 어둠 속에서 두 사람이 서로 상대를 향해 들고 있는 한 쌍의 손전등에서 퍼져나가는 빛살과 같은 두 개의 빛 원뿔이 만나는 경계선에 의해서 형성된다. 하나의 원뿔은 관찰자가 탄생할 수 있는 가장 이른 시점인 빅뱅 이후에 물질이 창조된 순간으로부터 시작되고, 다른 하나는 우리의 미래 지평선이 닿을 수 있는 가장 먼 곳에서부터 뒤쪽으로 향한다. 후자의 순간에는, 인과적 다이아몬드가 텅 비게 되어서 세월이 흘러도 변하지 않는 빈 공간으로 변해버리고, 관찰자는 더 이상 원인과 결과를 연결해주는 정보를 얻을 수 없게 된다.

부소는 인과적 다이아몬드의 외부에서 일어나는 일에는 관심이 없었다. 블랙홀 내부에 갇혀 있는 불쌍한 사람은, 외부에서 일어나는 일에 대한 정보를 파악할 수 없는 것과 마찬가지로 인과적 다이아몬드의 외부에서 일어나는 무한히 변화하고, 끊임없이 반복되는 사건들에 대해서도 전혀 알 수가 없다. 유한한 다이아몬드의 개념을 인정하고 나면, "누군가가 측정할 수 있는 모든 것이 그곳에 존재하기만 한다면, 실제로 측정 문제는 더 이상 존재하지 않게 된다." 부소가 말했다.

부소는 2006년에 자신의 인과적 다이아몬드 측정이 우주 상수의 예상값을 예측하는 공평한 방법이 될 수 있다는 사실을 깨달았다. Λ의 값이 작은 인과적 다이아몬드는 무질서 또는 에너지의 악화를 나타내는 엔트로피를 더 많이 생성하게 된다. 그래서 부소는 엔트로피가 복잡성 또는 관찰자의 존재를 알려주는 역할을 할 수 있다고 가정했다. 사건의 수를 세는 관찰자를 이용하는 다른 방법들과 달리 엔트로피는 신뢰할 수 있는 열역학 방정식을 이용해서 계산할 수 있다. 그런 방법으로 "우주를 서로 비교하는 것이 수영장을 채우고 있는 물과 방을 가득 채우고 있는 공기를 비교하는 것보다 더 특이한 문제가 될 수는 없다." 부소가 말했다.

부소와 그의 동료인 로니 하닉, 그레이엄 크립스, 질라드 페레즈는 천체물리학 자료를 이용해서 주로 우주 먼지로부터 산란되는 빛에서 비롯되는 우리 우주의 총 엔트로피 생성 속도를 계산했다.[8] 그런 계산은 예상되는 Λ의 통계적 범위를 보여주었다. 알려진 값인 10^{-123}은 중간 값의 바로 왼쪽에 있었다. "솔직히 그런 결과를 기대하지는 않았다." 부소가 말했다. "그런 예측은 매우 확실한 것이기 때문에 정말 훌륭한 결과였다."

예측하기

부소와 공동연구자들의 인과적 다이아몬드 측정은 지금까지 몇 가지 성공으로 이어졌다. 그것은 우주론에서 "왜 지금일까(why now)?" 문제라고 부르는 미스터리를 해결해준다. 그 문제는 우리가 하필이면 물질과 진공 에너지의 효과가 서로 비슷해져서 최근에 (물질 주도의 시대를 뜻하는) 느려지던 우주의 팽창이 다시 (진공 에너지가 주도하는 시대를 뜻하는) 빨라진 시기에 살게 된 이유가 무엇이냐에 대해서 묻는다. 부소의 이론에 따르면, 우리가 이런 시기에 살고 있다는 사실을 알게 된 것은 지극히 자연스러운 것이다. 우주에 진공 에너지와 물질이 같은 비율로 들어 있으면, 최대의 엔트로피가 생성되고, 따라서 가장 많은 관찰자들이 존재하게 되기 때문이다.

2010년 하닉과 부소는, 자신들의 아이디어를 이용해서 우주의 평편함과 우주 먼지에서 방출되는 적외선 복사의 양도 설명했다. 2013년에는 부소와 그의 버클리 동료인 로런스 홀이, 우리처럼 양성자와 중성자로 구성된 관찰자들은 우리 우주에서 그렇듯이 일상적인 물질과 암흑물질의 양이 비슷한 우주에서 살게 될 것이라는 결과를 발표했다.[9]

"지금은 인과적 방법이 정말 훌륭해 보인다." 부소가 말했다. "예상 외로 많은 것들이 잘 해결되었고, 내가 알기에는 이런 정도의 성공을 거두거나 비슷한 정도의 성공을 자랑하는 다른 측정 방법은 없다."

그러나 인과적 다이아몬드 측정에도 몇 가지 부족한 부분이 있다. 바로 우주 상수가 음의 값을 가지는 우주의 확률을 가늠해주지 못한다는 것이다. 또한 인과적 측정의 예측이 미래를 향한 빛 원뿔이 시작되는 초기 우주에 대한 가정에 민감하다. 그러나 이 분야의 연구자들은 인과적 다이아몬드 측정의 장래성을 기대한다. 캘리포니아 대학교 데이비스의 이론물리학자이고 인플레이션 이론의 초기 설계자 중 한 사람인 안드레아스 알브레히트는 측정 문제에 깔려 있는 무한성을 비껴가도록 해준 인과적 다이아몬드가 "우리가 몰입할 수 있는 유한성의 오아시스"라고 말했다.

부소와 마찬가지로 초기에는 블랙홀 연구자로서 연구를 시작했던 클레반은 엔트로피 생성 다이아몬드와 같은 인과적 방법의 아이디어는 "측정 문제에 대한 최종 해결책의 일부가 될 수밖에 없다"라고 말했다. 그와 구스와 빌렌킨을 비롯한 여러 물리학자들은 그것을 주목할 수밖에 없는 훌륭한 방법이라고 생각하지만, 여전히 다중우주에 대한 나름대로의 측정 방법에 대한 연구를 계속하고 있다. 그러나 문제가 해결될 것이라고 생각하는 사람은 거의 없다.

모든 측정에는 단순히 다중우주가 존재한다는 것 이상의 여러 가지 가정들이 필요하다. 예를 들면, Λ나 힉스 질량과 같은 상수들의 예상 범위에 대한 예측은 언제나 거품이 더 큰 상수들을 가지는 경향이 있을 것이라고 추정한다. 그것에 대한 연구가 진행 중인 것은 분명하다.

"다중우주는 해결되지 않은 문제이거나 제정신이 아닌 것 중의 하나로 간주되고 있다." 구스가 말했다. "그러나 만약 궁극적으로 다중우주가 과학의 표준으로 받아들여지게 된다면, 그것은 우리가 자연에서 관찰하고 있는 미세 조정에 대한 가장 가능성이 높은 설명이기 때문일 것이다."

어쩌면 다중우주 이론학자들이 영원히 완수할 수 없는 시시포스적 문제를 선택했을 수도 있다. 아마도 그들은 결코 머리가 둘인 송아지 문제를 해결하지 못할 수도 있다. 일부 연구자들은 다른 경로로 다중우주를 시험하고 있다. 그들은 방정식의 무한한 가능성을 뒤지고 다니는 대신 궁극적인 최후의 시도에 해당하는 오래 전의 거품 충돌에서 남겨진 희미한 떨림을 찾기 위해서 유한한 범위의 하늘을 살펴보고 있다.

다중우주 충돌이 하늘에 남긴 흔적

제니퍼 오울렛

유니버시티 칼리지 런던의 우주론 학자 히라니아 피리스도 많은 동료들처럼 한동안은 우리 우주가 방대한 다중우주들 중의 하나일 뿐일 수도 있다는 생각에 동의하지 않았었다. 그녀는 다중우주가 과학적으로는 흥미롭지만 근본적으로 검증 불가능하다고 생각했다. 그녀는 은하의 진화처럼 훨씬 더 확실한 질문에 대한 연구를 좋아했다.

그런데 어느 여름에 아스펜 물리학 센터를 방문했던 피리스는 페리미터 연구소의 맷 존슨과 대화를 나누게 되었다. 다중우주를 연구할 방법을 개발하고 싶었던 그는 그녀에게 공동연구를 제안했다.

처음에 피리스는 회의적이었다. "방관자였던 나는 아무리 흥미롭고 우아한 이론이라도 검증 가능한 결론을 제시하지 못한다면 심각한 문제라고 생각한다"고 그녀가 말했다. 그러나 존슨은 개념을 검증하는 방법이 있을 수도 있다고 그녀를 설득했다. 만약 우리가 살고 있는 우주가 오래 전에 다른 우주와 충돌했다면, 빅뱅의 희미한 잔광(殘光)인 우주 마이크로파 배경(cosmic microwave background, CMB)에 그 흔적이 남아 있을 수도 있었다. 그리고 만약 물리학자들이 그 흔적을 확인할 수 있다면 그것이 다중우주로 통하는 창문을 열어줄 것이다.

컬럼비아 대학교의 물리학자 에릭 와인버그는 그런 다중우주를 시공간의 영역에 고립된 상태로 끓고 있는 가마솥에 비유해서 다음과 같이 설명했다. 거품이 개별적인 우주를 나타낸다. 가마솥이 끓으면 거품들이 팽창하고, 때로는 충돌하기도 한다. 우주의 초기 순간에도 비슷한 일이 일어났을 것이다.

처음 만난 이후에 몇 년 동안 피리스와 존슨은, 초기에 일어났던 다른 우주와의 충돌에 의해서 우리 우주를 지나가는 충격파와 비슷한 것이 발생할 수 있었는지를 연구했다. 그들은 CMB의 지도를 제작하는 플랑크 우주 망원경*에서 얻은 자료에서 그런 충돌의 흔적을 찾을 수 있을 것이라고 생각했다.

그러나 피리스는 그런 프로젝트가 가능하지 않을 수도 있다고 생각했다. 그런 결과를 얻으려면, 우리가 다중우주에서 살아야 할 뿐만 아니라 우리 원시 우주의 역사에서 우리 우주가 다른 우주와 충돌했어야만 했다. 그러나 만약 그런 연구가 성공한다면, 물리학자들은 우리 우주 바깥에 존재하는 다른 우주에 대한 최초의 부정할 수 없는 증거를 가지게 될 것이다.

거품들이 충돌할 때

다중우주 이론은 한동안 과학 소설이나 터무니없는 영역으로 격하되었었다. "당신이 정상이 아닌 나라에 다녀온 것처럼 들렸다." 페리미터 이론물리학 연구소와 요크 대학교에서 겸직 중인 존슨이 말했다. 그러나

---

* 유럽우주청이 우주 마이크로파 배경복사(CMB)의 비등방성을 확인하기 위해서 2009년부터 2013년 10월까지 운영했던 우주 망원경. CMB의 온도를 분석하여 빅뱅이 일어난 직후의 모습을 담은 '우주 지도'를 그리고, 암흑물질의 비율이 26퍼센트이고, 우주의 나이가 138억 년이라는 사실을 확인해주었다.

과학자들은 여러 가지의 다중우주 이론을 제시했고, 그중에는 덜 미친 것처럼 보이는 것도 있었다.

피리스와 그녀의 동료들이 관심을 가지고 있었던 다중우주는, 1950년 대에 처음 제안되었지만 모든 양자 사건이 각각 독립된 우주를 만들어낸 다고 해서 논란이 많았던 "다중 세계(many worlds)" 가설은 아니었다. 우리의 시공간에서 분리되어서 독립된 영역이 되는 새로운 우주를 뜻하 는 평행 세계(parallel worlds)에 대한 대중 공상과학 소설과 관련된 다중 우주의 개념도 아니었다. 오히려 그녀의 다중우주는, 우주의 초기 순간에 대해서 널리 인정되는 이론인 인플레이션의 결과로 등장하는 것이었다.

인플레이션 이론에 따르면, 우리 우주는 빅뱅 이후 갑자기 시작된 빠 른 팽창을 경험하면서 무한히 작은 점으로부터 고작 1초도 안 되는 짧은 순간에 수십억 광년의 4분의 1을 차지할 정도로 팽창했다.

그러나 인플레이션은 일단 시작되고 나면 절대로 완전히 멈추지 않는 경향이 있다. 이론에 따르면, 우주는 팽창을 시작한 후에 어느 곳에서는 멈추게 되어 오늘날 우리 주위의 모든 곳에서 보는 우주와 같은 영역을 만들기는 했다. 그러나 다른 곳에서는 인플레이션이 미래를 향해서 영 원히 계속된다.

그런 특징 때문에 우주론 학자들은 영원한 인플레이션(eternal infla-tion)이라는 시나리오를 생각해내게 되었다. 이 이론에서는 공간의 개별 적인 영역들이 팽창을 멈추어서 우리가 살고 있는 것과 같은 "거품 우주" 가 되기도 한다. 그러나 더 큰 규모에서는 기하급수적 팽창이 영원히 계속되고, 새로운 거품 우주들이 연속적으로 만들어지게 된다. 관찰자는 빛보다 더 빠른 속도로 움직이지 않는 한, 한 거품에서 다른 거품으로 옮겨 갈 수 없기 때문에, 각각의 거품은 똑같은 시공간의 일부임에도 불구하고 나름대로의 독립된 우주인 것처럼 보인다. 그리고 각각의 거품은 스스로의 독특한 물리학 법칙을 가질 수 있다. "영원한 인플레이션을 인정한다면, 다중우주는 당연한 결과가 된다." 피리스가 말했다.

2012년 피리스와 존슨은 안소니 아귀레와 맥스 웨인라이트와 함께 2개의 거품으로 이루어진 다중우주에 대한 계산을 했다. 그들은 두 거품이 서로 충돌하고 난 후에 관찰자가 무엇을 보게 될 것인지에 대해서 연구했다. 연구진은 두 개의 거품 우주가 충돌하면 CMB에 분명한 온도 분포를 가진 원판처럼 보이는 흔적이 남을 것이라는 결론을 얻었다.

보고 싶어하는 패턴만 보려는 경향에 의한 인간적 오류를 배제하기 위해서 그들은 우주에 올려놓은 관측소인 윌킨슨 마이크로파 비등방 탐사선(WMAP)에서 얻은 데이터에서 그런 원판을 자동적으로 찾아주는 알고리즘을 고안했다.[1] 프로그램은 거품 충돌의 흔적과 일치하는 온도 변화를 보여줄 가능성이 있는 4개의 영역을 발견했다. 이론적 예측을 개선한 그들은 온도 변화보다 CMB 편극 자료에서 더 확실한 증거를 찾을 가능성이 크다는 사실을 발견했다.[2] 플랑크 위성에서의 새로운 데이터를 활용할 수 있게 되면 연구자들의 분석은 더욱 개선될 것이다.

그러나 다중우주의 확실한 흔적을 검출하는 일은 까다롭다. 단순히 충돌이 어떤 모습일까를 알아내는 데에도 거품 충돌의 동력학에 대한 완벽한 이해가 필요하다. 상호작용의 복잡성을 고려하면 컴퓨터로 모델을 만들기도 어렵다.

새로운 문제에 도전하는 물리학자들은 전형적으로 자신들이 이해하고, 인정하는 좋은 모델을 찾은 후에 "섭동(攝動, perturbation)"이라고 부르는 약간의 수정을 추가하는 방법을 사용한다. 예를 들면, 우주에서 인공위성의 궤적을 알고 싶은 물리학자는 17세기 아이작 뉴턴이 정립한 고전적인 운동법칙을 사용하고, 태양풍에 의한 압력처럼 인공위성의 운동에 영향을 미칠 수 있는 다른 요인들의 효과를 계산해서 약간의 보정을 한다. 간단한 경우에는 섭동이 추가되지 않은 모델과 아주 작은 차이가 생길 뿐이다. 그러나 토네이도처럼 복잡한 시스템의 공기 흐름 패턴을 계산하는 경우에는 그런 근사가 작동하지 않는다. 그런 경우에는 섭동이 원래의 시스템에 작고, 예측할 수 있는 보정이 아니라 갑작스럽고, 매우 큰 변화를 발생시키기 때문이다.

초기 우주의 인플레이션 기간에 일어나는 거품 충돌을 계산하는 것은 토네이도를 계산하는 경우와 비슷했다. 인플레이션은 그 자체의 근원적인 특성 때문에 시공간을 매우 빠른 속력으로 확장시켜서, 동력학적 계산을 도전적인 과제로 만들어버린다.

"격자에서 시작하더라도 그 격자가 순간적으로 거대한 크기로 확대된다." 피리스가 말했다. 그녀는 동료들과 함께 그런 정도의 복잡성을 고려한 인플레이션을 시뮬레이션하기 위해서, 그런 격자에서 가장 적절한 세부 사항들을 점점 더 자세한 수준으로 걸러내는 과정을 되풀이하는 적응적 그물망 개선법과 같은 기술들을 도입했다. 킹스 칼리지 런던의 물리학자 유진 림은 독특한 형식의 진행파(traveling wave)를 이용하면 문제를 훨씬 더 단순화시킬 수 있다는 사실을 발견했다.

병진파

1834년 8월 존 스콧 러셀이라는 스코틀랜드의 공학자가 운하를 운항하는 선박의 효율을 향상시키기 위한 실험을 수행하고 있었다. 러셀은 한 무리의 말들이 이끄는 선박이 갑자기 멈춰서면, 수면에서 모양이 흐트러지지 않으면서 일정한 속력으로 계속 앞으로 진행하는 고립파(solitary wave)가 발생하는 것을 보았다. 고립파의 모습은 곧바로 평편해지거나, 치솟았다가 빠르게 사라지는 전형적인 파동들과는 달랐다. 흥미를 느낀 러셀은 말을 타고 파동을 따라갔고, 몇 마일이나 지난 후에야 고립파가 운하의 물속으로 사라지는 모습을 보았다. 그것이 솔리톤(soliton)에 대한 기록으로 남아 있는 최초의 관찰이었다.

불굴의 파동에 매력을 느낀 러셀은 그 현상을 더 연구하기 위해서 자신의 정원에 30피트 크기의 파동 탱크를 만들어서 스스로 "병진파(竝進波, wave of translation)"라고 부른 파동의 핵심 특징을 관찰했다. 그런 파동은 일상적인 파동보다 크기, 모양, 속력을 더 멀리까지 유지할 수 있었다. 파동의 속력은 파동의 크기에 따라 달라졌고, 폭은 물의 깊이에 따라 달라졌다. 그리고 대형 솔리톤 파동이 작은 파동을 따라 잡으면, 더 크고 더 빠른 파동이 더 작은 파동을 그냥 통과해서 지나가게 된다.

러셀의 동료들은 당시에 알려져 있던 수면파 물리학과 모순되는 것처럼 보였던 그의 관찰을 무시해버렸다. 그런 파동이 광섬유와 생물학적 단백질과 DNA와 같은 다양한 분야의 문제 해결에 유용하다는 사실을 깨달은 물리학자들이 그것을 솔리톤이라고 부르기 시작한 것은 1960년대 중반부터였다. 솔리톤은 양자장 이론의 특정한 상황에서도 등장한다. 양자장의 한 부분을 누르면 흔히 바깥쪽으로 소멸되는 진동이 발생할 것이다. 그러나 모든 것을 적당하게 설정해주면, 그런 진동이 러셀의 병진파와 마찬가지로 그 모양을 유지하게 될 것이다.

유진 림은 물리학자들이 CMB에 어떤 종류의 흔적이 나타날 것인지를 더욱 잘 예측할 수만 있다면 매우 안정한 솔리톤이 다중우주의 거품 충돌 동력학을 해결하는 단순화된 장난감이 될 수 있을 것이라고 생각했다. 그의 예감이 옳다면, 우리 거품 우주의 팽창하는 벽은 대체로 솔리톤과 같을 것이다.

그러나 고립된 정지파를 푸는 것은 비교적 쉬운 일이지만, 솔리톤들이 서로 충돌하고 상호작용할 때의 동력학은 훨씬 더 복잡하고, 계산하기 어려워서 물리학자들은 컴퓨터 시뮬레이션에 의존할 수밖에 없다. 과거에는 연구자들이 정확한 수학적 해(解)를 알고 있는 특별한 종류의 솔리톤을 자신의 목적에 맞도록 수정해서 사용했다. 그러나 그런 방법은 연구하는 목표 시스템이 장난감 모델과 상당히 비슷한 경우에만 유용하고, 그렇지 않은 경우에는 변화가 너무 커서 계산을 할 수가 없게 된다.

유진 림은 그런 어려움을 극복하기 위해서 솔리톤 충돌의 변덕스러운 특징을 이용하는 깔끔한 요령을 고안했다. 두 물체가 충돌하는 모습을 상상할 때, 우리는 자연히 그 물체들이 더 빨리 움직이면, 충격이 더 크고, 동력학은 더 복잡해질 것이라고 생각한다. 예를 들면, 두 대의 자동차가 서로 고속으로 충돌하면 파편들이 흩어지고, 열과 소음을 비롯한 다른 효과들이 발생한다. 솔리톤의 충돌에서도 마찬가지이다. 적어도 처음에는 그렇다. 유진 림에 따르면, 두 솔리톤이 아주 느리게 충돌하는 경우에는 상호작용이 아주 작다. 그러나 속력이 빨라지면 솔리톤들은 훨씬 더 강하게 상호작용을 하게 된다.

그러나 유진 림은 속력이 계속 증가하면 패턴이 다시 뒤집어져서 솔리톤들 사이의 상호작용이 줄어들게 된다는 사실을 발견했다. 솔리톤들이 빛의 속도로 움직이게 되면 상호작용이 전혀 이루어지지 않는다. "그들은 그저 서로를 그냥 지나가버린다. 두 솔리톤들이 더욱 빠르게 충돌할수록 상황은 더욱 단순해진다." 유진 림이 말했다. 상호작용이 없어지면 충돌하는 솔리톤들의 동력학을 푸는 것이 더욱 쉬워진다. "경계"에 솔리톤을 가지고 있는 거품 우주들이 충돌하는 경우에도 사정은 대체로 비슷하다.[3]

존슨에 따르면, 유진 림은 광범위하게 적용될 수 있는 매우 단순한 법칙을 발견한 셈이었다. 고속으로 충돌하는 동안에는 다중우주 상호작용이 매우 약해서 그런 충돌의 동력학을 시뮬레이션하기가 쉬워진다는 것이다. 단순히 다중우주에 대한 새로운 모델을 만들고, 솔리톤을 이용해서 예상되는 흔적을 우주 마이크로파 데이터와 비교해보는 방법으로, 연구자들의 입장에서 일치하지 않는다고 생각되는 이론들을 배제시키는 것은 가능하다. 그런 방법은 물리학자들이 다중우주에 대해서 여전히 추론적이기는 하지만, 가장 최신의 관찰 데이터와 인플레이션 이론 모두와 일치하는 가장 성공 가능성이 높은 모델을 찾아내는 일에 도움이 될 것이다.

끈 이론에서의 다중우주

많은 물리학자들이 다중우주 아이디어를 진지하게 받아들이는 한 가지 이유는, 그런 모델들 중에서 끈 이론의 중요한 과제를 해결하는 데에 도움이 될 경우를 발견하게 될 가능성이 있을 수도 있기 때문이다. 끈 이론의 목표 중의 하나가 바로 전혀 다른 크기 규모를 지배하는 물리학의 두 가지 독립된 "규정집"에 해당하는 양자역학과 일반상대성을 하나의 단순한 해법으로 통일하는 것이었다.

그러나 약 15년 전에 존슨은 "끈 이론의 꿈이 폭발한 것이나 마찬가지이다"라고 말했다. 바람직한 방법으로 폭발한 것도 아니었다. 연구자들은 끈 이론이 유일한 답을 제공하지 않는다는 사실을 깨닫기 시작했다. 오히려 끈 이론은 "엄청나게 많은 수의 세계들에 대한 이론"을 제공해준다는 것이 와인버그의 설명이었다. 와인버그가 지나치게 보수적이라고 생각했던 공통적인 추정값이 10^{500}이다. 그런 세상의 집합이 존재한다는 것은, 끈 이론이 모든 가능한 결과를 예측할 수 있다는 뜻이다.

다중우주는 끈 이론이 예측하는 서로 다른 세상들을 모두 포함하는 가능성을 알려줄 것이다. 각각의 가능성은 그에 해당하는 거품 우주에서 실현될 수 있을 것이다. "모든 것은 당신이 우주의 어느 부분에 살고 있는지에 달려 있다." 유진 림이 말했다.

피리스는 그런 주장에 대해서 비판적인 사람들이 있다는 것을 인정한다. "그것은 어떤 것이라도 예측할 수 있기 때문에 유효하지 않다." 피리스는 진정한 과학 이론이 아니라 동어반복이라는 이유로 다중우주의 개념을 거부하는 사람들이 내세우는 전형적인 이유를 그렇게 설명했다. "그러나 나는 그것이 잘못된 생각이라고 생각한다." 피리스는 "유기체는 살아남았기 때문에 존재한다"는 진화론도 역시 어떤 측면에서는 동어반복과 비슷하지만, 그럼에도 불구하고 엄청난 설득력을 발휘하고 있다고 말한다. 진화론은 초기의 아무것도 없는 상태에서 오늘날 우리가 보고 있는 엄청난 종(種)의 다양성을 만들 수 있는 간단한 모델이다.

영원한 인플레이션과 결합된 다중우주 모델도 마찬가지의 설득력을 가질 수 있을 것이다. 이 경우에는 거품 우주들이 종(種) 분화와 같은 역할을 한다. 우연히 적절한 물리학 법칙을 가지게 된 우주들은 궁극적으로 "성공하게" 된다. 즉, 그런 우주들은 우리 자신과 같은 의식을 가진 관찰자들의 집이 될 것이다. 우리 우주가 훨씬 더 큰 다중우주에 존재하는 많은 우주들 중의 하나라면, 우리의 존재는 가능성이 더 낮은 것으로 보인다.

불확실한 신호들

그러나 결국 피리스가 처음에 품고 있었던 거부감도 여전히 유효하다. 실험적 증거를 모으는 방법을 찾지 못한다면, 다중우주 가설은 당연히 검증이 불가능해진다. 그렇다면 다중우주 가설은 존중받는 물리학의 변방에 남게 될 것이고, CMB에 남아 있는 거품 충돌의 흔적에 대한 뜨거운 관심도 그렇게 될 것이다.

물론 "이런 거품 충돌이 흔적을 남길 수 있다고 해서 다중우주에 반드시 흔적이 남아 있어야 한다는 뜻은 아니다." 피리스가 강조한다. "우리는 자연이 우리에게 친절하기를 기대한다." 인플레이션이 일어나는 동안에 공간이 얼마나 빨리 팽창했는지를 생각하면 관찰할 수 있는 신호는 매우 드문 발견일 수 있다. 충돌이 드문 일은 아니었을 수도 있다. 그러나 "초기 우주에서 만들어진 모든 '구조'가 묽혀져서 없어진 것과 마찬가지로 결국 그 이후의 인플레이션이 충돌의 효과를 묽혀서 지워버렸을 수 있다. 그래서 CMB 하늘에서 신호를 찾을 확률은 매우 작을 것이다."

"내 생각으로는 그것을 작동하도록 만들려면 숫자를 훨씬 더 정교하게 조정해야 할 것이다." 와인버그가 말했다. 거품 우주들이 형성되는 속도가 핵심이다. 거품들이 느리게 형성되면, 공간이 팽창하기 때문에 충돌이 일어나기도 전에 거품들이 서로 너무 멀리 떨어지고 실제로 충돌이 일어나기는 어려워질 것이다. 반대로 거품들이 너무 빨리 형성되면, 공간이 충분히 팽창해서 서로 떨어진 무리들이 생기기도 전에 모든 것이 하나로 합쳐질 것이다. 충돌이 가능하도록 거품들이 만들어져야만 하는 "적절한" 골디락스 속도는 그 중간의 어느 것이 될 것이다.

연구자들은 거짓 양성(陽性) 결과를 얻게 될 가능성에 대해서도 걱정한다. 그런 충돌이 실제로 일어났고 그 증거가 CMB에 남겨졌다고 하더라도, 숨길 수 없는 패턴을 확인하는 것이 반드시 다중우주의 증거가 될 수 있는 것이 아닐 수도 있다. "효과를 관찰하고 나서 그것이 그런 [거품] 충돌에 대한 계산된 예측과 일치한다고 말할 수는 있을 것이다." 와인버그가 말했다. "그러나 그것이 다른 많은 것들과 일치할 수도 있다." 예를 들면, 일그러진 CMB가 우주적 끈(cosmic string)*이라고 부르는 이론적인 것의 증거가 될 수도 있다. 그것은 호수가 얼어붙을 때 얼음에 형성되는 균열과 같은 것이다. 다만 이 경우에는 얼음이 시공간의 구조일 뿐이다. 질감(texture)**이라고 부르는 시공간의 매듭이나 꼬임이 그럴 수 있듯이, 자기(磁氣) 단극자도 CMB에 영향을 미칠 수 있는 또다른 가상적 결함이다.

와인버그는 영원한 인플레이션에는 여러 가지 모델이 존재하기 때문에, 그런 가능성들 사이의 차이를 설명할 수 있을 것인지조차 확신하지 못했다. 이론의 세부 사항들을 정확하게 알지 못하면서 다중우주를 적극적으로 확인하겠다는 노력은, 건물이 어떤 재료로 어떻게 지어졌는지를 알지 못하면서 단순히 충격의 소리만으로 건물의 지붕에 떨어진 두 운석의 조성을 구별하려고 노력하는 것과 마찬가지가 될 것이다.

피리스는 거품 충돌의 흔적이 확인된다고 하더라도 이제는 우리와 인과적으로 완전히 단절되었기 때문에 다른 거품 우주를 더 연구할 방법은 없을 것이라고 생각한다. 그러나 그런 결과는 다중우주의 개념이 검증 가능한 물리학의 테이블에 자리를 잡을 수 있다는 놀라운 증거가 될 것이다.

그리고 만약 그런 신호가 우주적 끈이나 자기 단극자에 대한 증거로 밝혀지더라도 역시 다중우주는 우주론의 첨단에 위치한 흥미로운 새 물리학이 될 것이다. 그런 뜻에서 "우주 마이크로파 배경 복사는 현대 우주론의 받침대이다." 피리스가 말했다. "그것은 끊임없이 주는 선물이다."

---

* 양자장 이론과 끈 이론에서 우주의 생성 초기의 인플레이션이 끝난 직후에 대칭이 깨지는 상전이 과정에서 형성되었을 것으로 추정되는 1차원의 위상학적 결함.
** 우주론에서 자발적 대칭성 깨짐을 일으키도록 해주는 장 이론의 위상학적 결함의 형태.

파인만 도형이 어떻게 공간을 구원해주었을까?

프랭크 윌첵

사무실로 들어오던 리처드 파인만은 피곤해 보였다. 1982년 산타바버라에서의 길고 지칠 정도로 힘든 하루가 끝나가던 어느 날이었다. 행사에는 열정적인 박사후 연구원들의 질문 공세와 연구자들과의 열띤 토론이 이어졌던 세미나도 있었다. 유명한 물리학자의 삶은 언제나 치열하기 마련이다. 그러나 나의 방문객은 물리학에 대해서 더 많은 이야기를 원했다. 저녁 식사까지 2시간 정도의 시간이 있었다.

나는 파인만에게 추론적이기는 하지만 흥미롭다고 생각했던 부분 스핀(fractional spin)이나 애니온(anyon)*과 같은 새로운 아이디어들에 대해서 이야기를 했다. 전혀 흥미를 보이지 않았던 파인만이, "윌첵, 당신은 좀더 실재적인 것들을 연구해야 합니다"라고 말했다. (애니온은 실재적인 것이지만, 그것은 다른 기회에 이야기할 주제이다.[1])

어색한 침묵을 깨려고 나는 파인만에게 그때는 물론이고 지금도 물리학에서 가장 난감한 질문을 던졌다. "내가 많이 생각하고 있는 다른 문제도 있습니다. 진공은 왜 질량이 없을까요?"

---

* 2차원의 양자통계 열역학에서 페르미온과 보손과 달리 '부분 스핀'을 가진 준(準)입자. 이 글을 쓴 프랭크 윌첵이 1982년에 처음 제안한 것이다.

보통 재치 있고 생동감이 넘치던 파인만이 침묵했다. 그가 생각에 잠기는 것을 본 유일한 순간이었다. 마침내 그가 꿈을 꾸듯이 말했다. "나는 언젠가 그 문제를 해결했다고 생각했던 적이 있었습니다. 훌륭했지요." 그리고 들뜬 그가 목소리를 높여서 거의 외치듯이 설명을 시작했다. "나는 공간이 질량을 가지지 않는 것은, 그곳에는 **아무것도 없기** 때문이라고 생각했습니다!"

그 꿈같은 독백을 이해하려면 어느 정도의 배경을 알아야만 한다. 그것은 진공(眞空, vacuum)과 동공(洞空, void)의 구분에 대한 것이다.

I.

현대적 의미에서의 진공은 실질적으로 혹은 이론적으로 최대한 모든 것을 제거할 때에 만들어지는 것이다. 우리는 공간의 영역에서 우리가 알고 있는(그런 목적에서는 일반적으로는 알지만 자세하게는 모르는 암흑 물질도 포함된다) 서로 다른 모든 종류의 입자와 복사(輻射)가 제거되면 "진공이 만들어진다"라고 말한다. 대안적으로 진공은 최소 에너지의 상태이기도 하다.

은하들 사이의 공간은 진공에 대한 훌륭한 근사(近似)가 된다.

반면에 동공은 이론적 이상화이다. 그것은 독립적인 성질이 없는 공간인 없음(nothingness)을 뜻한다. 우리는 모든 것이 한곳에서 일어나지 않도록 해주는 것이 동공의 유일한 역할이라고 말할 수 있을 것이다. 동공은 입자들에게 위치를 알려주는 것 이상의 역할은 하지 않는다.

아리스토텔레스는 "자연은 진공을 싫어한다"라고 말했던 것으로 널리 알려져 있지만, 나는 "자연은 동공을 싫어한다"가 더 정확한 번역이라고 확신한다. 리처드 벤틀리에게 다음과 같은 편지를 남겼던 아이작 뉴턴도 그런 해석에 동의했을 것으로 보인다.

> ……하나의 물체는 다른 어떤 것이 중개해주지 않더라도 진공을 통해서 멀리 떨어진 다른 물체에 작용할 수 있고, 그런 과정에서 작용과 힘이 한 물체에서 다른 물체로 전달될 수 있다는 것은 나에게 대단히 불합리적으로 보이고, 나는 철학적 문제에 대해서 생각을 할 수 있는 사람이라면 아무도 그런 주장에 빠져들지 않을 것이라고 믿네.

그러나 뉴턴의 걸작인 『프린키피아』의 주인공은 서로에게 힘을 미치는 물체이다. 무대에 해당하는 공간(space)은 빈 그릇이다. 그것은 자신의 생명을 가지고 있지 않다. 뉴턴 물리학에서 진공은 동공이다.

뉴턴의 체계는 거의 두 세기 동안 훌륭하게 작동했다. 뉴턴의 중력 방정식은 연이어 승리를 거두었고, (처음에는) 전기력과 자기력에 대한 비슷한 식에서도 아주 잘 맞는 것처럼 보였다. 그러나 19세기에 들어서서 사람들이 전기와 자기 현상을 더 자세하게 연구하게 되면서, 뉴턴식의 방정식이 적절하지 않다는 사실이 밝혀졌다. 제임스 클러크 맥스웰의 방정식에서는 독립된 물체가 아니라 그 방정식의 핵심 열매인 전자기장이 실재의 가장 중요한 대상이 된다.

양자론은 맥스웰의 혁명을 더욱 증폭시켰다. 양자론에 따르면, 입자는 근원적인 장(場)에 의해서 튕겨지는 거품일 뿐이다. 예를 들면, 광자는 전자기장에서의 흐트러짐이다.

젊은 과학자였던 파인만에게는 그런 관점이 지나치게 인위적인 것처럼 보였다. 그는 뉴턴의 방법을 되살려서 우리가 실제로 인식하는 입자들을 직접 다루고 싶었다. 그렇게 함으로써 그는 감춰진 가정에 도전해서 자연에 대한 더욱 단순한 설명에 도달하고, 양자장으로의 전환이 만들어낸 심각한 문제를 회피하고 싶었다.

II.

양자론에서 장(場, field)은 자발적으로 다양한 활동을 한다. 장은 강도 (強度)와 방향이 커지고 작아지는 변화를 거듭한다. 그리고 진공에서 전기장의 평균값은 0이지만, 그 제곱의 평균값은 0이 아니다. 전기장의 에너지 밀도는 장 세기의 제곱에 비례하기 때문에 그런 사실은 매우 중요하다. 사실 에너지 밀도의 값은 무한히 크다.

양자장의 자발적인 활동에는 양자 요동(quantum fluctuation), 가상 입자(virtual particle), 또는 영점 운동(zero-point motion) 등 몇 가지의 다른 이름들이 사용된다. 그런 표현의 함축에는 미묘한 차이가 있지만, 모두가 똑같은 현상을 뜻한다. 무엇이라고 부르든지 상관없이, 그런 활동에는 에너지가 관여된다. 많은 양의 에너지이고 실제로는 무한히 많은 양의 에너지가 관여된다.

대부분의 경우에는 혼란스러운 무한(無限)을 고려하지 않을 수 있다. 에너지는 변화량만을 관찰할 수 있다. 그리고 영점 운동은 양자장의 고유한 특성이기 때문에 외부 사건에 의한 에너지의 변화는 일반적으로 유한하다. 그 양은 계산이 가능하다. 원자 스펙트럼 선의 램 이동(Lamb shift)*이나 전기적으로 중성인 판 사이에 작용하는 카시미르 힘(Casimir force)**처럼 실험적으로 관찰된 몇 가지의 아주 흥미로운 효과도 그런 변화에서 발생한 것이다.[2] 그런 효과들은 골칫거리가 아니라 오히려 양자장 이론의

---

* 수소 원자를 구성하는 전자의 에너지가 진공 에너지의 요동과의 상호작용에 의해서 변화하는 현상. 윌리스 램은 그 공로로 1955년 노벨 물리학상을 받았다.
** 전도성 금속이나 유전체가 양자화된 전자기장의 에너지에 미치는 효과에 의해서 나타나는 힘.

승리에 해당한다.

예외는 중력이다. 중력은 어떤 형태이거나 상관없이 모든 종류의 에너지에 반응한다. 그래서 심지어 진공에서 존재하는 양자장의 활동과 관련된 무한한 에너지 밀도는 중력의 효과를 고려하면 심각한 문제가 된다.

원칙적으로 그런 양자장은 진공을 더 무겁게 만들어야만 한다. 그러나 실험에 의하면 진공에 의한 중력적 인력(gravitational pull)은 매우 약하다. 앞으로 더 설명하겠지만, 최근까지도 우리는 그것이 0이라고 생각했다.

어쩌면 파인만이 제시한 장(場)에서 입자로의 개념적 전환이 그 문제를 해결해줄 것이다.

III.

파인만은 아무것도 없이 시작해서 막대기 모양의 선으로 입자 사이에 작용하는 영향의 관계를 보여주는 그림을 그렸다. 최초의 파인만 도형(Feynman diagram)인 그림 1.1은 1949년 「피지컬 리뷰」에 실렸다.[3]

파인만 도형을 이용해서 한 전자가 다른 전자에 어떻게 영향을 미치는지를 이해하려면, 전자들이 공간 속에서 움직이고, 시간에 따라 진화하는 과정에서 "가상 양자(virtual quantum)"라고 부르는 광자를 교환하는 모습을 상상해야만 한다. 그것이 가장 간단한 가능성이다. 두 개 이상의 광자가 교환되는 것도 가능하고, 파인만은 그런 경우에 해당하는 비슷한 도형도 만들었다. 그런 도형들은 설명에 도움을 주고 또한 고전적인 쿨롱 힘 법칙을 보정해주기도 한다. 구불구불한 선을 추가하여 미래를 향해서 마음대로 확장시키면, 전자가 어떻게 광자를 복사하게 되는지를 나타내게 된다. 그래서 아주 단순한 구성요소에서 팅커토이*를 조립하

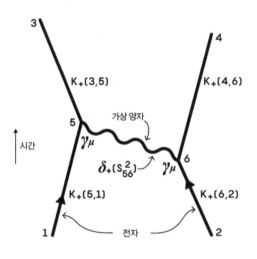

그림 1.1 두 개의 전자가 하나의 광자와 교환된다.

는 것과 같은 방법을 이용해서 복잡한 물리적 과정들을 설명할 수 있다.

파인만 도형은 공간과 시간에서 일어나는 과정들을 나타낸 것처럼 보이고, 실제로 어떤 의미에서는 그렇기도 하다. 그러나 도형을 지나치게 있는 그대로 해석하지는 말아야 한다. 그 도형이 보여주는 것은 경직된 기하학적인 궤적이 아니라, 양자 불확정성이 반영된 훨씬 더 유연한 "위상학적" 구성이다. 다시 말해서, 연결이 정확하기만 하다면, 직선과 구불구불한 선의 모양이나 배열에 대해서는 크게 신경을 쓰지 않아도 된다.

파인만은 각각의 도형에서 간단한 수학식을 유도할 수 있다는 사실을 발견했다. 그렇게 유도된 수학식은 도형이 나타내는 과정의 가능성을 나타낸다. 그는 거품이 다른 거품과 상호작용하는 간단한 경우에 자신의 도형을 사용하면, 사람들이 장(場)을 사용해서 훨씬 더 어렵게 얻는 것과 똑같은 결과를 얻게 된다는 사실도 발견했다.

---

* 구멍이 뚫린 원형의 목재 원판과 막대를 이용해서 다양한 구조를 만들 수 있는 미국의 장난감.

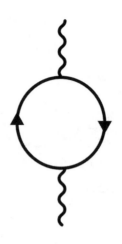

그림 1.2 중력자가 양자 요동을 만난다.

"그 도형에는 아무것도 없다"는 파인만의 말이 바로 그런 뜻이었다. 그러나 그는, 장(場)을 제거함으로써 모순된 결과를 만들어내는 중력에 대한 기여도 함께 제거했다. 그는 자신이 근본적인 상호작용에 대해서 기존의 방법보다 훨씬 더 단순할 뿐만 아니라 훨씬 더 건전한 새로운 방법을 찾아냈다고 생각했다. 그것은 근본적인 과정에 대해서 생각하는 아름답고 새로운 방법이었다.

IV.

안타깝게도 그런 첫 인상은 착각이었다. 더 깊이 연구하는 과정에서, 파인만은 자신의 방법에도 이미 해결했다고 생각했던 것과 비슷한 문제가 여전히 남아 있다는 사실을 발견했다. 그림 1.2에서 그것을 이해할 수 있다. 우리는 사건이 일어나게 만드는 (또는 외부로 흘러나가는) 입자가 없도록 완전히 자족적인 파인만 도형을 그릴 수 있다. 소위 단절된 그래

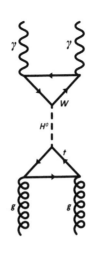

그림 1.3 힉스 입자가 만들어져서 딸 입자들로 붕괴될 수 있는 한 가지 방법

프 또는 진공 거품은 영점 운동에 대한 파인만 도형식의 비유이다. 가상 양자들이 중력자(graviton)에 어떻게 영향을 주는지를 나타내는 도형을 그림으로써 "빈" 공간의 병적인 비만 상태를 재발견할 수도 있다.

더 많은 연구를 하는 과정에서 파인만은 점차 자신의 도형 방법이 장을 이용한 접근에 대한 진정한 대안이 아니라 오히려 그것에 대한 근사에 해당한다는 사실을 깨달았고, 그 사실을 증명했다. 파인만에게 그것은 쓰디 쓴 실패였다.

그럼에도 불구하고, 파인만 도형은 흔히 실재에 대한 훌륭한 근사이기 때문에 물리학에서 보물과 같은 자산으로 남게 되었다. 더욱이 그 방법은 연구에 사용하기 쉽고 재미있다. 그것은 우리에게 실제 볼 수 없는 세상을 시각적으로 상상할 수 있도록 해주는 능력을 제공해준다.

결국 나에게 2004년 노벨상을 안겨주었던 그 계산은, 파인만 도형이 없었더라면 말 그대로 상상할 수도 없는 것이었다. 내 계산은 힉스 입자의 생성과 관찰을 위한 길을 열어주었다.

산타 바버라에서의 그날, 나는 파인만에게 그런 예들을 언급하면서 그의 도형이 내 연구에 얼마나 중요했는지를 말해주었다. 그는 자신의 도형이 중요하다는 사실에 대해서 놀라지는 않았지만 내 이야기를 좋아하는 것처럼 보였다. "그래요. 그것을 이용하는 사람들이 있고, 그런 사람들이 어디에나 있다는 것을 보는 것은 좋은 일이지요." 그가 윙크하면서 말했다.

V.

어떤 과정을 파인만 도형으로 표현하는 방법은, 소수의 비교적 간단한 도형들로부터 대부분의 답을 찾을 수 있는 경우에 가장 유용하다. 그런 경우가 바로 물리학자들이 "약한 연결(weak coupling)"이라고 부르는 영역으로, 문제를 복잡하게 만드는 선이 비교적 드문 영역이다. 파인만이 처음에 염두에 두었던 응용 분야인 양자전기동력학(QED)에서 취급하는 광자가 거의 언제나 그런 경우에 해당하는 것이다. QED는 원자물리학, 화학, 재료과학의 대부분에 적용되므로 그 핵심을 몇 개의 구불구불한 선으로 표현한 것은 놀라운 성과이다.

그러나 이런 전략은 강한 핵력에 대해서는 적용되지 않는다. 그런 경우에는 양자색동력학(QCD)이 지배적인 이론이다. QCD에서 광자에 대응하는 것은 색 글루온(color gluon)이라고 부르는 입자들이고, 그들의 상호작용은 약하지 않다. 보통 우리가 QCD를 계산할 때는 여러 개의 글루온 선으로 치장된 한 무리의 복잡한 파인만 도형들이 중요한 역할을 한다. 그런 도형들을 모두를 합치는 것은 비현실적이고 어쩌면 불가능할 수도 있다.

반면에 현대의 컴퓨터를 이용하면 우리는 정말 기본적인 장 방정식으로 되돌아가서 쿼크와 글루온 장에서의 요동을 직접 계산할 수 있다. 그런 방법으로 또다른 종류의 아름다운 결과를 얻는다.

최근에는 여러 대의 슈퍼컴퓨터를 이용해서 그런 직접적인 방법으로 양성자와 중성자의 질량을 성공적으로 계산했다. 앞으로 그런 방법이 다양한 측면에서 핵물리학에 대한 우리의 정량적인 이해에 혁명적인 발전을 가능하게 해줄 것이다.

VI.

파인만이 해결했다고 생각했던 수수께끼는 여러 방향으로 진화했지만 여전히 우리에게 남아 있다.

가장 큰 변화는, 사람들이 이제는 진공의 밀도를 훨씬 더 정확하게 측정했고, 그것이 사라지지 않는다는 사실을 발견한 것이다. 그것이 소위 "암흑 에너지(dark energy)"이다. (수치까지 포함한 암흑 에너지는 근본적으로 아인슈타인이 "우주 상수"라고 불렀던 것과 똑같은 것이다.) 그것을 전체 우주에 대해서 평균하면, 암흑 에너지가 우주 전체 총 질량의 대략 70퍼센트를 차지한다는 사실을 알게 된다.

그것이 인상적인 것처럼 들리겠지만, 그 밀도가 그렇게 작은 이유가 무엇이냐는 것이 물리학자들에게 남겨진 심각한 수수께끼이다. 우선 그것은 요동치는 장들의 기여 때문에 무한히 클 것으로 생각되었던 것이었다. 이제 우리가 그런 무한성에서 벗어나는 방법을 알게 되었다는 것은 중요한 발전이다. 기술적으로 보손(boson)이라고 부르는 입자들과 관련된 장의 경우에는 에너지 밀도가 양(陽)의 무한대가 되지만, 페르미온(fermion)이라고 부르는 입자들과 관련된 장의 경우에는 에너지 밀도가 음(陰)의 무한대가 된다. 그래서 만약 우주에 보손과 페르미온이 예술적으로 균형을 이루고 있다면, 무한대들이 상쇄될 수 있다. 몇 가지 다른 매력적인 특징을 가지고 있는 초대칭 이론을 이용하면 그런 상쇄가 일어난다.

또 한 가지 우리가 알아낸 사실은, 진공에는 요동치는 장 이외에 흔히 "응축물(condensate)"이라고 부르는 요동치지 않는 장도 포함되어 있다는 것이다. 그런 응축물 중의 하나가 바로 소위 시그마 응축물(sigma condensate)이고, 다른 하나가 힉스 응축물(Higgs condensate)이다. 그 두 가지 응축물의 존재는 확실하게 정립되어 있지만, 앞으로 발견될 다른 응축물들도 여러 가지가 있을 수 있다. 익숙한 비유를 생각하고 싶다면, 지구의 자기장이나 중력장이 (지구를 벗어나서) 우주적 비율로 증폭되었다고 상상해보자. 그런 응축물들도 역시 질량이 있어야만 한다. 실제로 그들의 밀도를 간단하게 추정해보면, 그 값은 관찰된 암흑 에너지의 값보다 훨씬 더 클 것이다.

우리가 지금 알고 있는 암흑 에너지는 (어쩌면) 유한하지만, 이론적으로 어설프게 추정할 수 있을 뿐인 그 값은 겉보기에 너무 큰 것처럼 보인다. 아마도 우리가 알아내지 못한 추가적인 상쇄가 더 있을 것이다. 현재 가장 유명한 아이디어에 따르면, 암흑 에너지의 양이 작은 이유는 다중 우주의 한쪽 구석에 있는 특정한 우리 우주에서 일어나는 일종의 드문 사고(事故) 때문이라는 것이다. 선험적으로는 가능성이 낮지만, 그것은 우리의 존재에 꼭 필요한 결과이기 때문에 우리가 운명적으로 그런 사실을 관찰하게 된다.

안타깝게도 그런 이야기가 "그곳에는 아무것도 없다!"는 파인만의 말만큼 우아하지는 않다. 우리가 더 나은 이야기를 찾을 수 있을 것이라고 기대해보자.

제 2 부

양자 실재는 도대체 무엇일까?

양자물리학의 중심에 있는 보석

내털리 볼초버

물리학자들이 입자 상호작용에 대한 계산을 획기적으로 단순화시켜주고, 공간과 시간이 실재의 근원적인 요소라는 인식에 도전하는 보석 같은 기하학적 대상을 발견했다.

"이것은 완전히 새롭고, 지금까지 분석했던 어떤 것보다 훨씬 더 단순하다." 이 분야의 연구를 계속 해온 옥스퍼드 대학교의 수리물리학자 앤드루 호지스가 말했다.

자연에서 가장 기본적인 사건인 입자 상호작용이 기하학의 결과일 수 있다는 사실은, 소립자와 그들 사이의 상호작용을 설명해주는 법칙의 체계인 양자장 이론을 재구성하려던 지난 10여 년 동안의 노력에서 큰 발전이었다. 수천 개의 항으로 구성된 수식으로 계산해야만 했던 상호작용이, 이제는 단 한 개의 항으로 구성된 수식을 제공하는 보석 같은 "세기 다면체(amplituhedron)"*의 부피에 대한 계산으로 설명된다.

"효율성이 경탄할 정도"라는 것이 새 아이디어의 개발에 참여했던 코펜하겐에 있는 닐스 보어 연구소의 이론물리학자 제이컵 부르자일리의

---

* 2013년에 니마 아르카니-하메드가 충돌하는 아원자 입자들의 산란 세기를 계산하는 방법으로 제안한 기하학적 구조.

평가였다. "과거에는 컴퓨터를 사용해도 불가능했던 계산을 이제는 종이 위에서 쉽게 할 수 있게 되었다."

양자장 이론의 새로운 기하학적 방법은 큰 규모와 작은 규모에서의 우주에 대한 설명을 매끄럽게 연결해주는 양자 중력 이론을 찾는 일에도 도움이 될 수 있다. 지금까지 양자 수준에서의 물리학 법칙에 중력을 포함시키려는 시도는 터무니없는 무한과 골치 아픈 패러독스에 부딪혔었다. 세기 다면체 또는 그와 비슷한 기하학적 대상은 국소성과 유니타리성이라는 두 가지 근본적인 물리학 법칙을 제거해줌으로써 그런 문제 해결에 도움이 되었다.

"우리가 사물에 대해서 생각하는 일상적인 방법에 두 가지 모두가 프로그램화되어 있다." 새로운 연구를 주도했던 고등연구소의 니마 아르카니-하메드가 말했다.[1] "두 가지 모두가 용의자들이다."

국소성은 입자들이 공간과 시간에서 서로 접촉하고 있을 경우에만 상호작용을 할 수 있다는 개념이다. 그리고 유니타리성은 양자역학적 상호작용의 가능한 결과가 얻어질 확률을 모두 합하면 1이 되어야만 한다는 뜻이다. 그런 개념들은 양자장 이론의 원형(原型)에 꼭 필요한 핵심 기둥이지만, 중력을 포함한 일부 상황에서는 두 가지 모두가 성립하지 않는다. 둘 중 어느 것도 자연의 근본적인 성질이 아닐 수도 있다는 뜻이다.

그런 아이디어에 따라서, 새로운 입자 상호작용에 대한 기하학적 접근에서는 처음부터 국소성과 유니타리성을 배제시킨다. 세기 다면체는 시공간과 확률로부터 유도된 것이 아니다. 그런 성질은 단순히 보석이 가지고 있는 기하학적 구조의 결과로 나타나는 것일 뿐이다. 공간과 시간, 그리고 그 속에서 돌아다니는 입자들에 대한 일반적인 모습은 구성된 것이다

"그것은 모든 것을 전혀 다른 방법으로 생각하도록 만들어주는 더 나

은 방법이다."케임브리지 대학교의 이론물리학자인 데이비드 스키너가 말했다.

세기 다면체 자체는 중력을 설명해주지 않는다. 그러나 아르카니-하메드와 그의 동료들은 그런 설명이 가능한 관련된 기하학적 대상이 있을 수 있다고 생각한다. 세기 다면체의 성질들은, 이 입자가 존재하는 것처럼 보이는 이유와 입자가 3차원의 공간에서 돌아다니고 시간에 따라 변화하는 것처럼 보이는 이유를 분명하게 만들어준다.

"우리는 근본적으로 그런 사실을 알고 있기 때문에 유니타리성과 국소성을 가지고 있지 않은 이론을 찾을 필요가 있고, 그것이 궁극적으로 중력의 양자 이론을 설명하는 출발점이 된다."부르자일리가 말했다.

투박한 기계

세기 다면체는 높은 차원에서 여러 개의 면을 가진 복잡한 보석처럼 생겼다. 한 집단의 입자들이 서로 충돌해서 다른 입자들로 변환될 가능성을 나타내는 "산란 세기(scattering amplitude)"라고 부르는, 계산할 수 있는 실재의 가장 기본적인 특징이 그 부피 속에 암호화되어 있다. 입자물리학자들이 계산하고, 스위스의 대형강입자충돌기와 같은 입자 가속기에서 높은 정밀도로 실험하는 것이 바로 그런 산란 세기에 해당하는 숫자들이다.

노벨상을 받은 물리학자 리처드 파인만의 선구적인 역할 덕분에 70년 전에 개발된 산란 세기의 계산 방법은 당시의 중요한 혁신이었다. 그는 일어날 수 있는 모든 산란 과정을 나타내는 선 도형들을 스케치하고, 그런 도형의 가능성들을 합쳤다. 가장 간단한 파인만 도형은 나무처럼 생겼다. 충돌하는 입자들이 서로 다가와서 뿌리에서 만나고, 그 결과로 생성되는 입자들은 가지처럼 뻗어나간다. 충돌하는 입자들이 실제 최종 산물로 가지를 치기 전에는 서로 상호작용을 한다. 직접 관찰할 수 없는 "가상 입자(virtual particle)"로 변환되는 과정을 나타내는 고리가 포함된 복잡한 도형도 있다. 하나, 둘, 셋 등의 고리를 가진 도형들도 있다. 산란 과정을 나타내는 바로크식 상호작용들이 늘어날수록 전체 세기에는 기여하는 정도는 줄어든다. 가상 입자들은 자연에서 절대 관찰되지 않지만, 확률의 합이 1이 되어야 한다는 조건인 유니타리성 때문에 수학적으로는 반드시 필요하다.

"파인만 도형의 수는 폭발적일 정도로 많기 때문에 컴퓨터 시대가 시작되기까지는 정말 단순한 과정의 경우에도 계산을 할 수가 없었다." 부르자일리가 말했다. 글루온이라고 부르는 두 개의 아원자 입자들이 충돌해서 에너지가 더 작은 글루온 4개가 만들어지는 간단한 사건(대형강입자충돌기에서는 그런 과정이 1초에 수십억 번씩 일어난다)에는 220개의 도형이 필요하고, 수천 개의 그런 항들이 산란 세기의 계산에 집단적으로 기여한다.

1986년에는 파인만의 장치가 루브 골드버그 기계(Rube Goldberg machine)*임이 분명해졌다.

완공되기도 전에 공사가 중단되어버린 텍사스의 초전도슈퍼충돌기(Superconducting Super Collider)의 건설을 준비하던 이론학자들은, 흥미롭거나 이국적인 신호가 관찰될 배경(background)을 설정하기 위해서 알려진 입자 상호작용에 대한 산란 세기들을 계산하고 싶어 했다. 그러나 심지어 2개의 글루온이 4개의 글루온으로 변환되는 과정마저도 너무 복잡해서 물리학자들은 2년 전에 "가까운 미래에는 그런 계산을 하지

---

* 미국의 만화가 루브 골드버그가 고안한 기계 장치로 다양한 부품들의 연쇄 작용으로 작동하는 원리는 복잡하게 보이지만, 하는 일은 아주 단순하다.

못할 수도 있다"라고 했었다.

일리노이에 있는 국립 페르미 가속기 연구소의 이론학자인 스티븐 파케와 토마시 테일러는 그런 주장을 도전으로 받아들였다. 그들은 몇 가지의 수학적 요령을 사용해서 2개의 글루온이 4개로 바뀌는 상호작용의 세기를 나타내는 수십억 개의 항을 1980년대의 슈퍼컴퓨터가 해낼 수 있는 9쪽짜리의 식으로 단순화시킬 수 있었다. 그런 후에 파케와 테일러는 다른 글루온 상호작용들의 산란 세기에서 관찰했던 패턴을 근거로 세기를 나타내는 한 개의 함수를 찾아냈다. 그것이 9쪽짜리 식과 동등하다는 사실을 컴퓨터로 확인했다. 다시 말해서, 수천 개의 수학적 항에 해당하는 수백 개의 파인만 도형이 필요한 전통적인 양자장 이론의 방법을 훨씬 더 간단하게 정리할 수 있었던 것이다. 부르자일리의 표현에 따르면, "답이 고작 하나의 함수라면 수백 개의 항들을 더해야 할 이유가 있을까?"

"당시에 우리는 중요한 결과를 얻었다는 사실을 알고 있었다." 파커가 말했다. "우리는 그것을 곧바로 알았다. 그러나 그것으로 무엇을 할 수 있었겠는가?"

세기 다면체

파케와 테일러의 단일항 결과에 담긴 의미를 알아내는 데에는 수십 년이 걸렸다. "하나의 항으로 된 아름답고 작은 함수는 30년 동안 신호등과 같은 역할을 했다. 그것은 실제로 이 혁명의 출발이었다." 부르자일리가 말했다.

2000년대 중반에 이르자 입자 상호작용에 대한 산란 세기로부터 더 많은 패턴들이 드러났고, 그것은 양자장 이론에 기본적이고 일관된 수학적 구조가 감춰져 있다는 반복적인 신호였다. 가장 중요한 것은 루스 브리토, 프레디 카차조, 보 펭, 에드워드 위튼이 유도해낸, BCFW 회귀식(BCFW recursion relations)이라고 알려진 것이었다. 산란 과정을 위치와 시간과 같은 익숙한 변수로 설명하고, 수천 개의 파인만 도형으로 나타내는 대신에, BCFW 관계에서는 "트위스터(twistor)"라는 이상한 변수를 이용하고, 입자 상호작용을 적은 수의 서로 관련된 트위스트 도형으로 나타낸다. 그런 관계식은 곧바로 대형강입자충돌기에서 일어나는 충돌과 같은 실험에서의 산란 세기를 계산하는 도구로 인정되기 시작했다. 그러나 그들의 단순성은 신비로운 것이었다.

"BCFW 관계식에 포함된 항들은 다른 세상에서 오는 것이었고, 우리는 그 세상이 무엇인지를 이해하고 싶었다." 아르카니-하메드가 말했다. "5년 전에 그런 문제에 관심을 가지게 된 것이 바로 그런 이유 때문이었다."

피에르 드리뉴와 같은 선구적인 수학자의 도움을 받은 아르카니-하메드와 그의 동료들은 회귀 관계식과 그와 관련된 트위스터 도형들이 잘 알려진 기하학적 대상에 해당한다는 사실을 발견했다. 사실 아르카니-하메드, 부르자일리, 카차조, 알렉산더 곤차로프, 알렉산더 포스트니코프, 야로슬라브 트르느카가 2012년 12월 arXiv.org에 올려놓은 논문에서 자세하게 설명했듯이, 트위스터 도형들은 양성 그라스만 다양체(positive Grassmannian)라는 대상의 부피를 계산하는 방법을 알려준다.[2]

19세기 독일의 언어학자이면서 수학자였던 헤르만 그라스만의 이름이 붙여진 "양성 그라스만 다양체는 삼각형의 내부에서 자라난 사촌과 같다"는 것이 아르카니-하메드의 설명이었다. 삼각형의 내부가 2차원 공간에서 서로 교차하는 직선들로 둘러싸인 영역인 것처럼, 가장 간단한 양성 그라스만 다양체는 N차원 공간에서 서로 교차하는 평면들로 둘러싸인 영역이다. (N은 산란 과정에 포함된 입자의 수이다.)

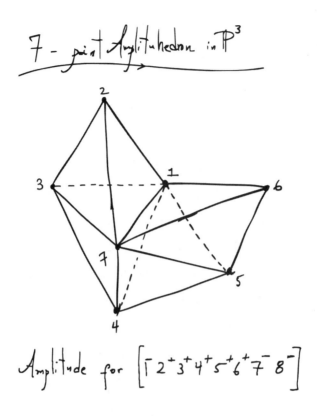

$7 - \text{point Amplituhedron in } P^3$

$$\text{Amplitude for } \left[\overline{1} \, 2^+ 3^+ 4^+ 5^+ 6^+ \overline{7} \, 8^- \right]$$

그림 2.1 8-글루온 입자 상호작용을 나타내는 세기 다면체의 스케치. 파인만 도형을 이용해서 같은 계산을 하려면 대략 500쪽의 수식이 필요하다. 니마 아르카니-하메드 제공.

그것은 2개의 글루온이 충돌해서 4개의 글루온으로 변환될 가능성처럼 실제 입자들에 대한 자료를 기하학적으로 나타내는 것이었다. 그러나 여전히 무엇이 부족했다.

물리학자들은 산란 과정의 세기가 기하학적 구조로부터 순수하고 필연적으로 등장할 것을 기대했지만, 산란 세기를 얻기 위해서 어떤 양성 그라스만 다양체 조각들을 합쳐야 하는지는 국소성과 유니타리성에 의해서 결정되었다. 그들은 그 세기가 과연 "어떤 특별한 수학적 질문에 대한 답"이 될 수 있는지를 알고 싶었다. 캘리포니아 대학교 데이비스의 이론물리학자인 트르느카가 말했다. "그런데 그것이 사실이었다."

아르카니-하메드와 트르느카는 산란 세기가 아주 새로운 수학적 대상인 세기 다면체의 부피와 같다는 사실을 발견했다. 특정한 산란 과정의 세부적인 사항이 그에 상응하는 세기 다면체의 차원과 면(面)을 결정한다. 트위스터 도형으로 계산된 후에 수작업으로 서로 합쳐지는 양성 그라스만 다양체 조각들은 이 보석의 내부에 꼭 맞는 집짓기 블록들이었다. 삼각형들로 다면체가 만들어지는 것과 마찬가지이다.

파인만 도형도 트위스터 도형과 마찬가지로 세기 다면체 조각들의 부피를 계산하지만 훨씬 덜 효율적인 방법이다. "파인만 도형은 시공간에서 국소적이고 유니타리안적이지만, 이 보석 자체의 모양에는 충분히 편리하거나 잘 맞는 것이 아니다." 스키너가 말했다. "파인만 도형을 사용하는 것은 명나라 도자기를 집어 들어서 바닥에 던져버리는 것과 같다."

아르카니-하메드와 트르느카는 어떤 경우에는 트위스터 도형을 사용하지 않고도 세기 다면체의 부피를 직접 계산할 수 있었다. 또한 그들은 2차원에서 무한히 많은 변을 가진 원(圓)의 경우처럼 무한히 많은 면을 가진 "마스터 세기 다면체"도 발견했다. 이론적으로는 그것의 부피가 모든 물리적 과정의 전체 세기를 나타낸다. 유한한 수의 입자들 사이에서 일어나는 상호작용에 해당하는 낮은 차원의 세기 다면체는 그런 마스터 구조의 면에 존재한다.

"그것은 매우 강력한 계산 기술이지만, 믿기 어려울 정도로 도발적인 것이기도 하다." 스키너가 말했다. "그것은 시공간을 근거로 하는 생각이 이 문제를 해결하는 옳은 접근 방법이 아니라는 것을 뜻한다."

양자 중력의 탐구

도저히 해결될 수 없는 것처럼 보이던 중력과 양자장 이론 사이의 갈등은 블랙홀 문제에서 위기 상황으로 치닫고 있다. 블랙홀에는 엄청난 양의 에너지가 지극히 작은 공간에 밀집되어 있기 때문에 보통 중력을 무시할 수 있는 양자 규모에서조차 중력이 핵심적인 역할을 하게 된다. 어쩔 수 없이 국소성이나 유니타리성 중 어느 하나가 갈등의 원인이 된다.

"두 아이디어 모두를 제거해야만 한다는 조짐들이 있다." 아르카니-하메드가 말했다. "그들은 양자 중력 이론과 같은 차세대 이론의 근원적 특징이 될 수 없다."

입자를 보이지 않을 정도로 작으면서 진동하는 끈으로 취급하는 체계인 끈 이론이, 블랙홀 상황에서도 성립하는 것처럼 보이는 양자 중력 이론의 후보이다. 그러나 끈 이론과 실재의 관계는 증명되지 않았거나 적어도 혼란스러운 상태이다. 최근에 끈 이론과 양자장 이론 사이에 묘한 이중성이 발견되었다. 두 이론이 똑같은 사건을 서로 다른 차원에서 일어나는 것처럼 설명할 때에는 (중력을 포함하는) 끈 이론이 (중력을 포함하지 않는) 양자장 이론과 수학적으로 동등하다는 것이다. 아무도 그런 발견을 어떻게 활용해야 하는지를 정확하게 알지 못한다. 그런데 새로운 세기 다면체 연구에 따르면, 시공간은 물론이고 차원마저도 환상일 수 있다.

"우리는 물리학을 익숙하게 설명해주는 양자역학적 시공간 그림에 의존할 수 없다." 아르카니-하메드가 말했다. "우리는 이것에 대한 새로운 설명 방법을 배워야만 한다. 이 연구는 그런 방향을 향한 걸음마 단계에 해당한다."

유니타리성과 국소성이 없더라도 양자장 이론의 세기 다면체 체계에도 중력이 포함되지는 않는다. 그러나 연구자들은 그 문제에 대해서 노력하고 있다. 그들은 중력 입자가 포함된 산란 과정을 세기 다면체 또는 그와 비슷한 기하학적 대상으로 설명할 수 있을 것이라고 말한다. "그것은 밀접하게 관련되어 있지만, 조금은 달라서 발견하기가 더 어렵다." 스키너가 말했다.

물리학자들은 또한 새로운 기하학적 이론이, 그것의 개발에 사용하던 최대 초대칭적 양-밀스 이론(maximally supersymmetric Yang-Mills theory)이라고 부르는 이상화된 양자장 이론 대신에 우주에 존재하는 것으로 알려진 정확한 입자에 적용된다는 사실을 증명해야만 한다. 알려진 모든 입자에 대한 "슈퍼파트너(superpartner)" 입자가 포함되고, 시공간을 평편하게 취급하는 이 모델이 "우연히도 그런 새로운 도구에 대한 가장 간단한 시험 대상이 되었다." 부르자일리가 말했다. "그런 새 도구를 [다른] 이론으로 일반화하는 방법이 알려져 있다."

세기 다면체의 발견은 단순히 계산을 더 쉽게 만들어주고, 어쩌면 양자 중력으로의 길을 열어주는 것 이상의 훨씬 더 심오한 변화를 일으킬 수 있을 것이라고 아르카니-하메드가 말했다. 그것은 자연의 근원적 구성요소로서의 공간과 시간을 포기하더라도, 순수한 기하학에서 우주의 빅뱅과 우주론적 진화가 등장할 수 있는 방법을 연구할 수 있게 해줄 것이다.

"어떤 의미에서는 그런 변화가 대상의 구조에서 나타난다고 볼 수도 있을 것이다." 그가 말했다. "그러나 그것은 대상의 변화에서 나타나는 것이 아니다. 대상은 원칙적으로 세월이 흘러도 변하지 않는다."

더 많은 연구가 필요하지만, 많은 이론물리학자들이 새로운 아이디어를 면밀하게 주목하고 있다.

그런 연구는 "여러 가지 관점에서 전혀 예상하지 못했던 것"이라고 고등연구소의 이론물리학자인 위튼이 말했다. "이 분야는 여전히 매우 빠르게 발전하고 있고, 앞으로 무슨 일이 일어날지 혹은 어떤 교훈을 얻게 될지를 짐작하기란 매우 어려운 일이다."

대안적 양자론에 대한 새로운 증거

댄 팔크

양자역학의 반직관적인 여러 가지 특징 중에서 우리의 상식으로 받아들이기 가장 어려운 것은 아마도 입자가 관찰되기까지는 위치를 가지고 있지 않다는 개념일 것이다. 흔히 코펜하겐 해석이라는 양자역학의 표준 견해가 우리에게 강요하는 것이 바로 그런 믿음이다. 우리는 뉴턴 물리학의 분명한 위치와 움직임 대신 파동함수라는 수학적 구조로 표현되는 확률의 구름을 가지고 있다. 그리고 파동함수는 시간에 따라 진화하고, 그 진화는 슈뢰딩거 방정식이라는 정교하게 성문화된 법칙을 따른다. 수학은 충분히 분명하지만, 입자의 실제 위치는 그렇지 못하다. 우리는 파동함수가 "붕괴되도록" 만드는 작용을 통해서 입자가 관찰되기 전까지는, 입자의 위치에 대해서 아무것도 말할 수 없다. 그런 아이디어에 대해서 알베르트 아인슈타인이 누구보다 적극적으로 반대를 했다. 그의 전기 작가인 에이브러햄 파이스의 기록에 따르면, "우리는 객관적 실재에 대한 그의 견해를 자주 이야기하곤 했다. 언젠가 산책을 하던 중에 갑자기 걸음을 멈추고, 나를 향해 돌아선 아인슈타인이 나에게, 나도 정말 달을 쳐다볼 때만 달이 존재한다고 믿느냐고 물었던 적이 있었다."

그러나 거의 한 세기 동안 떠돌던 다른 견해도 있다. 실제로 입자는 언제나 정확한 위치를 가지고 있다는 것이다. 파일로트 파동 이론(pilot wave theory) 또는 봄 역학(Bohmian mechanics)이라고 알려진 이 대안적 견해가 코펜하겐 해석만큼 유행했던 적은 없었다. 부분적으로 봄 역학은 세상이 다른 면에서 이상해야만 한다는 뜻이었던 것도 원인이었다. 특히 1992년에는 봄 역학의 고약한 결과가 분명하게 확인되었고, 그런 사실을 밝혀내는 과정에서 봄 역학에게 치명적인 개념적 상처가 발생했다는 연구가 발표되었다. 봄 역학의 법칙을 따르는 입자는 양자역학의 왜곡된 기준에서 보더라도 지극히 반(反)물리학적인 궤적을 따라가게 된다는 결론을 얻었던 그 논문의 저자들은 그래서 봄 역학을 "비현실적"이라고 평가했다.[1]

거의 사반세기가 흐른 후에 한 그룹의 과학자들이 토론토의 연구실에서 그런 아이디어를 확인하기 위한 실험을 했다. 그리고 2016년에 처음 보고된 그들의 결과가 검증을 통과한다면, 덜 애매하기는 하지만 어떤 측면에서는 전통적인 견해보다 훨씬 더 이상한 양자역학에 대한 봄의 견해가 되살아날지도 모른다.[2]

입자 위치 구원하기

봄 역학은 1927년 루이 드 브로이가 개발했지만, 데이비드 봄이 1952년에 독립적으로 다시 정립한 후 1992년 사망할 때까지 발전시켰던 것이다. (그래서 때로는 드 브로이-봄 이론이라고 부르기도 한다.) 코펜하겐 해석에서와 마찬가지로 슈뢰딩거 방정식으로 결정되는 파동함수가 사용된다. 더욱이 모든 입자는 관찰되지 않더라도 실제로 명백한 위치를 가지고 있다. 입자의 위치 변화는 "파일로트 파동" 방정식 (또는 "유도 방정식")이라고 부르는 다른 방정식에 의해서 주어진다. 그 이론은 완벽하게 결정론적이다. 즉, 시스템의 초기 상태를 알고 있고 파동함수를 가지고 있으면, 각각의 입자들이 어느 곳에 도달하게 될 것인지를 계산할 수 있다.

고전역학으로 되돌아가는 것과 비슷하게 들릴 수도 있지만, 그런 이야기에는 핵심적인 차이가 있다. 고전역학은 완전히 "국소적(local)"이기 때문에 물체는 접촉하고 있는 경우에만 (또는 전기장처럼 빛의 속도보다 더 빠르지는 않은 속도로 영향을 미칠 수 있는 일종의 장[場]에 의해서만) 다른 물체에 영향을 미칠 수 있다. 반면에 양자역학은 근본적으로 비국소적(nonlocal)이다. 비국소적인 효과 중에서 가장 잘 알려진 예는 서로 연결되어 있는 한 쌍의 입자 중에서 한 입자에 대한 측정이 멀리 떨어져 있는 다른 입자의 상태에 영향을 미치는 것처럼 보이는 경우이다. 1930년대에 그런 아이디어를 생각해냈던 아인슈타인은 그것을 "장거리 유령 작용"이라고 비웃었다. 그러나 1980년대부터 그런 유령 작용이 우리 우주의 지극히 실제적인 특징이라는 사실이 수백 건의 실험을 통해서 확인되었다.

봄의 견해에서는 비국소성이 더 뚜렷하게 드러난다. 어느 한 입자의 궤적은 같은 파동함수로 표현되는 다른 모든 입자들이 무엇을 하고 있는지에 따라 달라진다. 그리고 결정적으로 파동함수에는 기하학적 한계가 없어서, 원칙적으로는 우주 전체를 포괄할 수 있다. 그것은 우주가 광활한 공간을 가로 질러서 이상할 정도로 상호의존적이라는 뜻이다. 파동함수가 "멀리 떨어진 입자들을 하나의 더 이상 단순화시킬 수 없는 실재로 합치거나 결합시켜 준다." 럿거스 대학교의 수학자이면서 물리학자인 셸던 골드슈타인은 그렇게 표현했다.

봄과 코펜하겐의 차이점은 한 쌍의 좁은 슬릿을 통과해서 스크린에 도달하는 (전자와 같은) 입자들의 위치를 기록하는 전통적인 "이중 슬릿" 실험에서 더 선명하게 드러난다. 실험을 해보면, 전자들은 파동처럼 행동하기 때문에 스크린에 "간섭 패턴"이라고 부르는 특별한 무늬가 만들어진다. 놀랍게도 전자를 한 번에 한 개씩 보내더라도 점진적으로 그런 무늬가 나타난다. 각각의 전자가 동시에 두 슬릿을 모두 통과한다는 뜻이다.

코펜하겐 해석을 받아들이는 사람들도 그런 상황을 인정했고, 그래서 우리가 측정을 할 때 까지는 입자의 위치에 대해서 이야기하는 것이 무의미하다고 생각하게 되었다. 한편 양자역학의 "다중 세계(many worlds)" 해석에 매력을 느끼는 물리학자들도 있다. 만약 보지 못하는 우주들이 무한히 많다는 주장을 인정할 수 있다면, 어떤 우주의 관찰자는 왼쪽 슬릿을 지나가는 전자를 보고, 다른 우주의 관찰자는 오른쪽 슬릿을 지나가는 전자를 보더라도 상관이 없을 것이다.

그런 입장과 비교해보면, 전자는 실제 입자처럼 행동하고 어느 순간에 전자의 속력은 파동함수에 의존하는 파일로트 함수에 의해서 완전하게 결정된다는 봄의 견해는 오히려 무덤덤하게 들린다. 그런 견해에서 전자는 파도타기 선수와 같아서 특정한 순간마다 특정한 위치를 차지하지만, 그 움직임은 퍼져나가는 파동의 움직임에 의해서 결정된다. 각각의 전자는 오직 하나의 슬릿을 지나가는 완전히 결정된 경로를 따라가지만, 파일로트 파동은 두 슬릿을 모두 지나간다. 최종 결과는 표준 양자역학에서 얻어지는 무늬와 정확하게 일치한다.

봄의 해석에 거부할 수 없는 매력을 느끼는 이론학자들도 있다. "양자역학을 이해하기 위해서 해야 하는 일은, 우리가 입자에 대해서 이야기할 때는 정말 입자를 뜻하는 것이라고 우리 스스로에게 말하는 것뿐이다." 골드슈타인이 말했다. "사물은 위치를 가지고 있다. 그들은 어디엔가 존재한다. 그런 아이디어를 심각하게 받아들이면 곧바로 봄의 해석에 도달하게 된다. 그것은 교과서에 설명되어 있는 양자역학에 대한 것보다 훨씬 단순한 해석이다." 오스트레일리아 브리즈번에 있는 그리피스 대학교의 물리학자인 하워드 와이즈만은, 봄의 견해가 "세상이 어떻게 작동하는지에 대해서 상당히 직관적인 설명을 제공해준다.……사물이 정말 어떤 것인지를 설명하기 위해서 어떤 철학적 매듭에 얽매일 필요는 없다"고 말했다.

그러나 누구나 그렇게 생각하는 것은 아니다. 그동안 봄의 견해는 코펜하겐에 뒤처져서 쉽게 받아들여지지 않았고, 최근에는 "다중 세계"에도 밀려나고 있다. 4명의 저자 이름에서 첫 글자를 따서 "ESSW"라고 알려진 논문도 그것에 심각한 타격을 주었다.[3] ESSW 논문은 이중 슬릿 실험을 통과하는 입자들이 단순한 봄의 궤적을 따라갈 수 없다고 주장했다. ESSW는, 누군가 각각의 슬릿 바로 뒤에 검출기를 설치해서 어느 입자가 어느 슬릿을 지나가는지를 기록한다고 가정해보았고, 그들은 광자가 왼쪽 슬릿을 지나갔는데도 봄의 견해에서는 마치 오른쪽 슬릿을 통과한 것처럼 기록될 수 있다는 사실을 증명했다. 그것은 불가능한 일처럼 보인다. ESSW 논문에서 표현했듯이, 광자들은 운명적으로 "비현실적인" 궤적을 따라가야만 하기 때문이다.

ESSW 주장은 봄의 견해에 대한 "명백한 철학적 반론"이라고 토론토 대학교의 물리학자인 애프레임 슈타인버그가 말했다. "그것이 봄 역학에 대한 나의 사랑에 상처를 주었다."

그러나 슈타인버그는 자신의 사랑을 다시 이어갈 방법을 찾아냈다. 슈타인버그와 오스트레일리아의 와이스만과 캐나다 연구자 5명을 포함한 동료들은 「사이언스 어드밴시스」에 발표한 논문에서, 자신들이 실제로 수행한 ESSW 실험에서의 관찰 결과를 제시했다.[4] 그들은 광자의 궤적이 비현실적이지 않다는 사실을 발견했다. 더욱 정확하게 말하면, 봄

이론에 내재된 비국소성을 고려하지 못한 경우에만 경로가 비현실적으로 보일 수 있다는 것이었다.

슈타인버그와 그의 동료들이 수행했던 실험은 표준적인 이중 슬릿 실험과 유사한 것이었다. 그들은 전자 대신 광자를 사용했고, 광자를 한 쌍의 슬릿으로 보내는 대신 하나의 광자를 편광 상태에 따라 두 경로 중의 하나로 보내주는 장치인 광선 분할기(beam splitter)에 통과시켰다. 광자는 최종 위치를 기록해주는 (전통적인 실험에서 스크린에 해당하는) 단일 광자 카메라에 도달한다. "입자가 두 슬릿 중의 어느 것을 통과했을까?"라는 질문은 "광자가 두 경로 중의 어느 것을 선택했을까?"로 바뀌게 된다.

주목할 부분은 연구자들이 개별적인 광자가 아니라 한 쌍으로 얽힌 광자들을 사용했다는 것이다. 결과적으로 그들은 한 광자를 통해서 다른 광자에 대한 정보를 얻으려고 시도했다. 첫 번째 광자가 광선 분할기를 지나가면, 두 번째 광자는 첫 번째 광자가 선택한 경로에 대해서 "알게" 된다. 연구진은 두 번째 광자에서 얻은 정보를 이용해서 첫 번째 광자의 경로를 추적할 수 있게 된다. 각각의 간접적인 측정은 근사적인 값만 제공하지만, 과학자들은 많은 수의 측정에서 얻은 평균을 통해서 첫 번째 광자의 궤적을 재구성할 수 있었다.

연구진은 ESSW가 예측했듯이 광자의 경로들이 실제로 비현실적인 것처럼 보인다는 사실을 발견했다. 얽힌 짝의 편광에 따르면 광자가 어느 한 경로를 따라간 경우에도 가끔씩은 스크린의 다른 쪽에 부딪친다는 것이다.

그러나 두 번째 광자에서 얻은 정보를 신뢰할 수 있을까? 결정적으로 슈타인버그와 그의 동료들은 "첫 번째 광자가 어떤 경로로 갔을까?"라는 질문에 대한 대답은 질문을 언제 했는지에 따라 달라진다는 사실을 알아냈다.

첫 번째 광자가 광선 분할기를 지나간 직후의 순간에는 두 번째 광자가 첫 번째 광자의 경로와 매우 강하게 상관되어 있다. "한 입자가 슬릿을 지나가면, 검출기에 해당하는 두 번째 광자는 첫 번째 광자가 어떤 슬릿을 지나갔는지에 대해서 완벽하고 정확한 기억을 가지고 있다." 슈타인버그의 설명이었다.

그러나 첫 번째 광자가 더 멀리 갈수록, 두 번째 광자의 보고는 신뢰도가 점점 더 떨어진다. 그 이유는 비국소성 때문이다. 두 광자는 얽혀 있기 때문에 첫 번째 광자가 지나가는 경로는 두 번째 광자의 편광에 영향을 미칠 것이다. 첫 번째 광자가 스크린에 도달할 때가 되면, 두 번째 광자의 편광은 두 가지 가능성이 똑같이 가능해지기 때문에 첫 번째 광자가 첫 번째나 두 번째 경로를 지나갔는지(또는 두 슬릿 중 어느 것을 통과했는지)에 대해서 말하자면 "아무 의견도 제공하지 못하게" 된다.

슈타인버그는 봄의 궤적들이 비현실적이라는 것은 문제가 아니라고 말했다. 문제는 두 번째 광자가 봄 궤적들이 비현실적이라고 말하는 것이고, 다행히도 비국소성 덕분에 그런 보고는 신뢰할 수가 없다는 것이다. "여기에는 모순이 없다." 슈타인버그가 말했다. "언제나 비국소성을 생각해야만 하고, 그렇지 않으면 매우 중요한 것을 놓쳐버리게 된다."

빛보다 더 빨리

ESSW에 흔들리지 않고 계속 봄의 견해를 인정해왔던 일부 물리학자들은 슈타인버그 연구진의 발견에도 그렇게 놀라지 않았다. 그동안 봄의 견해에 대한 여러 문제 제기가 있었지만, "제기된 문제들은 모두 봄의 방법이 실제로 주장하는 것을 오해한 것이었기 때문에 결국에는 흐지부지 되고 말았다." 봄과 함께 그의 마지막 책인 『분리되지 않는 우주 (*Undivided Universe*)』를 함께 저술했던 버크벡 런던 대학교(전신 버크벡 대학)의 물리학자 바실 하일리의 말이었다. 하일리의 학생이었던 옥스퍼드 대학교의 물리학자 오웬 마로니는 ESSW를 "드 브로이-봄에 대한 새로운 도전이 되지 못한 끔찍한 주장"이라고 했다. 마로니가 자신이 계속 믿어왔던 견해를 지지하는 것처럼 보이는 슈타인버그의 실험 결과를 반겼던 것은 놀랄 일이 아니다. "그것은 매우 흥미로운 실험이다." 그의 말이었다. "그것은 드 브로이-봄에 대해서 심각하게 생각할 동기를 제공한다."

봄과 반대편에 있는 (마를란 스컬리, 조지 쉬스만, 헤르베르트 발터를 비롯한) ESSW 저자들 중 한 사람이었던 베르트홀트-게오르그 엥글러트는 여전히 자신들의 논문이 봄의 견해에 "치명적인 타격"을 주었다고 주장한다. 현재 국립 싱가포르 대학교에 있는 엥글러트에 따르면, 봄의 궤적은 수학적 대상으로는 존재하지만 "물리적 의미는 없다."

역사적으로 보면, 아인슈타인은 봄이 드 브로이의 제안을 되살려 냈다는 소식을 들었을 정도로 오래 살았지만, 그는 그것에 감동을 받지 못했고, 또한 사실이라고 보기에는 너무 단순하다는 이유로 무시해버렸다. 1952년 봄에 막스 보른에게 보낸 편지에서, 아인슈타인은 봄의 결과를 다음과 같이 평가했다.

(어쨌든 드 브로이가 25년 전에 그랬듯이) 봄도 자신이 양자론을 결정론적으로 해석할 수 있다고 믿는다는 사실을 알고 계십니까? 저는 그 방법이 너무 하찮은 것이라고 생각합니다. 그러나 물론 당신이 이 문제를 나보다 더 잘 판단할 수 있을 것입니다.

그러나 분명하게 정의된 입자들이 정밀한 경로를 따라 움직인다는 봄의 견해를 인정하는 사람들에게도 여전히 의문이 남아 있다. 빛보다 빠른 소통을 허용하지 않는 특수 상대성과의 명백한 긴장이 목록의 가장 윗자리를 차지한다. 물리학자들이 오래 전부터 지적했듯이 물론 양자 얽힘과 관련된 종류의 비국소성도 빛보다 빠른 신호를 허용하지 않는다. (그래서 할아버지 패러독스*나 다른 인과성 위반의 위험은 없다.) 그렇다고 하더라도, 많은 물리학자들은 특히 봄의 견해에서 비국소성의 역할이 워낙 두드러지기 때문에 그에 대한 더욱 명백한 증명이 필요하다고 생각한다. 이곳에서 일어난 일이 다른 곳에서 일어날 수 있는 일에 영향을 미칠 수 있다는 가능성에 대해서는 반드시 설명이 필요하다.

"우주는 빛보다 빠른 속도로 독백을 하고 있는 것처럼 보인다." 슈타인버그가 말했다. "나는 아무것도 빛보다 빨리 움직일 수는 없는 우주는 이해할 수 있지만, 내부의 작동이 빛보다 빨리 일어나는데도 거시적 수준에서는 그런 사실을 인정할 수 없도록 금지되어 있는 우주는 정말 이해하기 어렵다."

---

* 과거로의 여행이 허용된다면, 아버지가 태어나기도 전에 할아버지를 살해하는 일이 벌어질 수 있다는 패러독스.

단순화된 얽힘

프랭크 윌첵

양자 얽힘의 개념과 양자론이 (어떻게 해서든지) "다중 세계"를 필요로 한다는 주장에도 화려한 신비의 오로라가 빛난다. 그러나 결국 그것들은 실제적 의미와 확실한 함축을 가진 과학적 아이디어여야만 한다. 여기서는 얽힘과 다중 세계의 개념을 내가 아는 한 가장 간단하고 분명하게 설명해보려고 한다.

I.

흔히 얽힘을 독특한 양자역학적 현상으로 여기지만, 사실은 그렇지 않다. 사실 조금은 색다르지만 얽힘에 대한 간단한 비(非)양자역학적 (또는 "고전적") 설명을 생각해보는 것이 도움이 될 수 있다. 그렇게 하는 과정에서 우리는 양자론에 대한 일반적인 특이함 이외에도 얽힘 자체의 미묘함도 파악할 수 있게 된다.

얽힘은 두 시스템의 상태에 대해서 우리가 가지고 있는 지식이 완벽하지 못한 상황에서 등장한다. 예를 들면, c-입자라고 부르게 될 두 개의 대상으로 구성된 복합 시스템을 생각해보자. "c"는 "고전적(classical)"

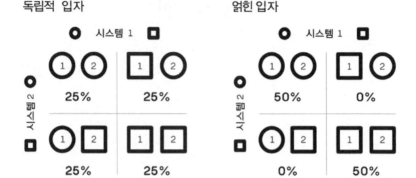

그림 2.2

을 의미하는 것이지만, 더 구체적이고 유쾌한 것을 원한다면 c-입자를 케이크(cake)라고 생각할 수도 있다.

우리의 c-입자는 우리가 가능한 상태라고 인식할 수 있는 사각형이나 원형의 두 가지 모양이 될 수 있다. 그래서 두 개의 c-입자에 대해서는 (사각형, 사각형), (사각형, 원형), (원형, 사각형), (원형, 원형) 등 4개의 연합 상태가 가능하다. 위의 표는 시스템이 4개의 가능한 상태에 있을 수 있는 확률 중 2가지 예를 나타낸 것이다.

c-입자들 중 하나에 대한 지식이 다른 입자의 상태에 대한 유용한 정보를 알려주지 않으면 c-입자들은 "독립적"이라고 한다. 첫 번째 표는 그런 성질을 가지고 있다. 만약 첫 번째 c-입자 (또는 케이크)가 사각형이라고 하더라도 우리는 여전히 두 번째 입자의 모양에 대해서 아무 것도 알지 못한다. 마찬가지로 두 번째 입자의 모양은 첫 번째 입자의 모양에 대해서 유용한 정보를 보여주지 않는다.

반면에, 한 입자에 대한 정보가 다른 입자에 대한 지식을 개선시켜 준다면 우리는 두 c-입자들이 얽혀 있다고 말한다. 두 번째 표는 극단적 인 얽힘을 나타낸 것이다. 이 경우에는 첫 번째 c-입자가 원형이라면,

우리는 두 번째 입자도 역시 원형이라는 사실을 알게 된다. 그리고 첫 번째 c-입자가 원형이라면, 두 번째 입자도 마찬가지이다. 하나의 모양에 대해서 알고 있으면, 우리는 다른 것의 모양도 확실하게 추정할 수 있다.

양자역학에서의 얽힘도 근본적으로 독립성의 결여에 의해서 나타나는 똑같은 현상이다. 양자론에서의 상태는 파동함수라는 수학적 표현으로 나타낸다. 앞으로 설명하겠지만, 파동함수를 물리적 확률과 연결시켜주는 법칙 때문에 매우 흥미로운 복잡성이 나타나지만, 이미 고전적 확률의 경우에서 살펴보았던 얽힌 지식이라는 핵심적 개념은 그대로 남게 된다.

물론 케이크는 양자 시스템으로 볼 수 없다. 그러나 양자 시스템들 사이의 얽힘은 입자의 충돌 이후에 나타나는 입자들에서 자연적으로 나타나는 것이다. 실제로 여러 시스템들이 상호작용할 때는 언제나 둘 사이에 상관성이 만들어지기 때문에 얽히지 않은 (독립적인) 상태는 매우 드문 예외가 된다.

예를 들면, 분자들을 생각해보자. 분자들은 전자나 원자핵과 같은 하부 시스템들로 구성된다. 가장 흔하게 발견되는 분자의 바닥 에너지 상태는 구성 입자들의 위치가 절대 독립적일 수가 없기 때문에 전자와 원자핵은 고도로 얽혀 있는 상태이다. 원자핵이 움직이면 전자도 함께 움직인다.

우리의 예로 되돌아가보자. 사각형이나 원형 상태에 있는 시스템 1을 나타내는 파동함수를 $\Phi_\blacksquare$ 또는 $\Phi_\bullet$로 쓰고, 사각형이나 원형 상태에 있는 시스템 2를 나타내는 파동함수를 $\psi_\blacksquare$ 또는 $\psi_\bullet$로 쓰면, 우리가 살펴보고 있는 예에서 전체 상태는 다음과 같이 표현된다.

독립 상태: $\Phi_\blacksquare \psi_\bullet + \Phi_\bullet \psi_\bullet + \Phi_\blacksquare \psi_\blacksquare + \Phi_\blacksquare \psi_\bullet$

얽힌 상태: $\Phi_\blacksquare \psi_\bullet + \Phi_\bullet \psi_\blacksquare$

독립 상태는 다음과 같이 적을 수도 있다.

$$(\Phi_\blacksquare + \Phi_\bullet)(\psi_\blacksquare + \psi_\bullet)$$

이 식에서 괄호는 시스템 1과 시스템 2를 독립된 단위로 분명하게 구분해준다.

얽힌 상태를 만들어내는 방법은 여러 가지가 있다. 부분적인 정보를 제공해주는 (복합) 시스템을 측정하는 것이 한 가지 방법이다. 예를 들면, 우리는 두 시스템이 가지고 있는 모양을 정확하게 알지 못하지만 그들이 같은 모양을 가지고 있을 것이라고 추정할 수 있다는 사실은 알 수 있다. 그런 개념이 나중에 중요한 역할을 하게 될 것이다.

양자 얽힘의 훨씬 더 분명한 결과인 아인슈타인-포돌스키-로젠(EPR)이나 그린버거-호른-자일링거(GHZ) 효과들은 "상보성"이라고 부르는 양자론의 또다른 특성을 통해서 나타난다. EPR과 GHZ에 대한 논의를 위해서 이제 상보성을 소개해보도록 하자.

앞에서 우리는 c-입자가 (사각형과 원형의) 두 가지 모양을 가질 수 있는 경우를 상상했다. 이제 회색과 흑색의 두 가지 색깔도 나타낼 수 있다고 상상해보자. 케이크와 같은 고전적 시스템에 대해서 이야기한다면, 그렇게 추가된 성질은 c-입자들이 회색 사각형, 회색 원형, 흑색 사각형, 또는 흑색 원형의 4가지 가능한 상태 중 하나에 있을 수 있다는 뜻이 된다.

그러나 퀘이크(quake) 또는 (더 점잖게) q-입자라고 부를 수 있는 양자 케이크의 경우에는 상황이 완전히 다르다. q-입자가 상황에 따라 다른 모양이나 다른 색깔을 나타낼 수 있다고 해서 반드시 q-입자가 동시에 모양이나 색깔을 가지고 있다는 뜻은 아니다. 곧 살펴보겠지만, 사실 아인슈타인이 물리적 실재에 대해서 수용 가능한 개념의 일부가 되어야 한다고 고집했던 그런 "상식적" 추론은 실험적 사실과 맞지 않는 것이었다.

우리가 q-입자의 모양을 측정할 수 있지만, 그런 과정에서 색깔에 대한 모든 정보를 잃어버리게 된다. 또는 우리가 q-입자의 색깔을 측정할 수 있지만, 그런 과정에서 모양에 대한 모든 정보는 잃어버리게 된다. 양자론에 따르면, 입자의 모양과 색깔을 동시에 측정하는 것은 우리가 할 수 없는 일이다. 물리적 실재의 어느 한 관점이 모든 측면을 보여주지는 않는다. 우리는 각각이 유효하지만 부분적인 통찰을 제공해주는 여러 가지로 서로 다르고, 상호 배타적인 관점들을 고려해야만 한다. 그것이 닐스 보어가 정립했던 상보성의 핵심이다.

결과적으로 양자론은 우리에게 물리적 실재를 개별적 성질들과 연관시킬 때는 매우 신중해야 한다고 요구한다. 모순을 피하기 위해서 우리는 다음 사실을 인정해야만 한다.

1. 측정하지 않은 성질은 존재할 필요가 없다.
2. 측정은 측정되는 시스템을 변화시키는 능동적 과정이다.

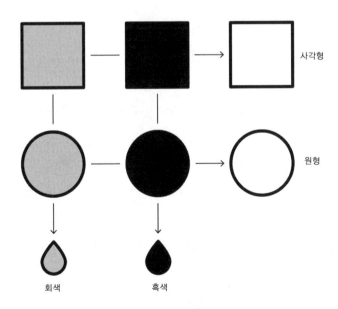

그림 2.3

II.

이제부터 고전적인 것과는 거리가 멀지만, 양자론의 이상함을 보여주는 두 가지 고전적인 예를 설명해보겠다. 두 가지 모두 엄격한 실험을 통해서 확인되었다. (실제 실험에서는 케이크의 모양이나 색깔 대신 전자의 각운동량과 같은 성질을 측정한다.)

알베르트 아인슈타인, 보리스 포돌스키, 네이선 로젠(EPR)은 두 개의 양자 시스템이 얽힐 경우에 나타날 수 있는 놀라운 효과를 설명했다. EPR 효과는 구체적이고 실험적으로 구현될 수 있는 양자 얽힘을 상보성과 연관시켜준다.

EPR 쌍은 각각의 입자에 대해서는 모양이나 색깔 중의 하나를 측정할 수 있는 (그러나 두 가지 모두를 측정할 수는 없는) 두 개의 q-입자로 구성된다. 우리는 다수의 동일한 쌍에 접근할 수 있고, 그 쌍들에 대해서 어떤 측정을 할 것인지를 선택할 수 있다고 가정한다. 우리가 EPR 쌍을 구성하는 한 입자의 모양을 측정하면, 그 결과가 사각형이나 원형이 될 가능성은 똑같다. 색깔을 측정하면, 회색이나 흑색이 될 가능성도 똑같다.

그런데 EPR 쌍의 두 입자 모두를 측정하면, EPR이 역설적이라고 생각했던 흥미로운 효과가 나타난다. 두 입자 모두의 색깔을 측정하거나 모양을 측정하면, 결과가 언제나 일치한다. 한 입자가 회색이라는 사실을 알고 나서 다른 입자의 색깔을 측정하면, 그것도 역시 회색이라는 것과 같은 식이다. 반면에 우리가 한 입자의 모양을 측정한 후에 다른 입자의 색깔을 측정하면 상관성이 나타나지 않는다. 따라서 첫 번째가 사각형이면, 두 번째가 회색이나 흑색이 될 가능성은 여전히 똑같다.

양자론에 따르면, 두 시스템이 엄청나게 멀리 떨어져 있더라도, 거의 동시에 측정을 하면 똑같은 결과가 얻어진다. 결국 한 곳에서 이루어지는 측정의 선택이 다른 곳에 있는 시스템의 상태에 영향을 미치는 것처럼 보인다. 아인슈타인이 '장거리 유령 작용'이라고 불렀던 이런 효과는, 어떤 측정을 했는지에 대한 정보의 전달이 빛보다 빠른 속도로 이루어진다는 의미를 담고 있다.

그런데 정말 그럴까? 나는 당신이 얻은 결과에 대해서 알게 되기까지 어떤 결과를 얻게 될 것인지를 알지 못한다. 나는 당신이 측정을 한 바로 그 순간이 아니라, 내가 당신이 측정한 결과를 알게 될 때가 되어야만 유용한 정보를 얻게 된다. 그리고 당신이 측정한 결과를 알려주는 메시지는 확실한 물리적 방법으로 전달되어야만 하고, 그 속도는 (아마도) 빛보다 느려야만 할 것이다.

더 깊이 생각해보면, 패러독스가 해결된다. 실제로 첫 번째가 회색으로 측정된 경우에 두 번째 시스템의 상태를 다시 생각해보자. 두 번째 q-입자의 색깔을 측정하기로 선택하면, 회색이라는 결과를 얻게 될 것이 분명하다. 그러나 앞에서 상보성을 소개하면서 논의했듯이, "회색" 상태에 있는 q-입자의 모양을 측정하기로 하면, 사각형이나 원형이 될 확률은 같아질 것이다. 따라서 EPR의 결과는 패러독스가 아니라 논리적으로 강제된 것이다. 본질적으로 그것은 단순히 상보성을 재포장한 것이다.

마찬가지로 멀리 떨어진 곳에서 일어나는 사건들이 상관성을 가지고 있다는 것도 패러독스가 아니다. 한 쌍의 장갑 중 한 쪽만을 상자에 넣어서 우편으로 지구의 반대편에 보내는 경우를 생각해보자. 내가 한 상자 속을 살펴보고 나서 다른 상자에 들어 있는 장갑이 어느 쪽 손에 맞는 것인지를 결정할 수 있다는 것은 조금도 놀랄 일이 아니다. 마찬가지로 모든 알려진 경우에 EPR 쌍 사이의 상관성은 반드시 두 입자들이 서로 가까이 있을 때 각인되어야만 하고, 그런 상관성은 두 입자들이 서로 멀어지게 되더라도 마치 두 입자들이 기억을 가지고 있는 것처럼 살아남게 된다. 이 경우에도 역시 EPR의 특이성은 상관성 그 자체가 아니라 상보성 형식으로 나타나는 가능한 전형일 수 있다.

III.

대니얼 그린버거, 마이클 호른, 안톤 자일링거는 양자 얽힘을 설명해주는 또다른 훌륭한 예를 발견했다.[1] 특별하게 얽힌 상태(GHZ 상태)로 준비된 3개의 q-입자가 필요하다. 멀리 떨어져 있는 세 사람의 실험자들이 3개의 q-입자를 나누어 가진다. 실험자들은 각자 독립적이고 무작위적인 방법으로 모양이나 색깔 중 어느 것을 측정할 것인지를 선택해서 그 결과를 기록한다. GHZ 상태로 출발한 3개의 q-입자를 이용해서 실험을 여러 번 반복한다.

실험자들은 각자 독립적으로 최대한 무작위적인 결과를 얻게 된다. q-입자의 모양을 측정하면, 사각형이나 원형이 될 가능성은 똑같다. 색깔을 측정하면, 회색이나 흑색이 될 가능성도 똑같다. 그렇게 일상적인 결과가 얻어진다.

그러나 나중에 실험자들이 함께 모여서 자신들의 측정 결과를 비교하고 약간의 분석을 해보면 놀라운 결과가 나타난다. 사각형과 회색을 "선(善)"이라고 부르고, 원형과 흑색을 "악(惡)"이라고 부르자. 실험자들 중 두 사람이 모양 측정을 선택하고, 세 번째 사람이 색깔을 선택할 때마다, "악(원형이거나 흑색)"이 얻어지는 횟수는 정확하게 0이거나 2가 된다. 그러나 세 사람이 모두 색깔 측정을 선택하면, 악에 속하는 측정은 정확하게 1이나 3이 된다. 그것이 양자역학의 예측이고, 실제로 관찰되는 것이다.

그렇다면, 악의 양(量)은 짝수일까, 홀수일까? 서로 다른 종류의 측정에서는 두 가능성이 분명하게 실현된다. 우리는 그런 질문을 거부할 수밖에 없다. 측정 방법과 상관없이 우리 시스템의 경우에 악의 양에 대해서 이야기하는 것은 의미가 없다. 실제로 그런 시도는 모순으로 끝나게 된다.

물리학자 시드니 콜먼의 표현에 따르면, GHZ 효과는 "대담한 양자역학"이다. 그것은, 물리적 시스템이 그 성질을 측정하는지와 상관없이 명백한 성질을 가지고 있다는 일상적인 경험에 뿌리를 두고 있으며 깊이 각인된 우리의 일상적인 편견을 깨뜨린다. 만약 그것이 사실이라면, 선과 악의 균형은 측정의 선택에 영향을 받지 말아야 한다. GHZ 효과의 메시지는 일단 내면화되고 나면 잊을 수 없을 정도로 환각적인 것이 된다.

IV.

지금까지 우리는 여러 개의 q-입자들이 얽힘 때문에 고유하고 독립적인 상태에 있는 것이 불가능하게 되는지에 대해서 생각해보았다. 하나의 q-입자가 시간에 따라 진화하는 경우에도 비슷한 고려가 적용된다.

우리는 시간의 순간마다 시스템의 분명한 상태를 파악하는 것이 불가능하면, "얽힌 역사(entangled history)"를 가지고 있다고 말한다. 일부 가능성을 제거함으로써 일상적인 얽힘 상태가 만들어지는 것과 마찬가지로, 우리는 어떤 일이 일어났는지에 대한 부분적인 정보만을 수집하는 측정을 통해서 얽힌 역사를 만들어낼 수 있다. 가장 단순한 얽힌 역사는, 서로 다른 두 순간에 관찰할 수 있는 하나의 q-입자가 있는 경우이다. 두 순간 모두 q-입자의 모양이 사각형이거나 또는 두 순간 모두 원형이 되겠지만, 우리의 관찰이 두 가능성 모두를 허용해주는 상황은 상상할 수 있다. 이것이 위에서 설명한 가장 간단한 얽힘의 상황에 대한 양자 시간적 비유이다.

　조금 더 정교한 방법을 사용하면 이 시스템에도 상보성의 흔적을 추가하고, 양자론의 "다중 세계" 특성을 드러내주는 상황을 정의해볼 수 있다. 처음에 회색 상태에 있던 q-입자가 시간이 흐른 순간에 흑색 상태로 측정될 수 있다. 위에서 보여준 간단한 예에서처럼 그 중간의 시간에는 q-입자의 색깔을 일관되게 알아낼 수 없고, 분명하게 결정된 모양도 가지고 있을 수 없다. 그런 종류의 역사는 양자역학의 다중 세계 관점의 근거가 되는 통찰을 제한적이지만 통제되고 정밀하게 보여준다. 분명하게 정의된 상태는 상호 모순된 역사적 궤적으로 가지를 쳤다가 나중에 다시 합쳐질 수 있다.

　양자론의 창시자였지만 그것의 정확성에 대해서 매우 회의적이었던 에르빈 슈뢰딩거는 양자 시스템의 진화가, 자연스럽게 전혀 다른 성질을 가진 것으로 측정되는 상태로 변할 수 있다는 사실을 강조했다. 그의 "슈뢰딩거 고양이" 상태들은 양자 불확정성을 고양이의 운명에 대한 의문으로 확대시켜준 것으로 유명하다. 앞에서 설명한 예에서 살펴보았듯이, 그 고양이가 가지고 있는 삶(또는 죽음)의 성질을 측정 이전에는 알아낼 수 없다. 확률의 지하 세계에서는 두 가지 모두가 함께 공존하거나 어느 것도 존재하지 않는다.

　일상에서는 상보성을 경험할 수 없기 때문에, 일상 언어는 양자 상보성을 설명하는 데에 적절하지 않다. 실제 고양이는 살아 있는지 또는 죽어 있는지에 따라서, 주위의 공기와 전혀 다른 방법으로 상호작용한다. 실제로 측정할 때에 그런 사실이 자동적으로 포함될 것이고, 고양이는 자신의 삶(또는 죽음)을 이어갈 것이다. 그러나 얽힌 역사는 실질적으로 슈뢰딩거 고양이에 해당하는 q-입자를 설명해준다. 중간 시간에서의 완전한 설명에는 두 가지 상반된 성질, 즉 궤적을 고려해야 한다.

얽힌 역사를 통제된 실험으로 보여주는 것은, q-입자에 대한 부분적 정보를 수집해야만 하기 때문에 쉽지 않다. 일상적인 양자 측정에서는 일반적으로 여러 번에 걸친 부분적 정보가 아니라 한 번에 완전한 정보를 수집한다. 예를 들면, 분명한 모양이나 분명한 색깔을 결정하게 된다. 그런 측정은 가능하고, 실제로 기술적으로도 크게 어렵지 않다. 그런 방법으로 우리는 양자론에서 유행하는 "다중 세계"에 대한 분명한 수학적이고 실험적인 의미를 부여하고, 그 실체를 보여줄 수 있을 것이다.

간단한 물리학 법칙으로 재구성한 양자론

필립 볼

과학자들은 거의 한 세기 동안 양자 이론을 쓰고 있지만, 부끄럽게도 아직도 그것이 무엇을 뜻하는지를 모르고 있다. 양자물리학과 실재의 본질에 대한 2011년 학술회의에서 비공식적으로 실시한 여론조사에 따르면, 양자 이론에서 실재를 어떻게 설명하는지에 대해서 과학자들이 여전히 합의를 하지 못하고 있다. 참석자들은 양자 이론을 어떻게 해석해야 하는지에 대해서 심하게 분열되어 있었다.[1]

그저 어깨를 으쓱이면서 우리는 양자역학이 이상하다는 사실을 인정하고 살 수밖에 없다고 이야기하는 물리학자들이 많다. 그래서 입자들은 동시에 두 곳에 있을 수도 있고, 엄청난 거리에서 순간적으로 소통할 수 있을까? 신경 쓰지 말자. 어쨌든 양자 이론은 잘 작동한다. 아(亞)원자 입자, 원자, 분자, 빛에 대한 실험의 결과를 계산하는 것이 목적이라면 양자역학은 훌륭하게 성공적이다.

그러나 더 깊이 파고 들어가서 이해하고 싶어하는 연구자들도 많다. 그런 연구자들은 양자역학이 지금과 같은 모습을 가지게 된 이유를 알고 싶어하고, 그 답을 찾기 위해서 야심찬 프로그램을 추진하고 있다. 양자 재구축(quantum reconstruction)이라고 부르는 노력은 몇 개의 간단한 원칙만을 근거로 양자론을 처음부터 다시 구축하려는 시도이다.

만약 그런 노력이 성공한다면, 양자역학에서 겉으로 드러나는 기묘함과 혼란이 사라질 것이고, 양자론이 우리에게 말해주려고 해왔던 것을 분명하게 이해할 수 있게 될 것이다. "내 입장에서 궁극적인 목표는, 양자 이론이 우리의 불완전한 경험으로부터 세상에 대한 이상적인 그림을 그리도록 해주는 유일한 이론이라는 사실을 증명해내는 것이다." 옥스퍼드 대학교의 이론물리학자인 줄리오 키리벨라의 말이었다.

성공이 보장된 것은 아니다. 양자역학이 단순히 오늘날 사용되는 난해한 수학적 개념들의 집합이 아니라 정말 그 핵심에 평범하고 단순한 무엇이 있을 것이라는 보장은 없다. 그러나 양자 재구축 노력이 아니더라도 여전히 양자역학 자체를 넘어서 더욱 심오한 이론에 도달하는 마찬가지로 흥미로운 목표를 향한 길을 알아낼 수도 있을 것이다. "나는 그것이 양자 중력 이론의 정립에 도움이 될 것이라고 생각한다." 캐나다 워털루에 있는 페리미터 이론물리학 연구소의 이론물리학자인 루시엔 하디의 말이다.

양자역학의 엉성한 기초들

양자 재구축 게임의 기본 전제는, 아일랜드 시골 지역에서 길을 잃어버린 운전자가 지나가는 사람에게 더블린으로 가는 길을 묻는 농담으로 정리할 수 있다. "내가 운전을 한다면 여기서 출발하지 않을 것입니다." 돌아온 답이었다.

양자역학에서 "여기"는 어디일까? 양자론은 원자와 분자가 빛과 같은 복사와 어떻게 상호작용하는지를 이해하기 위한 시도에서 등장했다. 그런 상호작용은 고전물리학으로 설명할 수가 없었다. 양자 이론은 경험적 동기에서 시작되었고, 양자 법칙들은 단순히 관찰된 사실에 맞는 것이었다. 양자 이론에서 사용하는 수식은 검증된 것으로 신뢰할 수 있는 것이지만, 근본적으로 20세기 초에 이론을 개척한 선구자들이 마음대로 만들어놓은 것이다.

양자 입자의 확률적 성질을 계산해주는 에르빈 슈뢰딩거의 방정식을 살펴보자. 입자는, 알아낼 수 있는 모든 것이 함축된 "파동함수"로 설명된다. 파동함수는 근본적으로 양자 입자가 때로는 파동처럼 행동한다는 잘 알려진 사실을 반영한, 파동형의 수학적 표현식이다. 입자가 특별한 장소에서 관찰될 확률을 알고 싶다면, 그저 파동함수(또는 정확하게 말해서 조금 더 복잡한 수학적 항)의 제곱을 계산하면 된다. 그 결과로부터 입자를 발견하게 될 가능성이 얼마나 되는지를 추론할 수 있다. 입자의 관찰 가능한 다른 성질을 알고 싶다면, 대략적으로 말해서 연산자라고 부르는 수학적 함수를 파동함수에 작용시키면 된다.

그러나 확률을 계산하는 소위 법칙이라는 것은, 사실 독일의 물리학자 막스 보른의 직관적 추측이었다. 슈뢰딩거의 방정식도 마찬가지였다. 어느 것도 엄격하게 유도된 것이 아니었다. 양자역학은 대체로 임의적 법칙으로 구축된 것처럼 보이고, 시스템의 관찰 가능한 성질에 대응하는 연산자의 수학적 성질을 비롯한 일부 법칙은, 신비롭게 보이기도 한다. 양자 이론은 복잡한 체계이지만, 즉석에서 꿰맞춘 것이어서 명백한 물리적 해석이나 정당화가 결여되어 있다.

그것을 그 자체로 양자역학처럼 혁명적이었던 아인슈타인의 특수상대성 이론의 기본 법칙인 공리들과 비교해보자. (아인슈타인이 1905년에 기적처럼 두 가지 모두를 내놓았다.) 아인슈타인 이전에는 움직이는 관찰자의 입장에서 빛이 어떻게 행동하는지를 설명해주는 여러 가지 방정식들이 정리되지 않은 채로 남아 있었다. 아인슈타인은, 빛의 속도는 일정하다는 것과 일정한 상대 속도로 움직이는 두 관찰자에게 적용되는 물리법칙은 똑같다라는 두 가지의 간단하고 직관적인 원칙을 이용해서 수학적으로 모호했던 부분을 정리했다. 그런 기본 원칙들을 인정하고 나면, 나머지 이론은 저절로 따라온다. 아인슈타인이 제시한 공리들은 단순할 뿐만 아니라 물리학적 의미도 분명했다.

양자역학에 대한 비유적 표현은 무엇일까? 유명한 물리학자 존 휠러는 언젠가 우리가 정말 양자 이론의 핵심을 이해하게 된다면, 그 핵심을 누구나 이해할 수 있는 하나의 간단한 문장으로 표현할 수 있어야만 할 것이라고 주장했다. 양자 재구축론자들은, 그런 표현이 존재한다고 하더라도, 우리가 보어, 하이젠베르크, 슈뢰딩거의 성과를 폐기하고, 양자 이론을 처음부터 다시 만들어야만 그것을 찾을 수 있을 것이라고 생각한다.

양자 룰렛

양자 재구축을 위한 최초의 노력은 2001년 당시 옥스퍼드 대학교에 있던 하디에 의해서 시작되었다.[2] 그는 양자 도약, 파동–입자 이중성, 불확정성처럼 우리가 흔히 양자역학과 관련되어 있다고 여기는 모든 것을 무시해버렸다. 그 대신 하디는 확률에만 집중했다. 그것은 구체적으로 시스템의 가능한 상태와 그런 상태를 관찰하게 될 가능성을 연결시켜주는 확률을 말한다. 하디는 그런 뼈대만으로도 양자에 대해서 우리에게 익숙한 모든 것을 되살려내기에 충분하다는 사실을 발견했다.

하디는 어떤 시스템이든지 몇 가지 성질들의 목록과 그들의 가능한 값으로 설명할 수 있다고 가정했다. 예를 들면, 동전 던지기의 경우에 핵심적인 값은, 동전의 앞면 혹은 뒷면이 되는지일 것이다. 그래서 그는 한 번의 관찰로 그런 값을 명백하게 측정하는 가능성을 생각해보았다. 시스템의 분명한 상태는 (적어도 원칙적으로는) 언제나 측정이나 관찰을 통해서 확실하게 구별할 수 있을 것이라고 생각할 수 있다. 그리고 고전물리학에서는 그것이 사실이다.

그러나 양자역학에서는 입자가 동전의 앞이나 뒤와 같이 분명한 상태로만 존재할 수 있는 것이 아니다. 대략적으로 그런 상태들의 조합에 해당하는 소위 겹침(superposition)의 상태로 존재할 수도 있다. 다시 말해서, 양자 비트에 해당하는 큐비트는 0이나 1의 이진법 상태만이 아니라 그 둘의 겹침 상태에 있을 수도 있다.

그러나 그런 큐비트를 측정하면 1 또는 0의 결과만 얻게 된다. 그것이 바로 흔히 파동함수의 붕괴라고 부르는 양자역학의 신비이다. 즉, 측정은 가능한 결과들 중의 어느 하나만을 보여준다. 다른 말로 표현하면, 양자적 대상의 파동함수에는 흔히 실제로 볼 수 있는 것보다 훨씬 더 많은 측정의 가능성이 담겨 있다는 것이다.

가능한 상태와 측정 결과와의 관계를 지배하는 하디의 법칙은 양자 비트의 그런 성질을 고려한다. 핵심적으로 그런 법칙들은, 시스템이 어떻게 정보를 전달할 수 있는지와 그 정보들이 어떻게 결합되고 서로 변환되는지에 대한 (확률론적인) 것이다.

그리고 하디는 그런 시스템을 설명해주는 가장 단순한 이론이, 바로 서로 다른 대상의 성질들이 상호의존하게 되는 파동형 간섭이나 얽힘과 같은 독특한 현상을 모두 포함하고 있는 양자역학이라는 사실을 증명했다. "하디의 2001년 논문은 재구축 프로그램에 대해서 '그래, 우리가 할 수 있어!'를 외치는 순간이었다." 키리벨라의 말이었다. "그것은 어떤 방법으로든지 우리가 양자 이론을 재구축할 수 있다고 말해주는 것이었다."

더욱 구체적으로 말하자면, 그것은 양자 이론의 핵심 특징이 바로 고유하게 확률론적이라는 뜻이다. "양자 이론은 물리학에서의 응용과는 아무 상관없이 연구할 수 있는 추상적인 분야에 해당하는 일반화된 확률 이론이라고도 볼 수 있는 것이다." 키리벨라가 말했다. 이 방법에서는 근원적인 물리학을 다루는 것이 아니라, 단순히 출력이 입력과 어떤 관계가 있는지만 생각한다. 즉, 상태를 어떻게 준비했는지에 따라서 측정할 수 있는 것이 어떻게 달라지는지(소위 운용상의 관점)만을 생각한다. "물리적 시스템이 무엇인지는 구체화할 필요도 없고, 그것이 결과에 영향을 미치지도 않는다." 키리벨라가 말했다. 일반화된 확률 이론은 "순수한 문법"일 뿐이라고 그는 덧붙였다. 언어학적 문법이 단어의 의미에 상관없이 단어의 유형들을 연결시켜주듯이, 일반화된 확률론도 상태와 측정의 관계만을 결정한다. 다시 말해서, 일반화된 확률 이론은 "의미론이 제거된 물리 이론의 문법"이라는 것이 키리벨라의 설명이었다.

그래서 양자 재구축을 위한 모든 시도들의 일반적인 아이디어는, 이론의 사용자들이 시스템에 대해서 수행할 수 있는 모든 측정의 가능한 결과 하나하나에 배정되는 확률의 목록에서부터 시작한다. 그런 목록이 바로 "시스템의 상태"이다. 다른 요소는 상태들이 서로 변환되는 방법과 주어진 입력에서 얻어질 출력의 확률뿐이다. 양자 재구축에 대한 운용상의 접근은 "두 가지 데이터들을 구분할 뿐이지 시공간이나 인과성과 같은 것을 전제하지는 않는다." 프랑스 CEA 사클레이의 물리철학자 알렉세이 그린바움의 지적이다.

양자 이론을 일반화된 확률 이론과 구분하려면, 확률과 측정의 가능한 결과에 대한 구체적인 구속 조건이 필요하다. 그러나 그런 구속 조건은 유일하지 않다. 그래서 많은 수의 가능한 확률 이론들이 양자형으로 보인다. 그중에서 옳은 것을 어떻게 찾아낼 것인가?

"양자 이론과 비슷하면서도 구체적 측면에서는 차이가 나는 확률 이론을 찾을 수 있다." 스페인 빌바오에 있는 바스크 대학교의 이론물리학자인 마티아스 클라인만이 말했다. 그런 후에 특정한 양자역학을 선택하는 가설을 찾을 수 있다면, "몇 개의 이론을 폐기하거나 약화시키고, 수학적으로 정답이 될 수 있는 이론을 찾아낼 수 있다"는 것이 그의 설명이었다. 양자역학 너머에 무엇이 있는지에 대한 그런 탐구는 단순히 학술적 장난이 아니다. 양자역학 자체가 훨씬 더 심오한 이론의 근사일 수도 있고, 실제로 그럴 가능성이 크기 때문이다. 고전역학에서 양자역학이 등장했듯이, 우리가 충분히 열심히 노력하는 경우에 나타나는 양자 이론에서의 위반들로부터 그런 이론이 등장할 수도 있을 것이다.

잡동사니들

양자 재구축의 공리들은 궁극적으로 그것을 이용해서 무엇을 할 수 있고, 무엇을 할 수 없는지를 알아낼 수 있는 정보에 관한 것이라고 생각하는 연구자들도 있다.[3] 2010년 당시 페리미터 연구소에 있던 키리벨라와 그의 동료들인 이탈리아 파비아 대학교의 지아코모 마우로 다리아노와 파올로 페리노티가 제안했던 것이 바로 정보에 대한 공리에서 유도한 양자 이론이었다.[4] "대략적으로 말하면, 그들의 원칙은 정보가 공간과 시간에 국소화되어 있어야만 하고, 시스템은 서로에 대한 정보를 저장할 수 있어야 하고, 모든 과정은 원칙적으로 가역적이어서 정보가 보존되어야 한다는 것이다." 브라질의 나타우에 있는 국제물리학 연구소의 이론물리학자 자크 피에나가 말했다. (그에 반해서, 비가역적 과정에서는 하드디스크에 있는 파일을 지울 때와 마찬가지로 일반적으로 정보의 손실이 발생한다.)

더욱이 그런 공리들은 모두 일반 언어로 설명될 수 있다고 피에나가 말했다. "그런 공리들은 모두 인간 경험의 요소들, 즉 실제 실험자들이 실험실에 있는 시스템으로 수행할 수 있는 것에 직접 적용된다." 그가 말했다. "그리고 그것들은 모두 상당히 합리적인 것이어서, 진실이라고 쉽게 인정된다." 키리벨라와 그의 동료들은, 그런 법칙에 의해서 지배되는 시스템은 겹침이나 얽힘과 같은 익숙한 양자 행동을 모두 보여준다는 사실을 증명했다.

한 가지 도전 과제는, 무엇을 공리라고 정할 것인지와 물리학자들이 그런 공리로부터 무엇을 유도하려고 노력해야 하는지를 결정하는 것이다. 키리벨라의 재구축에서 자연적으로 등장하는 또다른 원칙인 양자 복제 불가능 법칙(qauntum no-cloning rule)을 살펴보자. 현대 양자 이론의 심오한 발견 중 하나인 이 법칙은 임의적인 미지의 양자 상태는 복제할 수 없다는 것이다.

그것은 (양자 컴퓨터를 설계하고 싶어하는 과학자와 수학자들에게는 매우 불편한 것이겠지만) 기술적 문제인 것처럼 보인다. 그러나 양자 정보로 허용되는 것에 대한 법칙으로부터 양자역학을 유도하려던 2002년의 시도에서, 메릴랜드 대학교의 제프리 법과 그의 동료들인 피츠버그 대학교의 롭 클리프턴, 프린스턴 대학교의 한스 할보르손은 복제 불가능성을 세 가지 기본적 공리 중의 하나로 선택했다.[5] 나머지 두 가지 공리들 중 하나는, 특수 상대성의 직접적인 결과 때문에 어느 한 물체에 대한 측정으로부터 얻은 정보를 빛보다 더 빨리 전달할 수 없다는 것이다. 세 번째 공리는 설명하기가 좀더 어렵지만, 그것도 역시 양자 정보 기술의 제한 조건의 역할을 한다. 핵심적으로, 그것은 정보의 비트를 훼손되지 않은 상태로 얼마나 안전하게 교환할 수 있는지를 제한하는 것으로, "무조건적 안전성 비트 위임(unconditionally secure bit commitment)"이라는 것을 금지시켜준다.

이런 공리들은 양자 정보 관리의 실현가능성과 관련된 것 같다. 그러나 클리프턴, 법, 할보르손은, 우리가 공리들을 근본적인 것으로 생각하고, 추가적으로 양자 이론의 대수학이 (순서에 상관이 없는 두 숫자의 곱하기와 달리) 계산의 순서가 중요하다는 비교환성(non-commutation)이라는 성질을 가지고 있다고 가정한다면, 그런 법칙들에서도 역시 양자 이론의 핵심 현상인 겹침, 얽힘, 불확정성, 비국소성 등의 특성이 나타나게 된다는 사실을 밝혀냈다.

2009년에는 빈 대학교의 보리보예 다킥과 카슬라브 브루크너가 또다른 정보 중심의 재구축 방법을 제시했다.[6] 그들은 정보 용량과 관련된 세 가지 "합리적 공리"를 제안했다. 모든 시스템의 가장 기본적인 요소는 한 비트 이상의 정보를 가질 수 없고, 하위 시스템들로 구성된 복합 시스템의 상태는 하위 시스템에 대한 측정으로 완벽하게 결정되고, 임의의 "순수한" 상태는 (동전의 앞면과 뒷면을 뒤집듯이) 다른 상태로 변환시켰다가 다시 되돌릴 수 있다는 것이다.

다킥과 브루크너는 그런 가정에서는 필연적으로 고전적 확률과 양자적 확률은 가능하지만, 다른 종류의 확률은 불가능하다는 사실을 증명했다. 더욱이 세 번째 공리를 변형해서 상태가 한 번의 큰 도약이 아니라 조금씩 연속적으로 변환된다고 가정한다면, 양자 이론만 가능해지고 고전역학은 불가능해진다. (그렇다. 그것은 "양자 도약[quantum jump]"의 아이디어에서 예상했던 것과는 반대로 그렇게 된다. 양자 스핀의 경우에는 스핀의 방향을 부드럽게 회전시켜서 양자 스핀의 상태를 서로 변환시킬 수 있지만, 고전적인 앞면을 점진적인 방법으로 뒷면으로 전환시킬 수는 없다.) "연속성이 없다면, 양자 이론은 만들 수 없다." 그린바움이 말했다.

양자 재구축의 정신을 따르는 또다른 방법은 양자 베이스주의(quantum

Bayesianism) 또는 큐비즘(QBism)이라고 부르는 것이다. 2000년대 초 칼턴 카베스, 크리스토퍼 푹스, 뤼디거 쉬아크에 의해서 제시된 이 아이디어는, 양자역학에서 사용하는 수학이 세상의 작동 방법과는 아무 관계가 없다는 도발적인 입장에서 시작했다. 그런 수학은 단순히 우리의 개입으로 얻은 결과에 대한 기대와 믿음을 가지도록 해주기에 적절한 체제일 뿐이라는 것이다. 그들의 아이디어는, 확률이 관찰된 빈도가 아니라 개인적 믿음에서 나타나는 것이라는 18세기에 정립된 고전적 확률에 대한 베이스 접근(Bayesian approach)에서 힌트를 얻은 것이다. 큐비즘에서는 보른 법칙에 의해서 계산된 양자 확률이 우리가 측정할 것이 아니라 합리적으로 측정할 수 있다고 예상하는 것을 우리에게 알려줄 뿐이다.

이런 관점에서는 세상이 규칙 또는 적어도 양자 규칙들에 얽매여 있는 것은 아니다. 실제로 입자들이 상호작용하는 방법을 결정해주는 근원적인 법칙은 존재하지 않는다. 오히려 법칙은 우리가 관찰하는 규모에서 창발(創發)된다. 존 휠러는 그런 가능성에 법칙 없는 법칙(Law Without Law) 시나리오라는 이름을 붙였다. 그것은 "양자 이론은 단순히 법칙이 없는 자연의 조각을 이해할 수 있도록 해주는 도구"라는 뜻이다. 세빌 대학교의 물리학자 아단 카벨로가 말했다. 그런 전제만으로 양자 이론을 유도할 수 있을까?

"처음에는 그런 일이 불가능한 것처럼 보인다." 카벨로는 그런 일이 재료가 너무 빈약할 뿐만 아니라 과학의 일반적인 과정에 비해서 임의적이고 이질적이라는 사실을 인정했다. "그러나 우리가 그런 일을 해내면 어떻게 될까?" 그의 질문이었다. "양자 이론이 자연의 성질을 표현한 것이라고 생각하는 모든 사람들에게 충격적이지 않을까?"

중력을 위한 공간 만들기

하디의 관점에서 보면, 양자 재구축은 한 가지 점에서 거의 지나칠 정도로 성공적이었다. 여러 세트의 공리들이 모두 양자역학의 기본 구조를 만들어낸다는 점에서 그렇다. "이렇게 서로 다른 세트의 공리들이 있지만, 자세히 살펴보면 그들이 서로 관계가 있다는 사실을 알 수 있다"고 그가 말했다. "그런 공리들은 모두 적절히 훌륭하고, 모두가 양자 이론으로 이어지기 때문에 공식적인 의미에서 서로 동등하다." 그런데 그것은 그가 원했던 것이 아니었다. "내가 이 연구를 시작했을 때 보고 싶었던 것은, 양자 이론을 만들어낼 수 있으면서 아무도 이의를 제기할 수 없는, 두 가지 정도의 명백하고 확실한 공리들이었다."

그렇다면 가능한 옵션 중에서 어떻게 선택을 해야 할까? "나는 양자 이론을 이해하기 위해서 도달해야할 더 심오한 수준이 있을 것이라고 생각한다." 하디가 말했다. 그리고 그는 더 심오한 수준의 공리들이, 양자 이론 너머에 있는 중력에 대한 양자 이론이라는 궁극적 목표를 알려줄 것이라고 기대한다. 그는 "그것이 다음 단계"라고 말했다. 재구축을 연구하는 일부 연구자들은, 공리적 접근을 통해서 양자 이론을 중력에 대한 현대 이론인 아인슈타인의 일반상대성과 연결시키는 방법을 찾을 수 있게 될 것이라고 기대한다.

슈뢰딩거 방정식을 살펴보는 것으로는 그런 단계로 갈 수 있는 실마리를 찾을 수 없을 것이다. 그러나 "정보"의 풍미가 가미된 양자 재구축에서는 정보를 가진 시스템들이 서로에게 어떻게 영향을 미칠 수 있는지에 대해서 이야기한다. 그것이 일반상대성에 대한 시공간적 그림과의 연결을 암시하는 인과 체계(framework of causation)이다. 결과가 원인을 앞설 수 없기 때문에 인과는 연대 순서를 전제로 한다. 그러나 하디는 양자 이론의 재구축에 필요한 공리는 분명한 인과 구조 또는 분명한 시간 순서가 없는 사건도 수용하게 될 것이라고 생각한다. 양자 이론이 일반상대성과 결합되는 경우에 의존해야 하는 것이 바로 그런 것이라는 뜻이다. "나는 인과적으로 최대한 중립적인 공리를 원한다. 그런 공리가 양자 중력에서 유래되는 공리의 후보로 좀더 적절할 것이기 때문이다." 그가 말했다.

2007년 하디는 처음으로 양자 중력 시스템이 불분명한 인과 구조를 보여줄 것이라고 제안했다.[7] 사실 양자역학만이 그런 특성을 보여줄 수 있다. 키리벨라도 양자 재구축에 대한 연구에서 얻은 영감으로부터 양자 시스템에서 인과적 사건들의 분명한 위계가 존재하지 않는 인과적 겹침을 만들어내는 실험을 제안했다.[8] 빈 대학교의 필립 발터가 그런 실험을 수행했다. 어쩌면 그것이 양자 계산을 더 효과적으로 만드는 길을 알려줄 수도 있을 것이다.

"나는 그것이 재구축 노력의 유용성을 보여주는 놀라운 예라고 생각한다." 키리벨라가 말했다. "양자 이론을 공리로 표현하는 것은 단순한 지적 훈련이 아니다. 우리는 우리에게 유용한 일을 해줄 수 있는 공리를 원한다. 양자 이론을 추론하고, 양자 컴퓨터에 사용할 수 있는 새로운 소통 프로토콜과 새로운 알고리즘을 발명하도록 도와주고, 새로운 물리학의 정립으로 인도해줄 수 있는 그런 것이 필요하다."

그런데 양자 재구축이 양자역학의 "의미"를 이해할 수 있도록 도와줄 수 있을까? 하디는 그런 노력이, 예를 들면, 다중 세계가 필요한지 아니면 오직 하나의 세계가 필요한지와 같은 해석의 문제를 해결해줄 것이라고 생각하지는 않는다. 어쨌든 재구축 프로그램은 우리가 측정하는 것에 대한 확률이라는 "사용자 경험"에 초점을 맞추고 있다는 점에서 어쩔 수 없이 "운용적(operational)"이다. 그래서 그런 확률을 만들어내는

"근원적 실재"에 대해서는 절대 이야기하지 않을 것이다.

"나는 이 연구를 시작하면서 그런 해석적 문제를 해결하는 데에도 도움이 되기를 기대했었다." 하디는 그런 사실을 인정했다. "그러나 그렇게 되지 않았다고 말할 수밖에 없다." 카벨로도 동의한다. "과거의 재구축 노력이 양자 이론의 수수께끼를 해결해주지도 못했고, 양자 이론이 어디에서 유래되었는지를 설명해주지도 못했다." 그가 말했다. "모든 시도가 이론의 궁극적인 이해라는 목표를 놓쳐버렸다." 그러나 그는 여전히 낙관적이다. "나는 아직도 제대로 된 방법이 문제를 해결해줄 것이고, 우리는 그런 이론을 이해하게 될 것이라고 믿는다."

하디는 어쩌면 실재에 대한 좀더 근원적인 설명이 아직도 밝혀지지 않은 양자 중력 이론에 뿌리를 두고 있기 때문에 그런 도전이 필요한 것이라고 말한다. "아마도 우리가 양자 중력을 이해하게 되면 해석은 스스로 자명해질 것이다." 그가 말했다. "어쩌면 사정이 더 나빠질 수도 있을 것이다!"

지금 당장 양자 재구축에 집착하는 사람은 거의 없다. 하디는 양자 재구축이 아직도 비교적 고요한 분야라는 사실을 좋아한다. 그러나 만약 양자 중력으로 파고 들어가기 시작하면, 사정은 분명히 달라질 것이다. 2011년의 여론 조사에서는 대략 응답자의 25퍼센트 정도가 양자 재구축이 더 심오하고 새로운 이론을 이끌어내줄 것이라고 답했다. 넷 중 하나의 확률이라면 분명히 시도해볼 가치가 있는 것 같다.

그린바움은, 처음부터 오직 몇 개의 공리만으로 시작해서 양자 이론 전체를 구축하는 작업은 결국 성공하지 못할 것이라고 생각한다. 그는 "완전한 재구축에 대해서는 매우 비관적"이라고 말했다. 그러나 그는 단순히 비국소성이나 인과성과 같은 특별한 측면만을 재구축하는 것처럼 한 조각씩 점진적으로 재구축하는 방법을 제안했다. "양자 이론이 전혀 다른 벽돌로 만들어져 있다는 사실을 알면서도 전체 건물을 한꺼번에 재구축하려고 애쓰는 이유가 무엇인가?" 그가 물었다. "먼저 벽돌부터 다시 만들어야 한다. 어쩌면 일부를 제거한 후에 어떤 종류의 새 이론이 등장할 것인지를 살펴보아야 할지도 모른다."

"우리가 지금 알고 있는 양자역학은 살아남지 못할 것이라고 생각한다." 그가 말했다. "진흙으로 만든 다리 중에서 어느 것이 먼저 부서질 것인지를 재구축업자들이 알아내려고 하는 것이다." 힘겨운 작업이 진행되면, 표준 양자 이론에서 측정의 과정이나 관찰자의 역할처럼 가장 성가시고 애매한 이슈들 중의 몇 가지가 해결될 것이고, 그런 후에 우리는 진짜 문제가 엉뚱한 곳에 있었다는 사실을 깨닫게 될 것이다. "정말 필요한 것은 그런 개념들을 과학적으로 만들어줄 수 있는 새로운 수학이다." 그가 말했다. 그렇게 되어야만 우리는 그렇게 오랫동안 논쟁해왔던 문제를 이해하게 될 것이다.

제 3 부

시간이란 무엇일까?

양자의 근원까지 거슬러 올라간 시간의 화살

내털리 볼초버

열적 평형으로 알려진 균일한 죽음의 상태로 떨어져야 하는 운명의 우주에서는, 커피가 식고, 건물이 무너지고, 달걀은 깨지고, 별들도 사그라진다. 천문학자이면서 철학자였던 아서 에딩턴 경은 1927년에 에너지의 점진적 흩어짐을 비가역적인 "시간의 화살(arrow of time)"의 증거라고 보았다.

그러나 여러 세대의 물리학자들에게는 난감하게도 시간의 화살은 시간이 앞으로 갈 때와 거꾸로 갈 때 똑같이 작동하는 물리학의 기본 법칙을 따르는 것처럼 보이지 않는다. 그런 법칙들에 따르면, 누군가가 우주에 있는 모든 입자들의 경로를 알아낸 후에 그것을 거꾸로 뒤집어놓으면 에너지가 흩어지는 대신 누적이 될 것이다. 그래서 식었던 커피가 저절로 뜨거워지고, 폐허에서 건물이 다시 세워지고, 햇빛은 태양으로 되돌아갈 것이다.

"고전물리학에서는 우리가 몸부림을 쳤었다." 영국 브리스틀 대학교의 물리학과 교수인 산두 포페스쿠가 말했다. "내가 더 많이 알게 된다면 사건을 뒤집을 수 있을까? 깨진 달걀의 모든 분자들을 다시 모을 수 있을까? 나는 왜 유의미할까?"

시간의 화살이 인간의 무지에 의해서 조정되지 않는 것은 확실하다고 포페스쿠는 말했다. 그럼에도 불구하고, 열역학이 탄생한 1850년대 이후에는 에너지의 확산을 계산하는 유일한 방법이, 입자들의 알 수 없는 궤적에 대한 통계적 분포를 파악하고, 시간이 흐르면 무지가 모든 것을 흩어지게 만든다는 사실을 보여주는 것이었다.

이제 물리학자들은 시간의 화살에 대한 훨씬 더 근원적인 이유를 밝혀내고 있다. 물리학자들은 에너지가 흩어지고, 사물이 평형에 도달하게 되는 이유가 서로 상호작용하는 소립자들이 "양자 얽힘"이라는 이상한 효과에 의해서 서로 얽혀 있기 때문이라고 설명한다.

"마침내 우리는 방 안에 놓여있는 한 잔의 커피가 평형에 이르게 되는 이유를 이해할 수 있게 되었다." 브리스틀의 양자물리학자 토니 쇼트가 말했다. "커피 잔의 상태와 방의 상태 사이에 얽힘이 쌓이기 때문이다."

포페스쿠, 쇼트, 그리고 동료인 노아 린덴과 안드레아스 윈터는 2009년 「피지컬 리뷰 E」에 발표한 논문에서, 물체가 주위와 양자역학적으로 얽히게 됨으로써 에너지가 무한한 시간에 걸쳐 균일하게 분포되는 상태인 평형에 도달하게 된다고 주장했다.[1] 그보다 몇 달 전에는 독일 빌레펠트 대학교의 페테르 라이만이 「피지컬 리뷰 레터스」에 비슷한 결과를 발표했다.[2] 2012년에는 쇼트와 그의 동료가 얽힘이 유한한 시간 동안에 평형을 만들어낸다는 사실을 증명함으로써 그 주장을 강화시켜 주었다.[3] 그리고 과학 논문의 원고를 올려놓은 arXiv.org에 따르면, 2014년 2월에 서로 다른 두 연구진이 대부분의 물리적 시스템들은 빠른 속도로 평형에 이르게 되고, 그 시간은 시스템의 크기에 비례한다는 사실을 증명하는 계산을 발표했다.[4,5] "그것이 우리의 실제 물리 세계와 관련된 것이라는 사실을 증명하려면 그런 과정들이 합리적인 시간 규모에서 일어나야만 한다." 쇼트가 말했다.

커피나 다른 모든 것이 평형에 도달하려는 경향은 "매우 직관적"이라고 제네바 대학교의 양자물리학자 니콜라스 브루너가 말했다. "그러나 확실한 미시적 이론을 근거로 유도된 결과로 그런 변화가 일어나는 이유를 설명한 것은 처음이었다."

새로운 방향의 연구가 옳은 것으로 밝혀진다면, 시간의 화살에 대한 이야기는 자연이 근원적으로 불확실하다는 양자역학적 아이디어에서 시작하게 된다. 소립자는 분명한 물리적 성질을 가지지 못하고, 여러 상태에 있을 확률에 의해서만 정의된다. 예를 들면, 어떤 특정한 순간에 입자가 시계 방향의 스핀을 가질 가능성이 50퍼센트이고, 반시계 방향의 스핀을 가질 가능성이 50퍼센트일 수 있다. 실험적으로 확인된 북아일랜드의 물리학자 존 벨의 정리*에 따르면 입자에는 "진정한" 상태가 없다. 입자에 부여할 수 있는 유일한 실재는 확률뿐이다.

따라서 양자 불확정성이 시간의 화살의 원인으로 추정되는 얽힘을 만들어낸다.

두 입자가 서로 상호작용을 하면, "순수 상태"라고 부르는 독립적으로 진화하는 입자 자체의 확률도 더 이상 사용할 수가 없게 된다. 그 대신 두 입자는 훨씬 더 복잡하고, 두 입자 모두를 함께 설명해주는 확률 분포를 구성하는 얽힌 요소가 된다. 예를 들면, 얽힌 확률이 두 입자가 반대 방향의 스핀을 가지도록 만들어줄 수 있다. 시스템 전체는 순수 상태에 있지만, 개별 입자의 상태는 얽혀 있는 짝의 상태와 "혼합"된다. 두 입자는 서로 몇 광년 떨어진 곳으로 이동할 수 있지만, 각각의 스핀은 다른 입자의 스핀과 상관된 상태로 남아 있게 된다. 아인슈타인은 그런 특징을 "장거리 유령 작용"이라고 불렀다.

---

* EPR 패러독스가 가정하는 국소성이 양자 현상과 양립할 수 없다는 사실을 증명해주는 정리.

"얽힘은 어떤 의미에서 양자역학의 핵심"이거나 아(亞)원자 규모에서의 상호작용을 지배하는 법칙이라고 브루너가 말했다. 그 현상이 바로 양자 컴퓨팅, 양자 암호학(cryptography), 양자 순간이동(teleportation)의 근거가 된다.

얽힘이 시간의 화살을 설명해줄 수 있을 것이라는 아이디어는 대략 35년 전에 하버드에서 물리학을 전공하고 케임브리지 철학과 대학원에 재학하던 23살의 세스 로이드가 처음 제시한 것이었다. 로이드는 양자 불확정성과 함께 입자들이 점점 더 얽히게 되는 과정에서, 그것이 확산되는 방법이 시간의 화살에 대한 고전적 증명에서 인간의 불확실성을 대체해줄 수 있다는 사실을 깨달았다.

정보의 단위를 양자역학의 기본적인 구성요소로 취급하는 낯선 방법을 이용한 로이드는 1과 0의 조합으로 입자의 진화를 연구하는 데에 몇 년을 보냈다. 그는 입자들이 점점 더 심하게 얽히게 되면, 입자의 상태를 설명해주던 (예를 들면, 시계 방향의 스핀은 "1", 반시계 방향의 스핀은 "0"으로 표현하는) 정보가, 얽힌 입자들로 이루어진 시스템 전체를 설명해주게 된다는 사실을 발견했다. 마치 입자들이 개별적인 자주성을 점진적으로 잃어버리는 대신 집단적인 상태의 볼모로 잡혀버리는 것과 같았다. 결국 모든 정보가 상관성에 들어 있게 되고, 개별적인 입자에는 아무 정보도 남아 있지 않게 된다. 로이드는 바로 그 순간에 입자들이 평형 상태에 도달하게 되고, 커피가 실온으로 식어버린 것처럼 그 상태가 더 이상 변화하지 않게 된다는 사실을 발견했다.

"실제로 진행되고 있는 것은 사물들이 서로 점점 더 심한 상관성을 가지게 되는 것이다." 로이드는 그렇게 깨달았던 것으로 기억한다. "시간의 화살은 상관성 증가의 화살이다."

그러나 1988년 박사 학위 논문에 소개했던 그의 아이디어에 귀를 기울이는 사람은 없었다.[6] 논문을 제출했던 학술지는 "이 논문에는 물리학이 없다"는 답을 보내왔다. 당시에는 양자 정보 이론이 "전혀 인기가 없었다"고 로이드가 말했다. 어느 물리학자는 그에게 시간의 화살에 대한 질문은 "괴짜들이나 멍청해진 노벨상 수상자들"에게나 어울리는 것이라고 말했다.

"나는 자칫하면 택시 기사가 될 뻔했다." 로이드가 말했다.

양자 컴퓨팅이 발전하면서부터 양자 정보 이론은 물리학에서 가장 연구가 활발한 분야로 변하기 시작했다. 이제 로이드는 매사추세츠 공과대학의 교수가 되었고, 그 분야의 창시자들 중 한 사람으로 인정을 받고 있다. 무시되었던 그의 아이디어는 브리스틀 물리학자들에 의해서 훨씬 더 강력한 형태로 되살아났다. 연구자들에 의하면, 훨씬 더 일반적이고 거의 모든 양자 시스템에서 성립하는 새로운 증명들이 등장했다.

"로이드가 학위 논문에서 아이디어를 제안했을 때는 세상이 준비가 되지 않았다." 취리히 ETH의 이론물리학연구소 소장인 레나토 레너가 말했다. "아무도 그것을 이해하지 못했다. 적당한 때에 아이디어를 내놓아야만 하는 경우도 있다."

2009년 브리스틀 연구진의 증명은 양자 정보 이론가들에게 관심을 불러일으켰고, 그들의 방법을 새롭게 이용하는 길이 열렸다. 포페스쿠는, 예를 들면 커피 잔 속에 있는 입자들이 공기와 충돌할 때처럼, 물체가 주위와 상호작용하면 그 물체의 성질에 대한 정보가 "빠져나가서 환경 전체로 퍼져 나간다"고 설명했다. 방 전체의 순수 상태가 계속 진화하더라도 그런 국소적 정보 손실이 커피의 상태를 변하지 않고 그대로 남아 있게 만들어준다. 드물게 일어나는 무작위적 요동이 아니라면 "그 상태는 시간에 따른 변화를 멈추게 된다"고 그가 말했다.

결국 식은 커피는 저절로 뜨거워지지 않는다. 원칙적으로 방의 순수 상태가 진화하면서 커피가 갑자기 공기로부터 떨어져 나와서 스스로의 순수 상태가 될 수도 있다. 그러나 커피에는 가능한 순수 상태보다 훨씬 더 많은 혼합 상태(mixed state)가 존재하기 때문에 실질적으로 그런 일은 절대 일어나지 않는다. 그런 일이 일어나는 것을 보려면 우주보다 더 오래 살아야만 할 것이다. 그런 통계적 불가능성 때문에 시간의 화살은 비가역적인 것처럼 보이게 된다. "근본적으로 얽힘이 우리에게 매우 큰 공간을 열어준다"고 포페스쿠가 말했다. "당신이 평형에서 멀리 떨어진 공원 출입구 바로 앞에서 출발하는 경우와 마찬가지이다. 공원에 들어서면 거대한 공간에서 길을 잃어버리게 된다. 그리고 다시는 출입구로 되돌아오지 못한다."

시간의 화살에 대한 새로운 이야기에서, 커피 잔 속에 있는 커피가 그 주위에 있는 방과 평형에 이르도록 만들어주는 것은, 주관적인 인간 지식의 결핍이 아니라 양자 얽힘을 통한 정보의 손실이다. 방은 결국 외부 환경과 평형을 이루게 되고, 환경은 우주의 나머지 부분과의 평형을 향해 더 느린 속도로 흘러간다. 19세기 열역학의 대가들은 그런 과정을 우주 전체의 엔트로피 증가 또는 무질서를 증가시키는 에너지의 점진적 흩어짐이라고 보았다. 오늘날 로이드와 포페스쿠를 비롯한 이 분야의 사람들은 시간의 화살을 다르게 본다. 그들의 관점에서는 정보가 점점 더 흩어지기는 하지만, 절대 완전히 사라지지는 않는다. 그래서 국소적으로는 엔트로피가 증가하더라도 우주의 전체 엔트로피는 0으로 일정하게 유지된다는 것이 그들의 주장이다.

"우주 전체는 순수 상태에 있다." 로이드가 말했다. "그러나 우주의 개별적인 조각들은 우주의 나머지 부분과 얽혀 있기 때문에 혼합 상태에 있다."

시간의 화살에서의 한 가지 문제는 여전히 해결되지 않고 있다. "이 연구는 당신이 출입구에서 시작했던 이유를 알려주지 않는다." 포페스쿠가 공원에 대한 비유에 대해서 그렇게 말했다. "다시 말해서, 이런 설명은 이 우주의 초기 상태가 평형에서 멀리 떨어져 있었던 이유를 설명해주지 못한다." 그는 그것이 빅뱅의 본질에 대한 의문이라고 말했다.

최근에 평형의 시간 규모를 계산하는 방법이 발전하기는 했지만, 아직도 이 새로운 접근법을 커피, 유리, 또는 이색적인 물질의 상태와 같은 특정한 사물의 열역학적 성질들을 분석하는 데에 도구로 쓸 수 있을 정도가 되지는 않았다. (몇몇의 전통적인 열역학자들이 새로운 접근법을 어렴풋이 인식하고 있다고 알려져 있다.) "문제는 어떤 것이 창문 유리와 같고, 어떤 것이 한 잔의 차(茶)와 같은지를 구분하는 기준을 찾는 것이다." 레너가 말했다. "나는 새로운 논문들이 그런 방향으로 가고 있다고 보지만, 훨씬 더 많은 연구가 필요하다."

열역학에 대한 그런 추상적인 접근으로 로이드가 말했던 "특정한 관찰 값들이 어떻게 행동하는지에 대한 핵심"을 밝혀낼 수 있을 것인지를 의심하는 연구자들도 있다. 그러나 이미 연구자들은, 개념적인 진전과 새로운 수학적 방법을 이용해서 양자 컴퓨터의 근본적인 한계나 심지어 우주의 궁극적 운명과 같은 열역학의 이론적 질문에 대해서 살펴보고 있다.

"우리는 양자역학으로 무엇을 할 수 있는지에 대해서 점점 더 많은 생각을 해왔다." 현재 브리스틀 대학교의 양자물리학자인 파울 스크르집칙이 말했다. "시스템이 여전히 평형에 도달하지 않고 있고, 우리는 그런 시스템으로부터 일을 얻고 싶어한다. 유용한 일을 얼마나 얻을 수 있을까? 내가 어떤 흥미로운 일을 위해서 어떻게 개입할 수 있을까?"[7]

칼텍의 이론물리학자 숀 캐럴은 우주론에서 시간의 화살에 대한 자신의 최신 연구에 새로운 방법을 활용하고 있다. "나는 극단적으로 긴 수준에서 우주론적 시공간의 운명에 관심을 가지고 있다."『영원에서 현재까지 : 시간에 대한 궁극적 이론의 탐구(*From Eternity to Here: The Quest for the Ultimate Theory of Time*)』의 저자인 캐럴이 말했다. "우리는 그런 상황에 적절한 물리학 법칙에 대해서 정말 잘 알고 있지 못하기 때문에 매우 추상적인 수준에서 생각하는 것이 의미가 있고, 그래서 나는 이런 기본적인 양자역학적 방법이 유용하다고 생각한다."

로이드는 완전히 무시되었던 시간의 화살에 대한 자신의 거대한 아이디어가 30년이 지난 후에야 다시 떠오르게 된 것을 반기면서, 최근에는 그 아이디어를 블랙홀 정보 패러독스에 적용하고 있다. "나는 이제 그 속에 물리학이 있다는 것에 모두가 동의한다고 생각한다."

약간의 철학이 들어 있는 것은 말할 필요가 없다.

과학자들에 따르면, 미래가 아니라 과거를 기억하는 우리의 능력도 시간의 화살에 대한 역사적으로 혼란스러운 증거라고 할 수 있고, 그것도 역시 상호작용하는 입자들의 상관성 축적으로 이해할 수 있다. 쪽지에 적힌 메시지를 읽으면, 당신의 뇌는 눈에 도달하는 광자들을 통해서 그 메시지와 상관성을 가지게 된다. 당신은 바로 그 순간부터 메시지의 의미를 기억할 수 있게 된다. 로이드의 표현에 따르면, "현재는 우리의 주위와 상관되기 시작하는 과정으로 정의할 수 있다."

우주 전체에서 일어나는 얽힘의 지속적 증가의 어려움은 물론 시간 그 자체에 있다. 물리학자들은, 시간에 따른 변화가 어떻게 일어나는지에 대한 이해가 크게 확장되었지만, 시간 자체의 본질이나 또는 시간이 공간의 세 차원과 (인지적으로나 양자역학의 방정식에서) 다르게 보이는 이유를 밝혀내는 연구에서는 아무 진전이 없었다는 사실을 강조한다. 포페스쿠는 그것을 "물리학에서 알아내지 못한 가장 중요한 것들 중의 하나"라고 부른다.

"한 시간 전에는 우리의 뇌가 더 적은 수의 사물들과 상관된 상태에 있었다는 사실에 대해서 논의를 할 수는 있었다." 그가 말했다. "그러나 시간이 흐르고 있다는 우리의 인식은 완전히 다른 문제이다. 아마도 우리는 그것에 대해서 설명해줄 수 있는 물리학의 더 심오한 혁명이 필요하게 될 것이다."

이제 양자 기묘함은 시간문제이다

조지 무서

2015년 11월 매사추세츠 공과대학(MIT)에서 공사를 하던 작업자들이 우연히 예정보다 942년 앞서서 타임캡슐을 발견했다. 2957년에 발굴될 것으로 예상하고 1957년에 묻어두었던 캡슐은 내용물을 보존하기 위해서 비활성 기체를 채워놓은 유리 실린더였고, 매장 시기를 확인할 수 있도록 해주는 탄소-14도 들어 있었다. 탄소-14는 화석의 연대를 측정할 때 사용된다. MIT의 관리자들은 캡슐을 수리하고, 밀봉해서 다시 묻어둘 예정이었다. 그러나 미래에 전해줄 메시지를 예정보다 일찍 읽지 못하도록 확실하게 보장하는 것이 가능할까?

양자물리학은 이에 대한 해결책을 제시해준다. 2012년 오스트레일리아 퀸즐랜드 대학교의 물리학자인 제이 올슨과 티머시 랠프는 미래의 특정한 순간에만 해독할 수 있도록 데이터를 암호화하는 방법을 개발했다.[1] 그들은 전자기장과 같은 장(場)의 속에 있는 입자나 점들이 독립적인 정체성을 유지하면서도 그 성질은 서로 상관성을 가지는 상태로 존재하는 현상인 양자 얽힘을 활용했다. 보통 물리학자들은 그런 상관성이 공간을 통해서 멀리 떨어진 곳을 서로 연결시켜주는 것으로 생각한다. 알베르트 아인슈타인은 그런 현상을 "장거리 유령 작용"이라고 불렀던 것으로 잘 알려져 있다. 그러나 그런 상관성이 시간에서도 나타난다는 연구 결과가 늘어나고 있다. 지금 일어나는 일이 미래에 일어나는 일과 단순한 역학적 설명이 불가능한 방법으로 상관될 수 있다. 지연된 유령 작용이 실제로 가능하다는 것이다.

그런 상관성은 시간과 공간에 대한 우리의 직관을 혼란스럽게 만든다. 먼저 일어난 사건과 나중에 일어난 사건들이 서로 연결되도록 상관될 수도 있지만, 두 사건이 상관되어서 어느 것이 더 먼저 일어나고, 어느 것이 나중에 일어나는지를 말할 수 없게 될 수도 있다. 각각의 사건이 마치 다른 사건보다 먼저 일어나서, 다른 사건의 원인이 된다. (심지어 한 사람의 관찰자가 그런 인과적 모호함을 경험할 수도 있다. 그것은 아인슈타인의 특수 상대성 이론에서 두 관찰자들이 서로 다른 속도로 움직일 때 일어날 수 있는 시간 역전[temporal reversal])과는 다른 것이다.)

타임캡슐 아이디어는 그런 시간 상관성의 유용함을 보여주는 한 가지 예이다. 그런 아이디어가 양자 컴퓨터의 속도를 증가시키고, 양자 암호학을 강화시켜줄 수도 있을 것이다.

그러나 아마도 가장 중요한 사실은, 연구자들이 그런 연구를 통해서 시공간의 구조를 설명해주는 아인슈타인의 일반상대성이론과 양자 이론을 통합하는 새로운 방법을 찾고 싶어한다는 것이다. 우리가 일상생활에서 경험하는 세계에서는 모든 사건이 공간과 시간에서의 위치에 의해서 결정되는 순서에 따라 일어난다. 그런데 그런 세계는 양자물리학이 허용하는 여러 가지 가능성 중 일부일 뿐이다. "시공간이 존재하면, 분명하게 정의된 인과 순서가 존재한다." 빈 대학교에서 양자정보학을 연구하는 카슬라브 브루크너가 말했다. 그러나 자신이 제안한 실험의 경우처럼, "분명하게 정의된 인과 순서가 존재하지 않는다면, 시공간도 존재하지 않는다"고 말했다. 일부 물리학자들은 그것을 극도로 비직관적인 세계관의 증거라고 생각한다. 그런 세계관에서는 양자 상관성이 시공간보다 더욱 근원적인 것이 되고, 시공간 자체는 양자 관계주의(quantum relationalism)라고 부를 수 있는 것에 의한 사건들의 상관성에서부터 만들어진다. 그런 주장은, 시공간이 신(神)이 내려준 세상의 배경이 아니라 오히려 우주의 물질적 성분에서 유도된 것일 수 있다는 고트프리트 라이프니츠와 에른스트 마흐의 아이디어를 갱신한 것이다.

시간 얽힘의 작동 원리

시간 얽힘을 이해하기 위해서는 서로 밀접하게 관련되어 있는 공간 얽힘을 먼저 이해하는 것이 도움이 된다. 고전적인 공간 얽힘 실험에서는, 광자와 같은 입자 2개가 양자 상태를 공유하도록 만든 후에 서로 다른 방향으로 날려보낸다. 관찰자인 앨리스가 한 광자의 편광을 측정하고, 그녀의 파트너인 밥은 다른 광자의 편광을 측정한다. 앨리스는 수평 편광을 측정하고, 밥은 대각선 편광을 관찰할 수 있다. 또는 그녀가 수직 방향을 선택하고, 그는 기울어진 방향을 측정할 수도 있다. 무한히 많은 조합이 가능하다.

두 사람의 측정 결과는 서로 일치할 것이다. 이상한 사실은, 앨리스와 밥이 측정의 선택을 바꾸더라도 마찬가지가 된다는 것이다. 마치 앨리스의 입자는 밥의 입자에 무슨 일이 일어나는지를 알고 있고, 그 반대의 경우에도 그런 것처럼 보인다. 두 입자를 연결시켜주는 힘, 파동, 또는 전령비둘기가 없는데도 그렇다. 그런 상관성은, 결과에는 원인이 있고, 공간과 시간에서 원인과 결과의 사슬은 절대 깨지지 않는다는 "국소성" 원칙에 어긋나는 것처럼 보인다.

그러나 시간의 경우에는 오직 하나의 편광 광자가 존재할 뿐이기 때문에 문제가 더욱 미묘해진다. 앨리스가 측정한 후에 밥이 측정한다. 공간에서의 거리가 시간에서의 간격으로 대체된다. 그들이 같은 결과를 보게 될 확률은 편광 사이의 각도에 따라서 달라진다. 사실 그것은 공간의 경우와 같은 방법으로 변한다. 한편으로 그런 결과가 이상하게 보이지 않는다. 물론 우리가 먼저 한 일이 다음에 일어나는 일에 영향을 미친다. 한 입자가 미래의 자신과 소통할 수 있는 것도 당연하다.

그런데 캐나다 워털루의 페리미터 이론물리학 연구소에서 양자역학의 기초를 연구하는 물리학자인 로버트 스펙켄스가 고안한 실험에서는 이상한 일이 벌어졌다. 스펙켄스와 그의 동료들은 2009년에 실험을 했다. 앨리스가 네 가지 가능한 방법 중 하나에 있는 광자를 준비한다. 고전적으로 우리는 네 가지 방법을 2비트의 정보로 생각할 수 있었다. 그런 후에 밥이 두 가지 가능한 방법 중 하나에 있는 입자를 측정한다. 그가 첫 번째 방법의 입자를 측정하면 앨리스의 첫 번째 정보에 해당하는 비트를 얻게 되고, 두 번째 방법의 입자를 선택하면 두 번째 비트를 얻게 된다. (기술적으로 그는 어떤 비트도 확실하게 얻을 수는 없다. 다만 높은 수준의 확률로 얻게 되는 것이다.) 그런 결과에 대한 분명한 설명은 두 개의 비트를 모두 가지고 있는 광자가 밥의 선택에 따라 그중 한 비트를 방출한다는 것이다. 그러나 그것이 사실이라면, 밥은 두 비트 모두를 측정하거나 또는 두 비트가 서로 같거나 다른지와 같은 특징을 측정해서, 두 비트에 대한 모든 정보를 얻을 수 있을 것으로 예상할 수 있다. 그러나 그런 일은 불가능하다. 홀레보 상한(Holevo bound)*이라

---

* 양자 상태는 겹침에 의해서 무한히 다양한 상태로 존재할 수 있지만, 양자 상태에서 실제로 추출할 수 있는 정보의 양은 비트의 수로 제한된다. 러시아의 수학자 알렉산더 홀레보가 1973년에 밝혀낸 정리.

고 알려진 한계 때문에 어떤 실험에서도 원칙적으로 두 비트 모두에 대한 정보를 얻을 수는 없다. "양자 시스템은 더 많은 메모리를 가지고 있는 것처럼 보이지만 실제로는 그런 메모리에 접근할 수는 없다." 현재 빈 대학교의 양자광학 및 양자정보 연구소의 물리학자 코스탄티노 부드로니가 말했다.

광자는 실제로 오직 한 비트의 정보만을 가지고 있는 것 같다. 마치 밥이 측정하려는 선택이 거꾸로 그 선택이 어느 것인지를 결정하는 것과 같다. 어쩌면 실제로 그런 일이 일어나고 있을 수도 있지만, 그것은 시간 여행에 해당하는 것이다. 더욱이 그것은 비트의 본질을 파악할 수는 있지만 미래에 대한 전망은 허용되지 않도록 이상하게 제한된 시간 여행이다.

시간 얽힘의 또다른 예는 케임브리지 대학교의 수리물리학자 스티븐 브리얼리 연구진이 제안한 것이다. 2015년에 발표한 논문에서 브리얼리와 그의 동료들은 얽힘, 정보, 시간의 이상한 교차에 대해서 연구했다. 만약 앨리스와 밥이 오직 두 개의 편광 방향 중에서만 선택을 한다면, 그들이 관찰하는 상관성은 한 비트의 정보를 가진 입자 한 개로 쉽게 설명 가능하다. 그러나 만약 두 사람이 8개의 가능한 방향 중에서 선택을 하고, 같은 입자를 16번 반복해서 측정한다면, 한 비트의 메모리로는 설명할 수 없는 상관성을 보게 된다. "우리는, 홀레보 상한에 해당하는 여러 개의 비트를 시간에 따라 전파시키는 경우에는, 양자역학의 예측을 설명할 수 없는 것이 분명하다는 사실을 엄밀하게 증명했다." 싱가포르 난양 공과대학교의 물리학자이고 브리얼리 논문의 공저자 중 한 사람이었던 토마시 파테렉이 말했다. 간단하게 말해서, 실험을 시작할 때 앨리스가 입자에서 관찰한 것과 실험을 마칠 때 밥이 보는 것이 쉽게 설명할 수 없을 정도로 강하게 상관된다는 것이다. 그것을 "슈퍼메모리" 라고 부를 수도 있다. 그러나 여기서 "메모리"의 구분은 실제로 일어나는 일을 제대로 반영하지는 못하는 것처럼 보인다.

고전물리학을 넘어서는 양자물리학에서 정확하게 무엇이 입자들에게 그런 슈퍼메모리의 특성을 부여해주는 것일까? 연구자들은 다양한 의견을 내놓고 있다. 양자 측정에서 필연적으로 나타나는 입자들의 흐트러짐(disturbance)이 핵심이라는 연구자들도 있다. 정의에 따르면, 흐트러짐은 시간이 지난 후의 측정에 영향을 미치는 것이다. 그런 경우에는 흐트러짐이 예상되는 상관성을 만들어낸다.

2009년 당시 퀸즐랜드에 있던 물리학자 마이클 고긴과 그의 동료들은 그런 문제에 대한 실험을 했다. 그들은, 한 입자를 같은 종류의 다른 입자와 공간적으로 얽히게 만든 후에 본래의 입자가 아니라 대역(代役)을 하는 입자를 측정하는 방법을 이용했다. (두 입자들이 얽혀 있기 때문에) 대역에 대한 측정도 여전히 본래 입자를 흐트러지게 만들지만, 연구자들은 얽힘의 정도를 조절함으로써 본래 입자가 흐트러지는 양을 통제할 수 있었다. 연구자들은 본래 입자에 대한 정보의 신뢰도가 떨어지는 대가를 치러야 했지만, 여러 쌍의 입자에 대한 실험 결과를 특별한 방법으로 종합해서 보완했다. 고긴의 연구진은 본래 입자가 거의 흐트러지지 않을 정도까지 흐트러짐을 줄였다. 그런데도 서로 다른 시각에서의 측정들은 여전히 밀접하게 상관되어 있었고, 실제로는 측정으로 입자를 가장 심하게 흐트러뜨렸을 때보다 더욱 밀접하게 상관되어 있었다. 그래서 입자의 슈퍼메모리에 대한 의문은 여전히 남아 있다. 이제 만약 양자 입자들이 강한 시간적 상관성을 나타내는 이유가 무엇이냐고 물어보면, 물리학자들은 기본적으로 "왜냐하면"이라고 대답할 것이다.

양자 타임캡슐

전자기장을 비롯한 자연의 여러 가지 장(場)을 설명해주는 더 고급 양자 역학인 양자장 이론(quantum field theory)에서는, 문제가 더 흥미로워져서 양자 타임캡슐 등의 흥미로운 가능성이 등장한다. 장(場)은 고도로 얽혀 있는 시스템이다. 장의 서로 다른 부분은 서로 상관되어 있다. 장의 한 부분에서 일어나는 무작위적인 요동은 다른 부분에서 일어나는 무작위적 요동과 대응될 것이다. (여기서 "부분"은 공간의 영역과 시간의 길이를 모두 가리킨다.)

심지어 입자들이 존재하지 않는 것으로 정의되는 완벽한 진공에도 양자장이 존재한다. 그리고 그런 장은 언제나 진동하고 있다. 공간이 비어 있는 것처럼 보이는 것은 진동들이 서로 상쇄되기 때문이다. 그리고 그렇게 되기 위해서는 진동들이 반드시 얽혀 있어야만 한다. 상쇄가 되기 위해서는 완전한 세트의 진동이 필요하다. 부분 집합은 완전히 상쇄되지 않는다. 그러나 우리가 볼 수 있는 것은 부분 집합뿐이다.

진공 속에 이상화된 검출기를 설치해두면 아무 입자도 검출되지 않을 것이다. 그러나 실제 모든 검출기는 제한된 시야를 가지고 있다. 그런 검출기에서는 장이 균형을 잃어버린 것처럼 보일 것이고, 그런 경우에는 진공에서도 입자가 검출되어서 우라늄 광산에 설치된 가이거 계수기처럼 소리를 낼 것이다. 1976년 브리티시 컬럼비아 대학교의 이론 물리학자 빌 운루는, 검출기를 가속시키면 멀어져가는 공간의 영역에 대한 민감도가 떨어지기 때문에 검출 속도가 증가한다는 사실을 밝혀냈다. 매우 빠르게 가속시키면 검출기는 미친 듯이 소리를 낼 것이고, 검출기로 관찰되는 입자들은 시야 바깥에 남아 있는 입자들과 얽히게 될 것이다.

2011년 올슨과 랠프는 검출기를 시간에 대해서 가속시키는 경우에도 매우 비슷한 일이 일어난다는 사실을 밝혀냈다. 그들은 주어진 순간에 단일 진동수의 광자에 대해서만 민감한 검출기를 도입했다. 그 검출기는 경찰이 사용하는 무선 스캐너와 마찬가지로, 낮은 진동수에서 높은 진동수로 (또는 그 반대 방향으로) 스캔한다. 스캔 속도를 점점 증가시키면 라디오 다이얼의 끝까지 스캔한 후에 완전히 작동을 멈추게 된다. 검출기는 제한된 시간 동안에만 작동하기 때문에 장 진동의 완전한 범위에 대한 민감도를 가지지는 못하고, 그래서 운루가 예측했던 것과 똑같은 불균형을 만들어낸다. 이제 그런 검출기가 검출하는 입자들은 시간의 감춰진 영역인 미래의 입자들과 얽히게 될 것이다.

올슨과 랠프는 초전도 물질로 만든 고리 모양의 검출기를 제안했다. 근적외선 영역에서 몇 펨토초(10^{-15}초)만에 스캔을 완료하도록 만든 고리는 진공이 상온에서 가스처럼 빛을 내는 모습을 보여줄 것이다. 공간에서 가속할 수 있는 검출기로는 그런 현상을 관찰 수 없기 때문에 올슨과 랠프의 실험은 양자장 이론에 대한 중요한 시험이 될 것이었다. 그 실험은 똑같은 기본 물리학이 관여된 블랙홀 증발에 대한 스티븐 호킹의 아이디어도 입증할 수 있을 것이다.

만약 가속되는 검출기와 같은 속도로 감속되는 검출기를 함께 만들면, 한쪽 검출기에서 검출된 입자들은 다른 쪽 검출기로 검출되는 입자들과 상관되게 될 것이다. 첫 번째 검출기는 무작위적인 시간 간격으로 흩어진 입자들을 검출할 수 있을 것이다. 몇 분이나 몇 년 후에 두 번째 검출기를 사용하면 같은 시간 간격으로 흩어진 다른 입자들을 검출하게 될 것이다. 사건의 유령 반복(spooky recurrence of events)이 일어나는 것이다. "두 결과들을 개별적으로 보면, 그저 무작위적으로 찍찍거리는 것처럼 보인다. 그러나 당신은 한 검출기에서 소리가 나고 특정한 시간이 흐르고 나면 다른 검출기에서도 소리가 날 것이라는 사실을 알게 된다." 랠프가 말했다.

그런 시간 상관성이 양자 타임캡슐의 구성요소이다.[2] 그런 기계 장치에 대한 아이디어를 가장 먼저 제안했던 사람은 볼티모어 메릴랜드 대학교의 물리학자 제임스 프랜슨이었다.[3] (프랜슨은 공간형 상관성을 이용했지만, 올슨과 랠프는 시간 상관성을 이용하기가 훨씬 더 쉬울 것이라고 했다.) 그들은 메시지를 작성해서 각각의 비트를 광자로 암호화한 후에 특별한 검출기 가운데 하나를 이용해서 배경 장(場)과 함께 준비한 광자들을 측정함으로써 정보를 암호화한다. 그렇게 얻은 결과를 캡슐에 넣어서 묻어둔다.

미리 정해놓은 미래의 순간에 후손들이 쌍으로 만들어두었던 검출기를 이용해서 장을 측정한다. 두 세트의 결과로부터 본래의 정보를 재구성할 것이다. "[두 측정들] 사이의 시간 동안에는 상태가 분리되어 있지만, 진공에서 그런 상관성이 특정한 방법으로 암호화된다." 랠프가 말했다. 후손이 두 번째 검출기를 켤 때까지 기다려야만 하기 때문에, 정해진 시간 이전에 메시지를 해독할 수 있는 방법은 없다.

똑같은 기본 과정을 이용하면 계산과 암호화에 사용할 수 있는 얽힌 입자를 만들어낼 수 있다. "양자 신호를 전혀 보내지 않고도 양자 열쇠를 나눠줄 수 있다." 랠프가 말했다. "단순히 진공에 이미 존재하고 있는 상관성을 이용한다는 것이 아이디어이다."

시공간의 본질

시간 상관성은 시공간의 본질에 대한 물리학자들의 가정에도 문제를 제기한다. 두 사건이 상관되어 있는 경우에 대해서는 요행이 아니라면 두 가지의 설명이 가능하다. 한 사건이 다른 사건의 원인이거나 또는 두 사건의 원인으로 작용하는 세 번째 요인이 있다는 것이다. 그런 이론적 논리의 배경에는 사건이 공간과 시간에서의 위치에 따라서 정해지는 순서에 따라서 일어난다는 가정이 깔려 있다. 그런데 공간적 양자 상관성은 물론이고 어쩌면 시간적 양자 상관성에서도 양자 상관성은, 그런 두 가지 설명 중 하나로 설명하기에는 너무 강하다. 그래서 물리학자들은 자신들이 사용하던 가정을 다시 살펴보고 있다. "우리는 그런 상관성을 제대로 설명하지 못하고 있다." 빈에 있는 양자광학 및 양자정보 연구소의 물리학자인 애민 바우멜러가 말했다. "이런 상관성이 어떻게 나타나는 것인지를 설명해주는 메커니즘이 없다. 그래서 양자 상관성은 시공간에 대한 우리의 인식과 제대로 맞지 않는다."

브루크너와 그의 동료들은, 페리미터 연구소의 이론물리학자 루시엔 하디의 아이디어를 기반으로 시공간의 존재에 대한 아무런 전제를 도입하지 않고 사건들이 서로 관계를 가질 수 있는 방법을 연구해왔다.[4] 다른 사건의 결과에 따라 달라지는 구조를 가진 사건은 더 나중에 일어날 것이라고 추론할 수 있고, 완전히 독립적인 사건들은 공간과 시간에서 서로 멀리 떨어져서 일어나야만 한다. 그런 접근에서는 공간적 상관성과 시간적 상관성을 대등하게 취급한다. 그리고 실험의 모든 부분이 일관성 있게 맞아 들어가지 않고, 그래서 공간이나 시간의 어느 곳에 위치시킬 수 없다는 뜻에서, 공간적이거나 시간적이라고 할 수 없는 상관성도 고려할 수 있다.

브루크너 연구진은 그런 아이디어를 증명해줄 수 있는 이상한 사고 실험을 고안했다.[5] 앨리스와 밥이 각자 동전을 던진다. 두 사람은 각자 자신의 결과와 함께 상대의 결과에 대한 자신의 추측을 종이에 적는다. 그리고 각자 그런 정보가 적힌 종이를 상대에게 보낸다. 그런 일을 여러 차례 반복한 후에 두 사람은 자신들이 얼마나 잘 하고 있는지를 살펴본다.

보통 앨리스와 밥이 그런 일을 정해진 순서에 따라 하도록 게임의 법칙을 정한다. 앨리스가 먼저 시작을 한다고 생각해보자. 그녀는 (아직 일어나지 않은) 밥의 결과는 추측을 할 수밖에 없지만, 자신의 결과는 밥에게 보낼 수 있다. 밥의 결과에 대한 앨리스의 추측은 50퍼센트의 경우에만 맞겠지만, 밥은 언제나 앨리스의 결과를 정확하게 알게 된다. 그런데 다음 순서로 밥이 먼저 시작하면 역할이 바뀌게 된다. 전체적으로 성공 비율은 75퍼센트가 될 것이다. 그러나 만약 그들이 분명한 순서를 따른다고 가정하지 않고, 그들이 사용하는 종이를 양자 입자로 대체하면, 성공 비율이 85퍼센트가 된다.

그런 실험을 공간과 시간 안에서 실행하려고 노력해보면, 시간 여행의 제한을 고려해야만 하기 때문에 두 번째 사람은 첫 번째 사람과 시간을 거슬러서 소통할 수 있게 된다. (시간 순찰[Time Patrol] 때문에 논리적 패러독스가 발생하지 않고, 그래서 결과가 스스로의 원인이 될 수는 없다.)

브루크너와 그의 동료들은 빈에서 실제로 그와 비슷한 실험을 수행했다.[6] 실험에서 앨리스와 밥의 조작은 두 개의 광학 필터가 수행한다. 연구자들은 반투명한 거울을 향해 광자들을 보내서 광자의 절반은 한쪽 경로를 따라가고, 나머지 절반은 다른 쪽 경로를 따라가도록 한다. (측정을 하지 않으면 개별적인 광자가 어떤 경로를 따라갈 것인지를 알 수 없다. 어떤 의미에서는 광자가 동시에 두 경로를 모두 따라간다.) 첫 번째 경로에서는 광자가 앨리스의 필터를 먼저 지나간 후에 밥의 필터를 지나간다. 두 번째 경로에서는 광자가 반대의 순서로 지나간다. 이 실험은 양자 불확정성을 전혀 새로운 수준으로 바꿔놓았다. 측정이 있기 전에, 입자는 분명한 성질을 가지고 있지 않을 뿐만 아니라, 입자에게 수행된 조작도 분명한 순서에 따라 수행되지 않는다.

그런 실험이 실질적으로 양자 컴퓨터의 새로운 가능성을 제시해주었다.[7] 앨리스와 밥에 해당하는 필터는 두 개의 서로 다른 수학적 조작을 나타낸다. 더욱이 그런 장치를 이용하면 그런 조작들의 순서가 중요한지, 즉 A 다음에 B가 일어나는 것과 B 다음에 A가 일어나는 것이 같은 것인지를 한 번에 확인할 수 있다. 보통 그런 일에는 두 단계가 필요하기 때문에 이 과정의 속도가 상당히 향상된다. 양자 컴퓨터는 흔히 모든 가능한 데이터에 대한 일련의 조작을 한꺼번에 수행하는 것으로 설명되지만, 모든 가능한 조작을 한꺼번에 수행하게 만들 수도 있다.

이제 실험을 한 단계 더 발전시킨다고 생각해보자. 브루크너의 본래 실험에서는 개별적인 광자의 경로가 "겹침"의 상태에 있다. 광자는 앨리스가 먼저인 경로와 밥이 먼저인 경로의 양자적 조합이다. 측정이 이루어져서 모호함이 제거되기까지는 "광자가 어떤 필터를 먼저 지나갔을까?"라는 질문에 대한 분명한 답이 없다. 만약 광자 대신 중력 입자를 그런 시간적 겹침의 상태로 만들 수 있다면, 그 장치는 시공간 자체를 겹침의 상태로 만들게 될 것이다. 그런 경우에는 앨리스와 밥의 순서는 모호한 상태로 남게 될 것이다. 원인과 결과가 모두 흐릿해지고, 어떤 일이 일어났는지를 단계별로 설명할 수 없게 될 것이다.

공간과 시간은, 사건들 사이의 그런 불확실한 인과 관계가 제거되어서 자연이 허용된 가능성 가운데 일부만을 실현시키는 경우에만 의미를 가지게 된다. 양자 상관성이 먼저이고, 시공간이 나중이다. 정확하게 양자 세계에서 시공간이 어떻게 창발될까? 브루크너는 자신도 아직 확신하지 못하고 있다고 말했다. 타임캡슐의 경우처럼 시간이 무르익어야만 그 답을 알게 될 것이다.

시간의 물리학에 대한 논란

댄 팔크

아인슈타인은 언젠가 그의 친구 미셸 베소를 과학적 아이디어에 대한 "유럽에서 최고의 비평가"라고 평가했었다. 그들은 취리히에서 함께 대학을 다녔고, 나중에는 베른의 특허국에서 동료로 함께 일했다. 베소가 1955년 봄에 사망했을 때, 자신의 삶도 끝나가고 있다는 사실을 알고 있던 아인슈타인은, 베소의 가족에게 이제는 유명해진 편지를 보냈다. "이제 그는 이렇게 이상한 세상을 나보다 조금 먼저 떠났습니다." 아인슈타인이 친구의 죽음에 대한 글이었다. "그것은 아무 의미가 없습니다. 물리학을 신뢰하는 우리에게 과거, 현재, 미래의 구분은 고집스럽게 이어지는 환상일 뿐입니다."

아인슈타인의 글은 단순히 위안을 위한 시도가 아니었다. 많은 물리학자들은 아인슈타인의 입장이, 현대 물리학의 두 기둥인 아인슈타인의 일반상대성이론과 입자물리학의 표준 모형을 의미하는 것이라고 주장한다. 그런 이론들의 근거가 되는 법칙은 모두 시간 대칭적이다. 즉 그런 법칙이 설명해주는 물리학은, "시간"이라고 부르는 변수가 증가하거나 감소하는지에 상관없이 똑같다. 더욱이 그런 이론들은 우리가 '현재'라는 부르는 순간에 대해서는 아무것도 알려주지 않는다. 현재는 우리에게 특별한 (또는 그렇게 보이는) 순간이지만, 우주 전체에 대해서 이야기할 때는 분명하게 정의되지 않은 것처럼 보인다. 그런 식으로 만들어지는 영원한 우주는 "블록 우주(block universe)"라고 부르기도 한다. 그런 우주에서 시간의 흐름이나 시간을 통한 관통은 일종의 정신적 구성이거나 다른 환상임에 틀림이 없다.

많은 물리학자들은 블록 우주의 아이디어를 받아들이고, 물리학자의 임무는 우주가 개별적인 관찰자들의 관점에서 어떻게 보이는지를 설명하는 것이라고 주장한다. 과거, 현재, 미래의 구분을 이해하기 위해서는 "그런 블록 우주에 뛰어들어서 '관찰자가 시간을 어떻게 인식하고 있는가?'를 물어보아야 한다"고 캘리포니아 대학교 데이비스의 물리학자이면서 우주 인플레이션 이론의 제안자들 중 한 사람이었던 안드레아스 알브레히트가 말했다.

물리학의 임무는 단순히 시간이 어떻게 지나가는 것처럼 보이는지가 아니라 그 이유를 설명하는 것이라고 주장하면서 그런 입장에 격렬하게 반대하는 물리학자들도 있다. 그런 입장에서는 우주가 정적인 것이 아니다. 시간의 흐름은 물리적인 것이다. "나는 블록 우주에 진절머리가 난다." 바르일란 대학교의 물리학자이며 철학자였던 아브샬롬 엘리처가 말했다. "나는 다음 주 목요일이 이번 주 목요일과 같은 의미를 가진다고 생각하지 않는다. 미래는 존재하지 않는다. 그것은 존재하지 않는다! 존재론적으로 미래는 그곳에 있지 않다."

2016년 6월, 약 60명의 물리학자들이 몇 명의 철학자들과 다른 과학 분야의 연구자들과 함께 캐나다 워털루의 페리미터 이론물리학연구소에서 개최된 '우주론에서의 시간(Time in Cosmology)'이라는 주제의 학술 회의에 참석해서 그런 문제를 논의했다. 학술회의는 블록 우주 아이디어를 드러내놓고 비판하는 물리학자인 리 스몰린과 공동으로 주최한 것이었다. 그의 입장은 일반인을 위한 『시간의 재탄생(*Time Reborn*)』이나 학술회의의 공동 개최자였던 철학자 로베르토 만가베이라 운거와 공동 저술한 훨씬 더 전문적인 『특이점의 우주와 시간의 실재(*The Singular Universe and the Reality of Time*)』에 자세하게 설명되어 있다. 미래가 확실한 근거를 가지고 있지 않다는 엘리처의 입장이 반영된 후자의 책에서, 스몰린은 "미래는 현재에 실재하지 않고, 미래에 대한 분명한 사실도 존재할 수 없다"고 주장했다. 실재하는 것은 "현재의 사건들로부터 미래의 사건들이 만들어지는 과정"뿐이라는 것이 학술회의에서 논의했던 그의 주장이었다.

참석자들은 과거, 현재, 미래의 구분, 시간이 오직 한 방향으로만 움직이는 것처럼 보이는 이유, 시간이 근본적인 것인지 아니면 창발적인 것인지 등의 몇 가지 문제와 씨름을 했다. 대부분의 이슈들이 해결되지 못하고 남겨졌다는 것은 놀랄 일이 아니었다. 그러나 참석자들은 나흘 동안 그런 문제에 도전하는 최신 제안과 특히 시간의 흐름에 대한 우리의 인식을 정적이고 영원한 우주와 조화시킬 수 있는 방법에 대해서 열심히 귀를 기울였다.

양탄자 밑에 숨겨진 시간

누구나 동의하는 몇 가지 사실이 있다. 우리가 거시 세계에서 관찰하는 방향성은 분명하게 실재한다. 찻잔이 깨지기는 하지만, 깨진 찻잔이 저절로 재조립되지는 않는다. 달걀을 조리할 수는 있지만, 조리한 달걀을 원래 상태로 되돌릴 수는 없다. 시스템에서 무질서도의 척도인 엔트로피가 언제나 증가한다는 것은 열역학 제2법칙에 새겨진 사실이다. 오스트리아의 물리학자 루트비히 볼츠만이 19세기에 알아냈듯이 제2법칙은,

사건이 다른 방향이 아닌 특정한 방향으로 진화할 가능성이 더 큰 이유를 설명해준다. 그것이 시간의 화살을 설명해주는 것이다.

그러나 뒤로 물러서서 우리가 그런 법칙이 적용되는 우주에 살게 된 이유가 무엇인지를 생각해보면, 문제가 훨씬 더 복잡해진다. "볼츠만이 진정으로 설명했던 것은 오늘보다 내일에 우주의 엔트로피가 더 커지게 되는 이유였다." 학술회의의 둘째 날 발표를 끝낸 우리와 함께 호텔 바에 앉아 있던 칼텍의 숀 캐럴이 말했다. "그러나 그것이 우리가 알고 있는 전부였다면, 어쩌면 우주의 엔트로피가 오늘보다 어제 더 컸다고 말할 수도 있었을 것이다. 기본이 되는 모든 동력학이 시간에 대해서 완벽하게 대칭적이기 때문이다." 즉, 엔트로피가 궁극적으로 우주의 기본 법칙에만 근거를 두고 있고, 그런 법칙이 앞으로 가거나 뒤로 돌아가는지에 상관없이 똑같다면, 시간이 거꾸로 가는 동안에도 역시 엔트로피가 증가할 수 있다. 그러나 엔트로피가 그렇게 작동한다고 믿는 사람은 없다. 조리한 달걀은 언제나 온전한 달걀 다음이고, 절대로 그 반대가 되지는 않는다.

물리학자들은 그런 문제를 설명하기 위해서 우주가 매우 특별하게 낮은 엔트로피 상태에서 시작했다는 주장을 제시했다. 컬럼비아 대학교의 과학철학자 데이비드 앨버트가 "과거 가설(past hypothesis)"이라고 이름을 붙인 그런 관점에서 보면, 엔트로피가 증가하는 이유는 빅뱅이 우연히도 예외적으로 낮은 엔트로피의 우주를 만들어냈기 때문이다. 증가하는 것 이외에는 다른 가능성이 없다. 과거 가설에 따르면, 우리는 달걀을 조리할 때마다 거의 140억 년 전에 일어났던 사건을 이용하고 있는 것이다. "빅뱅으로 설명할 필요가 있는 것은 '도대체 깨지지 않은 달걀이 있었던 이유가 무엇일까?'라는 것이다." 캐럴이 말했다.

과거 가설을 불편하게 느끼는 물리학자들도 있다. 우리가 현재 우주의 물리학을 이해하지 못하는 이유를 빅뱅에서 찾을 수 있을 것이라고 말하는 것은, 책임을 전가하는 것이거나 문제를 양탄자 밑에 감춰버리는 것이라고 할 수 있다. 우리가 초기 조건을 들먹일 때마다 "양탄자 밑에 감춰놓은 것이 점점 더 커진다." 에딘버러에 있는 왕립 천문대의 우주론 학자이고 학술회의 공동 주최자였던 마리나 코르테스가 말했다.

스몰린은 과거 가설이 유용한 진전이 아니라 실패의 인정에 더 가깝다고 생각한다. 그는 『특이점의 우주』에서 "우리가 설명해야 하는 사실은, 빅뱅 이후 138억 년이 지난 후에도 우주가 가장 가능성이 높은 상태로 정의되는 평형에 도달하지 못한 이유가 무엇이냐는 것이고, 우주가 현재의 우주보다 훨씬 더 가능성이 낮은 상태에서 시작했다고 주장하는 것은 결코 충분한 설명이 되지 못한다"고 했다.

그러나 다른 물리학자들은 주어진 초기 조건에서 시스템을 설명할 수 있는 이론을 개발하는 것이 정상이라고 주장한다. 이론이 초기 조건을 설명하려고 노력할 필요는 없다는 것이다.

과거 가설이 아무것도 없는 것보다 좋기는 하지만, 최종 대답이라기보다 자리 표시자일 뿐이라고 생각하는 또다른 무리의 물리학자들도 있다. 어쩌면 우리가 운이 좋다면, 그것이 더욱 심오한 것을 향한 방향을 제시해줄 수도 있다. "많은 사람들이 과거 가설은 그저 사실일 뿐이고, 그것을 설명해주는 어떤 근원적인 방법도 없다고 말한다. 나는 그런 가능성도 배제하지 않는다." 캐럴이 말했다. "내 입장에서 과거 가설은 우리가 우주에 대해서 더 완전한 관점을 개발하는 데에 도움을 줄 실마리일 뿐이다."

시간의 대안적 기원

과거 가설을 내세우지 않고도 시간의 화살을 이해할 수 있을까? 열역학이 아니라 중력이 시간의 화살을 목표로 하고 있다고 주장하는 물리학자들도 있다. 그런 관점에서는, 중력이 물질을 서로 뭉쳐지도록 만들면서 시간의 화살을 스스로 복잡성이 증가하는 방향으로 정의해준다. 멕시코 국립자율대학교의 물리학자 팀 코슬로프스키의 주장이다. (그는 영국의 물리학자 줄리안 바버와 페리미터의 물리학자 플라비오 메르카티와 함께 발표한 2014년의 논문에서 그 아이디어를 설명했다.[1]) 코슬로프스키와 그의 동료들은 뉴턴의 중력 법칙만 따르는 1,000개의 점 입자로 구성된 간단한 우주의 모델을 개발했고, 그런 모델에서는 언제나 밀도가 최대가 되고, 복잡성은 최소가 되는 순간이 존재한다는 사실을 밝혀냈다. 그런 점에서 어떤 방향으로든지 멀어지기만 하면 복잡성이 증가한다. 관찰을 할 수 있을 정도로 복잡한 존재인 우리가 극소점에서 어느 정도 떨어진 곳에서만 진화할 수 있는 것은 당연하다. 그러나 우리가 우주 역사의 어느 곳에 있는지에 상관없이 우리는 복잡성이 적었던 시대를 향해서 그쪽을 과거라고 부를 수 있다는 것이, 코슬로프스키의 설명이다. 그런 모형은 전체적으로는 시간 대칭적이지만, 모든 관찰자들은 국소적인 시간의 방향을 경험한다. 낮은 엔트로피를 가진 출발점이 모델에 추가되지 않는다는 사실이 중요하다. 오히려 그 점은 자연스럽게 창발된 것이다. "중력은 과거 가설의 필요성을 근본적으로 제거한다." 코슬로프스키가 지적했다.

시간이 한 가지 이상의 방향으로 흐르고, 우리는 그저 우연히 국소적으로 정의된 특정한 시간의 화살을 가진 우주의 일부에 살게 되었다는 아이디어는 새로운 것이 아니다. 이미 2004년에 캐럴과 그의 대학원 학생이었던 제니퍼 첸이 우주의 시작에 대한 비교적 잘 알려진 모델인 영원한 인플레이션을 근거로 비슷한 제안을 했었다.[2] 캐럴은 코슬로프스키와 그의 동료들의 연구를 유용한 단계라고 보았다. 특히 그들은 자신들의 모델에 대한 수학적 분석을 했기 때문에 더욱 그랬다. (캐럴과 첸은 수학적 분석을 하지 못했다.) 여전히 그에게는 걱정거리가 있었다. 예를 들면, 그는 중력이 자신들의 논문에서 주장한 것만큼 중요한 역할을 하는지 분명하지 않다고 말했다. "만약 빈 공간에 입자들이 있더라도 정성적으로는 정확하게 똑같은 모습을 보게 될 것이다."

코슬로프스키는 복잡성의 증가에 한 가지의 핵심적인 부작용이 있다고 말했다. 시간이 흘러도 구조가 유지되는 물질의 배열이 만들어진다는 것이다. 코슬로프스키는 정보를 저장할 수 있는 그런 구조를 "기록 (record)"이라고 부른다. 중력이 기록 형성을 가능하게 만들어주는 최초의 주된 힘이고, 다른 과정들이 화석이나 나이테로부터 기록된 문서에 이르는 모든 것을 만들어낸다. 그런 모든 것들은 모두 우주의 과거 상태에 대한 정보를 가지고 있다. 나는 코슬로프스키에게 뇌에 저장된 기억도 일종의 기록인지를 물었다. 그는 그렇다고 대답했다. "이상적으로 우리는 더욱 복잡한 모델을 만들 수 있을 것이고, 궁극적으로는 내 전화기의 메모리와 내 뇌 속의 기억과 역사책에 이르게 되었을 것이다." 더 복잡한 우주는 덜 복잡한 우주보다 더 많은 기록을 가지고 있고, 코슬로프스키는 그것이 바로 우리가 과거는 기억하면서도 미래는 기억하지 못하는 이유라고 말했다.

그러나 어쩌면 시간은 이보다 훨씬 더 근원적일 수도 있다. 남아프리카 케이프타운 대학교의 우주론 학자인 조지 엘리스의 입장에서는, 시간이 훨씬 더 기본적인 양이며 그것은 블록 우주 자체가 진화한다고 보면 이해할 수 있는 것이다. 그의 "진화하는 블록 우주(evolving block universe)"에서 우주는 시공간에서 늘어나는 부피에 해당한다.[3] 그런 부피의 표면이 현재의 순간에 해당한다고 생각할 수 있다. 그의 설명에 따르면, 표면은 "미래의 불명확성(indefiniteness)이 과거의 명확성(definiteness)로 바뀌는" 순간을 나타낸다. "시간이 흐르면 시공간 자체가 더 커진다." 우주의 어느 방향이 고정되어 있고(과거), 어느 방향이 변화하고 있는지(미래)를 살펴보면 시간의 방향을 구분할 수 있다. 동의하지 않는 동료들이 있기는 하지만, 엘리스는 자신의 모델이 표준적 견해를 극단적으로 개편한 것이 아니라 사소한 변형일 뿐이라고 강조한다. "이것은 일반상대성의 장(場) 방정식으로 표현한 동력학을 블록 우주에 결합시켜놓은 명백하게 표준적인 것이지만, 끊임없이 변화하는 현재에 해당하는 미래와의 경계를 가지고 있을 뿐이다"라고 그가 주장했다. 그런 관점에서 보면, 과거는 고정되고 변화하지 않지만, 미래는 열려져 있다. 그는 자신의 모델이 "기존의 블록 우주보다 분명히 시간의 흐름을 더욱 만족스러운 방법으로 표현해준다"고 말했다.

전통적인 블록 우주 관점과는 달리 엘리스의 구상은 열린 미래를 가진 우주를 설명해주는 것 같다. 그것은 과거의 물리적 상태가 미래의 상태를 결정해주는 역할을 하는 법칙이 지배하는 우주라는 개념과는 모순되는 것일 수도 있다. (물론 엘리스가 지적했듯이 양자 불확정성만으로도 그런 결정론적 견해를 충분히 무너뜨릴 수 있다.) 학술대회에서 누군가가 엘리스에게 2016년 6월 초에 영국 미들랜즈로부터 일정한 반경을 가진 구(球)의 물리학에 대해서 충분한 정보를 제공해주었다면 브렉시트 투표의 결과를 예측할 수 있었을 것인지에 대해서 물어보았다. "물리학적으로는 아니다." 엘리스가 대답했다. 그는 그런 문제를 해결하려면 마음이 어떻게 작동하는지를 더 잘 이해해야 한다고 말했다.

시간의 흐름을 블록 우주로 설명하는 또다른 시도는, 인과적 집합론 (causal set theory)이라고 알려져 있는 것이다. 역시 학술대회에 참석하고 있던 물리학자 라파엘 소르킨이 1980년대에 양자 중력을 설명하기 위해서 개발했던 이 이론은 시공간이 연속적이 아니라 불연속적이라는 아이디어에 바탕을 두고 있다. 그런 관점에서 보면, 거시적 수준에서 연속적으로 보이는 우주가, 우리가 소위 (약 10^{-35}미터에 해당하는) 플랑크 규모에서 살펴본다면 사실은 시공간의 기본 단위인 "원자"들로 구성되어 있다는 사실을 발견하게 된다는 것이다. 원자들은 집합을 구성하는 원소들이 이웃 원소들과 특별한 순서로 연결되어 있는 "부분적으로 배열된 집합"을 형성한다. (가시적인 우주에서는 엄청난 10^{240}개로 추정되는) 원자들의 수가 시공간의 부피가 되고, 그 연결 순서가 시간이 된다. 그런 이론에 따르면, 새로운 시공간 원자들이 끊임없이 등장한다. 학술회의에 참석하고 있던 임페리얼 칼리지 런던의 물리학자 페이 다우커는 그것을 "추가 시간(accretive time)"이라고 불렀다. 그녀는 시간이 흐르면 바다 밑에 퇴적층이 쌓여가는 것과 마찬가지로, 시공간도 새로운 시공간 원자들이 추가되고 있는 것으로 생각해볼 수 있다고 말했다. 일반상대성은 블록만 만들어내지만, 인과적 집합들은 "됨(becoming)"을 허용하는 것처럼 보인다는 것이 그녀의 주장이었다. "블록 우주는 세상이 정적 (靜的)이라는 구상이지만, 이런 됨의 과정은 동적(動的)이다." 이런 관점에서 시간의 흐름은 우주의 창발적 특징이 아니라 근원적인 것이다. (다우커는, 인과적 집합론이 우주에 대해서 적어도 한 가지 예측에서는 성공했다고 지적했다. 우주의 시공간 부피만을 근거로 우주 상수의 값을 추정했다는 것이다.[4])

미래에 관한 문제

서로 경쟁하는 모델들을 마주한 여러 사상가들은, 블록 우주를 걱정하는 대신 오히려 (적어도 용납하거나) 좋아하기 시작한 듯하다.

학술대회에서 블록 우주가 일상적인 경험과 양립할 수 있을 것이라고 가장 강력하게 주장한 사람은, 아마도 애리조나 대학교의 철학자 예난 이스마엘이었을 것이다. 블록 우주를 제대로 이해하면, 그 속에서 시간이 흘러가는 우리의 경험에 대한 설명을 찾을 수 있다는 것이 이스마엘의 입장이었다. 최근 10여 년 동안 인지과학과 심리학에서 배운 것을 전통적인 물리학에 접목시켜서 자세히 살펴보면 "휙 지나가는 경험의 흐름"을 찾아낼 수 있다고 그녀가 말했다. 그런 관점에서는 시간이 환상이 아니라 우리가 실제로 직접 경험하는 것이다. 그녀는 우리가 경험하는 매 순간이 유한한 시간 간격을 나타낸다는 연구 결과들을 인용했다. 다시 말해서 우리는 시간의 흐름을 추론하지 않으며, 그것은 경험 자체의 일부라는 것이다. 그런 일인칭 경험을 물리학이 제공하는 정적 우주의 틀 안에서 넣어서, 블록 우주의 시공간에서 곡선으로 표현되는 역사를 가진 "내장된 인식자의 진화하는 기준틀에서 보면 세상이 어떻게 보이는지"를 살펴보는 것이 과제라고 그녀가 말했다.

이스마엘의 발표에 대한 반응은 복잡했다. 캐럴은 그녀의 모든 주장에 동의한다고 말했다. 엘리쳐는 그녀가 발표하는 동안 "비명을 지르고 싶었다"고 말했다. (그는 나중에 "내가 만약 벽에 머리를 찧는다면, 그것은 내가 미래를 혐오하기 때문일 것이다"라고 해명했다.) 학술회의에서 여러 번 제기되었던 반론은, 블록 우주가 어떤 중요한 점에서는 미래가 이미 존재하는 것처럼 보이지만, 예를 들면, 다음 목요일의 날씨에 대한 발언은 진실도 아니고 거짓도 아니라는 것이다. 그것을 블록 우주 관점으로는 극복할 수 없는 문제처럼 여기는 사람들도 있었다. 이스마엘은 과거에도 그런 반론을 여러 차례 들었었다. 미래의 사건들은 이미 존재하지만, **지금** 존재하는 것은 아니라고 그녀가 말했다. "블록 우주는 변화하는 이론이 아니다." 그녀가 말했다. "그것은 변화에 대한 이론이다." 사건은 그것이 일어날 때에야 일어난다. "그것은 순간이다. 나는 이곳의 모든 사람들이 그런 생각을 싫어한다는 사실을 알고 있다. 그러나 물리학은 일부 철학으로 할 수도 있을 것이다." 그녀가 말했다. "미래에 의존하는 서술의 진리값에 대한 논의에는 오랜 역사가 있지만, 그것은 시간의 경험과 아무 상관이 없다." 좀더 알고 싶은 사람들에게는 "아리스토텔레스를 권한다"고 그녀가 말했다.

제 4 부

생명이란 무엇일까?

생명에 대한 새로운 물리학 이론

내털리 볼초버

생명은 도대체 왜 존재할까?

대중적인 가설들은 주로 원시 수프, 번쩍이는 번개, 그리고 엄청난 요행을 이야기한다. 그러나 만약 도발적인 새 이론이 옳다면, 요행은 아무런 관계가 없을 수도 있다. 그 대신에 새로운 아이디어를 내놓은 물리학자들에 따르면, 생명의 기원과 그 이후의 진화는 자연의 기본적인 법칙에서 비롯된 것으로 "바위가 언덕을 굴러 내려가는 것과 마찬가지로 전혀 놀랍지 않은 일이다."

물리학의 입장에서 살아 있는 것과 탄소 원자들의 무생물적 덩어리 사이에는 오직 한 가지 핵심적인 차이점이 있을 뿐이다. 전자는 환경으로부터 에너지를 흡수한 후에 열의 형태로 소멸시키는 데에 후자보다 훨씬 뛰어나다는 점이다. 37세의 매사추세츠 공과대학 부교수인 제러미 잉글랜드는 2013년에 생명의 그런 능력을 설명해주는 것으로 보이는 수학식을 유도했다. 이미 알려져 있는 물리학에서 유도한 그의 식에 따르면, (태양이나 화학 연료와 같은) 외부의 에너지원에 의해서 가동되고, (바다나 대기와 같은) 열 저장장치에 둘러싸여 있는 원자 집단은 더 많은 에너지를 소멸시키기 위해서 점진적으로 스스로의 구조를 변경시킨다.

그것은 물질이 어떤 조건에서는 생명과 확실하게 관련된 핵심적인 물리적 특징을 가지게 된다는 뜻일 수 있다.

"원자들을 무작위적으로 모아놓은 덩어리에 충분히 오랫동안 빛을 쪼여주면 식물이 등장하는 것이 그렇게 놀라운 일이 아닐 수도 있다." 잉글랜드가 말했다.

잉글랜드의 이론은, 유전자와 인구의 수준에서 생명에 대한 강력한 설명을 제공해주는 다윈의 자연 선택에 의한 진화론을 대체하는 것이 아니라 그 근거를 제공한 것으로 해석된다. "나는 다윈의 아이디어가 틀렸다고 말하는 것이 아니다." 그가 말했다. "정반대로 나는 그저 물리학의 관점에서 다윈의 진화가 더욱 일반적인 현상의 특별한 경우라고 할 수 있다고 말할 뿐이다."

그의 아이디어는 그의 주장이 하찮거나, 잠재적 돌파구이거나, 또는 두 가지 모두라고 생각하는 동료들 사이에서 격렬한 논란을 촉발시켰다.[1]

처음부터 잉글랜드의 연구를 주목해왔던 뉴욕 대학교의 물리학과 교수인 알렉산더 그로스버그는, 그가 "매우 과감하고, 매우 중요한 일"을 해냈다고 평가했다. 그가 생명의 기원과 진화를 가능하게 만들어주는 기본적인 물리학적 원리를 확인했다는 사실이 "큰 희망"이라는 것이 그로스버그의 주장이었다.

"제러미는 내가 만났던 가장 총명한 젊은 과학자이다." 학술회의에서 잉글랜드를 만난 후에 그의 이론에 대해서 편지를 주고받았던 국립보건원 화학물리학연구실의 생물리학자인 아틸라 사보가 말했다. "나는 그 아이디어의 독창성에 감동을 받았다."

그러나 하버드 대학교의 화학, 화학생물학, 생물리학과 교수인 유진 샤크노비치를 비롯한 사람들은 그렇게 생각하지 않는다. "제러미의 아이디어는 흥미롭고 잠재적으로 가능성이 있기는 하지만, 현재 시점에서는 지극히 추론적이고, 특히 생명 현상의 경우에는 더욱 그렇다." 샤크노비치가 말했다.

잉글랜드의 이론적 결과들은 일반적으로 유효한 것으로 받아들여진다. 그의 수식이 생명을 포함한 자연 현상의 원동력을 나타낸다는 해석은 아직 증명되지 못했다. 그러나 이미 그의 해석을 실험실에서 시험하는 방법에 대한 아이디어들이 제시되고 있다.

"그는 전혀 다른 것을 시도하고 있다." 잉글랜드의 연구를 알게 된 후로 그런 실험에 대해서 고민하고 있는 하버드의 물리학과 교수인 마라 프렌티스가 말했다. "나는 그가 문제를 체계화시켜주는 훌륭한 아이디어를 가지고 있다고 생각한다. 어떻든 충분히 검토해볼 가치는 있을 것이다."

잉글랜드가 제시한 아이디어의 핵심은, 엔트로피 증가 법칙 또는 "시간의 화살"로 알려져 있는 열역학 제2법칙이다. 에너지는 시간이 흐르면 흩어지거나 퍼져나가는 경향이 있다. 그런 일은 단순한 확률에 따라 증가한다. 즉 에너지가 집중되는 것보다 퍼져나가는 방법이 훨씬 더 많다는 것이다. 결국 시스템은 에너지가 균일하게 분포되는 "열역학적 평형"이라고 부르는 최대 엔트로피의 상태에 도달하게 된다.

고립되거나 "닫힌" 시스템에서는 엔트로피가 시간에 따라 반드시 증가해야 하지만, "열린" 시스템에서는 주위의 엔트로피를 훨씬 더 많이 증가시킴으로써 원자들 사이에 에너지가 불균일하게 분포되는 낮은 엔트로피 상태가 유지될 수 있다. 그것이 바로 살아 있는 것이 반드시 해야만 하는 일이라고, 유명한 양자물리학자 에르빈 슈뢰딩거가 『생명이란 무엇인가?(*What is Life?*)』라는 1944년의 영향력 있는 단행본에서 주장한 것이다. 예를 들면, 식물은 지극히 강한 에너지를 가진 햇빛을 흡수해서 당(糖)을 만드는 데에 사용하고, 훨씬 덜 집중된 에너지 형태인 적외선을 방출한다. 광합성이 일어나는 과정에서도 식물은 규칙적인 내부 구조를 유지함으로써 스스로 붕괴되는 것을 억제하지만, 햇빛이 소산(消散)되면서 우주의 엔트로피 총량은 증가한다.

생명은 열역학 제2법칙을 어기지 않는다. 그러나 물리학자들은 최근까지도 열역학을 이용해서 생명이 처음에 어떻게 등장해야만 했는지를 설명하지 못했다. 슈뢰딩거 시절에는 평형 상태에 있는 닫힌 시스템의 경우에만 열역학 방정식을 풀 수 있었다. 1960년대에 벨기에의 물리학자 일리야 프리고진이 외부의 에너지원에 의해서 약하게 유도되는 열린 시스템의 거동을 예측하는 일을 가능하게 만들어주었다. (그는 그 공로로 1977년 노벨 화학상을 수상했다.) 그러나 평형에서 멀리 떨어져 있고, 외부 환경과 연결되어 있으면서 외부의 에너지원에 의해서 강하게 유도되는 시스템의 거동은 예측할 수가 없었다.

그런 상황은, 현재 메릴랜드 대학교의 크리스 야르진스키와 현재 국립 로런스 버클리 연구소의 개빈 크룩스가 1990년대 말에 수행했던 연구에 의해서 달라졌다. 야르진스키와 크룩스는, 한 잔의 커피가 식는 것과 같은 열역학적 과정에 의해서 생성되는 엔트로피가, 원자들이 그런 과정에 참여하게 될 확률 값을 역(逆)과정(즉, 자발적으로 커피가 뜨거워지는 방향으로 상호작용)에 참여하게 될 확률 값으로 나눈 간단한 비율로 표현된다는 사실을 밝혀냈다.[2] 엔트로피 생성이 증가하면, 그 비율도 커지고 시스템은 점점 더 "비가역적(irreversible)"으로 변한다. 원칙적으로 얼마나 빠른지 또는 평형에서 얼마나 멀리 떨어져 있는지에 관계없이, 어떤 열역학적 과정에나 간단하지만 엄밀한 식이 적용될 수 있다. "평형에서 멀리 떨어진 통계역학에 대한 우리의 이해가 크게 개선되었다." 그로스버그가 말했다. 생화학과 물리학을 모두 배운 잉글랜드는 6년 전에 시작한 MIT의 연구실에서 통계물리학의 새로운 지식을 생물학에 적용하기로 결정했다.

그는 야르진스키와 크룩스의 방법을 이용해서 전자기 파동과 같은 외부 에너지원에 의해서 강하게 유도되고, 주위에 있는 열원(熱源)으로 열을 폐기할 수 있는 특성을 가진 입자들의 시스템에 적용되는 일반화된 열역학 제2법칙을 유도했다. 그런 시스템에는 살아 있는 모든 것이 포함된다. 그런 후에 잉글랜드는 시스템의 비가역성을 증가시키면 시스템이 시간에 따라 어떻게 진화하는지를 연구했다. "우리는 방정식으로부터, 진화의 과정에서 외부 동력원에서 더 많은 에너지를 흡수해서 소산(消散)시킬수록 진화적 결과에 도달하게 될 가능성이 커진다는 사실을 매우 간단하게 증명할 수 있다." 그가 주장했다. 그런 결과는 직관적으로 맞는 것이다. 원동력과 공명하거나, 밀어주는 방향으로 움직일 때에 더 많은 에너지를 소산시키는 입자들은 다른 방향보다 바로 그 방향으로 움직일 가능성이 더 크다.

"이것은 대기나 바다와 같은 일정한 온도를 가진 열원에 둘러싸인 원자 덩어리가 시간이 흐르면서 환경에 있는 기계적, 전자기적, 또는 화학적 동력원과 점점 더 잘 공명하도록 스스로 재배열하는 경향을 가지고 있다는 뜻이다." 잉글랜드가 설명했다.

지구상에서 생명의 진화를 유도하는 과정인 자기복제(또는 생물학적 용어로 번식)도 시스템이 시간에 따라 점점 더 많은 양의 에너지를 소산시킬 수 있는 메커니즘이다. 잉글랜드의 설명에 따르면, "에너지를 더 많이 소산시키는 훌륭한 방법은 자신의 복제품을 더 많이 만드는 것이다." 그는 2013년 9월의 「저널 오브 케미컬 피직스」에 발표한 논문에서 RNA 분자와 박테리아 세포의 자기 복제 기간 동안 소산시키는 에너지의 양에 대한 이론적 최솟값을 보고하고, 그것이 그런 시스템이 복제하는 동안 실제로 소산시키는 에너지의 양과 매우 가깝다는 사실을 증명했다.[3] 또한 그는 많은 과학자들이 DNA에 의존하는 생명의 전구체 역할을 했을 것이라고 생각하는 핵산(核酸)인 RNA가 특별히 값싼 구성 소재라는 사실도 밝혀냈다. 그의 이론에서, 일단 RNA가 등장한 후에 그것의 "다윈적 장악(Darwinian takeover)"이 일어나는 것은 놀라운 일이 아니다.

지구상의 다양한 식물군과 동물군의 세부적인 사항에는 원시 수프, 무작위적 돌연변이, 지질학, 재앙적인 사건들을 비롯한 수많은 다른 요인들이 작용해왔다. 그러나 잉글랜드의 이론에 따르면, 전체 과정을 이끌어가는 근본 원리는 물질의 소산에 의해서 유도되는 적응(適應)이다.

이 원리는 무생물적인 물질에도 역시 적용될 것이다. "우리가 이제 자연의 어떤 현상들을 소산 유도 적응적 조직화(dissipation-driven adaptive organization)라는 큰 틀로 설명할 수 있을 것인지를 추론하는 것은 매우 흥미로운 일이다." 잉글랜드가 말했다. "우리 눈앞에 수많은 예들이 있겠지만, 지금까지는 우리가 애써 찾아보지 않았기 때문에 그런 예들을 알아채지 못했을 것이다."

과학자들은 이미 무생명 시스템에서도 자기 복제를 관찰했다. 캘리포니아 대학교 버클리의 필립 마르쿠스가 2013년 8월 「피지컬 리뷰 레터스」에 발표한 새 연구에 따르면, 난기류 유체에서 관찰되는 소용돌이는 주변에 있는 유체의 흐름에서 에너지를 흡수해서 스스로 복제를 한다.[4] 그리고 하버드의 응용수학 및 물리학 교수인 마이클 브레너와 그의 연구진은 2014년 1월 「국립과학원회보」에 자기 복제하는 미세구조들의 이론적 모델과 시뮬레이션 결과를 발표했다.[5] 특별히 코팅된 마이크로 구(球) 클러스터들은 근처에 있는 다른 구들을 잡아당겨서 똑같은 클러스터를 형성함으로써 에너지를 소산시킨다. "이것은 제러미가 주장하고 있는 것과 매우 관계가 깊은 것이다." 브레너가 말했다.

자기 복제 이외에도 더 큰 규모의 구조적 조직화 역시, 강하게 유도된 시스템이 에너지를 소산시키는 능력을 증진시키는 또다른 방법이다. 예를 들면, 식물은 구조화되지 않은 탄소 원자 덩어리를 통해서 태양 에너지를 더욱 잘 포획하고 활용한다. 따라서 잉글랜드는 어떤 조건에서는 물질이 자발적으로 자기 조직화할 것이라고 주장한다. 그런 경향이 생물체는 물론이고 많은 무생물적 구조의 내부 질서를 설명해줄 수 있다. "눈송이, 모래 언덕, 난기류 속의 소용돌이 모두는 공통적으로 어떤 소산 과정에 의해서 유도되는 다입자 시스템에서 창발되는 놀라울 정도로 조직화된 구조들이다." 그가 말했다. 응축, 바람, 점성 저항도 그런 특별한 경우에 적절한 과정이다.

"그의 연구 덕분에 나는 생명체와 무생명체의 구분이 분명한 것은 아니라고 생각하게 되었다." 코넬 대학교의 생물리학자 칼 프랭크가 이메일에 적었다. "몇 개의 생분자로 구성된 화학 회로처럼 작은 시스템에서도 그렇다는 사실이 특히 인상에 남았다."

앞으로 잉글랜드의 과감한 아이디어에 대한 엄격한 검증이 이루어질 것이다. 그는 현재 입자들의 시스템이 에너지를 더 잘 소산시킬 수 있는 구조로 적응한다는 자신의 이론을 시험하기 위한 컴퓨터 시뮬레이션을 하고 있다. 다음 단계는 살아 있는 시스템을 대상으로 실험을 수행하는 것이다.

하버드에서 실험생물리학 연구실을 운영하는 프렌티스는 서로 다른 돌연변이를 가진 세포들을 비교해서 세포들이 소산시키는 에너지의 양과 복제 속도 사이의 상관관계를 살펴보면, 잉글랜드의 이론을 시험해 볼 수 있을 것이라고 말한다. "돌연변이는 많은 일을 할 수 있기 때문에 주의가 필요하다." 그녀가 말했다. "그러나 서로 다른 시스템에 대해서 이런 실험을 많이 해보고, [소산과 복제 성공이] 정말 상관되어 있다면, 그것이 옳은 조직화 원리라는 것을 확인하게 될 것이다."

브레너는 잉글랜드의 이론을 자신의 마이크로 구 생성과 연결해서, 이론이 실제로 일어날 수 있는 자기 복제와 자기 조직화 과정을 정확하게 예측하는지를 확인하고 싶다고 말했다. 그는 그것이 "과학에서의 근본적인 의문"이라고 말했다.

생명과 진화에 대한 모든 것을 포함하면서 무엇보다 중요한 원칙을 가지고 있다는 사실은 연구자들에게 생명체의 구조와 기능의 창발에 대해서 더 넓은 시각을 제공해준다고 많은 연구자들이 말했다. "자연 선택은 일부 특징을 설명하지 못한다"라고, 옥스퍼드 대학교의 생물물리학자 아르드 루이스가 이메일에서 말해주었다. 메틸화라고 부르는 유전자 표현형의 유전적 변이, 자연 선택이 존재하지 않는 상황에서 복잡성의 증가, 루이스가 최근에 연구하고 있는 일부 분자적 변이들이 그런 특징들이다.

잉글랜드의 방법이 더 많은 시험을 통과하게 되면 (그의 최근 컴퓨터 시뮬레이션은 자신의 일반적 테제를 정당화시켜주는 것처럼 보이기는 하지만, 실제 생명에 대한 함의는 여전히 추론적이다), 생물학자들은 모든 적응에 대한 다윈적 설명을 찾는 일에서 좀더 자유로워져서 소산-유도 조직화의 입장에서 더 일반적으로 생각할 수 있게 될 것이다. 예를 들면, 그들은 "유기체가 Y가 아니라 X라는 특징을 보여주는 이유는 X가 Y보다 더 적절하기 때문이 아니라 물리적 제한조건이 Y가 진화하는 것보다 X가 진화하는 것을 더욱 쉽게 만들어주기 때문"이라는 사실을 발견하게 될지도 모른다고 루이스는 말했다.

"사람들은 흔히 개별적인 문제에 대해서 생각하는 일에 빠져버린다." 프렌티스가 말했다. 그녀는, 잉글랜드의 아이디어가 정확하게 옳은 것으로 밝혀질 것인지에 상관없이 "많은 과학적 돌파구들은 더욱 광범위하게 생각하는 과정에서 만들어진다"고 말했다.

무질서로부터 생명(그리고 죽음)이 시작되는 방법

필립 볼

물리학과 생물학의 차이는 무엇일까? 피사의 탑에서 골프공과 포탄을 떨어뜨려보자. 물리학 법칙을 이용하면 그들의 궤적을 원하는 정도까지 정확하게 예측할 수 있다.

이제 포탄을 비둘기로 바꿔서 똑같은 실험을 다시 해보자.

생물학적 시스템도 물론 물리학 법칙을 어기지는 않지만, 그 행동은 물리학 법칙으로 예측할 수 있는 것처럼 보이지 않는다. 오히려 그들은 생존과 번식이라는 목표를 지향한다. 우리는 그들이 자신의 행동을 스스로 결정하는 목적을 가지고 있다고 말할 수 있다. 철학자들이 전통적으로 목적론이라고 부르는 것이다.

마찬가지로 오늘날의 물리학은, 우리에게 빅뱅에서 수십억 분의 1초가 지난 우주의 상태로부터 오늘날 우주의 모습을 예측할 수 있도록 해준다. 그러나 지구상에 등장한 최초의 원시 세포의 모양으로부터 인류의 모습을 예측할 수 있을 것이라고 생각하는 사람은 아무도 없다. 진화의 과정은 어떤 법칙도 따르지 않는 것처럼 보인다.

진화생물학자 에른스트 마이어는, 생물학의 목적론과 역사적 비상 대책은 과학에서도 독특한 것이라고 말했다. 이 두 가지 특징은 모두 생물학의 유일한 일반 지도 원리(guiding principle)인 진화에서 비롯된 것이다. 진화는 우연과 무작위성에 의해서 결정되지만, 자연 선택 때문에 의도와 목적이 담긴 것처럼 보이게 된다. 동물이 물을 찾는 것은 어떤 자기적(磁氣的) 인력 때문이 아니라 생존을 위한 본능과 의도 때문이다. 다리는 다른 무엇보다도 우리를 물가로 데려다주는 목적에 쓸모가 있는 것이다.

마이어는 그런 특징이 생물학을 예외적으로 스스로의 결정을 따르도록 만들어준다고 주장한다. 그러나 최근 비평형 물리학, 복잡계 과학, 정보 이론의 발전으로 그런 견해가 도전을 받고 있다.

우리가 생명을, 예측할 수 없는 환경에 대한 정보를 수집하고 저장하는 계산을 수행하는 에이전트(agent)*라고 생각한다면, 복제, 적응, 대행, 목적, 의미와 같은 능력과 배려는 진화적 즉흥곡이 아니라 물리학 법칙의 필연적 결과라고 이해할 수 있다. 다시 말해서, 특정한 목적을 향해서 무엇을 하고, 진화하는 사물에 적용되는 일종의 물리학이 있는 것 같다. 그렇다면 생명 시스템의 정의적 특징으로 보이는 의미와 의도도 열역학과 통계역학의 법칙을 통해서 자연적으로 창발될 수 있을 것이다.

2016년 11월 "복잡계" 과학의 메카로 알려진 뉴멕시코의 산타페 연구소에서 개최된 워크숍에서 물리학자, 수학자, 컴퓨터 과학자들이 진화생물학자와 분자생물학자들과 함께 그런 아이디어에 대해서 이야기를 나누고 때로는 논쟁을 벌이기도 했다. 그들의 주제는 도대체 생물학이 얼마나 특별한가(또는 특별하지 않은가)였다.

합의가 없었던 것이 놀랄 일은 아니다. 그러나 분명하게 창발된 메시

---

* 환경의 변화를 알아내고, 그런 변화에 대응하기 위한 행동을 할 수 있는 능력을 가진 자율적 주체.

지가 있었다. 만약 생물학적 목적론과 에이전트에 숨겨진 일종의 물리학이 존재한다면, 그것은 기본적인 물리학 자체의 핵심에 자리를 잡게 된 개념인 정보와 관계가 있다는 것이다.

무질서와 악령

정보와 의도를 열역학 법칙에 포함시키려는 최초의 시도는, 19세기 중엽 스코틀랜드의 과학자 제임스 클러크 맥스웰이 통계역학을 창시할 때부터 시작되었다. 맥스웰은 그런 두 가지 요소를 도입해서 열역학이 절대 할 수 없었던 것을 가능하게 만들 수 있다는 사실을 보여주었다.

맥스웰은 이미 열에너지에 의해서 제멋대로 움직여 다니는 수많은 분자들의 무작위적이고 알 수 없는 움직임으로부터 압력, 부피, 온도와 같은 기체의 성질들 사이의 관계를 예측하고, 신뢰할 수 있는 수학적 관계를 유도할 수 있는 방법을 밝혀냈었다. 다시 말해서, 압력이나 온도와 같은 물질의 거시적 성질들을 통합해주는 열 흐름에 대한 새로운 과학인 열역학은, 실제로 미시적 규모의 분자와 원자들에 대한 통계역학의 결과라는 사실을 입증했다.

열역학에 따르면, 우주의 에너지 자원으로부터 유용한 일을 추출하는 능력은 언제나 줄어들고 있다. 에너지의 주머니는 쇠퇴하고, 열의 농도도 옅어지고 있다. 모든 물리적 과정에서 일부 에너지는 필연적으로 분자들의 무작위적 운동들에 의해서 쓸모없는 열의 형태로 소산되어 사라져버린다. 그런 무작위성은 무질서의 척도로 언제나 증가하는 엔트로피라는 열역학적 양으로 표현된다. 그것이 열역학 제2법칙이다. 결국 우주 전체가 균일하고 지루한 뒤죽박죽 상태인 평형 상태로 환원되어버린다. 평형 상태에서는 엔트로피 값이 최대가 되고, 의미 있는 일은 절대 일어나지 않게 된다.

우리가 정말 그런 끔찍한 운명을 맞이하게 될까? 그렇게 믿고 싶지 않았던 맥스웰은, 1867년에 자신의 표현대로 제2법칙의 "구멍을 막는 일"을 시작했다. 그의 목표는 무작위적으로 뒤죽박죽인 분자들이 들어 있는 무질서한 상자에서 느리게 움직이는 분자들과 빠르게 움직이는 분자들을 분리해서 엔트로피를 줄이는 것이었다.

개별적인 분자를 볼 수 있는 작은 존재가 상자에 들어 있다고 상상해보자. 맥스웰에게는 거북한 일이었지만, 물리학자 윌리엄 톰슨은 그것을 맥스웰의 악령이라고 불렀다. 그 악령은 상자를 두 칸으로 구분해놓고, 그 사이에 미닫이를 설치한다. 악령은 오른쪽 칸에서 문을 향해서 특별히 높은 에너지로 다가오는 분자를 볼 때마다 미닫이를 열어서 통과시킨다. 그리고 왼쪽 칸에서 느리게 움직이는 "차가운" 분자가 접근할 때도 문을 열어서 통과시킨다. 결국 오른쪽 칸에는 차가운 기체가 남는 대신에, 뜨거운 기체가 남게 되는 왼쪽 칸은 일을 하는 데에 활용할 수 있는 열원(熱源)이 된다.

이것이 가능한 것은 두 가지 이유 때문이다. 첫째는, 모든 분자들을 통계적 평균이 아니라 개별적으로 볼 수 있는 악령은 우리보다 더 많은 정보를 가지고 있다. 둘째는, 악령이 뜨거운 분자와 차가운 분자를 분리하겠다는 의도를 가지고 있다. 악령은 스스로의 의도와 함께 자신의 지식을 활용함으로써 열역학 법칙을 극복할 수 있다.

적어도 그렇게 보였다. 그러나 그런 맥스웰의 악령도 사실은 제2법칙을 거부하지 못하고, 죽음과도 같은 보편적 평형 쪽으로 미끄러지는 운명을 피할 수 없는 이유를 이해하기까지는 100여 년이 걸렸다. 그리고 그 이유로부터 열역학과 정보의 처리 또는 계산 사이에 깊은 관계가 있다는 사실도 밝혀졌다. 독일계의 미국 물리학자 롤프 란다우어는 악령이 정보를 수집하고 에너지를 소비하지 않고도 (마찰이 없는) 문을 움직일 수 있다고 하더라도, 결국에는 반드시 대가를 치르게 된다는 사실을 증명했다.[1] 악령은 모든 분자의 움직임을 기억할 수 있는 무한한 메모리를 가지고 있지 않기 때문에, 에너지를 계속 수집하기 위해서는 가끔씩 메모리를 깨끗하게 청소해서 그때까지 보았던 것을 잊어버리고 새로 시작해야만 한다. 그리고 정보 삭제의 작용에는 절대 회피할 수 없는 비용이 필요하다. 그래서 에너지가 소산되고, 엔트로피가 증가한다. 악령의 훌륭한 손재주로 제2법칙을 극복하는 과정에서 얻은 소득은 모두, 정보 삭제(또는 더 일반적으로 한 형태의 정보를 다른 형태로 변환)에 대한 유한한 비용인 "란다우어 한계(Landauer's limit)"에 의해서 상쇄된다.

살아 있는 생명체도 상당한 수준에서 맥스웰의 악령을 닮았다. 비커에 가득 들어 있는 화학물질은 결국 모든 에너지를 소비해버리고, 지루한 정체(停滯)와 평형의 상태로 떨어져버린다. 그러나 살아 있는 시스템은, 대략 35억 년 전에 생명이 시작된 이후부터 집단적으로 생명이 없는 평형 상태를 회피해왔다. 그들은 주위로부터 에너지를 수확해서 비평형 상태를 유지하고, 그런 일을 "의도"를 가지고 수행한다. 심지어 단순한 박테리아도 "목적"을 가지고 열과 영양분이 있는 곳을 향해 움직인다. 물리학자 에르빈 슈뢰딩거는 1944년 『생명이란 무엇인가?』에서, 살아 있는 유기체들은 "음의 엔트로피(negative entropy)"를 먹고 산다고 표현했다.

슈뢰딩거는 그들이 정보를 수확해서 저장함으로써 그런 일을 해낸다고 말했다. 그런 정보 중의 일부는 음의 엔트로피를 수확하는 일련의 지침으로 유전자에 암호화되어서 한 세대에서 다음 세대로 전달된다. 슈뢰딩거는 그런 정보가 어디에 저장되고, 어떻게 암호화되는지는 몰랐지만, 그것이 "비주기적 결정(非週期的 結晶)"이라는 것에 기록된다는 그의 직관이 역시 물리학 교육을 받은 프랜시스 크릭과 제임스 왓슨에게 영감을 주었다. 그들은 1953년에 유전 정보가 DNA 분자의 구조에 어떻게 암호화될 수 있는지를 밝혀냈다.

그래서 유전체(genome)는 적어도 부분적으로는 직전의 과거에서 먼 과거에 이르는 유기체의 선조들이 우리 행성에서 살아남을 수 있도록 해준 유용한 지식의 기록인 셈이다. 2016년 워크숍을 개최했던 산타페 연구소의 수학자이며 물리학자인 데이비드 볼퍼트와 그의 동료 아르테미 콜친스키에 따르면, 잘 적응한 유기체들은 환경과 상관되어 있다는 것이 핵심이다. 영양분이 있는 곳에 따라 왼쪽이나 오른쪽을 향해서 의존적으로 움직여가는 박테리아는, 제멋대로 움직이다가 우연히 영양분을 찾아내는 박테리아보다 더욱 잘 적응하고 번성하게 된다. 유기체의 상태와 환경의 상태 사이의 상관성은 그들이 정보를 함께 공유한다는 의미이다. 볼퍼트와 콜친스키는, 유기체가 평형에서 벗어난 상태에 있도록 도와주는 것이 바로 그런 정보라고 말했다. 그런 박테리아는 맥스웰의 악령처럼 주위의 요동으로부터 일을 추출하도록 스스로의 행동을 재단할 수 있기 때문이다. 유기체가 그런 정보를 얻지 못한다면 점진적으로 평형에 도달하게 되어 결국에는 죽음에 이르게 된다.

그런 식으로 보면, 생명은 의미 있는 정보의 저장과 사용을 최적화하기 위한 계산이라고 생각할 수 있다. 그리고 생명은 그런 일에 지극히 뛰어난 것으로 밝혀졌다.[2] 맥스웰의 악령이라는 수수께끼에 대한 란다우어의 해결책은 유한 메모리 계산이 요구하는 에너지의 양, 즉 망각에 대한 에너지 비용의 절대적 하한선을 정한 것이다. 오늘날의 가장 좋은 컴퓨터도 그보다 훨씬 더 많은 에너지를 낭비한다. 흔히 100만 배 이상의 에너지를 소비하고 소산시킨다고 알려져 있다. 그러나 볼퍼트에 따르면, "세포에 의해서 수행되는 계산의 열역학적 효율에 대한 매우 보수적인 추정도 기껏해야 란다우어 한계의 10배 정도일 뿐이다."

"자연 선택은 계산의 열역학적 비용을 최소화하는 데에 집중해왔다. 생명은 자신이 반드시 수행해야만 하는 계산의 총량을 줄이기 위해서 최선을 다할 것이다." 그가 설명했다. 다시 말해서, (어쩌면 우리 자신을 제외한) 생물은 생존의 문제를 간과하지 않기 위해서 엄청나게 주의를 기울이고 있는 것으로 보인다. 그에 따르면, 지금까지 생물학에서는 일생을 살아가는 과정에서 필요한 계산의 비용과 편익의 문제를 대부분 간과해왔다.

무생물적 다원주의

그래서 살아 있는 유기체는 결국 정보를 이용해서 에너지를 수확하고, 평형을 거부함으로써 환경에 동조하는 개체라고 할 수 있다. 그런 주장이 조금은 거북한 것일 수도 있다. 그러나 다른 생물학자들처럼 마이어 역시 생물학적 의도나 목적이 담겨 있다고 가정했던 유전자나 진화에 대해서는 한마디도 하지 않았다는 사실을 주목해야 했다.

그런 관점으로 어디까지 갈 수 있을까? 자연 선택에 의해서 연마된 유전자가 생물학의 핵심이라는 사실은 분명하다. 그러나 자연 선택에 의한 진화 그 자체가 순전히 물리적인 우주에 존재하는 기능과 분명한 목적을 향한 더 일반적인 명령의 특별한 경우일 수 있을까? 이제 그렇게 보이기 시작하고 있다.

적응은 오래 전부터 다원주의적 진화의 상징이었다. 그러나 매사추세츠 공과대학의 제러미 잉글랜드는 환경에 적응하는 일은 무생물적 시스템에서도 일어날 수 있다고 주장했다.

여기에서의 적응은 생존을 위한 모든 준비를 갖춘 유기체에 대한 평범한 다원주의적 관점보다 더 명확한 의미를 가지고 있다. 다원주의적 관점에서의 한 가지 어려움은, 사후의 평가가 아니라면 잘 적응한 유기체를 정의할 방법이 없다는 것이다. "적자(適者)"는 생존과 번식에 더 뛰어나다고 밝혀진 생명이지만, 적자가 어떤 특징을 가지고 있어야만 하는지를 미리 예측할 수는 없다. 고래와 플랑크톤은 모두 해양 생태계에 잘 적응했지만 둘 사이에는 분명한 닮은 점을 찾을 수 없다.

"적응"에 대한 잉글랜드의 정의는 슈뢰딩거의 것에 더 가깝고, 잘 적응한 개체는 예측할 수 없지만, 요동치는 환경으로부터 에너지를 효율적으로 흡수할 수 있다는 맥스웰의 정의에도 사실은 더 가까운 것이다. 사람들이 넘어질 정도로 흔들리는 배에서는 갑판의 흔들림에 따라 균형을 더 잘 유지할 수 있는 사람이 똑바로 서 있을 수 있는 것과 마찬가지이다. 잉글랜드와 그의 동료들은, 비평형에 적용되는 통계역학의 개념과 방법을 사용해서 환경에서 에너지를 흡수하여 소산시키는 과정에서 엔트로피를 생성하는 개체가 잘 적응한 시스템이라고 밝혔다.[3]

잉글랜드는 복잡계들이 잘 적응된 상태에 놀라울 정도로 쉽게 정착하는 경향이 있다고 한다. "열적으로 요동치는 물질은 스스로 시간에 따라 변화하는 환경으로부터 일을 잘 흡수하는 모양을 갖추게 된다."

이 과정에서는 복제, 돌연변이, 형질의 유전에 대한 다윈주의적 메커니즘을 통해서 주위에 점진적으로 수용되는 모습을 찾아볼 수 없다. 복제는 전혀 일어나지 않는다. "여기서 흥미로운 것은, 적응적으로 보이는 구조의 기원에 대한 물리학적 설명에서는, 일상적인 생물학적 의미에서의 부모가 반드시 필요하지 않다는 사실이다." 잉글랜드가 말했다. 문제의 시스템이 환경의 요동에 반응할 수 있을 만큼 복잡하고, 다양하고, 민감하기만 하다면, "심지어 자기 복제가 없고, 다윈주의적 논리가 무너지는 흥미로운 경우에도 열역학을 이용해서 진화적 적응을 설명할 수 있다."

그러나 물리적 적응과 다윈주의적 적응 사이에는 어떤 모순도 없다. 사실 후자는 전자의 특별한 경우라고 볼 수 있다. 만약 복제가 존재한다면, 자연 선택은 시스템이 환경으로부터 슈뢰딩거가 제시한 음의 엔트로피에 해당하는 일을 흡수하는 능력을 획득하는 길이 된다. 사실 자기 복제는 복잡한 시스템을 안정화시키는 특별히 훌륭한 메커니즘이고, 그래서 그것이 생물학이 사용하는 메커니즘이라는 사실은 놀랄 일이 아니다. 그러나 보통 복제가 일어나지 않는 무생물의 세계에서는 바람에 날린 모래의 무작위적 움직임으로 만들어지는 물결 자국이나 모래 언덕처럼 고도로 조직화된 것이, 잘 적응된 소산 구조에 해당하는 경향이 있다. 그런 식으로 보면, 다윈주의적 진화는 비평형 시스템을 지배하는 더욱 일반적인 물리학적 원리의 특정한 경우로 볼 수 있다.

예측 기계들

요동치는 환경에 적응하는 복잡한 구조에 대한 그런 관점을 이용하면, 그 구조들이 어떻게 정보를 저장하는지를 유추할 수 있게 된다. 간단히 말해서, 생명이거나 아니거나 상관없이 가능한 에너지를 효율적으로 사용해야만 하는 그 구조들은 "예측 기계"가 될 가능성이 크다.

생물학적 시스템이 환경으로부터 주어지는 구동(驅動) 신호에 따라 상태를 바꾸는 것은 거의 정의적 특성이다. 생물은 어떤 일이 일어나면 반응을 한다. 식물은 빛을 향해서 자라고, 병원균에 반응해서 독소를 생산한다. 그런 환경적 신호는 대부분 예측할 수 없지만, 생물 시스템은 경험을 통해서 환경에 대한 정보를 저장해두었다가 미래의 행동을 결정하는 일에 사용한다. (그런 관점에서 유전자는 단순히 기본적이고 범용적인 핵심만 제공한다.)

그러나 예측은 선택이 아니다. 하와이 대학교의 수잔 스틸과 캘리포니아의 국립 로런스 버클리 연구소에 있던 개빈 크룩스와 동료들의 연구에 따르면, 미래 예측은 무작위적이고 요동치는 환경에서 노출되어 있는 에너지 효율적 시스템에게 필수적인 것으로 보인다.[4]

스틸과 동료들의 연구에 따르면, 미래에 대한 예측에 쓸모가 없는 과거 정보를 저장하는 데에는 열역학적 비용이 필요하다. 시스템이 최대한 효율적이려면 선택적일 수밖에 없다. 과거에 일어났던 모든 일을 무차별적으로 기억하기 위해서는 많은 에너지 비용이 필요하다. 반대로 환경에 대한 정보를 전혀 저장하지 않으면, 예상하지 못한 일에 대응하기 위해서 끊임없이 버둥거려야만 할 것이다. "열역학적으로 최적화된 기계는 과거에 대한 쓸모없는 정보인 향수(nostalgia)를 최소화시킴으로써 기억과 예측의 균형을 맞춰야만 한다." 공동 저자 중의 한 사람이며, 지금은 브리티시컬럼비아 버나비에 있는 사이먼 프레이저 대학교의 데이비드 시박이 말했다. 간단히 말해서, 그런 기계는 미래의 생존에 쓸모 있는 정보를 수확하는 일에 뛰어나야만 한다.

자연 선택이 에너지를 효율적으로 사용하는 유기체를 선호할 것이라고 기대할 것이다. 그러나 우리 세포의 펌프와 모터와 같은 개별적인 생분자 장치들은, 어떤 식으로든지 과거로부터 미래를 예상하는 방법을 배워야만 한다. 스틸은, 그런 훌륭한 효율을 성취하려면 그런 장치들이 "지금까지 경험해왔던 세계를 압축적으로 표현해서 앞으로 일어나게 될 일들을 예상할 수 있어야만 한다"고 말했다.

죽음의 열역학

진화나 복제가 없이 비평형 열역학을 통해서 생명체의 일부 기본적인 정보 처리 특징을 갖추었다고 하더라도, 여전히 진화를 통해서 예를 들면 도구의 사용이나 사회적 협동과 같은 훨씬 더 복잡한 형질의 획득이 필요할 것이라고 생각할 수도 있다.

글쎄, 그렇게 믿지 않는 것이 좋을 것이다. 상호작용하는 입자로 구성된 단순한 모델도, 흔히 영장류나 조류와 같은 고도로 발전된 진화적 산물의 배타적 영역으로 보이는 그런 특성들을 흉내낼 수 있다. 주어진 시간 동안에 생성할 수 있는 (이 경우에는 입자들이 선택할 수 있는 서로 다른 가능한 경로의 수로 정의되는) 엔트로피의 양을 극대화시키는 방법으로 작용하는 제한 조건이 시스템을 유도한다는 것이 비결이다.

엔트로피 극대화는 오래 전부터 비형평 시스템의 특성으로 여겨져 왔다.[5] 그러나 이 모델에서의 시스템은 미래로 이어지는 고정된 시간 동안 엔트로피를 극대화시키는 법칙을 따른다. 다시 말해서, 이 시스템은 예지력을 가지고 있다. 사실상 이 모델은 입자가 선택할 수 있는 모든 경로를 살펴보고, 그중에서 입자가 최대의 엔트로피를 생산하게 되는 경로를 선택하도록 강요한다. 어설프게 말하면, 입자들이 이후에 움직일 수 있는 선택권이 가장 많이 보장되는 경로를 따라가도록 해준다.

입자 시스템이 미래의 작용에 대한 자유를 보존해야 한다는 일종의 욕구를 가지고 있고, 그런 욕구가 매 순간마다 시스템의 행동을 유도한다고 말할 수도 있을 것이다. 모델을 개발한 하버드 대학교의 알렉산더 위스너-그로스와 매사추세츠 공과대학의 캐머런 프리어는 그런 욕구를 "인과적 엔트로피 힘(causal entropy force)"이라고 부른다.[6] 그런 힘은 특별한 조건에서 돌아다니는 원판 모양 입자들의 배열에 대한 컴퓨터 시뮬레이션에서 놀랍게도 지능을 암시하는 결과를 만들어낸다.

어떤 경우에는 큰 원판이 작은 원판을 "이용해서" 좁은 튜브에서 두 번째 작은 원판을 꺼낸다. 그런 과정은 마치 도구를 사용하는 것처럼 보였다. 원판을 자유롭게 만드는 것이 시스템의 엔트로피를 증가시켰다. 다른 경우에는 다른 칸에 들어 있는 두 개의 원판이 더 큰 원판을 끌어내리기 위해서 서로의 행동을 동기화해서 동시에 큰 원판과 상호작용할 수 있도록 만들었다. 그런 과정은 마치 사회적 협동과 같은 모습이었다.

물론 그렇게 간단한 상호작용 에이전트들도 미래에 대한 전망에서 이익을 얻는다. 그런데 생명은 일반적으로 그렇지 않다. 그렇다면 그런 모델이 생물학에 얼마나 적절할까? 위스너-그로스가 "인과적 엔트로피 힘에 대한 실질적이고, 생물학적으로 가능성이 있는 메커니즘"을 파악하기 위해서 노력하고 있지만, 아직은 그런 모델이 생물학에 적용될 수 있는 것인지는 분명하지 않다. 그러나 그는 자신의 방법이 인공지능 개발의 지름길이 될 실질적인 파생 효과를 제공할 수 있을 것이라고 생각한다. 그는 "인공지능을 만들기 위해서 특별한 계산이나 예측 기술을 먼저 개발하는 것보다, 미래를 전망하는 행동을 찾아낸 후에 물리학적 원리와 제한 조건으로부터 거꾸로 돌아가는 것이 더 빠른 방법이 될 것"이라고 말했다. 다시 말해서, 우선 원하는 기능을 수행하는 시스템을 찾아낸 후에 그런 시스템이 그런 기능을 수행하는 방법을 파악하자는 것이다.

일반적으로 노화(老化)도 역시 진화에 의해서 결정되는 특성으로 여겨져 왔다. 유기체는 부모들이 너무 오랫동안 주변에 남아서 한정된 자원을 두고 경쟁함으로써 자손들의 생존 가능성을 저해하지 않으면서도 번식할 수 있도록 수명을 가지고 있다고 한다. 그것이 부분적으로 사실일 수도 있다. 그러나 독일 브레멘에 있는 야콥스 대학교의 물리학자 힐데가르트 마이어-오르트만스는, 궁극적으로 노화가 생물학적인 과정이 아니라 정보의 열역학에 의해서 지배되는 물리적 과정이라고 생각한다.

노화는 단순히 사물이 닳아버리는 문제는 아니다. "우리 몸을 구성하는 부드러운 물질은 대부분 노화가 일어나기 전에 재생된다." 마이어-오르트만스가 말했다. 그러나 그런 재생 과정은 완벽하지 않다. 정보 복사의 열역학에 따르면, 정밀도와 에너지 사이의 교환 거래가 있어야만 한다.[7] 유기체가 공급받을 수 있는 에너지는 유한하기 때문에 시간이 흐르면 어쩔 수 없이 오류가 축적된다. 그렇게 되면 유기체는 축적된 오류를 바로잡기 위해서 점점 더 많은 양의 에너지를 소비해야만 한다. 결국 재생 과정에서의 손상이 너무 심해지면 제대로 기능을 할 수 없는 복제품이 만들어지게 되고, 죽음에 이르게 된다.

경험적 증거도 그런 사실을 뒷받침해준다. 사람의 세포 역시 (헤이플릭 한계[Hayflick limit]라고 부르는) 40회에서 60회 이상 복제하면 노화되어서 더 이상 복제가 되지 않는다.[8] 그리고 인간 수명에 대한 최근의 관찰에 의하면, 인간이 100살을 훌쩍 넘어서까지 살지 못하는 데에는 근본적인 이유가 있는 것으로 보인다.[9]

요동치는 비평형 환경에서 에너지 효율적이고, 조직화되고, 예측 가능한 시스템이 등장하게 되는 가능성에는 필연적인 결과가 있다. 최초의 원시 세포까지 거슬러올라가는 우리의 모든 조상과 마찬가지로 우리 자신도 그런 시스템이다. 그리고 비평형 열역학은 그런 환경에서는 물질이 그렇게 될 것이라고 말해주고 있는 것 같다. 다시 말해서, 햇빛과 화산 활동과 같은, 평형으로부터 멀어지게 만드는 에너지원으로 가득 채워져 있었던 초기 지구와 같은 행성에서 생명의 등장은, 많은 과학자들이 생각했던 것처럼 지극히 믿기 어려운 사건이 아니라 거의 필연적인 것처럼 보인다는 것이다. 2006년 산타페 연구소의 에릭 스미스와 고(故) 해럴드 모로비츠는 비평형 시스템의 열역학이, 원료 화학 물질이 천천히 끓고 있는 "따뜻한 작은 연못"(찰스 다윈의 표현)에 있을 때보다 평형에서 멀리 떨어진 생물 발생 이전의 지구에서 조직화된 복잡계의 창발 가능성을 훨씬 더 높여주었을 것이라고 주장했다.[10]

그런 주장이 등장한 후 10여 년 동안, 연구자들은 그런 분석에 대한 세부 사항과 통찰력을 더해주었다. 에른스트 마이어가 생물학에 핵심적이라고 생각했던 성질인 의미와 의도가 통계와 열역학의 자연스러운 결과로 창발될 수 있다. 그리고 그런 일반적인 성질들이 다시 자연스럽게 생명과 같은 것을 만들어냈을 것이다.

또한 천문학자들은 우리 은하계에서 공전하는 다른 별들에 얼마나 많은 세상이 있는지를 알려주었다. 그 수는 수십억 개에 이르는 것으로 추정되기도 한다. 평형에서 멀리 떨어진 별도 많고, 그중에서 최소한 몇 개는 지구와 비슷하다. 그리고 그곳에서도 역시 똑같은 법칙이 작동하고 있을 것이다.

새로 창조된 생명, 핵심 신비

에밀리 싱어

주택에서 석회를 바른 벽, 슬레이트 지붕, 목재 마루와 같은 층을 걷어내면 구조물의 핵심 골격인 뼈대가 남게 된다. 생명에게도 그런 역할을 하는 구조가 있을까? 과학자들이 복잡성의 층을 벗겨내서 생물학의 기반이 되는 생명의 핵심을 드러내어 보여줄 수 있을까?

크레이그 벤터와 그의 연구진이 2016년 3월 「사이언스」에 발표한 연구에서 그런 시도를 했다.[1] 벤터의 연구진은 소의 몸속에 살고 있는 마이코플라스마 마이코이데스(*Mycoplasma mycoides*)라는 박테리아의 유전체(genome)를 애써 깎아내서, 생명을 가능하게 만들어주는 유전 정보의 핵심 골격을 찾아냈다. 결과는 고작 473개의 유전자를 가진 신3.0(syn3.0)이라고 부르게 된 작은 유기체였다. (대조적으로 대장균[*E. coli*]은 약 4,000-5,000개, 사람은 대략 20,000개의 유전자를 가지고 있다.)

그런데 473개의 유전자에도 허점이 있다. 과학자들은 그중에서 대략 3분의 1 정도가 무엇을 하는지를 거의 알지 못한다. 신3.0은 생명의 핵심적 요소를 밝혀주기는커녕 오히려 우리가 생물학의 가장 기본적인 것에 대해서 앞으로 얼마나 많은 것을 알아내야만 하는지를 보여주었다.

"나에게 가장 흥미로운 것은 우리가 무엇을 모르는지를 알아냈다는 것이었다." 벤터의 연구에 참여하지 않았던 하버드 대학교의 생화학자 잭 소스탁이 말했다. "무슨 기능을 하는지 알지 못하는 많은 유전자들이 반드시 필요한 것처럼 보인다."

"우리는 정말 놀랐고 충격을 받았다." 캘리포니아 라호이아와 메릴랜드 로크빌에 있는 J. 크레이그 벤터 연구소의 소장이자, 인간 유전체를 해석하는 연구로 유명한 생물학자 벤터가 말했다. 연구자들은 기능을 알지 못하는 유전자가 있을 것이라고는 예상했었지만, 그 수는 고작해야 전체 유전체에서 5퍼센트에서 10퍼센트 정도일 것으로 생각했다. "그러나 이것은 정말 놀라운 숫자이다."

벤터의 연구는 사람의 요도(尿道)에 사는 미생물인 마이코플라스마 제니탈리움(*Mycoplasma genitalium*)의 유전체를 해석했던 1995년부터 시작되었다.[2] 새로운 프로젝트를 시작했던 벤터의 연구자들은 유전체의 크기가 작다는 이유로 박테리아 중에서 두 번째로 유전체 해독이 완료된 M. 제니탈리움을 선택했다. 517개의 유전자와 580,000개의 DNA 염기를 가진 M. 제니탈리움은 자기 복제 유기체 중에서 가장 작은 유전체를 가지고 있는 것으로 알려져 있었다. (일부 공생하는 미생물은 유전자가 100개 남짓하지만, 그런 미생물은 숙주로부터 제공받는 자원에 의존해서 생존한다.)

M. 제니탈리움의 깨끗한 DNA는 다음과 같은 의문을 제기한다. 세포가 가질 수 있는 최소의 유전자는 몇 개일까? "우리는 생명의 가장 기본적인 유전자 성분을 알고 싶었다." 벤터가 말했다. "20년 전에 이것은 대단한 아이디어처럼 보였다. 그때는 여기까지 오는데 20년이나 걸릴 것이라고 생각하지 못했다."

최소 설계

벤터와 그의 연구진은 본래 과학자들이 생물학에 대해서 알고 있던 것을 기반으로 핵심 유전체의 골격을 설계하려고 했었다. 그들은 DNA를 복사하거나 번역하는 것과 같은 세포의 가장 핵심적인 과정과 관련된 유전자들에서부터 시작할 생각이었다.

그러나 간소화된 형태의 생명을 만들기 위해서는, 아무것도 없는 상태에서 유전체를 설계하고 만드는 방법을 먼저 알아내야만 했다. 그들은 단순히 살아 있는 유기체의 DNA를 편집하는 대부분의 연구자들보다 훨씬 더 큰 계획을 가지고 있었다. 컴퓨터에서 유전체를 설계한 후에 시험관에서 DNA를 합성하고 싶었다.

2008년 벤터와 그의 동료 해밀턴 스미스는 M. 제니탈리움의 DNA를 변형시켜서 최초의 합성 박테리아 유전체를 만들었다.[3] 그리고 2010년에는 합성한 M. 마이코이데스의 유전체를 다른 마이코플라스마 종에 이식해서 최초의 자기 복제 능력을 가진 합성 유기체를 만들었다.[4] 본래의 작동 시스템이 인공적인 것으로 대체되면서 합성 유전체가 세포를 점령했다. 합성 M. 마이코이데스의 유전체는 몇 개의 유전적 투명무늬를 제외하면 대체로 자연적인 것과 똑같았다. 연구자들은 합성한 DNA에 자신들의 이름과 "내가 만들지 못하는 것은 정확하게 이해할 수 없다"는 리처드 파인만의 발언을 비롯한 몇 개의 유명한 인용문도 추가해두었다.

마침내 제대로 된 도구를 손에 넣은 연구자들은, 최소 세포의 유전적 청사진을 설계해서 직접 합성하려고 시도했다. 그러나 "단 하나의 설계도 작동하지 않았다." 벤터가 말했다. 그는 반복된 실패를 자신들의 자만심에 대한 질책으로 받아들였다. 현대 과학이 세포를 만들 수 있을 만큼 기본적인 생물학적 원리에 대해서 충분한 지식을 갖추고 있는가? "그 답은 명백하게 아니다였다." 그가 말했다.

그래서 연구진은 훨씬 더 노동집약적인 다른 길을 따라서 시행착오 방법을 사용하기 시작했다. 그들은 M. 마이코이데스의 유전자를 분석해서 박테리아의 생존에 필수적인 유전자들을 확인하기 시작했다. 그들은 쓸모없는 유전자들을 삭제하는 방법으로, 지구상에서 오늘날까지 발견되었던 독립적으로 복제하는 능력을 가진 어떤 유기체보다 작은 유전체를 가진 신3.0을 만들었다.

유전적인 지방(脂肪)을 제거하면 무엇이 남을까? 남아 있는 유전자들의 대부분은, RNA와 단백질의 합성, 유전 정보의 정확도 보존, 그리고 세포막의 생성을 비롯한 세 가지 기능에 관련된 것이다. DNA를 편집하는 유전자는 대체로 소모품과 같은 것이었다.

그러나 마지막 149개의 유전자가 무엇인지는 분명하지 않았다. 과학자들은 유전자의 구조를 근거로 그중 70개를 대략적으로 분류할 수 있었지만, 그 유전자들이 세포에서 어떤 역할을 하는지에 대해서는 거의 아무것도 알아내지 못했다. 특히 79개 유전자의 기능은 전혀 알아내지 못했다. "우리는 그 유전자들이 무엇을 제공해주는지 또는 생명에 꼭 필요한 이유가 무엇인지를 모른다. 어쩌면 그 유전자들이 훨씬 더 미묘한 역할, 즉 지금까지 생물학에서 분명하게 알아내지 못한 역할을 하고 있을 수 있다." 벤터가 말했다. "그것은 우리를 매우 겸손하게 만들어준 실험이었다."

벤터의 연구진은 신비의 유전자들이 무엇을 하는지 알아내고 싶었지만, 이미 알려진 다른 유전자들과는 전혀 다르다는 사실 때문에 더 큰 어려움을 겪고 있다. 그 기능을 연구하는 한 가지 방법은, 특정 유전자를 선택적으로 켜거나 끌 수 있는 세포를 만드는 것이다. 그 유전자가 꺼지면 "처음으로 엉망이 되는 것이 무엇일까?" 소스탁은 다음과 같이 말했다. "그런 유전자는 대사(代謝)나 DNA 복제와 같은 일반적인 종류일 것이라고 짐작할 수 있을 것이다."

완전히 없애기

벤터는 신3.0을 보편적 최소 세포라고 부르기를 조심스러워한다. 그는 만약 자신이 다른 미생물로 실험을 했더라면, 전혀 다른 세트의 유전자를 얻었을 것이라고 지적했다.

사실 모든 생명체가 존재하기 위해서 반드시 필요한 유전자는 존재하지 않는다. 약 20년 전에 처음으로 그런 것을 찾기 시작했던 과학자들은 다양한 종(種)의 유전체 서열을 비교하기만 하면 모든 생물종이 공유하는 핵심 유전자를 밝혀낼 수 있을 것이라고 기대했었다. 그러나 알려진 유전체 염기서열의 수가 늘어나면서 핵심 유전자들에 대한 기대는 사라졌다. 당시에 테네시 국립 오크리지 연구소의 생물학자인 데이비드 유서리와 그의 동료들이 2010년 1,000종의 유전체를 비교했다.[5] 그들은 모든 생명체들이 함께 공유하는 유전자를 단 하나도 찾지 못했다. "핵심 유전자 세트를 가지는 여러 가지 다른 방법이 있다." 소스탁이 말했다.

더욱이 생물학에서 핵심적인 것은 대체로 유기체의 환경에 따라 달라진다. 예를 들면, 항생제와 같은 독소가 있는 곳에서 사는 미생물을 생각해보자. 그런 환경에서 사는 미생물에게는 독소를 분해하는 유전자가 반드시 필요할 것이다. 그러나 독소를 제거해버리면, 그런 유전자는 더 이상 필요하지 않게 된다.

벤터의 최소 세포는, 단순히 그것이 살고 있는 환경만이 아니라 지구에 살고 있는 생명의 역사 전체의 산물이다. 40억 년에 이르는 생물학의 역사에서 때로는 훨씬 더 단순한 세포들이 존재하기도 했었다. "우리는 무(無)에서부터 400개의 유전자를 가진 세포에 도달하지 않았다." 소스탁이 말했다. 그를 비롯한 여러 과학자들은 진화의 초기 단계를 대표하는 훨씬 더 기본적인 생명의 형태를 만들려고 노력하고 있다.

일부 과학자들은 생명의 핵심을 제대로 이해하려면 이렇게 아래로부터 접근하는 방법이 필요하다고 말한다. "만약 가장 단순한 생명체를 이해하고 싶다면, 무에서부터 생명체를 설계해서 합성할 수 있어야만 한다." 스웨덴 웁살라 대학교의 생물학자 안토니 포스터가 말했다. "그 목표까지는 갈 길이 멀다."

박테리아에 숨겨진 DNA 편집기의 돌파구

칼 짐머

2014년 11월의 어느 저녁에 멋진 검은색 이브닝 가운을 입은 제니퍼 다우드나가 나사(NASA) 에임즈 연구센터가 1932년 비행선들을 보관하기 위해서 건설했던 행거 원이라는 건물로 향했다. 다우드나는 격납고의 거대한 아치 밑에서, 베네딕트 컴버배치, 캐머런 디아즈, 존 햄과 같은 유명 인사들을 만났고, 마크 저커버그를 비롯한 억만장자들이 후원하는 2015년 생명과학 돌파구 상을 받았다. 캘리포니아 대학교 버클리의 생화학자인 다우드나와 그녀의 동료인 독일 헬름홀츠 감염연구 센터의 에마뉘엘 샤르팡티에는 혁명적인 도구가 될 것으로 예상되는 크리스퍼(CRISPR)라는 DNA 편집 기술을 발명한 공로로 각자 300만 달러의 상금을 받았다.[1]

다우드나는 비행선이 하늘을 지배하던 까마득한 옛날에 했던 연구에 관한 축하를 받는 백발의 명예교수가 아니었다. 다우드나와 샤르팡티에의 연구진이 크리스퍼의 가능성을 처음 확인했던 것은 2012년이었다. 그들은 미생물 속으로 들어가서 연구자들이 원하는 위치에서 DNA를 절단할 수 있는 분자를 만들었다. 2013년 1월에는 한 단계 더 나아가서, 인간 세포의 DNA에서 특정한 조각을 잘라낸 후에 그 부분을 다른 조각으로 대체했다.

같은 달에 하버드 대학교와 브로드 연구소의 서로 다른 연구자들도 유전자 편집 도구를 사용해서 비슷한 일에 성공했다고 보고했다. 과학적 경쟁이 시작되었고, 고작 5년 만에 연구자들은 수백 건의 크리스퍼 실험을 수행했다. 그들의 실험은 새로운 기술이 의학과 농업을 근본적으로 바꿔놓을 것이라는 가능성을 보여주었다.

예를 들면, 결함이 있는 쥐의 DNA를 복구해서 유전병을 치료한 과학자들이 있었다. 식물학자들은 크리스퍼를 이용해서 농작물의 유전자를 편집함으로써 농업 생산성을 향상시킬 수 있다는 기대를 북돋워주었다. 코끼리의 유전체를 써서 궁극적으로 털북숭이 매머드를 다시 복원하겠다는 과학자도 있다. 일본 홋카이도 대학교의 아라키 모토코와 이시이 테츠야는 「생식 생물학과 내분비학」이라는 학술지에 발표한 논문에서 의사들이 "가까운 미래"에 크리스퍼를 사용해서 인간 배아의 유전자를 변경할 수 있게 될 것이라고 예측했다.[2]

크리스퍼 연구의 빠른 속도 덕분에 여러가지 상들이 쏟아졌다. 2014년에 「MIT 기술 리뷰」는 크리스퍼를 "생명공학에서의 금세기 최대의 발견"이라고 불렀다. 돌파구 상은 다우드나가 크리스퍼에 대한 연구로 받았던 유명한 상들 중 하나였을 뿐이다. 그녀는 2018년 5월에는 샤르팡티에와 비르지니유스 식스니스와 함께 카블리 나노과학 상을 받았다.

보통 새로운 과학적 발전을 쉽게 받아들이지 않는 의약 산업계조차도 곧바로 움직이기 위해서 서두르고 있다. 크리스퍼를 이용해서 의약품을 개발하겠다는 새로운 기업들이 문을 열고 있다. 2015년 1월에는 의약 분야의 거대 기업인 노바티스가 항암제 개발에 다우드나의 크리스퍼 기술을 도입할 것이라고 밝혔다. 더욱 최근에는 펜실베이니아 대학교가 크리스퍼로 인간 면역 세포의 유전자를 편집해서 종양을 공격하도록 하는 임상 실험을 계획하고 있다고 밝혔다.

그러나 검은 넥타이의 갈라 쇼와 특허 청원의 소용돌이 속에서, 아무도 실제로 크리스퍼를 발명하지 않았다는 가장 중요한 사실은 주목받지 못하고 있다.

다우드나와 다른 연구자들이 아무것도 없는 상태에서 자신들이 유전자 편집에 사용한 분자들을 만들어내지 않았다. 사실 그들은 자연에서 우연히 크리스퍼 분자를 발견했다. 미생물들은 수백만 년 동안 그런 분자를 이용해서 스스로의 DNA를 편집해왔고, 지금도 바다 밑에서부터 우리 몸의 깊숙한 곳에 이르는 지구 전체에서 그런 일이 끊임없이 일어나고 있다.

우리는 이제야 자연 세계에서 크리스퍼가 어떻게 작동하는지를 이해하기 시작했다. 미생물들은 자신들에게 적(敵)을 인식하도록 가르쳐주는 크리스퍼를 정교한 면역체계로 이용하고 있다. 과학자들은 미생물들이 크리스퍼를 다른 목적으로도 이용하고 있다는 사실을 이제 발견한 것이다. 크리스퍼의 자연사(自然史)는 과학자들에게 많은 의문들을 제기하고 있지만, 과학자들은 아직도 정확한 답을 찾지 못하고 있다. 그러나 크리스퍼의 미래는 밝아 보인다. 다우드나와 그녀의 동료들은 한 종류의 크리스퍼를 이용했지만, 과학자들은 엄청나게 다양한 종류를 찾아내고 있다. 그런 다양성을 활용하면 더욱 효과적인 유전자 편집 기술을 개발하거나, 지금까지 아무도 생각하지 못했던 응용의 길을 열게 될 수도 있다.

"우리를 비롯한 많은 연구실들에서 다른 변종들과 그들이 어떻게 작동하는지를 부지런히 살펴보고 있다." 다우드나가 말했다. "계속 주목해주기를 바란다."

반복 신비

크리스퍼를 발견했던 과학자들은 자신들이 그렇게 혁명적인 것을 발견했다는 사실을 알지 못했다. 사실 그들은 자신들이 무엇을 발견했는지조차 이해하지 못했다. 1987년 일본 오사카 대학교의 이시노 요시즈미와 동료들은 장(腸) 미생물인 대장균에 속하는 iap 유전자 서열을 발표했다. 그들은 유전자가 어떻게 작동하는지를 좀더 잘 이해하기 위해서, 그 주위의 DNA 중 일부의 염기 서열도 확인했다. 그들은 iap의 기능을 켜고 끄는 단백질들이 결합하는 장소를 찾고 싶었다. 그러나 그들은 스위치 대신 이해할 수 없는 사실을 발견했다.

iap 유전자 근처에 5개의 동일한 DNA 블록이 있었다. DNA는 염기라고 부르는 구성요소로 만들어져 있는데, 5개의 블록은 각각 똑같은 29개의 염기로 구성되어 있었다. 이 반복 서열들은 스페이서(spacer)라고 부르는 DNA의 32개 염기 블록으로 분리되어 있었다. 반복 서열과 달리 각각의 스페이서는 독특한 서열을 가지고 있었다.

이 특이한 유전적 샌드위치는 생물학자들이 그때까지 발견했던 어떤 것과도 닮지 않았다. 결과를 발표한 일본 연구자들은 어깨를 으쓱하는 것 이외에는 아무것도 할 수 없었다. "이 염기서열의 생물학적 중요성은 알 수 없다." 그들이 논문에서 설명했다.

당시의 미생물학자들이 가지고 있던 DNA 해독 기술은 매우 어설픈 것이었다. 그런 서열이 대장균에만 독특하게 존재하는 것인지조차도 알기 어려웠다. 그러나 1990년대에는 기술이 발전한 덕분에 더욱 빠르게 염기 서열을 알아낼 수 있었다. 1990년대 말에 미생물학자들은 바닷물이나 토양 시료에 들어 있는 대부분의 DNA에 대해서 염기 서열을 알아낼 수 있었다. 범유전체학(metagenomics)이라고 부르는 이 기술 덕분에 이상한 유전적 샌드위치가 놀라울 정도로 많은 미생물 종에도 존재한다는 사실이 확인되었다. 여전히 그 서열이 무엇을 위한 것인지는 알 수 없었지만, 과학자들은 너무 흔하게 발견되는 그 서열에 이름을 붙여줄 필요성을 느꼈다. 2002년에 네덜란드 위트레흐트 대학교의 루드 얀선과 그의 동료들이 그런 샌드위치에 "주기적 간격을 두고 분포하는 짧은 회문(回文) 구조 반복 서열(clustered regularly interspaced short palindromic repeats)" 이라는 이름을 붙여주고, 줄여서 크리스퍼(CRISPR)라고 불렀다.[3]

얀센의 연구진은 크리스퍼 서열의 주위에는 언제나 다른 유전자 집단이 있다는 특징을 주목했다. 그들은 크리스퍼와 관련된 유전자라는 뜻으로 그런 유전자를 Cas 유전자(CRISPR-associated genes)라고 불렀다. 그 유전자들은 DNA를 절단할 수 있는 효소의 암호에 해당했지만, 그것들이 DNA를 절단하는 이유나 언제나 크리스퍼 서열 근처에 위치하는 이유는 아무도 설명할 수 없었다.

3년 후에 세 팀의 과학자들이 서로 독립적으로 크리스퍼 스페이서에서 이상한 점을 발견했다. 스페이서가 바이러스의 DNA를 닮았다는 것이었다.

"그러자 모든 것이 분명해졌다." 유진 쿠닌이 말했다.

당시 메릴랜드 베데스다에 있는 국립생명공학연구센터의 진화생물학자였던 쿠닌은 몇 년 동안 크리스퍼와 Cas 유전자에 대해서 의문을 가지고 있었다. 크리스퍼 스페이서에서 바이러스 DNA 조각들이 발견되었다는 소식을 들은 그는, 곧바로 미생물이 크리스퍼를 바이러스에 대항하는 무기로 사용한다는 사실을 깨달았다.

쿠닌은 미생물이 바이러스 공격의 수동적인 희생자가 아니라는 사실을 알고 있었다. 그들은 몇 겹의 방어 수단을 가지고 있었다. 쿠닌은 크리스퍼와 Cas 효소가 또 하나의 방어 수단 역할을 하고 있다고 생각했다. 쿠닌의 가설에 따르면, 박테리아는 Cas 효소를 이용해서 바이러스 DNA의 조각을 붙잡는다. 그런 후에 바이러스의 조각을 자신의 크리스퍼 서열 속으로 집어넣는다. 나중에 다른 바이러스가 다가오면, 박테리아는 크리스퍼 서열을 자료로 활용해서 다가오는 바이러스가 침입자인지를 확인한다.

당시의 과학자들은 크리스퍼와 Cas 효소의 기능에 대해서 쿠닌의 자세한 가설을 증명할 수 있을 만큼 충분히 알지 못했다. 그러나 그의 가설은 로돌프 바랑고라는 미생물학자에게는 시험해볼 가치가 있을 정도로 충분히 도발적이었다. 바랑고의 입장에서 쿠닌의 아이디어는 단순히 흥미로운 것이기도 했지만, 당시 그의 직장이었던 다니스코라는 요구르트 제조사에게 대단한 이익을 가져다줄 수도 있는 것이었다. 다니스코에서는 박테리아를 이용해서 우유를 요구르트로 전환시켰다. 그런데 가끔 박테리아를 죽이는 바이러스 때문에 배양액 전체를 폐기해야 하는 일이 발생했다. 쿠닌은 박테리아가 그런 적에 대항하는 무기로 크리스퍼를 이용하고 있다고 제안한 것이다.

바랑고와 그의 동료들은 쿠닌의 가설을 시험해보기 위해서 우유를 발효시켜주는 미생물인 스트렙토코쿠스 테르모필루스(*Streptococcus thermophilus*)를 두 종류의 바이러스로 감염시켰다. 많은 수의 박테리아들이 바이러스에 희생되었지만 일부가 살아남았다. 그리고 내성을 가진 박테리아가 증식하면서 등장한 후손들도 역시 내성을 가지고 있는 것으로 밝혀졌다. 몇 가지의 유전적 변이가 발생했다. 바랑고와 그의 동료들은 박테리아의 스페이서에 두 바이러스의 DNA 조각들이 삽입되어 있다는 사실을 발견했다. 과학자들이 새로운 스페이서들을 제거해버리면 박테리아는 다시 내성을 잃어버렸다.

현재 노스캐롤라이나 주립대학교의 교수인 바랑고는 그 발견 덕분에 많은 제조사들이 배양액 속에 크리스퍼 서열을 맞춤형으로 넣어서 박테리아가 바이러스 공격을 견뎌낼 수 있게 되었다고 말했다. "요구르트나 치즈를 먹는 소비자는 크리스퍼화된 세포들을 먹고 있을 가능성이 크다."

잘라 붙이기

크리스퍼에 대한 비밀이 밝혀지면서, 다우드나는 또다른 의문을 가지기 시작했다. 그녀는 이미 DNA의 사촌인 단일 가닥 RNA에 대한 전문가로 명성을 얻고 있었다. 본래 과학자들은 RNA가 주로 메신저 역할을 한다고 생각하고 있었다. 세포는 RNA를 이용해서 유전자를 복사하고, 그렇게 만든 메신저 RNA를 단백질을 만드는 형판(形板)으로 사용한다. 그러나 다우드나와 다른 과학자들은 RNA가 센서의 역할을 하거나 유전자의 활동을 통제하는 등의 다른 역할도 한다는 사실을 밝혀냈다.

2007년에 박사후 연구원으로 다우드나의 연구진에 합류한 블레이크 위덴헤프트는 Cas 효소가 어떻게 작동하는지를 이해하기 위해서 그 구조를 연구하고 싶어했다. 다우드나도 그 계획에 동의했다. 그러나 그 이유는 크리스퍼가 어떤 실용적인 가치가 있다고 생각해서가 아니라 단순히 화학이 재미있을 수도 있다고 생각했기 때문이었다. "이해하는 것 이외에는 특별한 목표를 달성하려고 노력하지 않았다." 그녀가 말했다.

위덴헤프트와 다우드나를 비롯한 연구진은, Cas 효소의 구조를 연구하는 과정에서 분자들이 어떻게 하나의 시스템으로 작용하는지를 밝혀내기 시작했다. 바이러스가 미생물에 침입하면, 숙주 세포는 바이러스의 유전 물질 중 일부를 붙잡은 후에 자신의 DNA를 잘라서 열고, 스페이서 사이에 바이러스의 DNA 조각을 끼워 넣는다.

바이러스 DNA로 채워진 크리스퍼 영역은, 그동안 미생물이 만났던 적들을 알려주는 분자 수준의 수배자 전시장이 되어버린다. 미생물은 바이러스 DNA를 이용해서 Cas 효소를 정밀 유도 무기로 변환시킨다. 미생물은 각각의 스페이서에 들어 있는 유전물질을 RNA 분자에 복사한다. 그러면 Cas 효소가 그렇게 만들어진 RNA 분자와 결합한다. 바이러스 RNA와 Cas 효소가 함께 세포 속을 떠돌아다닌다. 그들이 크리스퍼 RNA와 일치하는 유전 물질을 가지고 있는 바이러스를 찾아내면 RNA가 단단하게 걸쇠를 걸어버린다. 그리고 Cas 효소가 침입한 DNA를 둘로 잘라버려서 바이러스가 더 이상 복제를 할 수 없게 만든다.

크리스퍼의 생물학이 등장하면서, 미생물의 다른 방어 기능들은 형편없이 원시적인 것으로 보이기 시작했다. 미생물은 실질적으로 크리스퍼를 이용해서 임의의 짧은 DNA 염기 조각을 찾아내서 집중적으로 공격하도록 만들 수 있었다.

"우리가 그것을 프로그램이 가능한 DNA 절단 효소라고 이해하게 되면서 흥미로운 전환이 일어났다." 다우드나가 말했다. 그녀와 그녀의 동료들은 크리스퍼의 매우 실용적인 용도가 있을 수 있다는 사실을 깨달았다. 다우드나는 "맙소사. 이것이 도구가 될 수 있겠구나"라고 생각했던 일을 떠올렸다.

과학자가 미생물로부터 배운 속임수를 이용해서 기술을 개발하는 것은 새로운 일이 아니었다. 일부 미생물은 제한효소(restriction enzymes)라는 분자를 이용해서 외부의 침입을 막아낸다. 효소가 분자적 방패로 막아내지 못한 DNA를 잘라낸다. 미생물은 자신의 유전자는 보호를 하고, 바이러스나 다른 기생 생물의 노출된 DNA를 공격한다. 1970년대에 분자생물학자들은 제한효소를 이용해서 DNA를 절단하는 방법을 찾아내면서 현대 생명공학 산업이 탄생하게 되었다.

그로부터 수십 년 동안 유전공학은 엄청나게 발전했지만, 제한효소가 낯선 DNA를 조각낼 뿐이지 정교하게 절단하도록 진화하지는 않았다는 근본적인 한계를 극복해내지 못했다. 결과적으로 생명공학에 제한효소를 활용하는 과학자들은 효소가 DNA의 어느 곳을 잘라줄 것인지를 통제할 수가 없었다.

다우드나와 그녀의 동료들은, 크리스퍼-Cas 시스템이 바로 그런 종류의 통제가 가능하도록 진화했다는 사실을 깨달았다.

다우드나와 그녀의 동료들은, DNA 절단 도구를 만들기 위해서 패혈증인두염을 일으키는 스트렙토코쿠스 피오제네스(*Streptococcus pyogenes*)에서 얻은 크리스퍼-Cas 시스템을 선택했다. 그것은 Cas9이라는 핵심 효소의 기능이 알려져 있어서 이미 상당히 잘 이해하고 있었던 시스템이었다. 다우드나와 그녀의 동료들은, 절단하고 싶은 DNA 서열과 일치하는 RNA 분자와 함께 Cas9을 제공하는 방법을 개발했다. 그러면 RNA 분자가 Cas9을 DNA의 목표 영역으로 유도해주고, 효소가 그 부분을 절단하게 된다.

두 개의 Cas9 효소를 이용하면, 과학자들은 두 곳을 잘라내서 원하는 DNA 조각을 얻을 수 있었다. 그들은 열린 곳에 새로운 유전자를 끼워 넣어서 세포를 손질할 수 있었다. 다우드나와 그녀의 동료들은 자신들이 연구하는 거의 모든 종(種)들에 사용할 수 있는 생물학적 찾기-바꾸기 도구를 발명한 것이었다.

그런 결과도 중요했지만, 미생물학자들은 크리스퍼의 더 심오한 함의와도 씨름을 하고 있었다. 미생물이, 그때까지 아무도 상상하지 못했던 능력을 가지고 있다는 사실이 밝혀졌기 때문이었다.

크리스퍼가 발견되기 전까지 미생물이 바이러스에 대해서 사용하는 것으로 알려져 있던 방어 수단은, 모든 경우에 두루 사용되는 단순한 전략뿐이었다. 예를 들면, 제한효소는 노출된 DNA 조각이라면 무엇이든 파괴시켜버린다. 과학자들은 그런 방어 전략을 선천적(先天的) 면역이라고 부른다. 우리도 역시 선천적 면역을 가지고 있다. 그러나 우리는 선천적 면역 이외에도 병원균과 싸우는 과정에서 적에 대해서 학습하는 면역 시스템도 사용한다.

소위 적응적 면역 시스템은, 병원균을 삼켜버린 후에 다른 면역 세포에게 항원(抗原)이라고 부르는 조각을 제공해주는 특별한 면역 세포 집단을 중심으로 조직화되어 있다. 면역 세포가 항원에 단단하게 결합하면 세포가 증식한다. 증식 과정에서 세포의 항원 수용체 유전자에 몇 가지의 무작위적인 변화가 일어난다. 그런 변화가 수용체를 변화시켜서 항원을 더 단단하게 붙잡도록 해주는 경우도 생긴다. 개선된 수용체를 가진 면역 세포는 계속 증식한다.

그런 과정을 통해서 특정한 종류의 병원균에 빠르고, 단단하게 결합해서 정교한 암살 대상으로 만들어버리는 수용체를 가진 면역 세포 군단이 만들어진다. 다른 면역 세포들도 항원에 달라붙어서 병원균을 죽이는 데에 도움이 되는 항체(抗體)를 만들어낸다. 그러나 적응적 면역 시스템이, 예를 들면 홍역 바이러스를 인식하도록 학습해서 퇴치시키기까지는 며칠이 걸린다. 우리는 감염이 끝난 후에도 그런 면역학적 기억에 의존할 수 있게 된다. 홍역에 맞춤형으로 다시 공격할 준비를 갖춘 몇 개의 면역 세포가 평생 동안 우리 몸에 남아 있게 되기 때문이다.

미생물학자들은 크리스퍼도 역시 적응적 면역 시스템이라는 사실을 깨달았다. 그것은, 미생물들이 새로운 바이러스의 특징을 학습하고 기억하도록 해준다. 우리는 병원균을 인식하는 방법을 학습하기 위해서 다양한 세포의 모양과 신호로 구성된 복잡한 네트워크를 사용하지만, 단세포 미생물도 그런 학습에 필요한 모든 장비를 스스로 갖추고 있는 것이다.

그러나 미생물이 어떻게 그런 능력을 얻게 되었을까? 미생물학자들이 여러 생물종에서 크리스퍼-Cas 시스템을 찾아내는 동안, 쿠닌과 그의 동료들은 시스템의 진화를 재구성하기 시작했다. 크리스퍼-Cas 시스템은 매우 다양한 효소를 사용하지만, 모두 Cas1이라고 부르는 한 가지 효소를 공통으로 가지고 있다. 이 보편적 효소의 역할은 바이러스 DNA를 붙잡아서 크리스퍼의 스페이서에 삽입하는 것이다. 최근에 쿠닌과 그의 동료들은 Cas1 효소의 기원으로 보이는 것을 발견했다.

미생물은 자신의 유전자 이외에도 기생 생물처럼 행동하는 이동성 요소라는 DNA 부분을 가지고 있다. 이동성 요소에는 오직 자체 DNA를 새로 복사하고, 숙주의 유전체를 잘라서 열고, 새로 복사한 부분을 삽입하기 위해서 존재하는 효소의 유전자도 포함된다. 때로는 이동성 요소가 한 숙주에서 바이러스에 편승하는 등의 방법으로 다른 숙주로 이동해서 새로운 숙주의 유전체 전체로 확산되기도 한다.

쿠닌과 그의 동료들은 카스포손(casposon)* 이라고 부르는 집단에 속하는 이동성 요소가 Cas1과 상당히 비슷한 효소를 만들어낸다는 사실을 발견했다. 쿠닌과 파리 파스퇴르 연구소의 마르트 크루포빅은 「네이처 유전학 리뷰」에 발표한 논문에서 크리스퍼-Cas 시스템은 카스포손이 돌연변이에 의하여 적에서 친구로 변환되면서 등장하게 된 것이라고 주장했다.[4] 그들의 DNA 절단 효소가, 포획한 바이러스 DNA를 면역 방어의 일부로 저장하는 새로운 기능을 수행하도록 가축화되었다.

공통된 기원에서 시작된 크리스퍼가 엄청나게 다양한 분자로 확대되었다. 쿠닌은 그것이 바이러스 덕분이라고 확신한다. 그리고 크리스퍼

---

* 고미생물이나 박테리아에서 Cas1과 상동인 재조합효소를 이용하는 자기 합성 요소.

의 강력하고 정밀한 방어에 직면한 바이러스는, 스스로 위험을 회피하는 방향으로 진화했다. 크리스퍼가 자신들을 쉽게 낚아채지 못하도록 바이러스의 유전자 서열이 변화되었다. 바이러스에서는 Cas 효소를 차단할 수 있는 분자를 만드는 진화도 일어났다. 미생물도 역시 그에 대응해서 진화한다. 바이러스들이 크리스퍼에 대항할 수 없도록 만드는 새로운 전략을 개발한다. 다시 말해서, 수천 년에 걸친 진화가 자연의 연구실처럼 작용해서 DNA를 변화시키는 새로운 처방이 등장했다.

감춰진 진실

럿거스 대학교와 러시아 스콜코보 과학기술 연구소의 콘스탄틴 세베리노프에게는, 크리스퍼에 대한 그런 설명이 사실일 수도 있겠지만 모든 신비를 설명해주기에는 충분하지 못한 것이었다. 사실 세베리노프는 바이러스와 싸우는 것이 크리스퍼의 핵심 기능인지에 대해서도 의문을 가지고 있었다. "면역 기능은 우리를 혼란스럽게 만드는 것일 수도 있다." 그가 지적했다.

세베리노프의 의혹은, 대장균의 스페이서에 대한 연구에서 비롯된 것이었다. 그와 다른 연구자들은 수만 종의 대장균 스페이서에 대한 데이터베이스를 구축했다. 그러나 그중에서 대장균을 감염시키는 바이러스와 일치하는 것은 극소수뿐이었다. 세베리노프는, 대장균이나 바이러스는 한 세기 동안 분자 생물학을 이끌어준 견인차였기 때문에 그런 결핍이 우리의 무지 탓이라고 할 수는 없다고 주장했다. "그것은 믿기 어려울 정도로 놀라운 일이었다." 그가 말했다.

스페이서들이 바이러스에서 유래되기는 했지만, 그런 바이러스들이 수천 년 전에 사라져버렸을 수도 있다. 미생물들이 더 이상 적으로 만날 수 없게 되어버린 스페이서를 그냥 가지고 있었을 수도 있다. 그 대신 그들은 크리스퍼를 다른 임무에 활용하기 시작했을 수도 있다. 세베리노프는 크리스퍼 서열이 일종의 유전적 바코드와 같은 역할을 할 수도 있을 것이라고 추정했다. 같은 바코드를 공유하는 박테리아들은 서로를 친척이나 협력 대상으로 인식하고, 아무 관계가 없는 박테리아 집단을 물리쳤을 수도 있다.

그러나 세베리노프는 크리스퍼가 다른 일을 하는 것이 놀랄 일이 아니라고 생각했다. 최근의 실험에서, 일부 박테리아가 크리스퍼를 이용해서 적의 유전자를 찾아내는 대신 자신의 유전자를 침묵하게 만든다는 사실이 밝혀졌다. 박테리아가 자신의 유전자를 비활성화시키면 우리의 면역체계에 의해서 쉽게 감지되는 표면 분자를 만들지 못하게 된다는 것이다. 크리스퍼의 은폐 시스템이 없다면, 박테리아는 자신들의 정체를 노출시켜서 살해당하게 된다.

"크리스퍼는 여러 가지 목적으로 사용될 수 있는 매우 다양한 용도의 시스템이다"라고 세베리노프가 말했다. 그리고 그런 모든 것들의 균형은 시스템이나 생물종에 따라 다를 수 있을 것이다.

만약 과학자들이 자연에서 크리스퍼가 어떻게 작동하는지를 더 잘 이해할 수 있게 된다면, 기술 혁신에 필요한 원료들을 더 많이 모을 수 있게 될 것이다. 다우드나와 그녀의 동료들은 DNA를 편집하기 위한 새로운 방법을 찾기 위해서 스트렙토코쿠스 피오제네스라는 한 종의 박테리아에서 발견한 크리스퍼-Cas 시스템만을 연구했었다. 그것이 그런 목적에 활용할 수 있는 가장 좋은 시스템이어야 할 이유는 없다. 매사추세츠 주의 케임브리지에 있는 기업인 에디타스의 과학자들은 스타필로코쿠스 아우레우스(*Staphylococcus aureus*)라는 다른 종류의 박테리아가 만든 Cas9 효소를 연구해왔다. 2015년 1월에 에디타스의 과학자들은 그것이 스트렙토코쿠스 피오제네스의 Cas9에 버금갈 만큼 좋은 효율의 DNA 절단 능력을 가지고 있다고 보고했다. 그리고 그것은 크기가 작아서 세포 속에 더 쉽게 넣을 수 있는 장점도 가지고 있었다.

쿠닌에게 그런 발견은 크리스퍼 다양성의 바다에서 걸음마일 뿐이다. 이제 과학자들은 익숙하게 알려진 Cas9과는 전혀 다르게 행동하는 것처럼 보이는, 관계가 먼 Cas9의 구조를 연구하고 있다. "이것이 오히려 더 좋은 도구가 될 것인지 누가 알겠는가?" 쿠닌이 말했다.

그리고 과학자들이 앞으로 자연에서 크리스퍼가 수행하는 일을 더 많이 찾아내면, 그들의 기능도 흉내낼 수 있게 될 것이다. 다우드나는 크리스퍼를 진단 도구로 사용할 수 있을 것인지에 대해서 관심이 있다. 예를 들면, 세포에서 발암성 돌연변이를 찾아낼 수도 있을 것이다. "그것을 도구로 쓴다는 것은, 찾아내서 감지하는 것이지 찾아내서 파괴하는 것이 아니다." 그녀가 말했다. 그러나 크리스퍼 때문에 놀라운 경험을 했던 다우드나는 우리를 다시 한번 놀라게 만들어줄 이 분자가 제공해줄 최대의 편익을 기대하고 있다. "자연에 또 어떤 것이 있을지 궁금하다." 그녀가 말했다.

유전적 알파벳에 더해진 새로운 글자

에밀리 싱어

DNA는 우아한 이중 나선에 우리의 유전 암호를 저장한다. 그러나 그런 우아함이 과장되었다는 주장도 있다. "분자로서 DNA는 여러 가지 잘못된 부분이 있다." 플로리다의 응용분자진화재단의 유기화학자 스티븐 베너*가 말했다.

베너는 거의 30년 전에 DNA와 그것의 화학적 사촌인 RNA에 새로운 글자를 추가해서 그들의 화학적 기능의 목록을 확대하려는 시도를 시작했었다. 그는 생명체에서 그런 개선이 나타나지 않은 이유가 궁금했다. 자연은 생명의 언어 전체에 G, C, A, T의 네 가지 화학적 글자만을 이용한다. 우리의 유전 암호가 4가지 뉴클레오타이드**만으로 한정된 이유가 있었을까? 아니라면 이 시스템은 여러 가지 가능성 중에서 단순히 우연에 의해서 선택된 것이었을까? 어쩌면 암호를 확대하면 더 좋아질 수도 있을 것이다.

베너는 새로운 화학적 글자를 합성하려던 초기의 시도에서는 실패했

---

* 베너는 2019년 2월 22일 「사이언스」에 A, T, G, C 이외에 S와 B, P와 Z를 추가한 8글자 알파벳을 사용하는 유전 언어의 개발에 성공했다는 논문을 발표했다.
** 유기염기, 당(糖), 인산으로 이루어진 DNA와 RNA의 기본 구성 단위.

다. 그러나 그의 연구진은 합성에 실패할 때마다 훌륭한 뉴클레오타이드가 어떤 것인지에 대해서 더 많은 것을 알아냈고, DNA와 RNA를 작동시켜주는 정확한 분자적 세부 사항을 더욱 잘 이해하게 되었다. 연구자들은 자신들이 만들고 있던 확장된 알파벳을 다루기 위한 새로운 도구를 설계해야 했기 때문에, 연구는 매우 느리게 진행될 수밖에 없었다. "인공적으로 DNA를 설계하기 위해서는, 40억 년에 걸친 진화를 통해서 만들어진 자연적 DNA의 분자생물학 전체를 재창조해야만 했다." 베너가 말했다.

베너의 연구진은 수십 년의 노력 끝에 더 좋지는 않을 수도 있지만 평범한 DNA처럼 기능하는 인공적으로 증강시킨 DNA의 합성에 성공했다. 2015년 6월 「미국화학회지」에 발표한 2편의 논문에서 연구자들은 P와 Z라는 두 종류의 합성 뉴클레오타이드가 DNA의 나선 구조에 정확하게 맞아 들어가서 DNA의 자연적인 모양을 유지시켜준다는 사실을 밝혔다.[1] 더욱이 확장된 유전적 알파벳으로 처음 개발된 이 글자들을 포함하는 DNA 서열은 전통적인 DNA와 똑같은 방법으로 진화할 수 있다.[2]

심지어 새로운 뉴클레오타이드는 자연적인 뉴클레오타이드보다 기능적으로 더 뛰어났다. 암 세포와 선택적으로 결합하는 부분으로 진화하는 과정에서 P와 Z를 사용하는 DNA 서열이 그런 글자를 사용하지 않는 서열보다 더 좋은 결과를 보여주었다.

"4종의 뉴클레오타이드 알파벳과 6종의 뉴클레오타이드 알파벳을 비교해보면, 6종 뉴클레오타이드가 승리한 것으로 보인다." 이 연구에 참여하지 않았던 오스틴에 있는 텍사스 대학교의 생화학자 앤드루 엘링턴이 말했다.

베너는 자신이 합성한 분자에 대해서 과감한 목표를 가지고 있다. 정교하게 접혀서 핵심적인 생물학적 기능을 수행하는 분자인 단백질이 필요하지 않은 대안적 유전자 시스템을 만드는 것이 그의 목표이다. 베너는, 어쩌면 DNA, RNA, 단백질의 3가지 성분으로 구성된 우리의 표준 시스템과 달리 다른 행성의 생명은 단지 2가지 성분만으로 진화했을 수도 있다는 주장을 제시한다.

생명의 더 나은 청사진

DNA의 일차적인 역할은 정보를 저장하는 것이다. 글자의 서열이 단백질을 만드는 청사진을 담고 있다. 현재 우리가 사용하는 4글자 알파벳으로는 20종의 아미노산들이 서로 결합해서 수백만 종류의 다양한 단백질을 만드는 정보를 암호화할 수 있다. 그러나 6글자 알파벳은 216종의 아미노산과 훨씬 더 많은 단백질을 암호화할 수 있다.

자연이 4글자에 집착하는 이유는 생물학의 근원적 의문 중의 하나이다. 컴퓨터는 단지 0과 1의 두 "글자"로 구성된 2진법 체계를 사용한다. 그러나 2글자로는 생명을 구성하는 다양한 생물학적 분자를 만들어낼 수 없다. "2글자 암호를 사용하면 얻을 수 있는 조합의 수가 지나치게 제한된다." 캘리포니아 라호이아 스크립스 연구소의 화학자 라마나라이아난 크리쉬나무르티가 말했다.

그러나 추가한 글자들 때문에 시스템에서 더 많은 오류가 발생할 수도 있다. DNA의 염기들은 짝을 이룬다. G는 C와 짝을 이루고, A는 T와 짝을 이룬다. DNA가 유전 정보를 전달해줄 수 있는 능력을 가지게 된 것은 바로 그런 짝짓기 덕분이다. 알파벳의 수가 늘어나면, 글자들이 잘못된 짝을 이루게 될 가능성이 더 커지고, 새로 복사된 DNA에도 더 많은 오류가 포함될 수 있다. "4를 넘어서면, 너무 거추장스러워지게 된다." 크리쉬나무르티가 말했다.

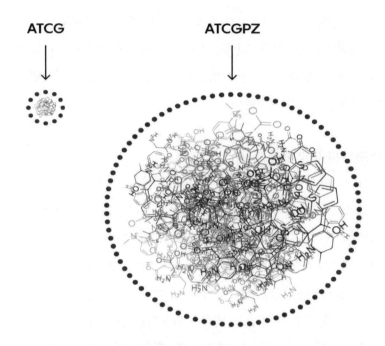

ATCG

ATCGPZ

그림 4.1 최소한 이론적으로는 유전적 알파벳을 확장하면 가능한 아미노산의 수와 세포가 만들 수 있는 단백질의 수가 획기적으로 늘어난다. 현재의 4글자 알파벳은 (작은 원에 표시한) 20종의 아미노산을 나타낼 수 있지만, 6글자 알파벳은 (큰 원에 표시한) 216종의 아미노산을 나타낼 수 있다.

그러나 더 많은 알파벳에서 얻을 수 있는 장점이 단점보다 더 클 수도 있다. 6글자의 DNA에는 유전 정보를 더욱 조밀하게 담을 수 있다. 그리고 6글자의 RNA가 현재 세포에서 일어나는 대부분의 일을 수행하고 있는 단백질의 역할 중의 일부를 대신 수행할 수도 있을 것이다.

단백질은 DNA나 RNA보다 훨씬 더 유연한 구조를 가지고 있어서 다양하고 복잡한 모양으로 접힐 수 있다. 제대로 접힌 단백질은 옳은 열쇠가 있는 경우에만 방을 열어주는 분자 자물쇠의 역할을 할 수 있다. 화학 반응에 필요한 다양한 분자들을 포획해서 가까이 가져오는 촉매의 역할을 할 수도 있다.

새로운 글자를 추가하면 RNA도 그런 능력 중 일부를 수행할 수 있게 된다. "6글자는 4글자보다 더욱 다양한 다른 구조로 접힐 가능성이 있다." 엘링턴이 말했다.

대안적 DNA와 RNA에 대한 아이디어를 구상하던 베너가 마음에 두고 있던 것이 바로 그런 가능성 때문이었다. 생명의 기원에 대해서 가장 널리 알려진 이론에 따르면, RNA가 DNA의 정보 저장 역할과 단백질의 촉매 역할을 모두 수행했던 때가 있었다. 베너는 RNA를 좀더 훌륭한 촉매로 만들 수 있는 여러 가지 방법이 있다는 사실을 깨달았다.

"나는 이런 작은 통찰만으로도 노트북에 DNA와 RNA의 기능을 개선시키는 대안이 될 수 있는 구조를 적을 수가 있었다." 베너가 말했다. "그래서 다음과 같은 의문이 생긴다. 생명이 그런 대안을 선택하지 않았던 이유가 무엇이었을까? 그 답을 찾을 수 있는 한 가지 방법은, 우리 스스로 실험실에서 직접 만들어서 어떻게 작동하는지를 살펴보는 것이다."

종이 위에서 새로운 암호를 설계하는 것과 그것을 실제 생물학 체계로 작동하게 만드는 것은, 전혀 다른 일이다. 다른 연구자들도 유전 암호에 자신들의 새로운 글자를 추가했고, 심지어 살아 있는 박테리아에 새로운 글자를 삽입하기도 했었다.[3] 그러나 새로 추가한 염기들은 자연적인 염기와 조금 달랐다. 추가한 염기가 옆으로 연결되는 대신에 아래위로 쌓이기도 했다. 그렇게 되면 DNA의 모양이 왜곡될 수 있다. 새로 추가한 염기 몇 개가 서로 뭉쳐지는 경우에는 특히 그랬다. 그러나 베너의 P-Z 쌍은 자연적인 염기를 흉내내도록 설계되었다.

베너의 연구진은 Z와 P가 A와 T 그리고 C와 G가 연결되는 것과 똑같은 화학결합에 의해서 서로 결합하게 된다는 사실을 밝혀내는 논문도 발표했다.[4] (DNA의 구조를 발견한 과학자의 이름을 따라 그런 결합을 왓슨-크릭 짝짓기라고 부른다.) 인디애나폴리스에 있는 인디애나 대학교와 퍼듀 대학교의 화학자인 밀리 조지아디스는 베너와 다른 동료들과 함께, Z와 P를 포함하는 DNA 사슬은, 새로운 글자들이 서로 결합되거나 자연적인 글자들 사이에 끼어 들어가더라도 적절한 나선 모양을 유지한다는 사실을 밝혀냈다.

"이 연구는 매우 인상적인 것이다." 생명의 기원을 연구하지만 이 연구에는 참여하지 않았던 하버드의 화학자 잭 소스탁은 그렇게 평가했다. "DNA의 이중 나선 구조를 크게 변형시키지 않는 새로운 염기쌍을 찾아내는 일은 매우 어려웠다."

연구진의 두 번째 논문은 확장된 알파벳이 얼마나 잘 작동하는지를 증명하는 것이었다.[5] 연구자들은 확장된 알파벳으로 만들어진 무작위적인 DNA 가닥이 간암 세포에만 선택적으로 결합하고, 다른 세포에는 결합하지 않는다는 사실을 확인했다. 12종의 성공적인 가닥들 중에서 가장 좋은 것에는 염기 서열에 Z와 P가 포함되어 있었고, 가장 나쁜 것에는 그렇지 않았다.

"뉴클레오 염기의 더 많은 기능성이 핵산 자체의 기능성을 확대시켜주었다." 엘링턴이 말했다. 다시 말해서, 이 조건에서는 새로 추가한 알파벳이 적어도 핵산의 기능을 개선시켜준 것처럼 보인다.

그러나 그것이 얼마나 광범위하게 성립되는지를 알아내려면 추가 실험이 필요하다. "6글자 시스템이 4글자 DNA보다 일반적으로 '더 좋은' 앱타머(aptamer, 짧은 DNA 가닥)가 된다는 것을 확인하려면 더 많은 연구와 더 직접적인 비교가 필요하다고 생각한다." 소스탁이 말했다. 6글자 알파벳이 성공한 이유가 예를 들면, 더 많은 서열이 가능하기 때문인지, 아니면 단순히 새로운 글자 중 하나가 결합하기에 더 좋기 때문인지가 분명하지 않다는 것이 소스탁의 지적이었다.

베너는 자신의 유전 알파벳을 더 확장시켜서 기능적 가능성을 더 강화하고 싶어한다. 그는 10글자 또는 12글자 시스템을 만드는 시도도 하고 있고, 새로운 알파벳을 살아 있는 세포에 넣어볼 계획도 가지고 있다. 베너와 다른 연구자들의 합성 분자는 이미 HIV와 같은 질병의 진단을 포함한 의학적, 생명공학적 응용에서 유용한 것으로 밝혀졌다. 실제로 베너의 연구는, 단순히 분자 부품으로 유용한 도구를 만드는 것뿐만 아니라 새로운 생명을 만들겠다는 합성 생물학 분야를 활성화시키는 데에도 도움이 된다.

생명의 암호가 제한된 이유

베너와 다른 연구자들의 연구에 따르면, 더 많은 알파벳을 사용하면 DNA의 기능을 강화시킬 수 있는 가능성이 있다. 그렇다면 자연이 40억 년 동안 DNA를 개선해왔던 과정에서 알파벳을 확장하지 않았던 이유가 무엇일까? 어쩌면 더 많은 기능에 단점이 있기 때문이었을 수도 있다. 엘링턴은, 더 많은 알파벳으로 가능해진 구조들은 품질이 나빠서 잘못 접혀질 위험이 더 클 수도 있다고 말했다.

현실적으로 자연이, 생명이 시작될 때의 시스템에 갇혀버렸을 수도 있다. "일단 [자연이] 분자생물학의 핵심에 어떤 분자 구조를 위치시킬 것인지를 결정해버리면, 그런 결정을 변경할 수 있는 가능성은 거의 없어진다"라고 베너가 지적했다. "비자연적인 시스템을 만들어봄으로써, 우리는 생명이 처음 등장했을 때의 제한 조건뿐만 아니라 생명이 화학으로 상상할 수 있는 범위를 충분히 폭넓게 살펴보지 못하게 만든 제한 조건에 대해서도 알 수 있게 될 것이다."

베너는 DNA와 RNA 모두의 개선된 새로운 형태를 만들기 위한 연구

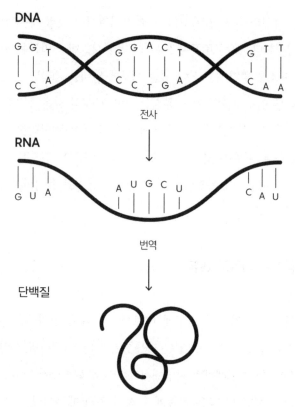

그림 4.2 A, T, G, C의 4 글자로 구성된 유전 암호가 단백질의 청사진을 담고 있다. DNA는 먼저 RNA로 전사된 후에 특정한 모양으로 접히는 단백질로 번역된다.

의 결과를 이용해서 그런 화학의 영역을 완전히 검토하고 싶어한다. 그는 정보를 더 잘 저장할 수 있는 DNA와 촉매 반응을 더 잘 수행하는 RNA 를 만들려고 한다. 그는 아직 P-Z 염기쌍들이 그런 목적에 맞는 것인지 를 직접 증명하지는 못했다. 그러나 두 염기는 모두, RNA를 더 복잡한 구조로 접힐 수 있도록 해주고, 그것이 다시 단백질을 더 좋은 촉매로 만들어줄 수 있는 가능성은 가지고 있다. P는 단백질에서 흔히 발견되는 것처럼 접힘을 도와주는 분자 구조인 "작용기(functional group)"를 추가 할 수 있는 구조를 가지고 있다. 그리고 Z는 분자 결합을 도와줄 수 있는 나이트로기를 가지고 있다.

현대의 세포에서 RNA는 DNA와 단백질 사이의 중개 역할을 한다. 그러나 베너는 궁극적으로 지구상의 모든 생명체에 존재하는 DNA, RNA, 단백질로 이루어진 3종 생고분자(生高分子) 시스템이 반드시 필요한 것은 아니라는 사실을 밝혀내고 싶어한다. 그는, 더욱 잘 만들어진 DNA와 RNA가 있다면, 단백질은 필요하지 않게 될 수도 있다고 말한다.

사실 3종 생고분자 시스템에서 정보가 DNA에서 RNA를 거쳐 단백질에 이르는 한 방향으로만 흐른다는 것이 단점이 될 수도 있다. DNA 돌연변이가 더 효율적인 단백질을 만들어내면, 그런 돌연변이는 느리게 확산될 것이고, 그런 돌연변이를 가지지 못한 유기체는 결국 도태될 것이다.

만약 더 효율적인 단백질이 새로운 DNA를 직접 만들어내는 것과 같은 반대의 방향으로 확산될 수 있다면 어떻게 될까? DNA와 RNA는 양쪽 방향으로 정보를 전달할 수 있게 된다. 그래서 이론적으로는 도움이 되는 RNA 돌연변이가 도움이 되는 DNA로 변환될 수 있다. 따라서 적응이, 직접 유전 암호의 변화로 이어질 수 있게 된다.

베너는 2종 생고분자 시스템이 현재의 3종 생고분자 시스템보다 더 빨리 진화할 것이라고 예측한다. 그렇다면 그것이 먼 행성의 생명에게 의미 있는 일이 될 수도 있을 것이다. 그는 "만약 우리가 다른 곳에서 생명을 찾게 된다면, 그것은 두 가지 생고분자 시스템을 가지고 있을 수도 있을 것이다"라고 말했다.

생명 복잡성의 놀라운 기원

칼 짐머

찰스 다윈이 진화론의 기본적인 아이디어를 생각해냈을 때 채 30살이 되기도 전이었다. 그러나 그가 자신의 주장을 세상에 공개한 것은 50살이 되었을 때였다. 그는 자신의 이론에 대한 증거를 체계적으로 수집하고, 자신이 상상할 수 있는 모든 회의적인 반론에 대한 답변을 준비하는 데에 20년을 보냈다. 그리고 그가 무엇보다 심각하게 예상했던 반론은, 자신이 생각하던 점진적 진화 과정으로는 도저히 만들어질 수 없는 복잡한 구조가 있다는 것이었다.

인간의 눈을 생각해보자. 눈은 망막, 수정체, 근육, 유리체 등의 여러 부분으로 구성되어 있고, 풍경을 보기 위해서는 모든 부분들이 서로 긴밀하게 상호작용을 해야만 한다. 예를 들면, 망막이 떨어지는 것처럼 한 부분에 손상이 발생하면 시력을 잃어버리게 된다. 사실 눈은 적절한 크기와 모양의 부분들이 함께 작동할 때에만 기능한다. 만약 다윈의 주장이 옳았다면, 복잡한 눈은 단순한 전구체로부터 진화했어야만 한다. 다윈은 『종의 기원(*On the Origin of Species*)』에서 이 아이디어가 "세상에서 가장 터무니없는 것처럼 보인다는 것을 솔직하게 고백한다"라고 썼다.

그럼에도 불구하고, 다윈은 복잡성 진화에 이르는 길을 볼 수 있었을 것이다. 세대마다 개체들의 특성은 다양하다. 생존율을 높여주어서 더 많은 후손을 남기게 해주는 변이도 있다. 세대를 거치는 동안 유리한 변이는 더 흔해지게 된다. 다시 말해서, 그런 변이는 "선택"이 된다. 새로운 변이가 등장해서 확산되면, 점진적으로 해부학적 구조에 변화가 생기면서 복잡한 구조가 만들어질 수 있다.

다윈은, 인간의 눈도 오늘날의 편형동물과 같은 동물들이 가지고 있는 단순한 빛 수확 조직으로부터 진화했을 것이라고 주장했다. 그런 조직이 자연 선택에 의해서 빛의 방향을 감지할 수 있는 컵으로 변형되었을 것이다. 그리고 그런 컵에 몇 가지 추가적인 특징들이 더해지면서 시력이 더욱 개선되었고, 그 덕분에 유기체가 환경에 더 잘 적용할 수 있게 되었고, 그래서 그런 눈의 중간 단계에 해당하는 전구체가 미래 세대에게 전해졌을 것이다. 그리고 단계적 변환에 의한 중간 형태가, 기존의 형태보다 더 많은 이득을 제공해주었기 때문에 자연 선택이 더 복잡한 형태로의 변환을 유도했을 것이다.

복잡성의 기원에 대한 다윈의 생각은 현대 생물학에서도 그 근거를 찾을 수 있다. 오늘날 생물학자들은, 눈이나 다른 기관을 분자 수준에서 자세하게 살펴보는 과정에서 엄청나게 복잡한 단백질들이 서로 결합해서 출입문, 컨베이어 벨트, 모터 등과 놀라울 정도로 닮은 구조를 만들어낸다는 사실을 발견했다. 단백질로 만들어지는 정교한 시스템은 중간 단계의 구조를 선호하는 자연 선택에 의해서 훨씬 더 단순한 구조로부터 진화할 수 있다.

그러나 일부 과학자들과 철학자들은, 복잡성이 다른 경로를 통해서 나타날 수도 있다고 주장했다. 생명은 시간이 흐르면서 더 복잡하게 되려는 내장된 경향을 가지고 있다고 주장하는 학자도 있다. 자연 선택의 도움이 없더라도, 무작위적 돌연변이에서 복잡성이 부차적으로 등장한다는 입장을 고집하는 사람도 있다. 복잡성이 수백만 년에 걸친 자연선택에 의한 미세 조정만의 결과가 아니라는 것이다. 리처드 도킨스는 그런 미세조정에 "눈 먼 시계공"이라는, 유명한 이름을 붙여주었다.

변화된 부분들의 합

생물학자들과 철학자들은 복잡성의 진화에 대해서 수십 년 동안 고민해 왔지만, 듀크 대학교의 고생물학자 대니얼 W. 맥쉬아에 따르면, 그들은 애매한 정의 때문에 혼란을 겪고 있었다. "그들은 번호를 붙이는 방법을 모르는 것만이 아니다. 그 말이 무엇을 뜻하는지도 알지 못한다." 맥쉬아가 말했다.

맥쉬아는 역시 듀크에 있는 로버트 N. 브랜던과 함께 몇 년 동안 이 문제에 대해서 연구해왔다. 맥쉬아와 브랜던은 생명체를 구성하는 부품의 수만이 아니라 종류도 살펴보아야 한다고 주장한다. 우리 몸은 10조개의 세포로 구성되어 있다. 만약 모든 세포가 같은 종류라면, 우리는 아무 특징이 없는 원형질 덩어리에 불과할 것이다. 그런데 우리는 근육 세포, 적혈구 세포, 피부 세포 등을 가지고 있다. 장기도 많은 종류의 세포로 구성되어 있다. 예를 들면, 망막에는 분명하게 구분되는 역할을 가진 대략 60여 종류의 뉴런 세포가 있다. 그런 잣대로 보면, 우리 인간은 여섯 종류의 세포로 구성된 해면(海綿)과 같은 동물보다 훨씬 더 복잡하다고 할 수 있다.

그런 정의의 장점은 복잡성을 여러 가지 방법으로 측정할 수 있다는 것이다. 예를 들면, 우리의 골격은 분명한 모양을 가진 다양한 종류의 뼈로 구성되어 있다. 심지어 척추도 그렇다. 머리를 떠받치고 있는 목의 척추 뼈에서부터 흉곽을 지지해주는 척추 뼈에 이르는 여러 종류의 부품으로 구성되어 있다.

맥쉬아와 브랜던은 2010년에 발간한 『생물학의 제1법칙(*Biology's First Law*)』에서 그렇게 정의한 복잡성이 등장할 수 있는 방법을 제시했다. 그들은 대체로 동일하게 출발한 여러 부품들도 시간이 흐르면서 차별화된다고 주장했다. 유기체가 번식을 할 때마다, 유전자 중 하나 이상에서 돌연변이가 일어날 수 있다. 그리고 때로는 그런 돌연변이가 더 많은 부품을 만들어내기도 한다. 생명체가 더 많은 부품을 가지게 되면, 그런 부분들이 서로 다르게 변화할 기회를 가지게 된다. 어떤 유전자가 우연히 복사되는 과정에서, 원본이 가지고 있지 않던 돌연변이가 복제 유전자에 남게 될 수 있다. 따라서 맥쉬아와 브랜던에 따르면, 동일한 부품으로 시작하더라도 서로 점점 더 다르게 되는 경향이 나타나게 된다. 다시 말해서, 생명체의 복잡성이 증가하게 된다.

그렇게 나타난 복잡성이 유기체가 더 잘 생존하거나 더 많은 후손을 남기는 데에 도움이 될 수 있다. 그런 복잡성은 자연 선택에 유리해지고, 집단을 통해서 퍼지게 된다. 예를 들면, 포유류는 냄새 분자가 코에 있는 신경 말단의 수용체에 결합하면 냄새를 인식할 수 있게 된다. 그런 수용체 유전자들은 수백만 년 동안 반복적으로 복제되어왔다. 새로운 사본들이 돌연변이를 일으키면, 포유류는 더욱 다양한 향기를 맡을 수 있게 된다. 쥐나 개처럼 후각에 많이 의존하는 동물은 1,000종이 넘는 수용체 유전자를 가지고 있다. 반대로 복잡성이 부담이 될 수도 있다. 예를 들면, 돌연변이에 의해서 목 척추 뼈의 모양이 변하면 머리를 돌리기 어렵게 될 수 있다. 그런 돌연변이는 자연 선택에 의해서 집단으로 퍼지지 못하게 된다. 즉, 그런 형질을 가진 돌연변이체는 번식하기 전에 사망해버리는 경향이 있다. 결국 이롭지 않은 형질은 사라지게 된다. 그런 경우에는 자연 선택이 복잡성을 방해하는 쪽으로 작동한다.

표준 진화론과 달리, 맥쉬아와 브랜던은 자연 선택이 없는 경우에도 복잡성이 증가할 수 있다고 보았다. 그것이 생물학의 기본적인 법칙이고, 어쩌면 유일한 법칙일 수도 있다는 것이 그들의 주장이다. 그들은 그것을 무압력(無壓力) 진화법칙(zero-force evolutionary law)이라고 불렀다.

초파리 시험

맥쉬아와 듀크의 대학원 학생 레오노르 플레밍은 무압력 진화 법칙을 시험해보기로 했다. 대상은 드로소필라(*Drosophila*) 초파리였다. 연구자들은 한 세기 이상 실험에 사용할 초파리 군체를 사육해왔다. 초파리들은 실험실에 마련된 집의 일정하고 따뜻한 환경에서 정기적으로 먹이를 공급받으면서 편안한 생활을 해왔다. 그러나 야생 초파리들은 굶주림, 포식자, 추위와 더위를 견뎌내야만 한다. 자연 선택은 야생 초파리들에게 강하게 작용하여, 여러 가지 도전을 극복하는 데에 도움이 되지 못하는 돌연변이를 제거시켰다. 그에 반해서, 실험실의 안정된 환경에서는 자연 선택이 미미하게 작용한다.

무압력 진화 법칙의 예측은 분명하다. 지난 한 세기 동안 실험실의 초파리들은 불리한 돌연변이에 대한 제거 압력을 적게 받았을 것이고, 그래서 야생 초파리들보다 훨씬 더 복잡해졌을 것이다.

플레밍과 맥쉬아는 916개 혈통의 실험실용 초파리에 대한 과학 문헌을 검토했다. 그들은 각각의 군체에 대한 서로 다른 복잡성 척도를 만들었다. 최근 「진화와 발생」이라는 학술지에 발표된 그들의 논문에 따르면, 실험실의 초파리가 실제로 야생 초파리들보다 훨씬 더 복잡했다.[1]

무압력 진화 법칙을 인정하는 생물학자들이 있기는 하지만, 국립스미소니언 자연사 박물관의 유명한 고생물학자인 더글러스 어윈은 그런 법칙에 심각한 오류가 있다고 생각한다. "기본적인 가정 중 하나가 작동하지 않는다"는 것이 그의 주장이다. 법칙에 따르면, 선택이 없으면 복잡성이 증가할 수 있다. 그러나 유기체들이 실제로 선택의 영향을 전혀 받지 않는 경우에만 그렇게 된다. 실제 세상에서는, 아무리 헌신적인 과학자들이 사육을 하더라도 여전히 선택이 영향을 미친다는 것이 어윈의 주장이다. 초파리와 같은 동물이 정상적으로 발생하려면, 수백 가지의 유전자들이 정교한 안무(按舞)에 따른 상호작용에 의해서, 한 개의 세포가 여러 개로 분할되어 다양한 장기를 만드는 일이 일어나야만 한다. 돌연변이가 그런 안무를 방해하면 초파리가 성공적인 성체로 자라지 못할 수도 있다.

진화 경쟁에서 누가 승리하고 누가 패배할 것인지를 결정해주는 외부 선택이 없는 환경에서 존재하는 유기체도, 여전히 생명체의 내부에서 일어나는 내부 선택의 영향을 받게 될 것이다. 그런데 어윈에 따르면, 맥쉬아와 플레밍은 연구에서 "성체 변종들만 살펴보았기 때문"에 무압력 진화 법칙에 대한 증거를 제공하지 못했다. 연구자들은, 과학자들에 의해서 사육되었지만, 성체가 되기 전에 나타난 발생 장애로 죽어버린 돌연변이체를 살펴보지 않았다.

불규칙적인 다리를 가진 곤충도 있었다. 날개에 복잡한 색깔의 무늬가 생긴 경우도 있었다. 더듬이의 일부는 모양이 달라지기도 했다. 자연선택을 벗어난 초파리들이 복잡성을 보여준 것은 사실이다.

어윈을 비롯한 다른 비판자들이 제기했던 또다른 반론은, 맥쉬아와 브랜던의 복잡성이 다른 사람들의 정의와 맞지 않는다는 것이었다. 눈은 여러 가지 부품으로만 만들어지는 것이 아니다. 여러 부품들이 함께 임무를 수행하기도 하지만, 각각의 부품이 특정한 역할을 담당하는 경우도 있다. 그런데 맥쉬아와 브랜던은 자신들이 살펴본 종류의 복잡성이 다른 종류의 복잡성으로 이어질 수도 있다고 주장한다. "이 드로소필라 집단에서 우리가 살펴본 종류의 복잡성"은, 생존에 도움이 되도록 해주는 복잡한 구조를 만들어내기 위해서 "선택이 작용할 수 있는 정말 흥미로운 것의 기초"라는 것이 맥쉬아의 주장이었다.

분자의 복잡성

고생물학자인 맥쉬아는 골격을 구성하는 뼈의 경우처럼 화석에서 확인할 수 있는 복잡성을 생각하는 일에 익숙했다. 그러나 최근에 복잡성의 출현 과정에 대해서 그와 비슷한 생각을 하는 분자생물학자들이 등장하기 시작했다.

1990년대에 캐나다의 생물학자들은, 돌연변이가 유기체에 아무 효과를 나타내지 않는 경우가 흔하다는 사실을 주목하기 시작했다. 진화생물학자들은 그런 돌연변이를 중립적이라고 부른다. 핼리팩스에 있는 댈하우지 대학교의 마이클 그레이를 비롯한 과학자들은, 돌연변이가 생물의 환경 적응에 도움이 되기 때문에 선택되는 일련의 중간체를 거치지 않고도 복잡한 구조를 만들어낼 수 있다고 제안했다. 그들은 그런 과정을 "보강적 중립 진화"라고 불렀다.[2]

그레이는 보강적 중립 진화의 확실한 증거를 제공해주는 연구 결과를 통해서 힘을 얻고 있다. 그런 연구의 선구자들 중 한 사람이 바로 오리건 대학교의 조 손턴이다. 그와 그의 동료들은 균류의 세포에서 그런 예를 찾아냈다. 포르토벨로 버섯과 같은 균류(菌類)는, 세포의 생존을 위해서 원자들을 한 곳에서 다른 곳으로 이동시켜야만 한다. 액포형(液胞型)

ATP효소 복합체*라고 부르는 분자 펌프를 이용하는 것이 그런 방법 중의 하나이다. 단백질로 만들어진 회전하는 고리가 균류의 막 한쪽에 있는 원자들을 다른 쪽으로 이동시켜준다. 그런 고리는 복잡한 구조를 가지고 있는 것이 확실하다. 고리에는 6개의 단백질 분자가 들어 있다. 그중 4개는 Vma3라고 알려진 단백질로 구성된다. 다섯 번째 단백질은 Vma11이고, 여섯 번째는 Vma16이다. 이 세 종류의 단백질이 모두 고리의 회전에 꼭 필요하다.

손턴과 그의 동료들은, 그렇게 복잡한 구조가 어떻게 진화했는지를 밝혀내기 위해서 동물과 같은 다른 생명체에서 찾을 수 있는 비슷한 단백질들을 서로 비교했다. (균류와 동물은 대략 10억 년 전에 살았던 공통의 조상에서 유래되었다.)

동물의 액포형 ATP 효소 복합체도 역시 6개의 단백질 분자로 만들어진 회전 고리를 가지고 있다. 그러나 동물의 고리는 세 종류의 단백질 대신 두 종류만을 가지고 있다는 점에서, 균류의 고리와 결정적인 차이를 가지고 있다. 동물 복합체의 고리는 각각 다섯 개의 Vma3와 한 개의 Vma16으로 구성되어 있다. Vma11은 들어 있지 않다. 맥쉬아와 브랜던의 복잡성 정의에 따르면, 최소한 액포형 ATP 효소 복합체에 대해서는, 균류가 동물보다 더 복잡하다는 의미이다.

과학자들은 고리 단백질의 암호가 담겨있는 유전자를 자세하게 살펴보았다. 균류에서만 독특하게 발견되는 고리 단백질인 Vma11은, 동물과 균류 모두에서 발견되는 Vma3와 가까운 친척인 것으로 밝혀졌다. 따라서 Vma3와 Vma11의 유전자들은 공통의 조상에서 유래된 것이 확실하다. 손턴과 그의 동료들은, 균류 진화의 초기에 고리 단백질의 조상

---

* 진핵 생물의 세포막에서 효소를 이동시켜주는 주머니 모양의 세포기관.

유전자가 우연하게 중복 복사되었다는 결론을 얻었다. 그리고 복사된 두 벌의 유전자가 각각 Vma3와 Vma11로 진화했다.

손턴과 그의 동료들은 Vma3와 Vma11 유전자들의 차이를 비교해서, 두 유전자로 진화한 공통의 조상 유전자를 재구성했다. 그리고 그렇게 얻은 DNA 서열을 이용해서 유전자에 대응하는 단백질을 만들었다. 실질적으로 8억 년이나 된 단백질을 부활시킨 것이었다. 과학자들은, 그런 단백질을 Vma3와 Vma11의 조상(ancestor)라는 뜻에서 Anc.3-11이라고 불렀다. 그들은 단백질 고리에서 조상 단백질이 어떤 역할을 했는지를 알고 싶었다. 그런 사실을 밝혀내기 위해서 그들은 Anc.3-11 유전자를 효모의 DNA에 삽입했다. 후손 유전자인 Vma3와 Vma11의 기능은 차단시켰다. 일반적으로 Vma3과 Vma11 단백질에 해당하는 유전자의 차단은 치명적이다. 효모가 더 이상 고리를 만들지 못하게 되기 때문이다. 그러나 손턴과 그의 동료들은 효모가 Anc.3-11을 이용해서 생존할 수 있다는 사실을 발견했다. 효모는 Anc.3-11을 Vma16과 함께 사용해서 완벽한 기능을 가진 단백질 고리를 만들었다.

과학자들은 그런 실험을 통해서 균류의 고리가 어떻게 더 복잡한 구조를 가지게 되는지에 대한 가설을 만들 수 있었다. 균류는 우리와 같은 동물에서 발견되는 것과 똑같은 2개의 단백질로부터 만들어진 고리로 시작했다. 단백질은 다양한 기능을 가지고 있었다. 스스로와 결합하거나 그 짝과 결합할 수도 있었고, 단백질의 오른쪽이나 왼쪽에 결합할 수도 있었다. 나중에는 Anc.3-11 유전자가 Vma3와 Vma11로 복제되었다. 새로운 단백질들도 처음 단백질과 마찬가지로 펌프 역할을 하는 고리를 만들었다. 그러나 수백만 세대를 지나는 동안 균류가 돌연변이를 일으키기 시작했다. 그런 돌연변이 과정에서 다양한 기능 중의 일부가 사라졌다. 예를 들면, Vma11은 Vma3에 시계 방향으로 결합하는 능력을 상실했다. 그리고 Vma3는 Vma16에 시계방향으로 결합하는 능력을 잃어버렸다. 그런 돌연변이가 일어나더라도, 단백질들이 여전히 서로 연결되어 고리가 만들어지기 때문에 효모가 죽지 않았다. 다시 말해서 그런 돌연변이는 중립적이었다. 그러나 이제는 성공적으로 고리를 만들기 위해서는 세 개의 단백질 모두가 존재하고, 그들이 한 가지 패턴으로 배열해야 하기 때문에 고리는 더욱 복잡해질 수밖에 없었다.

손턴과 그의 동료들은 무압력 진화 법칙으로 예측되는 진화적 사례를 정확하게 밝혀낸 것이다. 시간이 흐르면서 생명은 더 많은 부품, 즉 더욱 많은 고리 단백질을 만들어냈다. 그런 후에는 새로 만들어진 부품들이 서로 달라지기 시작했다. 균류는 선조보다 더 복잡한 구조를 가지게 되었다. 그러나 그런 진화는 다윈이 상상했던 것처럼 자연 선택이 일련의 중간 형태를 선택하는 방법으로 일어나지 않았다. 오히려 균류의 고리는 복잡한 상태로 퇴화되었다.

실수의 복구

그레이는 많은 생물종들이 유전자를 편집하는 과정에서 나타나는 보강적 중립 진화의 다른 예도 발견했다.[3] 세포가 특정한 단백질을 만들어야 하는 경우에는, 유전자의 DNA를 단일 가닥의 RNA로 전사한 후에 특정한 효소를 사용해서 일부 (뉴클레오타이드라고 부르는) RNA 구성단위를 다른 것으로 대체한다. 그렇게 편집하지 않은 RNA 분자는 제대로 기능하지 않는 단백질을 만들기 때문에 RNA 편집은 인간을 포함한 많은 생물종에게 꼭 필요한 과정이다. 그러나 그런 편집에는 결정적으로 이상한 무엇이 있다. 처음부터 RNA 편집이 필요하지 않도록 제대로 된 서열을 가진 유전자를 이용하지 않은 이유가 무엇일까?

그레이가 제안한 RNA 편집*에 의한 진화의 시나리오에 따르면, 효소가 RNA에 달라붙어서 일부 뉴클레오타이드를 변화시킬 수 있도록 해주는 돌연변이가 일어난다. 그 돌연변이를 가진 효소는 세포에 피해를 입히지 않지만, 도움이 되지도 않는다. 적어도 처음에는 그렇다. 그 돌연변이는 피해를 주지 않기 때문에 계속 남아 있게 된다. 나중에 유전자에서 유해한 돌연변이가 발생한다. 그러나 다행스럽게도 세포는 이미 RNA를 편집했기 때문에 돌연변이에 대해서 보상을 해줄 수 있는 RNA 결합 효소를 가지고 있다. 돌연변이의 피해에서 보호를 받게 된 세포에서는, 돌연변이가 다음 세대로 전해지고 집단 전체로 확산된다. 그레이는 그런 RNA 편집 효소와 그것에 의해서 수정되는 돌연변이의 진화가 자연 선택에 의해서 유도되지 않는다고 주장한다. 오히려 추가적으로 더해진 복잡성은 스스로 "중립적"으로 진화한다. 일단 그런 돌연변이가 확산되고 나면 다시 제거할 방법이 없게 된다.

암스테르담 대학교의 생화학자 데이비드 스페이어는 그레이와 그의 동료들이 보강적 중립 진화의 아이디어를 제시하고, 모든 복잡성이 적응적이라는 인식에 문제를 제기함으로써 생물학에 큰 기여를 했다고 생각한다. 그러나 스페이어는 그들의 주장이 지나친 경우도 있다고 걱정한다. 한편으로 그는 균류의 펌프가 보강적 중립 진화의 훌륭한 예라고 생각한다. "정상적인 생각을 가진 사람이라면 누구나 그 주장에 전적으로 동의할 것이다." 그러나 RNA 편집처럼 복잡성이 쓸모없는 것처럼 보이는 경우에도, 과학자들은 자연 선택이 작동할 가능성을 쉽게 포기해서는 안 된다는 것이 그의 입장이다.

그레이, 맥쉬아, 브랜던도 깃털을 만드는 생화학에서부터 나뭇잎에

---

* DNA의 염기 서열이 RNA로 전사된 후에 염기가 다른 것으로 치환되는 과정.

들어 있는 광합성 공장에 이르기까지 우리를 둘러싸고 있는 복잡성이 만들어지는 과정에서 자연 선택이 중요한 역할을 했다는 사실을 인정한다. 그러나 그들은 다른 생물학자들도 자연 선택의 범위를 넘어선 무작위적 돌연변이가 독립적으로 복잡성의 진화를 더욱 가속화시킬 수 있다는 가능성을 고민해주기를 기대한다. "우리는 적응이 진화의 일부라는 사실을 완전히 거부하지 않는다." 그레이가 말했다. "다만 우리는 적응이 모든 것을 설명해준다고 생각하지 않을 뿐이다."

고대 생존자들이 성(性)을 다시 정의할 것이다

에밀리 싱어

지구상의 모든 동물이 보여준 장기적 생존을 위한 한 가지 교훈이 있다면, 그것은 바로 성(性)이 작동한다는 것이다. 800만 종(種)으로 추정되는 동물 중에서 극히 일부를 제외한 거의 대부분은 성을 통해서 번식하는 것으로 알려져 있고, 그렇지 않은 종은 새롭게 진화한 동물 중에서 최근에야 짝짓기할 능력을 잃어버린, 진화적으로 보면 아기나 마찬가지이다. "성이 중요한 것은 분명하다. 성을 잃어버리면 멸종하게 된다." 매사추세츠 주 우즈홀에 있는 해양생물학연구소의 생물학자 데이비드 마크 웰치가 말했다.

성이 동물의 번식 방법 중에서 압도적으로 지배적이지만, 과학자들은 그 이유를 알지 못한다. 지금까지 동물계에서 성의 우수성을 설명하는 이론이 대략 50-60가지나 된다는 것이 마크 웰치의 추정이다. 그런 이론들 중에는 한 세기 이상 생물학적 전쟁터가 된 경우도 있다.

예외에 대한 연구가 법칙을 연구하는 과학자들에게 도움이 될 수 있다. 4,000만 년에서 1억 년 전에 유성(有性) 선조로부터 분리된 매우 작은 수영 선수인 담륜충(擔輪蟲, bdelloid rotifer)*이라는 생물종이 그런

---

* 전 세계의 민물에서 서식하는 윤형(輪刑)동물. 섬모를 움직여서 수레바퀴가 도는 것처

예외가 될 수 있다.

이 기괴한 동물은 성욕의 세계에서 순결한 생존자이다. 그들은 지금까지 시험해본 다른 어떤 동물보다 더 많은 복사광을 견뎌낼 수 있다. 그들은 축축한 나무 이끼에서부터 말라버린 새 물통에 이르기까지, 물에 젖을 수 있는 표면이라면 어디에서나 살 수 있다. 물이 말라버린 경우에는 완전한 건조 상태로 쭈그리고 있다가 한 방울의 물만 있으면 곧바로 되살아난다.

그런데 담륜충은 무성(無性) 메커니즘으로도 성의 DNA 맞교환 특성을 흉내낼 수 있을 뿐만 아니라 오히려 그 효과가 더 뛰어날 수도 있다는 사실이 유전체 분석을 통해서 밝혀지기 시작했다.[1] 담륜충이 유전적 다양성을 만들어내는 데에 너무 뛰어나다는 연구 결과가 알려지면서 이제는 성의 정의 자체에 의문을 제기하는 연구자도 등장했다. 심지어 유전 물질의 조직적 맞교환이 필요하지 않은 훨씬 더 확장적인 성을 주장하는 연구자들도 있다. 성에 대한 전통적인 정의를 그대로 남겨두더라도 담륜충의 독특한 유전적 전략을 통해서, 성이 매우 성공적인 진화 전략으로 자리 잡게 된 메커니즘을 분명하게 알아낼 수 있을 것이라고 생각하는 연구자들도 있다. 1980년대부터 담륜충을 연구해왔던 마크 웰치는 "담륜충이 해결한 문제를 파악해낸다면, 성이 왜 중요한지도 알아낼 수 있을 것이다"라고 말했다.

성이 유행하는 이유

성(性)은 가장 근본적인 수준에서 DNA의 교환에 관한 것이다. 성이라

럼 헤엄치거나 기어서 움직인다.

는 거래의 핵심은, 부모로부터 물려받은 염색체들이 짝을 이루어 일부 조각들을 맞바꾸는 감수분열이다. 그렇게 만들어진 염색체가 딸세포로 분열된다. 어느 부모의 유전체와도 똑같지 않은 유전체를 가진 세포가 만들어진다.

그런 교환의 편익은 명백하게 보인다. 유전적 조합이 다양한 집단을 만들어내고, 다양한 집단은 변화하는 환경에 더욱 잘 적응할 수 있게 된다. 그런 기본적인 아이디어는 독일의 생물학자 아우구스트 바이스만이 한 세기 전에 처음 제안한 것이었다.

그러나 성에는 진화 생물학자들에게 수수께끼 같은 숙제를 제기하는 상당한 결함도 가지고 있다. 유성 생물은 후손에게 자신의 유전자의 절반만을 남겨준다. 그것은, 유성 생식으로는 유전적 유산이 심각하게 줄어든다는 뜻이다. 그리고 유성 생식에서는 유전체가 조합되기 때문에 잘 작동하고 있는 유전적 조합이 깨져버린다. 더욱이 짝짓기를 원하는 동물은 짝을 찾기 위해서 많은 시간과 에너지를 소비해야만 한다. 짝을 찾은 후의 성행위에는 자연 세계에서 매우 심각한 위험인 성병(性病)의 위험이 도사리고 있다.

유성 생식의 단점을 고려한다면, 동물계에는 유성 생식 동물과 무성 생식 동물 모두가 가득할 것이라고 짐작할 수 있을 것이다. 그러나 실제는 그렇지 않다. 유성 생식 동물이 압도적으로 많다. "수백 년이 지났지만 우리는 아직도 무엇이 그렇게 중요한지를 모르고 있다." 마크 웰치가 말했다. "가장 난처한 문제는 무성 생식의 명백한 단기적인 장점과 유성 생식의 명백한 장기적 장점의 차이이다. 도대체 장기적 혜택을 누릴 기회를 어떻게 얻을 수 있을까?"

성이 동물에게 변화하는 환경에 대처하기 위해서 필요한 변이를 제공해준다는 바이스만의 기본 전제가, 지금까지 생물학자들이 개발했던 모든 가설들 중에서 여전히 가장 우선순위가 높은 후보이다. 그의 제안 이후 한 세기 동안 이론생물학자들은 유성 생식이 작동하는 이유를 설명하기 위한 구체적인 메커니즘을 고안해왔다. 예를 들면, 성은 두 개의 중요한 적응 형질을 결합시켜줄 수 있다. 고온에 대한 내성을 가지고 있는 동물과 특정한 독소에 대한 내성을 가지고 있는 동물의 집단을 생각해보자. 유성 생식이 아니라면, 두 가지 능력을 모두 가진 종(種)이 나타날 가능성은 크지 않을 것이다.

바이스만 제안의 변형으로도 알려진 붉은 여왕(Red Queen) 가설에 따르면, 성은 병원균에 대한 동물의 영원한 군비(軍備) 경쟁에도 도움이 될 수 있다. 유성 번식에서의 유전적 조합은 빠르게 변화하는 적에 대한 방어를 빨리 진화시키는 데에 도움이 될 수 있다. (가설의 이름은 루이스 캐럴의 『거울 나라의 앨리스』에서 붉은 여왕이 앨리스에게 같은 장소에 남아 있으려면 최대한 빨리 달려야 한다고 명령하는 장면에서 유래된 것이다.)

1960년대에 유전학자 헤르만 멀러가 처음 제시한, 멀러의 톱니바퀴(Muller's ratchet)라고 알려진 또다른 이론에 따르면, 유성 생식은 유전체에서 유해한 오류를 제거하는 데에 도움이 된다. 무성 생물에서는 세대마다 발생한 새로운 돌연변이는 모두 다음 세대로 전달되면서 결국 종이 멸종하게 된다. (유전체에서 오류가 만들어지고 나면 돌이킬 수 있는 방법이 없이 고착화되기 때문에 톱니바퀴 이론이라고 부른다.) 유성 생식에서의 유전적 조합은, 문제가 되는 돌연변이를 제거해주는 먼지닦이 걸레처럼 작용할 수 있다.

과학자들은 그런 가설을 뒷받침하는 증거들을 수집했다. 그러나 연구자들은 그중 어느 것도 직접 시험하는 것이 어렵다는 사실을 깨달았다. 여기에서 담륜충이 보완적 가능성을 제공해준다. "담륜충이 무성(無性)으로 적응하는 방법을 이해하면 성(性)이 왜 중요한지를 이해할 수 있을 것이다." 이탈리아 생태계 연구소의 생물학자 디에고 폰타네토가 말했다.

뒤섞인 염색체들

담륜충은 1696년부터 과학자들의 현미경 밑에서 꿈틀거려왔다. 그 오랜 시간 동안 아무도 수컷을 관찰하지 못했다. (양성 담륜충의 수컷은 분명하게 구분이 되는 음경 모양의 기관과 정자를 가지고 있다.) 생물학자들이 동물의 무성 생식을 처음 연구하기 시작했을 때까지 거의 200년 동안 아무도 그런 특이한 사실을 심각하게 생각하지 않았다고 마크 웰치가 말했다.

그렇게 오랫동안 수컷을 찾지 못했다는 사실은 의미심장하지만 무성성의 분명한 증거가 될 수는 없다. 성행위를 하지 않으면서 생존한다고 생각했었던 생물들 중에는 스트레스에 의해서 촉발되는 드문 상황에서는 짝짓기를 하는 것으로 뒤늦게 밝혀진 경우도 있다. "무성으로 추정되는 동물들이 많았지만, 더욱 자세히 살펴본 결과 그들이 비밀스러운 성행위를 하고 있다는 사실이 밝혀지기도 했다." 마크 웰치가 설명했다.

하버드 대학교의 유명한 생물학자 매튜 메셀슨은, 1980년대 말부터 담륜충의 유전체를 이용해서 생물의 무성성을 시험할 수 있을 것이라고 주장하기 시작했다. 대부분의 동물은 감수분열이 일어나는 과정에서 진행되는 짝짓기와 조합 때문에 개별적인 유전자의 거의 동일한 복사본 2개로 구성된 염색체를 가지고 있다. 그러나 무성 동물에서는 그런 조합이 일어나지 않기 때문에 두 복사본은 분명하게 구별된다.

인간유전체프로젝트(Human Genome Project)가 마무리되고 있던 2000년에, 메셀슨과 과거 그의 대학원생이었던 마크 웰치는 담륜충 유전체에 대한 첫 연구 결과를 발표했다. 그들은 담륜충에서는 유전자의 복사본 2개가 완전히 다른 경우가 흔하다는 사실을 밝혀냈다.[2]

그러나 얼마 지나지 않아서 담륜충 유전체에서 더욱 흥미로운 비밀이 밝혀졌다. 하나의 유전자에 대해서 2개의 복사본을 가지고 있는 인간과 달리, 담륜충에서는 4개의 복사본을 가지고 있는 경우도 많다는 것이다. 과학자들은 담륜충의 진화 과정에서 전체 유전자가 복사되어 염색체 세트를 추가로 가지게 된 것이라고 추정하기 시작했다.[3]

추가된 염색체가 무엇을 할까? 과학자들은 그런 의문을 밝혀내기 위해서 유전체 전체의 염기 서열을 해독해야만 했다. (그때까지는 하나의 유전자나 염색체의 일부만을 살펴보았다.) 2009년 마크 웰치와 함께 벨기에 나무르 대학교의 생물학자인 카린 반 도닉 연구진이 연구에 필요한 연구비를 확보했다. 그들이 발견한 것은 기대했던 것보다 훨씬 더 흥미로웠다.

담륜충의 유전체는 단순히 담륜충의 유전자로만 구성된 것이 아니었다. 그것은 낯선 DNA의 프랑켄슈타인적 콜라주였다.[4] 담륜충의 유전체에서 거의 10퍼센트는 동물계를 완전히 벗어난 균류, 식물, 박테리아에서 유래된 것이었다. 그 비율은 다른 동물의 경우보다 훨씬 높았다. 그런 점에서, 담륜충은 유전자 수평 이동으로 알려진 과정을 통해서 외부의 DNA를 유전체에 삽입하는 일이 빈번한 박테리아와 닮았다.

더욱이 담륜충 염색체는 뒤죽박죽된 상태로 여러 곳의 조각들이 잘못 맞추어진 퍼즐처럼 이리저리 옮겨져 있었다. "이런 정도로 재배열된 염색체는 아무도 예상하지 못했던 새로운 것이었다." 연구에 참여하지 않았던 아이오와 대학교의 진화생물학자 존 로그스돈이 말했다. "매우 흔하지 않은 것이었다."

자연은 가끔씩 염색체를 뒤섞기도 하지만, 유성 생식을 하는 생명체에서의 대규모 재배열은 불행한 개체를 불임으로 만들기도 한다. 모계로부터 물려받은 A-B-C 구조의 염색체는 부계로부터 물려받은 A-C-B 구조의 염색체와 짝을 이룰 수 없다. (노새와 같은 일부 혼성종은 비슷한 이유 때문에 불임이 된다. 모계인 말과 부계인 당나귀로 물려받은 염색체들은 서로 짝이 맞지 않는다.)

전체 유전체의 염기서열은, 담륜충이 무성이라는 가장 직접적인 증거를 제공해주었다. 그런 정도로 짝이 맞지 않는 염색체를 가진 생명체가 전통적인 감수분열을 할 수는 없을 것이다. "수백만 년 동안 유전체에서 너무 많은 재배열이 일어났기 때문에 이제는 염색체가 더 이상 짝을 지을 수 없게 되었다." 마크 웰치가 말했다.

유전체에 이질적 DNA가 많다는 것과 DNA의 재배열이라는 두 가지 놀라운 성질이, 무성 동물을 괴롭히는 유전적 다양성 문제의 극복에 도움이 되었을 것이다. "무성 동물이 단점을 극복하도록 해주는 몇 가지 방법이 있다." 염기서열 연구에 참여하지 않았던 애리조나 대학교의 진화유전학자 빌 비르키가 지적했다. 담륜충이 받아들이는 이질적 DNA가, 독소를 파괴하도록 해주는 등의 새로운 능력을 제공해줄 가능성이 있다.[5] 멀러의 톱니바퀴와는 반대로, 자신의 염색체에서 조각을 복사하고 대체하는 것이 때로는 도움이 되는 돌연변이의 효과를 강화시키고, 해로운 돌연변이를 제거하는 데에 도움이 될 수 있다.

실제로 담륜충은 통상적인 성을 가지고 있지 않으면서도 매우 성공적인 생명체로 진화한 박테리아와 비슷한 진화적 전략을 활용했던 것 같다. "성의 진화적 의미를 연구하는 연구자들은 박테리아가 성을 가지지 않고도 수백만 년 동안 잘 살아왔다는 사실을 간과하는 경향이 있다." 담륜충 유전체 프로젝트에 참여했던 현재 브뤼셀 자유대학교의 생물학자 장-프랑수아 플로트가 말했다.

더욱이 담륜충에 추가된 염색체 쌍이 추가적인 유전적 다양성을 만들어낼 수도 있다. 염색체에서 중복된 쌍은 새로운 기능을 가지도록 자유롭게 진화하여 미래의 환경 변화에 적응할 수 있도록 해주는 유전 물질의 새로운 저장고 역할을 하게 된다고 폰타네토가 말했다.

그러나 담륜충이 완벽하게 무성(無性)이라는 주장을 누구나 인정하는 것은 아니다. "나의 입장에서는 무성성을 입증해준다는 증거가 완벽하지는 않다." 로그스돈이 주장했다. "유전체에 여러 가지 이상한 점들이 많다. 그것이 무성성을 입증해주는 것일까? 아니면 다른 것의 결과일까?" 담륜충의 재배열된 염색체가 어떻게 짝을 지어 감수분열을 하는지를 설명하기는 어렵지만, "염색체가 짝을 짓고, 분리되는 매우 특이하거나 흔치 않은 과정"을 가지고 있을 수도 있다는 것이 로그스돈의 말이었다.

새로운 종류의 성

지금까지 담륜충 유전체에서 얻은 자료에 따르면, 이 동물은 무성적인 방법을 통해서 많은 유전적 다양성을 만들어냄으로써 생존해왔다. 그러나 연구자들은 그런 사실을 입증하지는 못했다. 그런 변화가 성을 모방하기에 충분한지도 밝혀내지 못했다. "이론 생물학자들이 제기해오던 문제로 되돌아간 것이다. 어느 정도의 성이 충분할까?" 마크 웰치가 말했다. 다시 말해서, 생명체가 유성 생식의 장점을 흉내내려면 얼마나 많은 유전적 재배열이 필요할까? 그런 의문을 해결하기 위해서는 과학자들이 다양한 담륜충의 유전적 다양성을 측정해서 유성 생식을 하는 집단과 비교해보아야 할 것이다.

과학자들은 아직도 성이 왜 그렇게 중요한지에 대한 다양한 이론을 구분할 수 있을 정도로 충분한 자료를 확보하지 못했다. 여러 가지 메커니즘들이 담륜충의 오랜 생존에 기여했을 가능성도 있다. "이론 생물학자들을 난처하게 만드는 것 중 하나가 바로 여러 이론이 모두 맞을 수도 있다는 것이다." 마크 웰치가 말했다. "그러나 여러 이론이 모두 맞을 수 없다는 특별한 생물학적 이유는 없다."

아마도 더 흥미로운 의문은, 많은 무성종들이 살아남지 못했는데 담륜충이 성공한 이유가 무엇이냐는 것일 수 있다. 반 도닌크는, 그들이 건조한 상태에서 살아남을 수 있는 놀라운 능력이, 장기적 무성 생존의 핵심이 아닐까라는 가능성을 살펴보고 있다. 완전히 말라버린 상태에서는 담륜충의 유전체가 조각으로 흩어진다. 그러나 수분을 공급해주면 조각들이 다시 꿰어 맞춰진다.[6] 담륜충은 이런 놀라운 DNA의 수선 기능 덕분에, 염색체를 재배열하고, 환경에 떠돌아다니는 이질적인 DNA를 받아들일 수 있고, 유전체가 재구성되는 과정에서 그런 조각들이 제자리를 찾을 수 있게 되는 것이다. 성이 없으면서도 일종의 강력한 유전적 재배열 능력을 가지게 된 것이 그 결과이다. 연구자들은, 담륜충을 반복적인 방사성 복사광과 건조 과정에 노출시킨 후에 유전체가 어떻게 스스로 재배열되는지를 분석하고 있다.

초기의 증거에 따르면, 담륜충은 자신과 같은 종으로부터 얻은 DNA도 동화시킬 수 있는 것 같다. 그런 능력은 전통적인 성과 비슷하다는 점에서 특별히 중요하다. "그들이 서로 유전적 교환을 한다면, 그들도 일종의 성을 가지고 있는 셈이다." 반 도닌크가 지적했다. 그런 과정에서는 현재 정의된 유성 생식의 핵심 요소인 감수분열이 필요하지 않다. 그러나 반 도닌크의 입장에서는 앞으로 성의 정의를 확장하게 될 수도 있다. 어쩌면 성을 단순하게 같은 종의 구성원 사이에서의 유전적 교환으로 정의할 수도 있을 것이다. 담륜충이 그런 법칙을 바꾸는 예외가 될 수도 있을 것이다.

뉴런은 두 번 진화했을까?

에밀리 싱어

플로리다 주 세인트 오거스틴에 있는 휘트니 해양생물과학 연구소의 신경과학자 레오니드 모로즈는 빗살해파리(comb jelly)를 처음 연구하기 시작했을 때부터 의문이 있었다. 원시적인 이 해양 생물은 다른 무엇보다도 촉수의 움직임과 무지개 색깔 섬모의 박동을 조절해주는 신경세포를 가지고 있었다. 그런데 뉴런이 보이지 않았다. 과학자들이 그런 세포를 연구하기 위해서 사용하는 염료는 쓸모가 없었다. 빗살해파리의 신경 해부학은 그가 알고 있는 어떤 것도 닮지 않았다.

 몇 년 동안 연구한 그는 이유를 알아냈다고 생각했다. 전통적인 진화생물학에 따르면, 신경세포는 바다 수세미(sea sponge)가 진화의 나무에서 갈라져 나온 수억 년 전에 단 한번 진화했다. 그러나 모로즈는 뉴런의 진화가 두 번에 걸쳐 일어났다고 생각한다. 한 번은 바다 수세미와 거의 같은 시기에 갈라져 나왔던 빗살해파리의 선조에서 일어났고, 또 한번은 해파리와 우리와 같은 동물로 진화한 동물에서 일어났다는 것이다. 그는 빗살해파리가 우리 자신과는 전혀 다른 화학물질과 구조를 이용하는 비교적 낯선 신경계를 가지고 있다는 것을 그 증거로 제시했다. "유전체와 다른 정보를 살펴보면, 문법도 다르고 문자도 다르다는 사실을 알게 된다." 모로즈가 말했다.

진화생물학자들은 모로즈가 제시한 이론에 대해서 회의적이었다. 뉴런이 현존하는 세포 중에서 정보를 확보해서 계산을 하고, 결정을 실행에 옮길 수 있는 가장 복잡한 세포 유형이라는 것이 그들의 반론이었다. 뉴런은 너무 복잡하기 때문에 두 번에 걸쳐 진화했을 가능성은 매우 낮다는 것이다.

그러나 모로즈의 주장을 뒷받침하는 새로운 증거가 등장했다. 최근 유전학 연구에 따르면, 빗살해파리가 동물계의 나무에서 갈라져 나온 최초의 집단에 속하는 고대 동물일 수 있다는 것이다. 만약 그 주장이 사실이라면, 빗살해파리가 스스로 뉴런을 진화시켰을 가능성이 더 높아질 것이다.

진화 생물학자들은 그 논란에 큰 관심을 보였다. 모로즈의 연구는, 뇌의 기원과 동물의 진화적 역사에 대한 의문만을 제기한 것이 아니었다. 그것은 복잡성이 시간에 따라 지속적으로 축적되는 방향으로 진화적 발전이 일어난다는 뿌리 깊은 아이디어에 대한 도전이기도 하다.

최초의 분리

5억4,000만 년 전 경의 바다에서는 동물계의 폭발이 일어날 태세가 갖추어지고 있었다. 모든 동물의 공통 조상이 바다를 돌아다니면서 오늘날 우리가 보고 있는 풍부한 동물상으로 다양하게 진화하기 시작했다.

과학자들은 오래 전부터 해면(sponge)이 동물 가계도의 줄기에서 가장 먼저 가지를 쳤다고 가정하고 있었다. 해면은 신경계나 소화계와 같은 특화된 구조를 가지고 있지 않은 가장 단순한 동물에 속한다. 대부분의 해면은 주변에 흘러가는 물을 이용해서 먹이를 구하고, 배설물을 제거한다.

일반적으로 알려져 있듯이, 훗날 나머지 동물 가계는 빗살해파리(ctenophore), (해파리, 산호, 아네모네 등의) 자포동물(cnidarians), 매우 단순한 다세포 동물인 판형동물(placozoa), 그리고 결국에는 곤충과 인간, 그리고 그 사이의 모든 것으로 이어지는 가지인 좌우대칭동물(bilaterians)로 갈라졌다.

그러나 초기의 동물이 갈라진 정확한 순서를 가려내는 것은 지극히 어려운 난제였다. 몸체가 단단하지 않아서 바위에 식별할 수 있는 흔적을 거의 남기지 않았던 수백만 전 전의 동물이 어떻게 생겼는지에 대해서는 알려진 것이 거의 없다. "화석 기록은 간헐적이다." 캘리포니아 대학교 샌디에이고에 있는 스크립스 해양 연구소의 진화생물학자 린다 홀랜드가 말했다.

과거를 볼 수 없는 우리의 단점을 보완하기 위해서, 과학자들은 살아 있는 동물의 위상학(구조)과 유전학을 이용해서 과거 동물과의 관계를 재구성하려고 노력하고 있다. 그러나 빗살해파리의 경우에는 살아 있는 개체에 대한 연구 자체가 심각한 도전이다.

빗살해파리의 기본 생물학에 대해서 알려진 것은 거의 없다. 빗살해파리는 믿기 어려울 정도로 쉽게 부서진다. 그물에 잡히기만 해도 조각으로 갈라진다. 그리고 양식하기도 어렵기 때문에 과학자들이 다른 동물에 대해서 수행하는 일상적인 실험도 거의 불가능하다.

빗살해파리는 오랫동안 해파리와 가까운 동물이라고 여겨져왔다. 대칭적인 체제와 젤라틴 구조를 가진 두 생물종은 겉보기에도 서로 닮았다. 그러나 헤엄치고, 사냥하는 방법은 전혀 다르다. 해파리는 찌르는 촉수를 가지고 있지만, 빗살해파리의 촉수는 끈적끈적하다. 그리고 유전체 수준에서 빗살해파리는 신경계를 가지고 있지 않은 해면에 가깝다.

빗살해파리를 비롯한 동물의 경우, 위상학을 근거로 하는 진화적 분석으로 얻은 진화 계통도가 유전체 자료나 심지어 다른 종류의 유전체적 자료를 이용하는 진화 계통도와 서로 다를 수도 있다. 그런 차이 때문에 연구자들 사이에 뜨거운 논쟁이 벌어지기도 한다.

하버드 대학교의 진화생물학자이고, 지금은 휘트니 연구소 소장인 마크 마르틴데일이 하버드 대학교의 진화생물학자 곤잘로 기리베트를 비롯한 동료들과 함께 29종의 동물에서 분석한 유전자 염기서열을 발표했던 2008년에 불거진 논쟁도 그런 것이었다.[1] 유전 자료를 분석한 연구자들은 동물 계통도에 몇 가지의 수정 사항을 제안했다.

그런 수정 중에서 가장 논란이 많았던 것은 동물계 최초의 가지가 빗살해파리가 아니라 해면이 되어야 한다는 것이었다. 생물학자들이 전통적으로 믿어왔듯이 진화가 시간에 따른 복잡성의 증가라면, 겉보기에 간단한 생물인 해면이 훨씬 더 복잡한 생물로 보이는 빗살해파리보다 앞서야 한다는 것이었다. 마르틴데일과 기리베트의 유전 자료는 정반대였지만, 비판자들은 그들의 자료를 신뢰하지 않았다. "과학계 전체가 우리를 심하게 조롱했다." 마르틴데일이 말했다.

마르틴데일과 그의 동료들은 자신들의 생각에 대한 더 많은 증거를 수집해야만 했다. 그들은 국립보건연구원을 설득해서 빗살해파리에 속하는 감투해파리(sea walnut)의 유전체 염기서열을 분석했고, 그 결과를 2013년에 「사이언스」에 발표했다.[2] 모로즈와 그의 동료들도 2014년 「네이처」에 두 번째 빗살해파리인 바다 구스베리(sea gooseberry)에 대한 결과를 발표했다. 2008년의 연구보다 훨씬 더 광범위한 자료와 더욱 정교한 분석법을 사용한 두 논문은, 계통도에서 빗살해파리가 먼저라는 주장을 뒷받침해준다. 공개된 유전체 자료를 분석해서 2015년 원고 서버인 biorxiv.org에 올려놓은 세 번째 논문도 역시 빗살해파리가 먼저 가지를

가장 오래된 동물과 뉴런의 기원

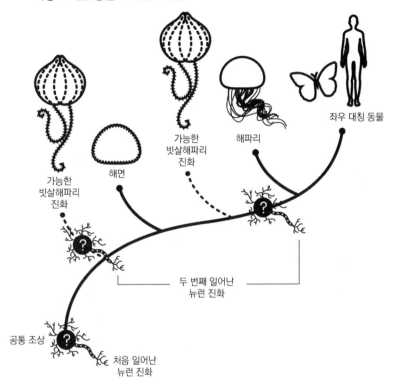

그림 4.3 과학자들은 동물의 진화 계통도에서 빗살해파리에게 적절한 위치에 대해 논쟁을 하고 있다. 최근의 유전학적 증거에 따르면, 빗살해파리 선조가 가장 먼저 다른 동물로부터 갈라지기 시작했다. 과학자들은 뉴런의 기원에 대해서도 논란을 벌이고 있다. 모든 동물의 조상도 뉴런을 가지고 있었을까? 아니라면 빗살해파리에서 한번 진화했고, 해파리나 좌우대칭동물에서 다시 한번 진화했을까?

쳤다는 아이디어를 뒷받침해주었다.[3]

아직도 확실하다고 할 만큼 자료가 충분하지 않다는 과학자들이 있지만, 새로운 증거 덕분에 과학자들이 새로운 아이디어를 심각하게 받아들이기 시작하고 있다. 그런 사실은 많은 총설에도 반영되고 있지만, 빗살해파리가 정말 가장 오래된 가지가 아니라, 다만 그렇게 보일 뿐이라고 주장하는 논문도 많다.

빗살해파리는 과거의 다른 동물군보다 훨씬 더 빨리 진화했다. 그들의 유전자 염기서열이 시간에 따라 빠르게 변화했다는 뜻이다. 그것은 또한, 진화 계통도에서 위치를 찾기 위한 유전적 분석에서 빠르게 진화하는 생물을 계통도의 아래쪽에 위치시키도록 만드는 "긴 가지 유인(long-branch attraction)"*이라고 부르는 계산상 오류의 위험성이 나타날 수 있다는 뜻이기도 하다. "긴 가지를 가진 동물군의 위치를 찾기는 매우 어려운 경우가 많다." 독일에 있는 유럽 분자생물학 연구소의 진화생물학자 데틀레프 아렌트가 말했다. "지금까지의 계통발생학 자료만으로는 빗살해파리의 위치가 확실하지 않다."

과학자들은 동물 계통도의 가장 오래된 가지에 대한 문제를 해결하려면 더 많은 빗살해파리 종(種)의 유전체를 포함해서 더 많은 자료들이 도움이 될 것이라고 기대한다. 그리고 그것이 다시 뉴런과 그 기원에 대한 우리의 이해에 큰 도움이 될 것이다. "가지치기 순서는 신경계의 진화에 대한 우리의 해석에 큰 영향을 준다." 독일의 막스플랑크 발생생물학연구소의 생물학자인 가스파르 에켈리가 말했다.

사실 빗살해파리가 먼저라는 주장에 동의하는 사람도 뉴런이 어떻게

---

* 계통발생학에서 서로 멀리 떨어진 혈통을 서로 가까운 것으로 오인하게 만드는 계통 오차. 오랜 기간 혈통이 이어지는 과정에서 축적된 변이가 가까운 혈통에서 예상되는 변이와 비슷하게 보이기 때문에 나타나는 오류이다.

등장했는지에 대한 문제에는 의견을 같이 하지 않는다.

한 가닥의 생각

뉴런의 창조는 동물 진화에서 매우 중요한 사건이었다. 이 세포들은 정교한 화학적이고 전기적인 언어를 이용해서 정보를 받고, 전달하고, 처리함으로써 서로 소통을 할 수 있다. 그런 능력은 뉴런이 만들어내는 복잡한 네트워크에서 비롯된다. "하나의 뉴런은 한 손으로 손뼉을 치는 소리와 같다." 마르틴데일이 말했다. "많은 뉴런들을 함께 모아두면, 몇 개의 단일 세포로는 할 수 없는 일을 해낼 수 있다는 것이 핵심이다."

그런 수준의 복잡성에는 가능성이 높지 않은 진화적 사건들의 융합이 필요하다. 물리적으로 세포들을 연결해주는 메커니즘뿐만 아니라 그들이 신호를 전달하고, 해석할 수 있도록 해주는 메커니즘도 필요하다. "대부분의 사람들이 뉴런이 여러 차례에 걸쳐 진화했다고 생각하지 않는 이유는, 뉴런들이 다른 뉴런들과 대화를 한다는 아이디어 때문이다." 마르틴데일이 말했다.

뉴런이 빗살해파리와 다른 동물에서 두 차례에 걸쳐 진화했다는 모로즈의 제안이 논란의 대상이 되었던 것도 그런 이유 때문이었다.

모로즈의 진화 계통도에 따르면, 동물은 뉴런이 없는 공통 조상에서 시작했다. 그러다가 빗살해파리가 갈라져 나오면서, 이상한 종류의 뉴런을 발전시켰다. 그 이후에는 해면과 판형동물의 조상이 갈라졌다. 그들도 조상과 마찬가지로 뉴런이 없었다. 그런 후에 해파리와 좌우대칭 동물의 조상에서 초보적인 뉴런 또는 원시 뉴런이 진화해서, 인간을 포함한 그 이후의 모든 후손에서 발견되는 신경계의 기초가 형성되었다. "내 생각에는 공통 조상이 신경계를 가지고 있지 않았다는 것이 더 간단하고, 더 현실적인 설명이다."모로즈가 말했다. (그는 빗살해파리가 해면 다음에 갈라졌다고 하더라도, 빗살해파리는 독립적으로 뉴런을 진화시켰을 것이라고 생각한다.)

그러나 빗살해파리가 먼저 갈라졌다고 믿는 과학자들은 다른 그림을 그린다. 모든 동물의 공통 조상이 간단한 신경계를 가지고 있었는데, 해면이 그런 신경계를 잃어버렸다는 것이다. 그리고 빗살해파리와 우리의 조상인 좌우대칭동물을 포함하는 나머지 가지가 원시 뉴런으로부터 전혀 다른 방법으로 점점 더 복잡한 신경계를 발전시켰다.

"빗살해파리가 먼저라는 아이디어가 옳다면 정말 흥미로운 일이 진행되고 있었다는 뜻이다."스탠퍼드 대학교 홉킨스 해양연구소의 생물학자 크리스토퍼 로가 지적했다. "두 해석이 모두 심오한 것이다."한편으로 뉴런의 기원이 두 가지라는 주장은 놀라운 것이다. 뉴런을 만들어낸 우연한 유전학적 사건들의 정확한 순서가 한 번 이상 반복되었을 가능성은 낮아 보이기 때문이다. 그러나 해면이 뉴런처럼 중요한 것을 잃어버렸을 가능성도 역시 낮아 보인다. "좌우대칭동물에서 신경계를 완전히 잃어버린 것으로 알려진 유일한 예는 기생충뿐이다."로가 지적했다.

두 가지 가능성은 진화생물학자들의 고전적인 수수께끼를 생각나게 해준다. "이 동물이 무엇을 잃어버렸을까, 아니면 처음부터 가지고 있지 않았을까?"홀랜드가 말했다. 이 특별한 경우에는 "어느 경우인지를 판단하기 어렵다고 생각한다."

진화는 상실과 평행 진화의 예들로 가득 채워져 있다. 일부 벌레를 비롯한 동물은 동물계의 다른 동물이 사용하는 통제 분자나 발생 유전자들을 상실했다. "주요 동물의 혈통에서 중요한 유전자를 잃어버린 선례가 없었던 것은 아니다."로가 말했다. 자연 선택에서 독립적으로 두 가지 유사한 구조가 만들어지는 수렴 진화는 자연에서 상당히 흔하다.

예를 들면, 망막은 몇 차례에 걸쳐서 독립적으로 진화했다. "서로 다른 동물들이 때로는 극단적으로 다른 도구를 이용해서 구조적으로 비슷한 뉴런, 회로, 뇌를 만들어내기도 한다." 모로즈가 말했다. "눈의 경우는 누구나 인정을 하지만, 그런 사람들도 뇌나 뉴런에서는 그런 일이 한 번만 일어났다고 생각한다."

모로즈가 뉴런이 빗살해파리에서 독립적으로 진화한 가장 중요한 증거라고 생각하는 것은, 그들의 독특한 신경계 때문이다. "빗살해파리의 신경계는 다른 어떤 신경계와도 다르다." 모로즈와 함께 연구를 했던 분자 생물학자 안드레아 콘이 주장했다. 빗살해파리는 다른 동물이 공통적으로 사용하는 화학적 전달물질인 세로토닌, 도파민, 아세틸코린을 가지고 있지 않은 것 같다. (그들도 동물의 신경 신호 전달에서 중요한 역할을 하는 간단한 분자인 글루탐산은 사용한다.) 그 대신 그들은 역시 화학적 전달물질 역할을 할 수 있는 작은 단백질인 신경 펩타이드를 다양하게 생산할 것으로 예상된다. "이 문(門)의 동물을 제외한 다른 어떤 동물도 이런 것을 가지고 있지 않다." 콘이 말했다.

그러나 비판자들은 그런 주장에 대해서도 역시 의문을 제기한다. 어쩌면 빗살해파리도 세로토닌을 비롯한 다른 신경 신호 분자의 유전자를 가지고 있지만, 그 유전자들이 알아볼 수 없을 정도로 진화했을 수도 있다고 아렌트는 말했다. "그것은 [빗살해파리가] 고도로 특화되었다는 뜻일 수도 있다."

논란을 벌이고 있는 모든 과학자들은 이에 대한 답을 찾기 위해서는 더욱 많은 자료가 필요하고, 또한 더욱 중요한 것은 빗살해파리의 생물학을 좀더 자세하게 이해해야 한다고 말한다. 쥐나 초파리와 같은 모델 생물과 공유하는 일부 유전자가 빗살해파리에서 어떤 역할을 하는지는 분명하지 않다. 과학자들이 빗살해파리의 뉴런이 어떻게 소통을 하는지와 같은 기본적인 세포 생물학을 정확하게 이해하고 있는 것도 아니다.

그러나 현재 진행 중인 논란은 빗살해파리에 대한 관심을 불러일으켰고, 더욱 많은 연구자들이 그들의 신경계와 발생과 유전자를 연구하고 있다. "모로즈와 그의 동료들이 계통도의 이 부분에 관심을 불러일으킨 것은 좋은 일이다." 홀랜드가 말했다. "그 사람들을 무시해서는 안 된다."

제 5 부

우리를 인간으로 만들어준 것은?

인간은 어떻게 거대한 뇌를 진화시켰을까?

페리스 야브르

그것은 난로 위 선반에서 순진한 웃음을 지으며 퀭한 눈으로 그녀를 바라보고 있었다. 그녀도 그것을 쳐다보지 않을 수 없었다. 그것은 멸종된 개코 원숭이의 화석화된 두개골이 분명해 보였다. 그것이 조세핀 살몬스가 알아내고 싶었던 문제였다. 1924년 당시에 그녀는, 남아프리카 비트바테르스란트 대학교 학생들 가운데 해부학을 전공하는 유일한 여학생이었다. 그녀는 그날 특별히 친구 팻 이즈드의 집을 방문했었다. 이즈드의 아버지는 타웅이라는 도시 근처에서 대리석을 채굴하는 채석장을 운영하고 있었다. 작업자들은 채굴 과정에서 수많은 화석들을 발굴했고, 이즈드 가족은 그중에서 두개골 화석을 기념으로 보관하고 있었다. 살몬스는 그녀의 지도교수이자 뇌에 대해서 특별한 관심을 가지고 있던 인류학자 레이먼드 다트에게 두개골에 대한 소식을 알렸다. 그는 그녀의 이야기를 믿을 수가 없었다. 아프리카 최남단에 위치한 이곳에서 영장류의 화석이 발굴된 적은 거의 없었다. 투앙 지역에 정말 그런 화석이 있다면, 그것은 매우 귀한 보물일 것이다. 다음날 아침에 살몬스는 다트에게 두개골을 가져다주었고, 그는 당장 그녀가 옳았다는 사실을 알 수 있었다. 두개골은 명백하게 유인원의 두개골이었다.

다트는 곧바로 투앙 채석장에서 발굴한 영장류 화석들을 자신에게 보내주도록 요청했다. 그해 말 가까운 친구의 결혼식에 참석하기 위해서 준비하던 그는 큰 상자를 받았다. 그 속에 들어 있던 화석 중의 하나에 완전히 사로잡혀버린 그는 결혼식을 거의 놓칠 뻔했다. 상자에는 두 조각으로 된 화석이 들어 있었다. 하나는 뇌의 구조를 보존하고 있는 거푸집에 해당하는 내부 두개골이 화석화된 것이었고, 다른 하나는 눈구멍, 코, 턱, 치아가 모두 보존된 안면 골격이었다. 다트는 곧바로 그것이 원숭이가 아니라 멸종한 유인원의 화석이라는 사실을 알아차렸다. 치아의 상태로 보아서, 그것은 여섯 살 정도의 나이에 사망한 유인원의 것으로 보였다. 척수와 두개골의 연결 부위가 앞쪽으로 나와 있는 것으로 보아서, 너클 보행인*보다는 이족보행인에 가까운 유인원이었을 것 같았다. 그리고 두개골 거푸집도 그 연령의 인간의 것이 아닌 원숭이의 것이라고 보기에는 너무 컸고, 표면의 특징도 인간의 뇌에서나 독특하게 볼 수 있는 것이었다. 더욱 자세하게 살펴본 다트는 과감한 결론에 도달했다. 그것은 과거에 알려져 있지 않았던 현대인의 조상으로 알려진 "남부 아프리카의 유인원"인 오스트랄로피테쿠스 아프리카누스(*Australopithecus africanus*)의 화석이라는 것이었다.

처음에는 대부분의 과학계가 다트의 주장을 심하게 비난했다. 타웅 어린이라고 별명이 붙여진 화석이 정말 인류에 속한다면 뇌가 훨씬 더 커야만 했다는 것이다. 그런데 화석의 두개골은 침팬지의 두개골보다 조금 크기는 했지만, 많이 크지는 않았다. 더욱이 인류는 일반적으로 아프리카가 아니라 아시아에서 진화했다는 것이 당시의 일반적인 인식이었다. 1925년 다트의 「네이처」 논문에 실렸던 "지나치게 작은" 삽화와

---

* 고릴라나 침팬지처럼 앞다리를 땅에 대고 걷던 유인원.

초기에 그가 보여주었던 표본에 대한 강한 소유욕도 문제 해결에 도움이 되지 않았다.[1] 그러나 결국에는 유명한 전문가들이 직접 타웅 어린이를 살펴보게 되었고, 비슷한 발견들이 이어지면서 분위기가 바뀌기 시작했다. 인류학자들은 1950년대부터 타웅 어린이를 진정한 인류로 인정했고, 예외적으로 큰 뇌가 언제나 인간의 대표적 특징이 아니라는 사실도 받아들였다. 플로리다 주립대학교의 인류학과 교수이고, 뇌의 진화에 대한 전문가였던 딘 팔크는 타웅 어린이를 "인류에 대한 20세기의 가장 중요한 발견이 아니라면, 그런 발견들 중의 하나일 것"이라고 불렀다.

고생물학자들은 그 이후 몇십 년 동안에 발굴된 다른 화석 두개골과 내부 거푸집의 비교를 통해서 인간 진화의 가장 극적인 과도기 중의 하나에 대한 기록을 완성했다. 우리는 그것을 뇌 폭발(Brain Boom)이라고 부를 수 있을 것이다. 인간, 침팬지, 보노보는 600만 년에서 800만 년 전에 마지막 공통 조상으로부터 갈라졌다. 그후 몇백만 년 동안 초기 인류의 뇌는 유인원 선조나 사촌의 뇌보다 그렇게 크지 않았다. 그러나 대략 300만 년 전부터 인간의 뇌는 엄청나게 커지기 시작했다. 약 20만 년 전에 현생 인류인 호모 사피엔스(*Homo sapiens*)가 등장했을 때는, 인간의 뇌가 약 350그램에서 1,300그램 이상으로 커져 있었다. 300만 년 동안의 전력 질주에서 인간의 뇌 크기는 그보다 앞선 6,000만 년 동안에 이루어진 유인원 진화의 결과보다 거의 4배나 늘어났다.

화석은 뇌 폭발을 사실로 확인시켜주었다. 그러나 화석은 인간의 뇌가 그렇게 빠르게 커진 과정과 이유에 대해서는 아무것도 알려주지 않았다. 물론 다양한 이론들이 제시되었고, 특히 그 이유에 대해서도 그랬다. 점점 더 복잡해진 사회망, 도구의 사용과 협동을 기반으로 축적된 문화, 변덕스럽고 때로는 거친 기후에 적응하기 위한 도전 중 일부 또는 전부가 진화 압력으로 작용해서 더 큰 뇌가 선택되었다는 것이다.

그런 가능성은 흥미롭기는 하지만, 직접 시험해보기가 지극히 어려운 것이었다. 그러나 지난 8년 동안 과학자들은 인간의 뇌가 커지게 된 "과정", 즉 세포 수준에서 초대형화가 어떻게 일어났고, 극적으로 커지고, 많은 에너지를 소비하는 뇌에 적응하기 위해서 인간의 생리구조가 어떻게 재구조화되었는지에 대한 답을 찾아내기 시작했다. "지금까지는 모두 추론일 뿐이었지만, 마침내 이제는 정말 도움이 될 수 있는 도구를 가지게 되었다." 듀크 대학교의 진화생물학자인 그레고리 레이가 말했다. "어떤 종류의 돌연변이가 일어났고, 그런 돌연변이가 어떤 일을 했을까? 우리는 그 답을 알아내기 시작했고, 그런 과정이 얼마나 복잡했었는지를 더 자세하게 알아내기 시작했다."

무엇이 인간의 뇌를 특별하게 만들었을까?

특히 한 과학자가 연구자들이 뇌를 평가하는 방법을 완전히 바꿔놓았다. 그녀는 뇌 기능의 척도로 질량이나 부피에 집중하는 대신 뇌의 구성 부위들을 세는 일에 집중했다.

밴더빌트 대학교의 실험실에서 수자나 에르쿨라누-오젤은 일상적으로 뇌를 녹여서 세포의 유전학적 조정실인 세포핵의 수프로 만들었다. 뉴런은 각자 하나의 핵을 가지고 있다. 그녀는 핵에 형광 분자를 붙여서 발광도를 측정함으로써 개별적인 뇌세포의 수를 정확하게 파악할 수 있었다. 그녀는 그런 방법을 여러 포유류의 뇌에 적용함으로써 오랜 가설들과는 달리 포유류의 뇌가 크다고 반드시 뉴런이 더 많은 것은 아니고, 뉴런을 더 많이 가지고 있는 경우에도 그 분포가 똑같은 것은 아니라는 사실을 밝혀냈다.

뇌 크기와 뉴런의 수

다양한 포유류의 대뇌 피질 질량과 뉴런의 수

5 cm	카피바라	히말라야 원숭이	서부 고릴라	인간	아프리카 코끼리
	비영장류	영장류	영장류	영장류	비영장류
	48.2 g	69.8 g	377 g	1,232 g	2,848 g
	0.3 10억 개 뉴런	**1.71** 10억 개 뉴런	**9.1** 10억 개 뉴런	**16.3** 10억 개 뉴런	**5.59** 10억 개 뉴런

그림 5.1 뇌의 경우에는 크기가 전부가 아니다. 인간의 뇌는 코끼리나 고래의 뇌보다 훨씬 작다. 그러나 인간의 대뇌 피질에는 다른 동물의 피질에서 보다 훨씬 더 많은 뉴런이 있다. 출처: BrainMuseum.org and Suzana Herculano-Houzel et al., "Brain Scaling in Mammalian Evolution as a Consequence of Concerted and Mosaic Changes in Numbers of Neurons and Average Neuronal Cell Size," *Frontiers in Neuroanatomy* 8 (2014). http://doi.org/10.3389/fnana.2014.00077

인간의 뇌에는 모두 860억 개의 뉴런이 있다. 그중 690억 개는 뇌의 뒷부분에서 기본적인 신체의 기능과 움직임을 조정해주는 단단한 덩어리인 소뇌에 있고, 160억 개는 뇌의 두꺼운 껍질로 지각, 언어, 문제 해결, 추상적 사고 등의 가장 복잡한 정신적 재능을 발휘하도록 해주는 대뇌 피질에 있다. 그리고 10억 개는 뇌의 중심으로 연결되는 뇌간과 그 부속물에 있다. 그에 반해서, 우리의 뇌보다 3배나 더 큰 코끼리의 뇌에서는 2,510억 개의 뉴런이 거대하고 유용한 코를 관리하는 소뇌에 있고, 대뇌 피질에 있는 신경세포는 56억 개뿐이다. 뇌의 질량이나 부피만 생각하면 이런 중요한 차이가 드러나지 않는다.

에르쿨라누-오젤은 자신의 연구를 통해서 영장류가 다른 포유류보다 대뇌 피질에 훨씬 더 많은 뉴런을 축적하는 방향으로 진화했다는 결론을 얻었다. 유인원의 뇌는 코끼리나 고래보다 훨씬 작지만, 피질은 훨씬 더 밀집되어 있다. 오랑우탄과 고릴라는 90억 개의 피질 뉴런을 가지고 있고, 침팬지는 60억 개를 가지고 있다. 우리는 모든 유인원들 중에서 가장 큰 뇌를 가지고 있고, 그래서 피질에도 가장 많은 160억 개의 뉴런을 가지고 있다. 사실 인간은 지구상의 모든 생물종들 중에서 가장 많은 수의 피질 뉴런을 가지고 있는 것으로 보인다. "그것이 인간과 비(非)인간의 뇌에서 나타나는 가장 분명한 차이이다." 에르쿨라누-오젤이 말했다. 문제는 크기가 아니라 구조에 관한 것이다.

인간의 뇌는 유래를 찾을 수 없을 정도로 폭식을 한다는 점에서도 독특하다. 인간의 뇌는 체중의 2퍼센트를 차지하지만, 휴식 중에 신체가 소비하는 에너지 총량의 20퍼센트를 소비한다. 이에 반해서 침팬지의 뇌는 고작 그 절반을 소비한다. 연구자들은 언제부터 인간의 몸이 그렇게 독특하게 굶주린 기관을 감당할 수 있도록 적응했는지에 대한 의문을 가지고 있었다. 1995년 인류학자 레슬리 아이엘로와 진화생물학자 피터 휠러는 그 답으로 "비싼 조직 가설"을 제안했다. 근본적인 논리는 명쾌하다. 인간 뇌의 진화에는 대사적(代謝的) 대가가 필요했다는 것이다. 뇌가 커지기 위해서는 소화기와 같은 다른 장기가 작아져야 했고, 그런 장기로 가야 할 에너지를 뇌가 전용하게 되었을 것이다. 그들은 영장류의 뇌가 클수록 창자가 작다는 자료를 증거로 제시했다.

몇 년 후에 인류학자 리처드 랭햄은 그 아이디어를 근거로 요리의 발명이 인간 뇌의 진화에 핵심적인 역할을 했을 것이라고 주장했다. 부드럽게 조리된 음식은 익히지 않은 거친 음식보다 소화하기가 훨씬 쉬워서, 위장이 적은 양의 일을 하더라도 더 많은 에너지를 공급해주게 된다. 그렇다면, 아마도 요리를 배우는 것이 소화기를 축소시켜서 뇌를 커질

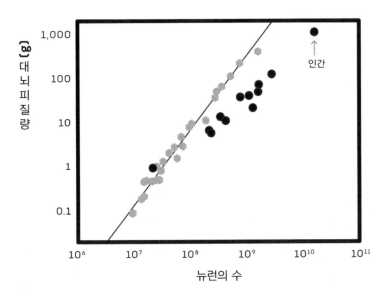

뇌 밀도

●영장류　　◆비영장류

그림 5.2 대뇌 피질에 있는 뉴런의 수가 피질의 크기에 따라 어떻게 변할까? 서로 다른 비례 법칙이 적용된다. 설치류에서는 피질 뉴런의 수가 10배 증가하면 피질의 크기는 50배 증가한다. 그와 비교해서, 영장류에서는 훨씬 더 경제적이어서 뉴런이 10배 늘어나더라도 피질의 크기는 겨우 10배 늘어날 뿐이다. 출처: Herculano-Houzel et al.(2014)

수 있도록 해줄 수 있었을 것이다. 다른 연구자들도 뇌와 근육 사이에도 비슷한 거래가 있었을 것이라고 제안했다. 실제로 침팬지가 인간보다 훨씬 더 힘이 세다.

　종합적으로, 그런 가설과 현대 해부학적 관찰은 설득력이 있는 것이다. 그러나 그런 주장은 수백만 년 전에 일어났을 것으로 생각되는 생물학적 변화를 근거로 한 것이다. 어떤 일이 일어났는지를 확실하게 이해하고, 뇌의 진화적 성장에서 폭발이 가능하게 만들어준 생리학적 적응을 구체적으로 밝혀내려면, 우리의 피부보다 더 깊숙한 곳에 있는 유전체 자체를 자세하게 살펴보아야만 할 것이다.

유전자가 어떻게 뇌를 만들까?

대략 10여 년 전에 레이와 그의 동료들은 에너지로 사용할 포도당을 세포로 운반해주는 데에 영향을 주는 유전자군을 연구하기 시작했다. 유전자군 중 하나는 뇌 조직에서 특별히 활성이 컸고, 다른 하나는 근육에서 가장 활성이 컸다. 만약 인간의 뇌 크기가 뇌 조직과 근육 사이의 대사적 거래를 필요로 했다면, 이 유전자들은 인간과 침팬지에서 서로 다른 거동을 보여야만 한다.

레이와 그의 연구진은 사망한 사람과 침팬지로부터 뇌, 근육, 간의 시료를 채취해서 각각의 시료에서 유전자의 활성을 측정해보았다. 세포가 유전자를 "발현"할 때에는, 먼저 DNA를 특정한 메신저 RNA(mRNA) 서열로 전사한 후에 아미노산을 이용해서 단백질을 만든다. 여러 단계의 특정한 mRNA들이 특별한 조직에서 유전자의 활성에 대한 단면을 보여준다.

레이의 연구진은 조직으로부터 mRNA를 추출해서, 서로 다른 mRNA의 상대 비율을 측정할 수 있을 정도로 실험실에서 여러 차례 증폭시켰다. 그들은 뇌 중심적 포도당 운반 유전자는 침팬지의 뇌보다 인간의 뇌에서 3.2배나 활성이 컸지만, 근육 중심의 유전자는 인간의 근육에서보다 침팬지의 근육에서 1.6배나 활성이 크다는 사실을 발견했다. 그러나 두 종의 간(肝)에서는 두 유전자가 비슷하게 행동했다.

인간과 침팬지의 유전자 서열이 거의 동일하다는 사실을 고려하면, 그들의 행동이 다른 것을 설명해주는 이유가 있어야만 한다. 레이와 그의 동료들은 유전자 활성을 강화시키거나 억제하는 DNA 구역인 규제 서열에서 흥미로운 차이점을 발견했다. 침팬지에서와는 달리 인간의 경우, 근육과 뇌 중심의 포도당 운반 유전자의 규제 서열에는 우연에 의한 것으로 보기에는 너무 많은 돌연변이가 누적되어 있었다. 이 영역이 가속화된 진화를 겪은 것처럼 보였다. 다시 말해서, 인간의 규제 영역은 근육에서 에너지를 빼내서 뇌로 공급해주는 방향으로 변형되는 강한 진화 압력이 있었다는 것이다. 유전자는, 화석은 절대 알려줄 수 없는 방법으로 비싼 조직 가설을 뒷받침해주었다.

현재 일본 오키나와 과학기술연구소에서 일하고 있는 계산생물학자 카시아 보제크는, 2014년 다른 입장에서 대사(代謝)를 살펴본 비슷한 연구 결과를 발표했다. 보제크와 그녀의 동료들은 유전자 발현을 살펴보는 것뿐만 아니라 당, 핵산, 신경 전달 물질을 포함한 다양한 작은 분자로 이루어진 대사산물의 구성도 분석했다. 많은 대사산물들은 대사에 꼭 필요하거나 대사에 의해서 생성되는 것들이었다. 다른 장기의 대사산물 분포는 장기가 무엇을 하고, 얼마나 많은 에너지가 필요한지에 따라 달랐다. 일반적으로 서로 밀접하게 관련된 종(種)의 장기는 관련이 깊지 않은 종의 경우보다 대사산물의 동화율(同化率)이 더 컸다. 보제크는 예를 들면 인간과 침팬지의 신장(腎臟)은 매우 비슷한 대사산물 분포를 가지고 있다는 사실을 발견했다. 그러나 침팬지와 인간의 뇌 대사산물 분포의 차이는 전형적인 진화 속도를 근거로 예상되는 것보다 4배나 컸고, 근육의 대사산물은 예상했던 수준보다 7배나 차이가 났다. "하나의 유전자가 아마도 많은 대사산물을 관리할 수 있을 것이다." 보제크가 말했다. "그래서 유전자 수준에서는 차이가 크지 않더라도 대사산물 수준에서는 큰 차이가 나타날 수 있다."

그후 보제크와 그녀의 동료들은, 대학 농구 선수와 전문 암석 등반가 등 사람들 42명의 힘을 침팬지나 마카크*와 비교해보았다. 영장류는 모두 무거운 추가 놓여 있는 선반을 자신들 쪽으로 잡아당겨야 했다. 신체의 크기와 몸무게를 고려하면 침팬지와 마카크는 사람보다 2배나 강한 힘을 가지고 있었다. 그 이유는 분명하지 않지만, 우리의 영장류 사촌은 근육에 더 많은 에너지를 공급해주기 때문에 우리보다 근육에서 더 많은 힘을 얻을 수 있을 것이다. "다른 영장류와 비교할 때, 우리는 근육의 힘을 잃어버린 대신 뇌에서 사용할 에너지를 얻게 되었다." 보제크가 말했다. "우리의 근육이 본질적으로 더 약하다는 뜻은 아니다. 우리는 그저 다른 대사 과정을 가지고 있을 뿐이다."

그동안 레이는 배아의 뇌 발육 전문가인 듀크의 동료 데브라 실버와 함께 선도적인 실험을 시작했다. 그들은 우리 뇌의 진화적 역사에서 적절한 유전적 돌연변이를 확인할 뿐만 아니라, 그런 돌연변이들을 실험실의 흰쥐의 유전체에 삽입해서 그 결과를 관찰해볼 예정이었다. "이런 실험은 지금까지 아무도 시도해보지 않았던 것이다." 실버가 말했다.

연구자들은 인간의 가속화된 영역(HARs, human accelerated regions)에 대한 데이터베이스를 살펴보는 것으로 시작했다. 그런 규제 DNA 서열은 모든 척추동물이 공통적으로 가지고 있지만, 인간의 경우에는 훨씬 더 빠르게 돌연변이를 일으켰다. 그들은 뇌 발육을 조절하는 유전자를 통제하는 것으로 보이는 HARE5를 집중적으로 살펴보기로 결정했다. 인간의 HARE5는 침팬지의 유전자와 16개 DNA 염기에서 차이가 있다. 실버와 레이는 한 집단의 쥐에게는 침팬지의 HARE5를 삽입하고, 다른 집단에는 인간의 유전자를 삽입했다. 그들은 배아 쥐의 뇌가 어떻게 발육하는지를 살펴보았다.

발육이 시작되고 9일이 지난 후의 쥐 배아에서는 가장 정교한 정신적

---

* 아프리카와 아시아에 서식하는 원숭이.

재능과 연관된 뇌의 바깥쪽 주름 층인 피질이 형성되기 시작했다. 10일째 되는 날에는 인간의 HARE5가 침팬지의 유전자보다 훨씬 더 활발하게 작용했고, 결국에는 12퍼센트나 더 큰 뇌가 만들어졌다. 더 많은 시험의 결과 HARE5는 일부 배아 뇌 세포의 분할과 증식에 필요한 시간을 12시간에서 9시간으로 줄여주었다. 인간의 HARE5를 가진 쥐는 새로운 뉴런을 훨씬 더 빨리 만들어냈다.

"완전한 유전체 서열을 알지 못했던 10년 전에는 이런 연구가 불가능했었다." 실버가 말했다. "이런 실험은 정말 흥미로운 것이다." 그러나 그녀도 인간의 뇌가 어떻게 커졌는지에 대한 완전한 답을 얻으려면 훨씬 더 많은 연구가 필요할 것이라고 강조했다. "우리가 한두 개의 돌연변이로 뇌 크기를 설명할 수 있을 것이라고 생각하는 것은 실수이다. 나는 그런 짐작은 완전히 틀린 것이라고 생각한다. 아마도 어떤 방식으로든지 발육 법칙에 도움이 되는 수많은 작은 변화들이 일어났을 것이다."

레이도 동의했다. "그저 몇 번의 돌연변이로 갑자기 더 큰 뇌를 가지게 된 것은 아니었을 것이다. 인간과 침팬지 뇌 사이의 변화에 대해서 더 많은 것을 알게 될수록, 우리는 훨씬 더 많은 유전자들이 그런 과정에 관여했으며, 각각이 그런 변화의 일부에 기여했다는 사실을 알아내고 있다. 이제 그곳으로 통하는 문이 열렸고, 제대로 이해하기 시작했다. 뇌는 무수히 많은, 미묘하고 분명하지 않은 방법으로 변형되었다."

뇌와 몸

인간의 뇌가 팽창하게 된 과정은 오래 전부터 신비로 알려져 있었지만, 그 중요성을 의심해본 적은 없었다. 인간의 뇌 크기의 진화적 증가가,

우리가 다른 동물과 비교해서 예외적일 정도로 높은 수준의 지능을 가지게 된 핵심적인 이유라고 연구자들은 거듭해서 지적해왔다. 최근 고래와 코끼리의 뇌에 대한 연구에서 크기가 전부가 아니라는 사실이 명백해지기는 했지만, 그것이 어느 정도 기여를 했던 것은 분명하다. 우리가 유인원 사촌보다 훨씬 더 많은 피질 뉴런을 가지게 된 이유는, 우리 뇌의 밀도가 높은 것뿐만 아니라 우리가 모든 추가적인 세포를 수용할 수 있을 정도로 충분히 큰 뇌를 유지할 수 있는 방향으로 진화해왔기 때문이다.

그러나 우리 자신의 큰 머리에 지나치게 집착하는 것도 위험하다. 그렇다. 뉴런으로 가득 채워진 큰 뇌가 우리의 높은 지능에 반드시 필요한 것은 사실이다. 그러나 그것만으로는 충분하지 않다. 예를 들면, 만약 돌고래가 손을 가지고 있다면 세상이 어땠을까를 생각해보자. 돌고래는 인상적일 정도로 똑똑하다. 그들은 지각, 협동, 기획, 기본적인 언어와 문법을 가지고 있다는 사실이 확인되었다. 그러나 그들이 가진 세상의 원료 물질을 조작하는 능력은 유인원과 비교해서 극도로 제한적이다. 돌고래는 결코 석기 시대에 들어서지 못할 것이고, 지느러미를 능숙하게 활용할 수도 없을 것이다.

마찬가지로 우리는 침팬지와 보노보가 인간의 언어를 이해하고, 터치스크린 키보드로 간단한 문장을 쓸 수 있다는 사실을 알고 있다. 그러나 그들의 성대는 언어를 구사하기 위해서 필요한 구별되는 소리를 만들어내기에는 적절하지 않다. 반대로 일부의 새는 인간의 발성을 완벽하게 흉내내기에 적절한 성대 구조를 가지고 있지만, 그들의 뇌는 충분히 크지 않거나 복잡한 언어를 학습하기에 적당한 방법으로 연결되어 있지 않다.

인간의 뇌가 더 크게 자라고, 우리가 더 많은 에너지를 소비할 수 있더라도, 그런 뇌는 적절한 신체가 없으면 쓸모가 없었을 것이다. 우리의 전체적인 지능을 획기적으로 증가시키기 위해서는 뇌가 커지는 것과 함께 세 가지의 특별하고 핵심적인 적응이 이루어졌어야만 했다. 손으로 도구를 만들고, 불을 사용하고, 사냥을 할 수 있도록 해주는 이족 보행, 다른 동물을 훨씬 능가하는 손재주, 그리고 우리가 말을 하고 노래를 부를 수 있도록 해주는 성대가 바로 그것이다. 결국 인간의 지능은 크기와 상관없이 하나의 장기가 아니라 몸 전체에 걸쳐서 일어난 적응의 우연한 합치(合致)로 가능해진 것이다. 머리의 크기에 대한 지속적인 집착에도 불구하고, 우리의 지능은 언제나 우리의 뇌보다 훨씬 더 컸다는 것이 진실이다.

고독의 필요성에 대한 새로운 증거

에밀리 싱어

사회적 동물인 우리는 생존을 위해서 다른 사람들에게 의존한다. 인류는 공동체에서의 상호 협조와 보호 덕분에 지속적으로 번성한다. "우리가 생물종으로 살아남은 것은 우리가 빠르거나, 강하거나, 손가락 끝에 자연적인 무기를 가지고 있어서가 아니라 사회적 보호 때문이다." 시카고 대학교의 인지와 사회적 신경과학 센터 소장인 존 카시오포가 2016년에 말했다. 예를 들면, 초기 인류는 집단으로 사냥을 해야만 대형 포유류를 잡을 수 있었다. 결국 "우리의 힘은 서로 소통하고 함께 일할 수 있는 능력이다."

그러나 강력한 공동체가 어떻게 시작되었을까? 카시오포는 사회적 연대의 뿌리는 정반대인 외로움에 있다고 주장한다. 그의 이론에 따르면, 홀로 있는 고통이 우리에게 동반자로부터 안전을 찾으려는 동기를 제공해주었고, 그것이 다시 집단 협력과 보호를 부추김으로써 생물종 전체에 혜택을 주었다. 고독은 사회적 동물에게 핵심적인 진화적 혜택을 제공해주기 때문에 후손에게 지속적으로 전해지게 된다. 갈증, 배고픔, 통증과 마찬가지로 외로움도 장기적 생존 가능성을 향상시키기 위해서 노력해야만 하는 동물이 적극적으로 벗어나고 싶어하는 혐오의 상태이다.

만약 카시오포의 이론이 옳다면, 고립된 동물이 동료를 찾도록 해주는 내재적인 생물학적 메커니즘이 있어야만 한다. 우리의 뇌 속에 홀로 있으면 기분이 나빠지게 되고, 다른 사람들과 있으면 마음이 편하게 해주는 무엇이 있어야만 한다. MIT의 연구자들은 뇌의 배후솔기핵(Dorsal raphe nucleus)* 부위에 있는 거의 연구되지 않은 뉴런들의 집단에서 그런 동기의 근원을 찾아냈다고 생각한다. 2016년 학술지 「셀」에 발표한 연구에 따르면, 이 부위의 뉴런들을 자극하면 고립된 쥐가 친구를 찾게 된다.[1] 그런 결과는 카시오포의 이론에 결정적인 근거를 제공하고, 뇌의 특정한 구조와 사회적 행동을 연결시켜주는 심오한 관계를 분명하게 보여준다.

특정한 뉴런을 고독과 연결시켜준 최초의 연구는 사회적 행동의 유전학을 밝혀내고, 뇌에서 사회적 행동의 원인을 찾으려는 활발한 노력의 일부이다. "대략 지난 15년 이상, 다른 사람들에 대한 보살핌, 사회적 따돌림, 약자에 대한 횡포, 속임수 등과 같은 사회적 행동의 근거를 이해하려는 노력이 엄청나게 늘어났다." 뇌와 사회적 행동을 연구하는 캘리포니아 대학교 샌디에이고의 철학자 퍼트리샤 처치랜드가 말했다. "보살핌, 공유, 상호 방어에 대한 진화적 근거에 대해서는 상당한 성과를 거두었지만, 뇌의 메커니즘은 아주 복잡할 수밖에 없다고 생각한다."

카시오포의 연구와 MIT의 새로운 결과 덕분에 이제 고독은 심리학과 문학의 영역이 아닌, 생물학의 영역에서 다루어지고 있다. "외로움이 고통스러운 이유를 이해하는 것이 아니라, 우리의 뇌가 우리를 어떻게 외로운 상태에서 벗어나도록 해주는가를 알아내는 것이 더 큰 그림이라고

---

* 뇌간의 중심부에 위치한 솔기핵의 일종으로 신경전달물질인 세로토닌의 작용과 관련되어 있다.

생각한다." 캘리포니아 대학교 로스앤젤레스의 유전체학 연구자인 스티브 콜이 주장했다. "우리는 이제 외로움 대신 사회적 친근감에 대해서 생각하게 될 것이다."

사회적 동물

질리언 매슈스는 우연히 외로움의 뉴런에 대해서 알게 되었다. 2012년 그녀는 임피리얼 칼리지 런던에서 코카인이 쥐의 뇌에 미치는 영향을 연구하던 대학원생이었다. 그녀는 약물을 투여한 쥐를 한 마리씩 우리에 넣어두었다가 다음날 특정한 뉴런 집단을 검사했다. 대조군에 속하는 쥐에게는 코카인 대신 식염수를 주입했다.

매슈스는 약물을 주입하고 24시간이 지난 후에 쥐의 뇌 세포에서 코카인의 중독성을 설명해주는 뉴런 연결의 강화를 관찰할 수 있을 것으로 기대했다. 그러나 놀랍게도 약물을 주입한 쥐와 대조군의 쥐에서는 뉴런 연결의 차이를 발견할 수 없었다. 약물 주입 여부와 상관없이 밤사이에 특정한 세포에서의 뉴런 연결은 더 강화되어 있었다. "처음에는 실험 과정에서 실수가 있었고, 무엇이 잘못되었을 것이라고 생각했다." 현재 MIT에서 박사후 연구원으로 활동하고 있는 매슈스가 말했다.

그녀가 관심을 가지고 있던 뇌 세포는 주로 쾌락과 관련된 뇌 화학물질인 도파민을 생산한다. 우리가 음식을 먹거나, 성행위를 하거나, 약물을 사용하면 도파민이 증가한다. 그러나 도파민은 단순히 쾌락을 알려주는 것 이상의 일을 한다. 뇌의 도파민 시스템은 우리가 원하는 것을 추구하도록 해주기 위해서 만들어졌을 것이다. "그것은 당신이 원하는 것을 얻고 난 후에 일어나는 것이 아니라, 당신에게 무엇을 계속 추구하도록 만들어준다." 콜이 말했다.

연구자들은 우울증과 관련된 것으로 잘 알려진 배후솔기핵이라는 뇌 부위의 도파민 뉴런을 집중적으로 살펴보았다. (외로움은 우울증의 중요한 위험 인자이기 때문에 그런 사실은 우연의 일치가 아닐 수 있다.) 그곳에 있는 대부분의 뉴런은, 프로작*과 같은 의약품이 생리 작용을 하는 화학신호 전달물질인 세로토닌을 생산한다. 도파민을 생산하는 세포가 대략 25퍼센트나 되지만, 역사적으로 그 자체를 연구하기가 어려웠기 때문에 과학자들은 그 세포의 역할에 대해서는 거의 모르고 있었다.

매슈스는 실험 과정에서의 다른 환경적 요인이 변화를 유발했을 수 있었을 것이라고 생각했다. 그녀는 단순히 쥐를 새로운 우리로 옮기는 것만으로도 도파민 뉴런의 변화가 일어나는지를 살펴보기 위한 실험을 했지만, 성과가 없었다. 결국 매슈스와 그녀의 동료인 케이 타이는, 이 뇌 세포가 약물이 아니라 24시간 동안의 고립에 반응한 것이라는 사실을 깨달았다. "아마도 이 뉴런은 외로움의 경험을 전달해주고 있었을 것이다." 매슈스가 말했다.

인간과 마찬가지로 쥐도 일반적으로 집단으로 사는 것을 선호하는 사회적 동물이다.[2] 우리 속에 있는 동료와 떼어놓았던 쥐는, 고립된 상태가 끝나면 동료와 함께 지낼 때보다 다른 동료와의 상호작용에 훨씬 더 적극적으로 노력하게 된다.[3]

연구자들은 배후솔기핵 뉴런이 외로움에 미치는 역할을 파악하기 위해서 광유전공학(optogenetics)이라고 알려진 방법을 이용해서 도파민 세포가 특정한 파장의 빛에 반응하도록 변형시켰다. 연구자들은 그런 쥐를 빛에 노출시킴으로써 세포를 인위적으로 자극하거나 억제할 수 있게 되었다.

---

* 세로토닌의 재흡수를 억제해서 우울증을 개선시켜주는 의약품.

도파민 뉴런을 자극하면 쥐가 우울해지는 것 같았다. 쥐는 선택을 할 수 있는 경우에는 물리적 고통을 피할 때처럼 능동적으로 그런 자극을 회피한다. 더욱이 그런 자극을 경험한 쥐는 외로움의 상태에 빠져들었던 것처럼 보였다. 그래서 마치 자신이 홀로 지냈던 것처럼 다른 쥐와 더 많은 시간을 보냈다.

"나는 이것이 우리의 뇌가 우리를 천성적으로 사회적 동물로 만들어주고, 외로움의 치명적인 피해로부터 보호받도록 연결되는 방법을 밝혀줄 것이라고 생각한다." 매슈스가 말했다.

고독의 스펙트럼

카시오포는 10년 전에 처음으로 고독에 대한 진화론을 제시했다.[4] 우리의 고독에 대한 민감도가 키나 당뇨의 위험성처럼 유전적이고, 개인의 고독감 중 50퍼센트 정도는 유전자와 관련이 있다는 사실이 강력한 근거였다. "그것이 정말 나쁜 것이었다면 도태되었을 것이다. 따라서 고독은 적응적인 것이 틀림이 없다." 과거에 카시오포와 함께 연구를 했던 시카고 대학교 NORC의 심리학자인 루이스 호클리가 말했다. 고독의 진화론은 "고독이 어떻게 존재하게 되었는지에 대해서 매우 일관된 이야기를 제공해준다"라고 그녀가 말했다.

실제로 당뇨의 경우에 그렇듯이 사람들은 고독에 대해서 다양한 수준의 수용성을 가지고 있다. "실제로 유전되는 것은 고독감이 아니라, 단절의 고통이다." 2016년 수만 명에 대한 연구를 통해서 고독과 관련된 유전자를 구체적으로 밝혀내려고 노력했던 카시오포가 말했다.

진화적 용어로는, 집단이 그런 특성에 대해서 어느 정도의 변동성을 가지는 것이 도움이 된다. 집단의 일부 구성원은 "단절에 의한 고통을 너무 심하게 느껴서 마을을 지키고 싶어한다." 카시오포가 말했다. "밖으로 나가서 탐험을 하고 싶지만 여전히 다시 돌아와서 자신이 발견한 것을 공유할 수 있을 정도의 관계를 가지고 싶은 구성원도 있다."

그런 변동성은 쥐에서도 확인된다. 매슈스의 실험에서는, 동료들과의 싸움에서 이겨서 먹이를 비롯한 자원에 대한 우선권을 가진 가장 우세한 쥐가, 고독 뉴런의 자극에 대해서 가장 강한 반응을 나타낸다. 그런 경우에 가장 서열이 높은 동물은 사회에서 가장 낮은 계급을 차지하는 동물보다 훨씬 더 적극적으로 동료애를 추구한다. 그런 쥐는 낮은 서열의 쥐보다 훨씬 더 적극적으로 고독 뉴런의 자극을 회피하기도 한다. 우세한 쥐가 고독을 훨씬 더 불쾌하게 느낀다는 뜻이다. 그와 반대로 서열이 가장 낮은 쥐는 홀로 있는 것에 대해서 신경을 쓰지 않는 것처럼 보인다. 아마도 그들은 자신을 괴롭히는 쥐로부터 자유롭게 혼자 있는 것을 즐기는 것 같았다.

"그것은 매우 복잡하다. 그들은 설치류에서 다양한 변동성을 보았다." 처치랜드가 말했다. "나는 정말 놀라운 결과라고 생각한다."

타이와 매슈스의 결과는, 배후솔기핵 뉴런이 동물의 실제 사회적 관계와 기대치 사이의 격차를 해소시켜준다는 뜻이다. 고독을 아이스크림에 대한 욕망이라고 생각해보자. 아이스크림을 좋아하는 동물도 있고, 그렇지 않은 동물도 있다. 도파민 뉴런은 아이스크림을 좋아하는 동물에게는 디저트를 찾도록 만들지만, 다른 동물에게는 아무 영향을 주지 않는다. "[배후솔기핵] 뉴런은 쥐의 주관적인 사회적 경험을 이용해서, 과거 사회적 관계의 가치를 경험하지 못했던 쥐보다 경험했던 쥐의 행동에 더 큰 영향을 미치는 것으로 보인다." 매슈스가 말했다.

반응이 다양하게 나타나는 것은, 신경 연결이 사회적 서열을 결정하거나 사회적 서열이 뉴런의 연결에 영향을 주는 두 가지의 흥미로운 가능성을 암시한다. 아마도 태어날 때부터 사회적 접촉을 갈망하도록 연결된 동물이 있을 것이다. 그런 동물은 다른 동물을 찾아내고, 집단에서 자신의 위치를 유지하기 위해서 공격적으로 변해서 결국에는 최고의 지위를 확보한다. 반대로 처음부터 공격적인 성격 때문에 집단의 다른 동물을 괴롭힐 수도 있다. 그런 경우에는 뇌 신경망도 변화해서 다른 쥐를 찾아다니면서 괴롭히게 된다. 타이와 매슈스는 그런 두 가지 가능성을 구별할 수 있는 추가적인 실험을 계획하고 있다.

타이와 매슈스의 결과를 본 카시오포는 거의 "쓰러질 뻔했다"라고 말했다. 그는 인간의 고독에 대해서 상당한 연구를 해왔다. 그는 사람들이 외로움을 느낄 때 활성화되는 뇌 부위를 확인하기 위해서 뇌 이미지 기술을 사용했다. 그러나 뇌 이미지는 해상도가 낮아서 타이나 매슈스가 쥐 실험에서 했던 것처럼 구체적인 세포의 종류를 분석할 수 없었다.

타이와 매슈스의 연구는, 고독을 심각한 절망의 상태가 아니라 우리 생물학에 암호화되어 있는 원동력으로 이해하도록 해주었다. "이 연구는 홀로 있는 것에 대한 혐오적인 상태에 집중하는 대신 사회적 접촉이 신경계에서 어떤 보상으로 이어지는지를 살펴본다." 콜이 말했다. "고독은 보상의 결여로 이해할 수 있게 된다."

네안데르탈인의 DNA가 인류에게
어떤 도움을 주었을까?

에밀리 싱어

초기 인류의 역사는 난잡했다. 현생 인류는 대략 5만 년 전에 아프리카를 떠나 여러 지역으로 이주하기 시작하면서 자신들과 놀라울 정도로 닮은 다른 종들인 네안데르탈인과 데니소바인*을 만나게 되었다. 그들은 대략 60만 년 전에 공통 조상에서 갈라진 고생 인류의 두 집단이었다. 유럽에서는 적어도 2,500년 동안 그렇게 잡다하게 뒤섞인 인류가 공존했고, 오늘날의 우리는 그들 사이의 이종 교배를 통해서 만들어진 유산을 지금까지 우리 DNA에 간직하고 있다.[1,2] 비(非)아프리카 인의 DNA에는 네안데르탈인의 DNA가 대략 1-2 퍼센트 정도 남아 있고, 아시아와 오세아니아의 주민들은 데니소바인의 DNA를 최대 6퍼센트까지 가지고 있다.[3]

지난 몇 년 동안 우리 유전체에 남아 있는 네안데르탈인과 데니소바인의 유전자를 깊이 파헤친 과학자들은 놀라운 결론을 얻었다. 일부 네안데르탈인과 데니소바인의 변종 유전자가 현생 인류 전체로 확산되어 있다는 것이다. 예를 들면, 유럽인의 70퍼센트에 존재하는 변종도 있다.

---

* 알타이 산맥에 살던 사람 속(Homo)의 초기 인류.

그런 유전자들은 큰 혜택을 가져다주었기 때문에 빠르게 확산되었을 것으로 보인다.

"우리 유전체의 어떤 부분은 현생 인류보다 네안데르탈인에 더 가깝다." 프린스턴 대학교의 유전학자 조슈아 아키가 말했다. "적어도 우리가 고생 인류로부터 물려받은 염기 서열 중 일부는 적응적이었고, 그런 유전자들이 우리가 생존하고 번식하는 데에 도움이 되었던 것이 매우 확실하다."

그러나 네안데르탈인과 데니소바인의 DNA 조각이 정확하게 어떤 일을 하고 있을까? 우리 조상들에게 어떤 생존 혜택을 제공했을까? 과학자들이 그런 의문에 대한 힌트를 찾아내기 시작하고 있다. 그런 유전자 중 일부는 우리의 면역체계, 피부와 머리카락, 그리고 아마도 우리의 신진대사나 추위에 대한 내성과 연결되어 있고, 그런 유전자가 이주하고 있던 인류에게 새로운 지역에서 생존하는 데에 도움을 주었을 것이다.

"우리를 생존할 수 있도록 만들어준 유전자는 다른 종으로부터 왔다." 캘리포니아 대학교 버클리의 진화생물학자 라스무스 닐센이 말했다. "그것은 단순한 잡음이 아니라, 우리 존재의 매우 중요하고 결정적인 부분이다."

우리 몸속의 네안데르탈인

티베트 고원은 거대한 산맥에 의해서 고립된 높은 고도의 광활한 지역이다. 산소 농도가 해수면보다 약 40퍼센트나 낮은 고도 4,200미터의 환경은 거칠었다. 그곳으로 이주한 사람들은 산소 결핍 상태의 조직을 위해서 몸에서 더 많은 적혈구를 만들어야 했기 때문에 유산, 혈전, 심장마비를 더 많이 경험하게 되었다. 그러나 티베트 원주민들은 잘 적응했다. 그들은 희박한 공기에도 불구하고 같은 고도에 사는 다른 사람들처럼 많은 적혈구를 만들지 않았고, 그것이 그들의 건강을 지켜주는 데에 도움이 되었다.

2010년 과학자들은 티베트인들의 저(低)산소 내성이 부분적으로 EPAS1으로 알려진 유전자의 특이한 변이 때문이라는 사실을 발견했다.[4] 티베트인의 약 90퍼센트와 (최근에 티베트인 조상을 공유한) 한족(漢族)의 일부 사람들이 고고도(高高度) 변이를 가지고 있다. 그러나 다른 인구 집단에 속하는 1,000명의 인간 유전체 데이터베이스에서는 그런 변이가 전혀 보이지 않았다.

2014년 닐센과 그의 동료들은, 2010년 연구에서 티베트인이나 그들의 조상들이, 우리보다 네안데르탈인에 더 가깝다고 밝혀진 초기 인류의 집단인 데니소바인으로부터 그런 특이한 DNA 서열을 얻었다는 사실을 밝혀냈다.[5,6] 특이한 유전자는 높은 고도에 살고 있는 사람들에게는 더 흔해졌고, 덜 거친 환경에서 살게 된 후손들에서는 사라져 버렸다. "그것은 [이종 교배가] 적응에 도움이 된다는 사실을 보여주는 가장 확실한 예이다." 캘리포니아 대학교 로스앤젤레스의 유전학자이면서 컴퓨터공학자인 스리람 산카라라만이 주장했다.

유전적으로 서로 가까운 종들이 이종 교배로 혜택을 얻을 수 있다는 아이디어는 새로운 것이 아니다. 그것은 진화적 용어로 적응적 유전자 이입이라고 잘 알려져 있다.[7] 새로운 영역으로 이주하는 생물종은 전혀 다른 기후, 먹이, 포식자, 병원균 등의 도전과 씨름해야만 한다. 생물은, 우연하게 일어난 자발적 돌연변이가 도움이 되어서 집단 전체로 퍼져나가는 전통적인 자연 선택에 의해서 적응할 수 있다. 그러나 매우 드물게 일어나는 돌연변이에 의한 진화는 매우 느린 과정일 수밖에 없다. 훨씬 더 신속한 방법은 이미 그 지역에 적응하고 있는 생물종과의 교배를 통해서 그들로부터 도움이 되는 DNA를 획득하는 것이다. (전통적으로 같은 생물종은 서로 교배를 할 수 있는 능력으로 정의되지만, 가까운 종들이 이종 교배를 할 수 있는 경우도 흔하다.)

그런 현상은 살충제에 대해서 내성을 가진 다른 종을 수용한 쥐와 다른 종의 날개 무늬를 전용한 나비를 비롯한 여러 종에서 잘 관찰된다. 그러나 2010년에 처음으로 네안데르탈인의 유전체 서열이 밝혀져서 과학자들이 인류 속(屬)의 DNA를 우리 자신의 DNA와 직접 비교할 수 있게 되기까지는 인간의 적응적 유전자 이입을 연구하기가 쉽지 않았다.

네안데르탈인과 데니소바인은 우리 조상에게 도움이 되는 다양한 DNA를 제공해주었다. 그들은 유럽과 아시아 지역에서 수십만 년 동안 살면서 추운 기후, 약한 햇빛, 지역의 미생물에 충분히 적응할 수 있었다. "그곳에 30만 년 동안 살았던 집단으로부터 유전자 변이를 받아들이는 것보다 더 빨리 적응하는 좋은 방법이 있었겠는가?" 실제로 현생 인류의 유전체에서 가장 높은 선택의 흔적이 남아 있는 네안데르탈인과 데니소바인의 유전자는 "대체로 인간과 환경의 상호작용과 관계된 것"이라고 아키가 말했다.

과학자들은 그런 적응적 부위를 찾아내기 위해서 현생 인류의 유전체에서 더 흔하게 발견되거나 생각보다 더 오래된 고생 DNA 영역을 살펴보고 있다. 시간이 지나면서 네안데르탈인의 DNA 가운데 소유자에게 도움이 되지 않는 쓸모없는 조각들은 소실되었을 가능성이 크다. 그리고 있는 그대로 유지해야 한다는 선택 압력이 없는 고대 DNA의 긴 부위들은 작은 조각으로 갈라져버렸을 가능성이 크다.

2014년 아키의 연구진과 하버드 의과대학의 유전학자 데이비드 라이시의 연구진은 우리의 유전체에서 네안데르탈인의 DNA를 발견할 가능성이 높은 곳을 표시한 유전자 지도를 각각 발표했다.[8,9] 아키에게 놀라웠던 점은, 두 지도 모두에서 네안데르탈인으로부터 유래된 가장 흔한 적응적 유전자들은 대부분 피부와 모발 성장에 관련된 것으로 확인되었다는 것이다. 가장 눈에 띄는 예 중 하나는 유럽인의 피부 색소와 주근깨와 관련된 BNC2라고 부르는 유전자이다. 유럽인 중 거의 70퍼센트가 네안데르탈식의 유전자를 가지고 있다.

과학자들은 BNC2와 다른 피부 유전자들이 현생 인류가 북유럽의 기후에 적응하도록 도와주었을 것이라고 추정하지만, 구체적인 이유를 정확하게 밝혀내지는 못했다. 피부는 다양한 기능을 가지고 있고, 그런 기능들이 모두 도움이 되었을 것이다. "아마도 피부 색소나 상처 치유나 병원균 방어나 또는 환경에서 얼마나 많은 수분을 잃어버려서 탈수에 취약하게 만드는지 등이 포함되어 있을 것이다." 아키가 주장했다. "여러 가지 가능성이 그런 변화를 유발시켰을 것이다. 우리는 아직도 어떤 차이가 가장 중요한 것인지를 알아내지 못하고 있다."

감시 시스템

현생 인류가 새로운 지역으로 이주하면서 싸워야 했던 가장 치명적인 적 중의 하나는, 현생 인류가 면역력을 가지고 있지 않았던 세균에 의한 새로운 감염성 질병이었다. "세균은 자연에서 가장 선택적인 압력 중의 하나이다." 독일 라이프치히의 막스플랑크 진화인류학연구소의 생물정보학자 자네트 켈소가 말했다.[10]

2016년 켈소와 동료들은 현생 인류가 질병을 퇴치할 수 있도록 돕는 데에 핵심적인 역할을 했을 것으로 보이는, 143,000개의 DNA 염기쌍으로 이루어진 네안데르탈인 DNA의 영역을 확인했다. 그 영역에는 병원균에 대한 첫 번째 방어막을 형성하는 분자적 감시 체계인 선천적 면역

시스템의 일부를 구성하는 3가지 서로 다른 유전자가 있었다. 그런 유전자들은 외부 침입자를 감지하고 공격할 면역 시스템을 가동시키는 역할을 하는 톨(Toll)형 수용체*라는 단백질을 생산한다.

현생 인류가 가지고 있는 DNA의 이 부위에는 몇 가지의 변이가 존재한다. 그중에서 최소한 3종의 변이는 고생 인류에서 유래된 것으로 보인다. 특히 2종은 네안데르탈인으로부터 유래되었고, 나머지 1종은 데니소바인에서 유래되었다. 켈소 연구진은, 그런 변이의 역할을 알아내기 위해서 풍부한 유전체와 의료 자료가 들어 있는 공공 데이터베이스를 살펴보았다. 그들은 네안데르탈인의 변이 중 하나를 가진 사람들은 궤양을 일으키는 미생물인 H. 파일로리(*H. pylori*)에는 쉽게 감염이 되지 않지만, 건초열(乾草熱)과 같은 흔한 알레르기를 앓을 가능성은 더 높다는 사실을 발견했다.

켈소는 그런 변이가 초기 인류에게 여러 종류의 박테리아에 대한 저항력을 키워주었을 것으로 추정한다. 그것이 새로운 지역을 식민지화하던 현생 인류에게 도움이 되었을 것이다. 그러나 그런 저항성을 가지기 위해서는 대가를 치러야만 했다. "면역 시스템이 비(非)세균성 알레르기 유발 항원에 훨씬 더 민감해진 것이 그에 대한 대가였을 것이다." 켈소가 설명했다. 그러나 그녀는 그것이 단순히 이론일 뿐이라는 점을 분명하게 밝혔다. "지금으로서는 많은 것을 가정할 수는 있지만, 그것이 어떻게 작동하는지는 정확하게 알지 못한다."

현생 유전체에서 발견되는 네안데르탈인과 데니소바 유전자는 훨씬 더 신비하다. 과학자들은 그런 유전자가 어떤 역할을 했는지에 대해서는 초보적인 아이디어를 가지고 있을 뿐이고, 네안데르탈인이나 데니소

---

* 세균, 바이러스, 기생충 등의 병원체에 대한 자연 면역체계에서 병원체의 독특한 분자 패턴을 기억해서 면역력을 가지도록 해주는 수용체.

바인 변이가 우리 조상에게 어떤 도움을 주었는지 알아내지는 못했다. "그런 유전자의 생물학을 더 잘 이해하고, 현생 집단에서 볼 수 있는 변화를 유도한 선택 압력이 무엇이었는지를 이해하는 것이 중요하다"고 아키가 말했다.

켈소의 연구처럼 현생 인류에서 흔히 발견되는 네안데르탈인과 데니소바인 변이가 체지방 분포나 신진대사 등의 구체적인 특성과 어떤 관계를 가지고 있는지를 파악하려는 다양한 연구가 수행되고 있다. 유럽인 후손 약 2만8,000명의 건강 기록을 담고 있는 전자 자료와 고생(古生) 유전자 변이를 비교하는 연구의 결과가 2016년 2월 「사이언스」에 발표되었다.[11] 전체적으로 네안데르탈인 변이는 신경학적이고 심리학적인 질병에 취약하고, 소화기 문제에는 도움이 되는 것으로 밝혀졌다. (그 연구는 적응적 DNA에 대한 것이 아니었기 때문에 선택의 흔적을 보여주는 고생 DNA 부위가 오늘날 우리에게 어떤 영향을 주고 있는지는 분명하지 않다.)

지금으로서는 그런 연구에서 활용할 수 있는 대부분의 데이터가 의학적 문제에 집중되어 있다. 그런 데이터베이스는 대부분 당뇨나 조현병과 같은 질병과 관련된 유전자를 찾기 위해서 설계된 것이다. 그러나 UK 바이오뱅크를 비롯한 몇몇 데이터베이스에는 환자의 시력, 인지력 시험 성적, 정신적 건강 진단, 폐 능력, 건강 상태 등 훨씬 더 광범위한 자료가 수록되어 있다. 소비자 맞춤형 유전공학 회사들도 대규모의 다양한 데이터를 가지고 있다. 예를 들면, 23andMe 사(社)는 사용자의 유전 정보로부터 혈통, 건강 위험, 그리고 단 것을 좋아하는지 또는 일자형 눈썹을 가지고 있는지와 같은 특이한 특성을 분석해준다.

물론 우리가 네안데르탈인과 데니소바인으로부터 물려받은 DNA가 모두 좋은 것은 아니었을 것이다. 대부분은 아마도 치명적이었을 것이다. 실제로 유전자 근처에 위치한 네안데르탈인 DNA는 많지 않다. 그런 DNA는 시간이 흐르면서 자연 선택에 의해서 제거되었다는 뜻이다. 연구자들은 우리 유전체에서 고생 DNA가 분명하게 사라져버린 부분에 대해서 많은 관심을 가지고 있다. "실제로 우리의 유전체에는 네안데르탈인이나 데니소바인 혈통이 남아 있지 않은 정말 큰 영역이 있다. 그 영역에 있었던 고생 물질을 삭제해버린 과정이 있었을 것이다." 산카라라만이 말했다. "아마도 그런 과정이 현생 인류에게 기능적으로 중요한 역할을 하고 있을 것이다."

잘못된 결정에 숨겨진 신경과학

에밀리 싱어

인간은 자주 잘못된 결정을 한다. 밀키웨이보다 스니커스를 좋아하는 사람에게는 둘 중 어느 초코바를 선택할 것인지의 문제가 명백한 것 같다. 전통적인 경제학 모델에서는, 사람들이 (예를 들면, 스니커스에 10점을 주고, 밀키웨이에 5점을 주듯이) 논리적 직관에 따라서 각각의 선택에 가치를 부여한 후에 점수가 가장 높은 것을 선택한다고 생각한다. 그러나 우리의 의사 결정 체계에는 결함이 있기 마련이다.

뉴욕 대학교의 신경과학자 폴 글림처와 그의 동료들은 2016년 사람들이 가장 좋아하는 스니커스를 비롯한 여러 종류의 초코바 중에서 어느 것을 선택하는지를 살펴보는 실험을 했다. 참가자들은 스니커스, 밀키웨이, 아몬드조이 중에서는 언제나 스니커스를 선택했다. 그러나 스니커스를 비롯해서 20종의 초코바를 제시하면 선택은 훨씬 덜 분명해진다. 사람들은 여전히 스니커스를 가장 좋아하지만 가끔씩 다른 것을 선택하기도 한다. 글림처가 스니커스와 참가자들이 선택했던 초코바만 남겨두고 다른 초코바를 모두 치워버리면, 참가자들은 자신들이 정말 좋아했던 것을 선택하지 않았던 과거의 결정을 후회하게 된다.

경제학자들이 이와 같은 불합리한 선택의 목록을 만드는 데에 50년이 넘게 걸렸다. 노벨상도 주어졌고, 『괴짜 경제학(*Freakonomics*)』*도 수백만 권이 팔렸다. 그러나 경제학자들은 지금도 그런 일이 일어나는 이유를 분명하게 알아내지 못하고 있다. "그런 행동을 설명해주는 가내수공업이 있었고, 그것을 제거하기 위한 많은 노력 있었다." 컬럼비아 대학교의 심리학자이고, 의사결정과학 연구소의 공동소장인 에릭 존슨이 말했다. 그러나 그는 대여섯 가지 정도의 설명 중 어느 것도 확실하게 성공하지는 못했다고 말했다.

지난 15년에서 20년 사이에 신경과학자들은 그 답을 찾기 위해서 뇌를 직접 살펴보기 시작했다. "정보가 뇌에서 표현되는 방법과 뇌의 계산 원리를 알아내는 것이, 사람들이 왜 그렇게 결정을 하는지를 이해하는 데에 도움이 된다." 캘리포니아 대학교 샌디에이고의 이론신경과학자 앤절라 유가 주장했다.

글림처는 우리의 불합리성을 설명하기 위해서 뇌와 행동을 모두 이용한다. 그는 초코바 실험과 같은 연구의 결과와 동물들이 결정을 할 때 뇌에서 관찰되는 전기적 활동을 측정하는 신경과학적 자료를 결합시켜서, 우리가 어떻게 결정을 하고 그런 과정에서 실수가 발생하는 이유에 대한 이론을 개발하고 있다.

글림처는 여전히 초기 단계에 있는 신경경제학의 선구자 중 한 명이다. 그의 이론은 뇌 활동, 신경망, fMRI**, 인간의 행동을 광범위한 연구로 통합한다. "그는 신경과학과 경제학을 통합시켜야 한다는 주장으로 유명하다." 프린스턴 대학교의 신경과학자 너새니얼 다우가 말했다. 글림처의 가장 중요한 기여 중 하나가 바로 가치와 같은 추상적인 개념을

---

* 시카고 대학교의 경제학자 스티븐 레빗와 뉴욕 타임스의 언론인 스티븐 더브너가 2005년 출판한 책으로 여러 가지 비전통적인 주제를 경제학 이론으로 설명하면서 경제학은 결국 '장려금'에 대한 연구라고 주장했다.
** 혈류의 변화를 감지하여 뇌의 활동을 실시간으로 측정하는 핵자기 공명 영상기술.

어떻게 정량화시키고, 그것을 실험실에서 어떻게 연구할 것인지를 알아낸 것이었다고 다우가 지적했다.

글림처와 함께 논문을 발표한 뉴욕 대학교의 켄웨이 루이와 토론토 대학교의 라이언 웨브는, 신경과학을 근거로 한 자신들의 모델이 여러 선택이 주어졌을 때 사람들이 어떻게 행동하는지를 표준 경제 이론보다 더 잘 설명해준다고 주장한다.[1] "생물학적으로 설명하고, 뉴런을 통해서 확인된 신경 모델은 경제학자들이 설명할 수 없었던 것을 잘 설명해준다." 글림처가 말했다.

모델의 핵심은 뇌의 주체할 수 없는 식욕이다. 뇌는 신체에서 대사적으로 가장 비싼 조직이다. 뇌는 우리 체중의 겨우 2-3퍼센트를 차지하지만 총 에너지의 20퍼센트를 소비한다. 뉴런들은 에너지에 굶주려있기 때문에 뇌는 정밀성과 효율성이 치열하게 싸우는 전쟁터이다. 글림처는 우리의 의사 결정 과정에서 정밀성을 증진시키는 비용이 혜택을 넘어선다고 주장한다. 따라서 현대 미국식 시리얼 판매대 앞에서 선택을 해야 하는 우리는 당황하게 된다.

글림처의 제안에 관심을 보이는 경제학자와 신경과학자들도 있지만 모두가 그런 것은 아니다. "나는 그것이 흥미롭다고 생각하지만, 지금으로서는 가설의 수준일 뿐이다." 세인트루이스 워싱턴 대학교의 신경과학자 카밀로 파도아-스키오파가 말했다. 신경경제학은 여전히 새로운 분야이고, 과학자들은 뇌가 결정을 하는 방법은 물론이고 뇌의 어느 부분이 결정을 하는지에 대해서도 합의를 못하고 있다.

지금까지 글림처는 자신의 이론이 초코바 실험처럼 특별한 조건에서는 훌륭하게 작동한다는 사실을 보여주었다. 그는 그 영역을 확장하기 위해서 자신의 모델을 시험해볼 수 있는 괴짜 경제학과 같은 다른 실수를 찾아내고 싶어한다. "우리는 선택의 대통일 이론을 목표로 하고 있다." 그가 말했다.

분할과 정복

뇌는 에너지에 굶주린 장기(臟器)이다. 왜냐하면 뉴런은 끊임없이 서로에게 스파이크 또는 작용 퍼텐셜(action potential)이라고 알려진 전기 펄스 형식의 정보를 보내야 하기 때문이다. 전기 방전의 경우와 마찬가지로, 그런 신호를 준비해서 쏘아보내는 데에는 많은 에너지가 소비된다.

1960년대의 과학자들은 뇌가 그런 문제를 해결하기 위해서 정보를 가능한 한 효율적으로 암호화한다는, 효율적 암호화 가설이라는 모델을 제시했었다. 통신망에서 최소한의 비트로 정보를 전송하려고 노력하듯이 뉴런도 최소한의 스파이크를 이용해서 데이터를 암호화할 것이라고 생각했다.

과학자들은 1990년대 말과 2000년대에 시각 시스템에서 실제로 그런 원리가 작동한다는 사실을 확인했다.[2,3] 뇌는 예측 가능한 정보를 무시하고, 예상하지 못했던 뜻밖의 정보에만 집중함으로써 시각 세계를 효율적으로 암호화한다. 벽의 한 부분이 노란색이면 나머지 부분도 역시 노란색일 가능성이 높기 때문에, 뉴런은 그 부분의 자세한 사항을 적당히 얼버무리고 넘어갈 수 있다.[4] 그러나 예상하지 못했던 큰 붉은 반점이 있으면 뉴런은 그것에 특별한 관심을 보이게 된다.

글림처는 뇌의 의사 결정 시스템도 같은 방법으로 작동할 것이라고 주장했다. 원숭이가 두 컵에 담긴 주스 중의 어느 하나를 선택하는 간단한 의사 결정 시나리오를 생각해보자. 문제를 간단하게 만들기 위해서 원숭이의 뇌가 각각의 선택을 하나의 뉴런으로 나타낸다고 가정한다. 선택이 더 매력적일수록 뉴런은 신호를 더 빨리 쏘아보낸다. 원숭이는 선택을 위해서 뉴런이 신호를 쏘아보내는 속도를 비교한다.

연구자가 처음 하는 일은 원숭이에게 맛있는 주스 한 숟가락과 한 병 전체 중 하나를 선택하도록 하는 쉬운 문제를 제시한다. 숟가락 뉴런은 초당 한 번의 신호를 쏘아보내고, 한 병 뉴런은 초당 100번의 신호를 쏘아보낸다. 그런 경우에는 두 가능성의 차이를 쉽게 알아낼 수 있다. 한 뉴런은 시계가 째깍거리는 것처럼 소리를 내고, 다른 하나는 잠자리가 날갯짓을 하는 소리를 낼 것이다.

그런데 원숭이에게 가득 찬 주스 병과 거의 가득 찬 병 중 하나를 선택하도록 하면 상황은 애매해진다. 뉴런은 새로운 제안을 초당 80번의 스파이크로 나타낼 것이다. 원숭이에게 초당 80번의 스파이크를 쏘아보내는 뉴런과 초당 100번을 쏘아보내는 뉴런을 구별하는 것은 훨씬 더 어려울 것이다. 그것은 잠자리의 날갯짓과 메뚜기의 노래 소리를 구별하는 것과 같아진다.

글림처는 뇌가 새로운 선택을 가장 잘 나타내도록 척도를 재보정해서 그런 문제를 회피할 것이라고 제안했다. 두 가지 선택 중에서 가장 나쁜 것에 해당하는 거의 채워진 병을 나타내는 뉴런은 신호 발사 속도를 훨씬 낮게 만든다. 그렇게 되면 원숭이가 두 선택을 구별하기가 쉬워진다.

분할적 규격화라는 기존의 모델을 확장한 글림처의 모델은 그런 재보정 과정의 수학을 설명해준다.[5] 그의 모델에 따르면, 뉴런은 선택의 상대적 차이만 나타나도록 스파이크의 순서를 암호화함으로써 더 효율적인 메시지를 보낼 수 있다. "선택 집단은 무작위적이거나 독립적이 아니라 많은 공통 정보를 가지고 있다." 글림처가 말했다. "규격화를 통해서 중복되는 정보를 제거해버리면 에너지 낭비를 최대한 줄여줄 수 있는 적절한 정보만 남게 된다." 적응적 시스템을 연구한 경험이 있는 공학자들에게는 그런 아이디어가 놀라운 것이 아니라는 것이 그의 지적이었다.

그러나 선택을 연구하는 사람들에게는 그렇지 않은 경우가 많다.

다우에 따르면, "분할적 규격화가 훌륭한 이유는, 그것이 우리가 시각에서 알아낸 원리를 따르면서, 그런 원리를 예외적인 방법의 평가에 적용하기 때문이다."

위에서 소개한 주스의 예는 이론적인 것이다. 글림처와 동료들은 원숭이들이 다른 선택을 할 때마다 뇌에서 발생하는 전기 활동도를 기록했다. 의사 결정 뉴런이 모델의 예측과 똑같은 특성을 나타낸다는 사실을 밝혀냈다.[6,7] 과학자들이 그저 그런 밀키웨이를 맛있는 스니커스로 대체하여 선택의 가치를 증가시키면, 그런 선택을 나타내는 뉴런의 발사 속도가 증가한다. (과학자들은 그런 패턴에 대해서 이미 알고 있었다.)

만약 스니커스가 아닌 초코바의 크기를 킹사이즈로 바꿔서 스니커스의 상대적 가치를 감소시키면 발사 속도가 줄어든다는 것이 모델의 예측이다. 글림처와 동료들은 두정엽이라고 부르는 뇌 부위의 뉴런이 정말 그렇게 행동한다는 사실을 확인함으로써 모델에 대한 생리학적 근거를 확인했다. "이런 분할적 규격화 기능은 모든 조건에서의 자료를 설명하는 데에 훌륭하게 활용되었다." 글림처가 말했다. "그 모델은 뉴런이 분할적 규격화와 일치하거나 놀라울 정도로 근사한 일을 하고 있다는 아이디어를 뒷받침해준다."

대부분의 경우에 시스템은 잘 작동한다. 그러나 어두운 극장에서 햇빛이 밝은 곳으로 나올 때 일시적으로 앞이 보이지 않듯이 우리의 의사 결정 과정도 가끔씩 심한 어려움을 겪는다. 현대 사회에서 우리가 자주 경험하듯이 매우 다양한 선택이 주어지는 경우에 특히 그렇다. 글림처의 연구진은 그런 형식의 오류를 이용해서 자신들의 모델을 시험해보았다. 연구자들은 그와 똑같은 알고리즘으로 사람들이 선택을 잘 하지 못하는 경우에 저지르는 인간적 오류를 예측할 수 있는지를 살펴보았다.

경제적 반란

새로운 분야인 신경경제학에 대해서는 아직도 많은 의문과 논란이 이어지고 있다. 뇌에서 경제적 가치의 가능성을 발견한 신경과학자는 글림처만이 아니다. 과학자들은 사람에 대한 비침투적 뇌 이미징 방법과 동물에 대한 직접적인 뇌 기록을 이용해서 뇌의 여러 영역에서 그런 신경적 특징을 측정해왔다. 그러나 연구자들은 실제 의사 결정이 뇌의 어느 부위에서 이루어지는지에 대해서는 합의하지 못하고 있다. 스니커스 초코바가 밀키웨이보다 더 높게 평가된다는 사실을 뇌의 어느 부위에서 계산할까? "가치의 비교를 통한 의사 결정이 어디에서 어떻게 이루어지는지에 대해서는 합의된 개념이 존재하지 않는다." 파도아-스키오파가 말했다.

글림처의 신경 기록 실험은 두정엽에서 이루어졌지만, 파도아-스키오파는 "두정엽이 경제적 의사 결정과 관계가 있을 것이라는 주장에는 회의적"이다. 그에 따르면, 두정엽에 손상이 발생해도 경제적 가치를 근거로 하는 선택에는 문제가 생기지 않지만, 전두엽의 손상은 문제가 된다. 파도아-스키오파는 그런 이유 때문에 글림처의 모델에 대해서 상당히 회의적이다. 파도아-스키오파는 신경과학 기반의 선택 모델에 대해서 "현재는 아무도 확실한 이론을 가지고 있지 않다"고 말했다.

분할적 규격화의 일반적인 개념을 좋아하지만, 인간의 의사 결정에 대한 더 복잡한 측면을 설명해줄 정도로 개선해야 한다고 제안하는 과학자들도 있다. 예를 들면, 앤절라 유는 그 모델은 간단한 결정에는 잘맞지만 더 복잡한 조건에서는 맞지 않을 수도 있다고 말한다. "분할적 규격화 모델은 말이 안 되지만, 그들이 의사 결정을 연구하고 있는 실험적 조건은 매우 단순하다." 앤절라 유가 지적했다. "인간의 의사 결정에서 더 폭넓은 현상들을 설명하기 위해서는 모델을 더 강화해서 훨씬 더 복잡한 의사 결정 시나리오를 살펴볼 필요가 있다."

분할적 규격화 체제는 시각 시스템에 대한 연구에서 얻어진 것이었다. 앤절라 유는 그것을 의사 결정에 적용하는 것은 훨씬 더 복잡하다고 주장한다. 과학자들은 시각 시스템이 암호화하려는 색깔, 빛, 그림자로 구성된 이차원 장면과 같은 정보에 대해서는 많은 것을 알고 있다. 자연적인 장면은 뇌가 중복된 정보를 걸러내기 위해서 사용할 수 있는 일반적이고, 쉽게 계산할 수 있는 성질에 잘 들어맞는다. 간단히 말해서, 한 픽셀이 녹색이면, 그 옆의 픽셀은 붉은색보다 녹색일 가능성이 더 크다.

그러나 의사 결정 시스템은 훨씬 더 복잡한 제한 조건에서 작동하고, 다양한 형식의 정보를 고려해야만 한다. 예를 들면, 주택을 구입하려는 사람은 주택의 위치, 규모 또는 모양을 고려한다. 그러나 그런 요소들의 상대적인 중요성과 도시, 근교, 빅토리아식 또는 현대식과 같은 적정한 가치는 근본적으로 주관적인 것이다. 그것은 사람마다 다르고, 연령대에 따라서 변할 수도 있다. "의사 결정 분야의 과학자들이 일반적으로 경쟁적 대안의 비교에서 핵심 요소라고 동의하는 중복성의 경우처럼 단순하고, 쉽게 계산할 수 있는 수학적 양은 존재하지 않는다." 앤절라 유가 말했다.

그녀는 우리가 서로 다른 선택을 어떻게 평가하는지에 대한 불확실성이 우리에게 잘못된 결정을 하도록 만든다고 주장한다. "집을 여러 채 구입해보면, 처음 집을 구입했을 때와는 다른 방법으로 집을 평가할 것이다." 앤절라 유가 지적했다. "주택 대란 기간에 주택을 구입했던 부모의 경험이 훗날 당신이 집을 구입할 때에 영향을 줄 수도 있다."

더욱이 앤절라 유는 시각과 의사 결정 시스템이 서로 다른 목표를 가지고 있다고 주장한다. "시각은 세상으로부터 가능하면 많은 정보를 확보하는 것을 목표로 하는 감각 시스템이다." 그녀가 말했다. "의사 결정은 당신이 좋아하는 결정을 위해서 노력하는 것이다. 나는 계산의 목표가 단순히 정보가 아니라 행동학적으로 종합적인 즐거움과 같은 것일 수도 있다고 생각한다."

우리에게 의사 결정에서 중요한 관심은 대부분 실용적인 것이다. 우리가 어떻게 더 나은 결정을 할 수 있을까? 글림처는 자신의 연구가 구체적인 전략을 개발하는 데에 도움이 된다고 말했다. "내가 최선일 것이라고 기대하는 것을 선택하는 대신 이제는 언제나 최악의 요소를 선택의 대상에서 제거하는 것으로부터 시작한다." 선택의 대상을 관리할 수 있는 수준인 세 가지 정도로 줄이는 것이 목표라고 그는 말했다. "나는 그것이 실제로 작동한다는 사실을 알게 되었고, 그런 방법은 수학에 대한 연구에서 얻어진 것이다. 때로는 가장 복잡한 것으로부터 간단한 것을 배우게 되고, 그것으로 실제 자신의 의사 결정을 개선시킬 수 있다."

아기의 뇌가 마음의 형성 과정을 보여준다

코트니 험프리스

레베카 색스의 큰 아들 아서는 태어나서 한 달 만에 처음으로 MRI 뇌 영상을 찍는 경험을 했다. 매사추세츠 공과대학의 인지과학자인 색스도 그녀의 배 위에 불편하게 누워 있던 아들과 함께 MRI 안으로 들어갔다. 아들의 기저귀 쪽에 얼굴을 둔 그녀는 3-테슬라 자석의 소음 속에서 아기를 어루만지면서 달래고 있었다. 아서는 개의치 않고 곧바로 잠이 들었다.

부모라면 누구나 아기의 마음속에서 무슨 일이 일어나고 있는지 궁금하게 생각하지만, 답을 알아낼 수 있는 부모는 거의 없다. 색스는 임신하기 몇 년 전부터 아기의 뇌 활동 영상을 찍을 장치를 고안하고 있었다. 2013년 9월의 출산 예정일 때문에 모든 준비를 서두를 수밖에 없었다.

색스와 같은 연구자들은 지난 10여 년 동안 기능성 MRI(fMRI)를 이용해서 성인과 어린이의 뇌 활동을 연구해왔다. 그러나 19세기의 은판 사진과 마찬가지로 fMRI에서도 검사를 받는 사람이 꼼짝 않고 누워 있지 않으면 영상이 절망적으로 흐릿해지게 된다. 잠을 자지 않은 아기들은 끊임없이 움직이지만 가만히 있도록 회유하거나 설득할 수도 없다. 오늘날까지도 아기들에 대한 fMRI 연구는 대부분 아기들이 잠자고 있는 동안에 들려준 소리에 초점을 맞춘 것이었다.

그러나 색스는 깨어 있는 아기들이 세상을 어떻게 보는지를 이해하고 싶었다. 그녀는 어른들을 대상으로 연구할 때처럼 비디오를 보고 있는 아서의 뇌 영상을 얻고 싶었다. 그것은 훨씬 더 큰 의문점을 해결하는 길이기도 했다. 아기들의 뇌가 어른 뇌의 축소형처럼 작동할까, 아니면 완전히 다르게 작동할까? "나는 뇌가 어떻게 발달하는지에 대한 근본적인 의문을 가지고 있었는데, 이제 나에게 발달하는 뇌를 가진 아기가 생겼다." 그녀가 말했다. "나의 인생에서 가장 중요한 두 가지가 일시적으로 MRI 장치 안에서 매우 강하게 수렴하고 있었다."

색스는 출산 휴가를 아서와 함께 기계 안에서 보냈다. "그 기간 중에 아서는 그것을 싫어하기도 했고, 잠에 빠지기도 했고, 어리둥절하기도 했고, 똥을 싸기도 했다." 그녀가 말했다. "아기의 뇌에 대한 좋은 데이터를 얻는 것은 아주 드문 일이었다." 색스와 동료들은 영상을 찍는 동안에 실험을 변경해가면서 아서의 뇌 활동에 대한 영상 자료에서 패턴을 찾으려고 노력했다. 그가 4개월이 되었을 때 처음으로 유용한 결과를 얻은 그녀는 "기분이 날아갈 것 같았다"고 말했다.

2017년 1월 「네이처 커뮤니케이션스」에 발표된 논문은 2년 동안 아서와 8명의 아기들로부터 얻은 뇌 활동 영상에 대한 연구의 결정체였다.[1] 그녀의 연구진은 어린이와 성인의 뇌가 시각 정보에 반응하는 과정에서 놀라운 유사점과 흥미로운 차이점을 발견했다. 색스는 자신의 연구가 마음의 가장 초기 단계를 이해하기 위한 광범위한 연구의 시작이 될 것으로 기대한다.

출생부터 조직화된다?

기능성 MRI는 아마도 두개골을 열지 않고 뇌 활동을 연구해야 하는 과학자들에게 가장 강력한 도구일 것이다. 뇌에서 다른 영역보다 더욱 활발하게 활동하는 영역에서 나타나는 혈류량의 변화가 MRI 장치에 검지할 수 있는 신호를 만들어낸다. 이 기술은 뇌 활동을 간접적으로 측정하는 것이고, 실제로 단순하고 놀라운 영상은 이면에서의 통계 조작을 거쳐서 만들어진다는 비판도 있다. 그럼에도 불구하고 fMRI는 과학자들에게 영상을 제공함으로써 연구의 전혀 새로운 길을 열어주었다. 색스는 그 영상을 "인간의 뇌의 움직이는 지도"라고 부른다. fMRI는 사람이 무엇을 하고, 느끼고, 생각하는지에 따라서 뇌의 서로 다른 부분이 어떤 활동하는지에 대한, 믿을 수 없을 정도로 자세한 정보를 제공한다.

피질의 일부 영역도 역시 목적 지향적인 것 같다. MIT의 신경과학자이고, 색스의 지도교수였던 낸시 캔위셔는 다른 어떤 시각적 정보보다 얼굴의 영상에 더 잘 반응하는, 방추형(紡錐型) 안면 영역이라고 알려진 곳을 발견한 과학자로 유명하다. 그녀의 연구실은 또한 위치를 묘사하는 장면에 우선적으로 반응하는 해마방회(海馬傍回, Parahippocampal)에 해당하는 영역도 발견했다. 캔위셔 연구실의 대학원생이었던 색스는 다른 사람들이 무엇을 생각하고 있는지에 대해서 생각하는 "마음의 이론(theory of mind)"에 집중하는 뇌의 영역을 발견했다. 그 이후로 몇몇 연구소에서는 사회적 판단과 의사 결정에 관여하는 뇌의 영역도 밝혀냈다.

말을 빨리 하고, 지적인 색스는 뇌에 대한 철학적이고 심오한 근원적 의문을 가장 좋아한다. 그녀에게 흥미로운 다음 과제는 뇌의 조직이 어떻게 만들어졌을까라는 것이다. "어른들에게서 도덕성이나 마음의 이론처럼 뇌의 믿을 수 없을 정도로 풍부하고 추상적인 기능을 살펴보고 있으면, 저절로 어떻게 이렇게 되었을까라는 의문을 가지게 된다." 그녀가 말했다.

우리의 뇌가 생존에 가장 중요한 것만 다루는 특별한 영역이 만들어지도록 진화했을까? 아니면, 그녀가 말했듯이 "우리가 어떤 세계의 조직이라도 학습할 수 있는 놀라운 다목적 학습 기계를 갖추고 태어났다는 뜻일까?" 예를 들면, 우리는 선천적으로 얼굴에만 집중하는 뇌 영역에 대한 청사진을 가지고 태어났을까, 아니면 몇 년이나 몇 달 동안 주변의 많은 사람들을 보는 동안에 특화된 얼굴 영역이 발달하게 되었을까? "세상의 사람들은 모두 비슷하게 생겼기 때문에 인간 뇌의 기본적인 구조적 조직도 사람마다 비슷할 수 있다." 그녀가 말했다. 아니면 출생 때부터 그 윤곽이 잡혀 있을 수도 있었을 것이다.

얼굴을 인식하는 곳

라일리 르블랑은 고무젖꼭지를 뱉어내고 울기 시작했다. 색스의 연구실 관리자인 헤더 코사코프스키가, 태어난 지 5개월이 된 곱슬머리의 라일리를 MIT의 뇌인지과학 건물의 지하실에 있는 거대한 MRI 기계 옆에서 아래위로 흔들면서 달래고 있지만 아기는 포대기 안에서 계속 칭얼거리고 있었다. 검사용 침대에 앉은 라일리의 엄마인 로리 파우치가 뒷주머니에서 다른 고무젖꼭지를 깨내서 물려주었다.

그곳의 모든 것은 라일리를 달래기 위해서 마련된 것이었다. 실내의 전등은 너무 밝지 않게 켜져 있었고, 스피커에서는 딸랑거리는 장난감 피아노 버전의 팝송(지금은 건스 앤 로제스의 "스위트 차일드 오브 마인")이 자장가처럼 흘러나오고 있었다. 검사용 침대에는 스캔을 하는 동안 라디오 신호용 안테나 역할을 해주는 라디오파 코일로 특별히 설계된 뒤로 기울어진 의자와 아기용 헬멧이 놓여 있었다. MRI 기계는 아기의 정교한 청각에 손상이 가지 않도록 일반 기계보다 소음이 적게 발생하도록 특별하게 프로그램 되어 있었다.

라일리가 보채지 않고 코일 속에 누워 있기까지 몇 번의 실패를 반복했다. 그녀의 엄마는 라일리를 배 위에 눕혀놓고 얼굴과 손으로 그녀를 달래고 있다. 코사코프스키는 엄마와 아이를 스캐너 안으로 들여보낸 후에 창문이 달린 대기실로 이동하고, 연구실의 다른 연구원인 리네 헤레라가 MRI실에 남아 있었다. 아기가 눈을 뜨고, 기계 뒤쪽으로부터 투사되는 영상을 반사시키는 머리 위에 있는 거울을 볼 적마다 리네는 코사코프스키에게 수신호로 알려주었다.

아기가 움직이지 않고 비디오를 보는 대략 10분 동안의 데이터를 수집하는 것이 연구진의 목표였다. 연구자들이 두 시간이나 걸리는 실험을 여러 차례 반복해서 얻은 데이터를 통해서 평균을 찾아야하는 경우도 있다. "아기가 여러 번 방문할수록, 완전한 10분 동안의 데이터를 수집할 가능성이 높아진다." 코사코프스키가 말했다. 이번이 라일리의 여덟 번째 방문이었다.

라일리가 잠에서 깨어났다는 헤레라의 신호에 따라 코사코프스키는 스캐너를 작동시키고, 정지 화면보다 아기가 쳐다볼 가능성이 더 큰 동영상을 연속적으로 틀었다. 잠시 후에 헤레라가 라일리의 눈이 다시 감겼다는 수신호를 보냈다. "아기들이 그곳에서 최고의 낮잠을 즐기고 있다고 생각하기도 한다." 코사코프스키가 웃으면서 말했다.

갓난아기를 연구하려면 언제나 창의적인 기술이 필요하다. "비언어적이고, 은유적으로 제한되고, 집중력이 제한된 실험 대상의 머릿속에서 무슨 일이 일어나고 있는지를 알아내야 하는 일은 흥미로운 과제이다." 어린이의 발달을 연구하는 하버드 의과대학과 보스턴 어린이 병원의 인지신경과학자인 찰스 넬슨이 말했다. 갓난아기와 인간 이외의 영장류, 또는 언어 장애가 있는 아이들을 연구할 때에도 비슷한 방법을 사용한다. "우리는 원숭이, 갓난아기, 장애를 가진 어린이의 내부를 들여다보게 해주는 비밀스러운 방법을 잔뜩 가지고 있다." 넬슨이 말했다.

가장 간단한 방법은 직접 관찰하거나 눈 추적 기술을 이용해서 그들의 행동이나 바라보는 곳을 살펴보는 것이다. 뇌 활동을 측정하는 방법도 있다. 예를 들면, 전기뇌파검사(EEG)를 이용하면 단순히 아기의 머리에 전극과 전선이 붙어 있는 두개모(頭蓋帽)를 씌워서 변화하는 뇌파를 감지하면 된다.[2] 그리고 근적외선 분광법(NIRS)이라고 부르는 신기술에서는 아기의 얇고 부드러운 두개골을 통해서 빛을 쪼여서 뇌 혈류의 변화를 감지한다.

두 가지 방법 모두 뇌 활동이 순간마다 어떻게 변화하는지를 보여주지만, NIRS는 뇌의 바깥층까지만 닿을 수 있고, EEG는 정확하게 뇌의 어느 영역이 활성화되는지를 보여주지 못한다. "공간적 조직을 자세하게 연구하고, 뇌의 더 깊은 영역에 도달하려면 어쩔 수 없이 fMRI를 사용해야만 한다." 록펠러 대학교의 연구자이고, 「네이처 커뮤니케이션스」 논문의 제1저자인 벤 딘이 말했다.

연구자들은 여러 가지 방법을 이용해서 아기들이 서로 다른 범주, 특히 얼굴에 대한 시각적 정보에 대해서 서로 다르게 반응한다는 힌트를 찾아냈다. 유니버시티 칼리지 런던의 발달신경과학자인 미셸 드 한은 얼굴이 "환경에서 가장 중요한 부분"이라고 말했다. 아기들의 눈은 출생 후 몇 주일 동안에는 자신을 보살펴주는 엄마의 얼굴에 해당하는 거리에 있는 물체에 초점을 가장 잘 맞춘다. 아기들이 뇌 깊숙한 곳에 눈으로 얼굴을 바라보도록 해주는 선천적 메커니즘을 가지고 있을 것이라고 믿는 연구자들도 있다.

어린 유아들은 다른 것보다 얼굴을 더 오래 바라본다는 증거가 있다. 시간과 경험에 따라 얼굴에 대한 아기의 반응이 더 특화된다. 예를 들면, 성인들은 아래위가 뒤집어진 두 장의 얼굴 사진을 구별하기 어려워하지만, 4개월 이전의 아기들은 그런 편견이 없어서 뒤집어진 사진도 제대로 된 사진과 마찬가지로 쉽게 구별할 수 있다. 그러나 4개월 정도가 지나면 어린아이들도 똑바로 세워진 얼굴에 대한 편견을 가지게 된다. 6개월 정도가 되면 얼굴을 쳐다보는 유아들의 EEG는 얼굴을 쳐다보는 성인들과 비슷한 활동 특성을 나타낸다.

그러나 아기들의 뇌가 얼굴과 같은 특정한 영역에 대해서 전문화가 될 수 있지만, 딘은 "우리는 그런 신호가 어디서부터 나타나는지에 대한 자세한 사항을 거의 알지 못한다"고 말했다.

논문을 준비하던 색스와 동료들은 뇌 영상을 찍었던 17명의 아기들 중 9명의 자료를 분석했다. 점점 더 많은 외부 가족들을 연구에 활용하기는 했지만, 아서로부터 시작해서 색스의 둘째 아들인 퍼시, 여동생의 아들, 박사후 연구원의 아들을 포함한 "실험실 아기들"이 도움이 되었다. 그들은 아기들에게 얼굴, 자연 풍경, 인체, 장난감을 비롯한 물체, 그리고 영상의 일부를 일그러뜨려서 헝클어진 장면들이 포함된 영화를 보여주었다. 색스는, 그들이 성인의 뇌에서 전혀 다른 영역을 활성화시키는 확실한 차이가 나타나는 두 가지 자극인 얼굴과 풍경에 초점을 맞췄다고 말했다.

놀랍게도 그들은 아기들에게서도 비슷한 패턴을 발견했다. "성인에게서 얼굴이나 풍경에 반응하는 것으로 밝혀진 모든 영역에 대해서 생후 4개월에서 6개월이 된 아기들에서도 똑같은 반응이 나타났다." 색스는, 그런 사실은 피질이 완전히 분화되지 않은 것이 아니라 "이미 기능에서 편견을 가지기 시작한 것"을 보여준다고 말했다.

아기들이 그런 능력을 가지고 태어날까? "어떤 것이 선천적이라고 확실하게 말할 수는 없다." 딘이 말했다. "그것은 아주 일찍부터 발달한다고 말할 수 있을 뿐이다." 그리고 색스는 그런 반응이 (시각 정보를 직접 처리하는 일을 담당하는 뇌의 구조인) 시각 피질의 바깥 영역으로 확장된다는 사실을 지적했다. 또한 연구자들은 감정, 가치, 자기 표상(自己表象)과 관련된 뇌 영역인 전두 피질에서도 차이점을 발견했다. "아기에게서 전두 피질의 관여를 보는 것은 정말 흥미로운 것이다." 그녀가 말했다. "그동안 그것은 가장 늦게 발달하는 곳으로 알려져 있었다."

색스의 연구진은 아기와 어른들에서 뇌의 비슷한 영역들이 활성화되는 것을 발견하기는 했지만, 아기들이 다른 곳보다 얼굴이나 풍경과 같은 특정한 정보에 특화되어 있는 영역에 대한 근거를 찾아내지는 못했다. 연구에 직접 참여하지 않았던 넬슨은, 그것이 아기들의 뇌가 "좀더 다목적적"이라는 의미라고 말했다. "그것이 아기의 뇌와 어른의 뇌의 근본적인 차이라는 뜻이다."

유연한 뇌

아기와 어른의 뇌가 전혀 다르게 보이는데도 비슷하게 작동한다는 사실은 놀라운 것이다. 나는 MIT의 MRI실 바깥에 있는 컴퓨터 스크린으로 라일리가 낮잠을 자는 동안에 촬영한 뇌의 해부학적 영상을 볼 수 있었다. 라일리의 뇌는, 뇌의 서로 다른 부분들이 분명하게 구분되는 어른 뇌의 MRI 영상과 비교해보면 소름이 끼칠 정도로 어둡게 보였다.

"화질이 매우 나쁜 영상처럼 보이죠?" 코사코프스키가 말했다. 그녀에 따르면, 이 단계의 아기들은 신경 섬유 주변을 둘러싸고 있는 뇌의 흰 물질을 구성하는 미엘린(myelin)이라는 지질 절연층이 완전히 발달하지 않은 상태이기 때문에 영상이 그렇게 보인다고 한다. 뇌의 두 반쪽을 연결해주는 신경 섬유 다발인 뇌량(腦梁)이 흐릿하게 보일 뿐이다.

이 나이의 아기 뇌는 확장되고 있는 중이다. 첫 1년 동안 대뇌 피질은

88퍼센트나 커진다. 그 세포들도 역시 스스로 재조직화되면서, 서로 빠르게 새로운 연결을 형성하고, 그것들 중의 상당수는 어린이와 청소년 시기를 통해서 다시 걸러지게 된다. 이 단계의 뇌는 놀라울 정도로 유연하다. 아기들이 심장마비나 경련 때문에 외과 수술로 뇌의 절반을 제거하더라도, 뇌는 훌륭하게 회복한다. 그러나 그런 유연성에도 역시 한계가 있다. 박탈이나 학대를 경험한 아기들은 평생 학습 장애를 겪을지도 모른다.

건강한 사람의 뇌가 어떻게 발달하는지에 대한 연구는 과학자들이 그런 과정에 문제가 생기는 이유를 이해하는 데에 도움을 줄 수 있다. 예를 들면, 자폐증을 가진 많은 아이들과 어른들은 얼굴을 인식하는 것과 같은 사회적 인지 능력에서 어려움을 겪는다.[3] 그런 차이가 뇌 발달의 초기 단계에서 나타나는 것일까? 아니면 얼굴이나 사회적 신호에 대한 관심의 결여에 의해서 유발되는 아동의 경험에서 나타나는 것일까?

우리는 이제 겨우 아기의 뇌가 어떻게 조직화되는지를 이해하기 시작하고 있다. 아기들의 뇌가 어떻게 작동하는지를 더욱 완벽하게 이해하려면 더 많은 아기들로부터 훨씬 더 오랜 시간 동안 데이터를 수집해야만 할 것이다. 색스와 동료들은 새로운 연구 영역을 개척하는 연구를 할 수 있을 것이라는 사실을 확인시켜주었다. "인내심을 발휘한다면 깨어 있는 아기들로부터 훌륭한 fMRI 데이터를 얻는 것이 가능하다." 색스의 말이다. "이제 그것으로부터 우리가 무엇을 배울 수 있는지를 알아보아야 한다."

제 6 부

기계가 어떻게 학습할까?

알파고가 정말 대단한 것일까?

마이클 닐슨

1997년 IBM의 딥블루 시스템이 세계 체스 챔피언인 게리 카스파로프를 격파했다. 당시에는 딥블루의 승리가 인공지능 분야에서의 획기적인 사건으로 널리 소개되었다. 그러나 체스에는 유용했던 딥블루의 기술에는 다른 용도가 전혀 없었던 것으로 밝혀졌다. 컴퓨터 과학에서의 혁명은 일어나지 않았다.

최근 역사상 가장 뛰어난 바둑 기사 중의 한 명을 격파한 바둑 두기 시스템인 알파고는 다를까?

나는 그렇다고 믿지만, 그 이유는 흔히 알려진 것과는 다르다. 바둑이 체스보다 어렵기 때문에 알파고의 승리가 더욱 인상적이라는 전문가의 증언을 소개하는 글들이 많다. 앞으로 또다른 10년 동안은 컴퓨터가 바둑에서 승리할 것이라고 기대하지 않았기 때문에, 알파고가 더욱 놀라운 돌파구라고 주장하는 전문가들도 있다. 체스보다 바둑이 훨씬 더 많은 수(手)를 가지고 있다는 사실을 지적하기도 하지만(실제로 그렇다!), 그렇다고 그런 어려움이 인간보다 컴퓨터에게 더 큰 어려움이 되는 이유를 설명해주지는 않는다.

다시 말해서, 그런 주장들은 알파고에게 승리를 가져다준 기술적 발전이 더 큰 의미를 가지게 될 것인가라는 핵심적인 질문에 대한 답이 되지 못한다. 그 질문에 대한 답을 이해하려면, 알파고에 이르게 된 발전이 딥블루에 사용된 기술과 질적으로 다르고, 그런 차이가 훨씬 더 중요한 이유를 먼저 이해해야만 한다.

체스에서 초보자는 체스 말의 가치에 대한 개념을 배운다. 기사나 주교는 3개의 졸(卒)에 해당하는 가치를 가진다. 더 멀리 움직이는 루크는 5개의 졸에 해당한다. 가장 멀리 움직이는 여왕은 9개의 졸에 해당한다. 왕을 잃으면 게임에서 지기 때문에 왕은 무한한 가치를 가진다.

선수들은 그런 가치를 이용해서 가능한 수를 평가한다. 상대의 루크를 잡기 위해서 주교를 포기할까? 그것은 대체로 좋은 생각이다. 루크 대신 기사와 주교를 포기할까? 그렇게 좋은 생각은 아니다.

컴퓨터 체스에서도 가치의 개념이 핵심이다. 대부분의 컴퓨터 체스 프로그램에서는 수백만이나 수십억 수와 상대 수의 조합을 검색한다. 프로그램은 상대 수의 순서에 상관없이 프로그램의 최종 가치를 극대화시켜주는 수의 순서를 찾아내는 것을 목표로 한다.

초기의 체스 프로그램들은 "1개의 주교는 3개의 졸과 같다"와 같은 간단한 개념을 이용해서 판의 가치를 평가했다. 그러나 후기의 프로그램들은 훨씬 더 자세한 체스 지식을 이용했다. 예를 들면, 딥블루는 판의 가치를 평가하기 위해서 사용하는 함수에 8,000가지 이상의 서로 다른 요소들을 조합했다. 딥블루는 단순히 1개의 루크가 5개의 졸과 같다고 말하지 않았다. 같은 색깔의 졸이 루크의 앞에 있으면, 졸은 루크의 수를 제한하기 때문에 루크의 가치가 떨어진다. 그러나 졸이 상대의 졸을 잡아서 루크를 자유롭게 움직일 수 있도록 해준다는 뜻에서 "지렛대" 역할을 해준다면, 딥블루는 졸을 반투명이라고 생각하고, 루크의 가치를 크게 감소시키지 않는다.

체스의 구체적인 지식에 따라서 달라지는 그런 아이디어들이 딥블루의 성공에 핵심적인 역할을 했다. 딥블루 팀의 기술 자료에 따르면, 반투명한 지렛대 역할을 하는 졸과 같은 개념이 딥블루 대 카스파로프의 두 번째 경기에서 핵심적인 역할을 했다.

궁극적으로 딥블루 개발자들은 두 가지의 중요한 아이디어를 사용했다. 첫째는 주어진 판을 평가하기 위해서 다양하고 구체적인 체스 지식을 고려한 함수를 개발하는 것이었다. 둘째는 엄청난 계산 능력을 이용해서 가능한 한 많은 수를 평가해서 최종 판세가 가장 좋아지도록 해주는 수를 선택하도록 하는 것이었다.

그런 전략을 바둑에 적용하면 어떻게 될까?

실제 시도에서는 곧바로 난관에 봉착하게 된다는 사실이 밝혀졌다. 문제는 판을 어떻게 평가하는지를 알아내는 데에 있다. 바둑의 고수들은 특정한 판을 평가하는 데에 수많은 직관을 사용한다. 예를 들면, 그들은 "좋은 모양"을 가진 판을 애매한 표현으로 설명한다. 그런데 그런 직관을, 체스의 말을 평가하는 경우처럼 단순하고 잘 정의된 체계로 어떻게 표현할 수 있는지가 분명하지 않다.

단순히 열심히 노력해서 판세를 평가하는 좋은 방법을 찾아내면 된다고 생각할 수 있을 것이다. 그러나 불행하게도 기존의 접근법으로 수십 년 동안 노력했지만, 체스에서 그렇게 성공적이었던 검색 전략을 응용하는 확실한 방법은 찾을 수가 없었고, 바둑 프로그램은 여전히 실망스러운 수준을 벗어나지 못했다. 게임을 무작위적으로 모사하는 현명한 방법에 기반을 둔 새로운 평가 방법인 소위 몬테카를로 트리 검색 알고리즘을 도입한 2006년부터 사정이 달라지기 시작했다. 그러나 바둑 프로그램은 여전히 능력 면에서 인간보다 뒤떨어졌다. 판세를 잘 보는 강력한 직관적 감각이 유일한 성공의 열쇠인 것 같았다.

알파고에서 새롭고 중요한 것은 개발자들이 그런 직관적 감각과 매우 비슷한 것을 이용하는 방법을 찾아냈다는 것이다.

그것이 어떻게 작동하는지를 설명하기 위해서, 알파고 개발진이 2016년 1월에 공개한 논문에서 소개한 알파고 시스템을 이야기해보겠다.[1] (알파고와 이세돌의 대국에서 사용된 시스템은 구체적인 부분에서 어느 정도 개선되었지만, 대략적인 지배 원리는 변함이 없었다.)

먼저 알파고는 인공 신경망을 이용해서 뛰어난 인간 기사(棋士)들의 바둑 15만 대국에서 패턴을 찾아냈다. 특히 주어진 상황에서 인간 기사가 선택하게 될 수를 높은 확률로 예측하는 방법을 배웠다. 그런 후에 알파고의 설계자는 앞서 개발된 알파고를 상대로 하는 반복적인 경기를 통해서 신경망을 개선시키고, 승리 확률이 점진적으로 개선되도록 만들었다.

정책망(policy network)이라고 부르는 이 신경망은 어떻게 좋은 수를 예측하는 방법을 학습할까?

대략적으로 말해서, 신경망은 모델의 행동을 변화시키도록 조정할 수 있는 수백만 개의 파라미터를 가진 매우 복잡한 수학적 모델이다. 신경망이 "학습"을 한다는 것은, 컴퓨터가 모델의 파라미터를 조금씩 조정해서 게임에서도 마찬가지로 결과가 조금씩 개선되도록 만드는 방법을 찾아내는 일을 계속한다는 뜻이다. 학습의 첫 단계에서는 신경망이 인간 기사와 똑같은 수를 찾을 확률을 향상시키기 위해서 노력했다. 두 번째 단계에서는 자신과의 경기에서 승률을 향상시키도록 노력했다. 엄청나게 복잡한 기능에 대해서 반복적으로 작은 변화를 시도하는 것이 정신나간 전략처럼 보일 수도 있겠지만, 충분한 계산 능력으로 그런 전략을 충분히 오래 반복하면 신경망의 능력이 상당히 좋아진다. 그리고 여기에 이상한 사실이 있다. 아무도 제대로 이해할 수 없는 이유로 실력이 좋아진다는 것이다. 자동적으로 이루어지는 수십억 번의 미세 조정의 결과이기 때문이다.

이런 두 단계의 훈련을 거친 정책망은 인간 아마추어 기사와 같은 정도의 수준에서 훌륭한 바둑을 둘 수 있게 되었다. 그러나 여전히 프로의 수준에는 미치지 못했다. 그것은 어떤 의미에서 미래의 수를 탐색해서 판세를 평가하지 않으면서 바둑을 두는 방법이었다. 알파고가 아마추어 수준을 넘어서기 위해서는 수의 가치를 적극적으로 평가하는 방법이 필요했다.

그런 어려움을 극복하기 위해서 개발자들이 사용한 핵심 아이디어는, 알파고가 자신과의 경기를 통해서 정책망을 학습시켜서 주어진 판에서 승리할 가능성을 추정하도록 만드는 것이었다. 그런 승리 확률이 수의 가치에 대한 대략적인 평가를 제공했다. (실제로 알파고는 그런 아이디어를 조금 더 복잡하게 변형시킨 방법을 이용했다.) 그런 후에 알파고는 판세 평가 방식과 미래의 가능한 수를 탐색하는 기능을 결합시켜서, 미래의 수에 대한 검색 방향을 정책망이 가능할 것이라고 생각하는 방향으로 편향되게 만들었다. 그런 후에 가장 효율적인 판세 평가가 얻어지는 수를 선택했다.

우리는 체스를 두는 딥블루의 경우와 달리 알파고가 바둑에 대한 수많은 구체적인 지식을 근거로 구성한 가치 평가 시스템으로부터 시작하지 않았다는 사실을 알 수 있다. 그 대신 알파고는 수천 회의 과거 경기를 분석하고, 수많은 자기와의 경기 경험을 통해서 작은 점진적 개선을 위한 미세 조정을 수십억 번 반복하는 과정을 통해서 관리망을 만들어 냈다. 그런 시도가, 다시 알파고로 하여금 서로 다른 수의 가치에 대한 뛰어난 바둑 기사의 직관과 아주 비슷한 것을 담고 있는 가치 평가 시스템을 구축하도록 도와주었다.

그런 뜻에서 알파고는 딥블루보다 훨씬 더 극단적이다. 계산을 처음 시작했을 때부터 컴퓨터는 알려진 함수를 최적화하는 방법을 찾는 목적으로 이용되어왔다. 복잡하기는 하지만 기존의 체스 지식으로 표현되는 함수의 최적화를 목표로 검색하는 딥블루의 방법이 바로 그런 것이었다. 딥블루는 그런 검색에서는 훌륭했지만, 1960년대의 프로그램들과 크게 다르지는 않았다.

알파고도 역시 검색과 최적화의 아이디어를 사용했지만, 검색의 방법에서는 조금 더 똑똑했다. 그러나 알파고에서 새롭고 달랐던 것은, 좋은 수에 대한 느낌을 찾아내는 데에 도움이 되는 함수를 학습시켜주는 신경망을 이용하는 사전 단계였다. 알파고가 그렇게 높은 수준의 바둑을 둘수 있게 된 것은 그런 두 단계를 결합시켰기 때문이었다.

직관적인 패턴 인식을 흉내내는 능력은 대단한 것이다. 그것은 활용 가능성이 더 넓은 능력의 일부이기도 하다. 앞에서의 논문에 따르면, 알파고를 만든 기업인 구글 딥마인드는 49종의 고전적인 아타리 2600 비디오 게임을 학습한 신경망을 구축했는데, 인간 전문가들이 대적할 수 없는 수준에 도달한 경우도 많았다.[2] 컴퓨터로 그런 문제를 푸는 보수적인 방법은 딥블루와 같은 방법을 사용하는 것이다. 즉 인간 프로그래머가 각각의 게임을 분석해서, 게임에 필요한 자세한 관리 전략을 찾아내는 것이다.

반면에 딥마인드의 신경망은 단순히 게임을 하는 수많은 방법들을 탐색했다. 처음에는 초보자가 그렇듯이 형편없이 마구 헤맸다. 그러나 신경망이 우연히 똑똑한 일을 하는 경우도 가끔씩 있었다. 그리고 알파고는 좋은 수를 학습하는 것과 크게 다르지 않은 방법으로 더 높은 점수를 올리는 좋은 경기 패턴을 인식하는 방법을 배우기도 했다.

신경망이 직관과 패턴 인식을 학습하는 능력은 다른 용도로도 이용되고 있다. 2015년 리언 개티스, 알렉산더 에커, 매티아스 베스게는 신경 망이 예술적 스타일을 학습해서 다른 이미지에 응용하는 방법을 설명하는 논문을 arxiv.org에 올려놓았다.[3] 아이디어는 매우 간단했다. 신경망을 엄청나게 많은 수의 이미지에 노출시켜서 비슷한 스타일의 이미지를 인식하는 능력을 길러주었다. 그런 후에 그런 스타일 정보를 새로운 이미지에 응용하는 것이다.

그것은 위대한 예술은 아니지만, 신경망으로 직관을 포착한 후에 다른 곳에 사용하는 좋은 예라고 할 수 있다.

지난 몇 년 동안, 신경망은 여러 영역에서 직관을 포착하고 패턴을 인식하는 데에 이용되어왔다. 그런 신경망을 이용한 프로젝트는 대부분 시각적인 것으로, 예술적 스타일을 인식하거나 좋은 비디오 게임 전략을 개발하는 등의 임무와 관련된 것이었다. 그러나 오디오와 자연 언어가 포함된 전혀 다른 영역에서 신경망으로 직관을 흉내내는 놀라운 예도 있다.

그런 다양한 가능성 때문에 나는, 알파고를 그 자체로 혁명적인 돌파구가 아니라 직관을 포착하고 패턴을 인식하는 방법을 배울 수 있는 시스템을 구축하는 능력에 대한 지극히 중요한 개발의 첨단이라고 생각한다. 컴퓨터 과학자들은 수십 년 동안 그런 시도를 해왔지만 큰 발전이 없었다. 그러나 이제 신경망의 성공 덕분에 컴퓨터를 활용해서 시도할 수 있는 문제의 범위가 크게 확장될 것으로 보인다.

그런 상황을 무작정 즐기면서 몇 년 안에 반드시 일반 인공지능이 개발될 것이라고 선언하고 싶기도 하다. 어쨌든 사고의 방식을, 이미 컴퓨터가 잘하는 논리적 형식의 사고와 "직관"으로 구분한다고 생각해보자. 만약 알파고나 그와 비슷한 시스템을 컴퓨터가 직관을 흉내낼 수 있는 증거라고 생각한다면, 모든 기반이 완성되었다고 볼 수 있을 것이다. 컴퓨터가 이제는 논리적인 사고와 직관을 모두 수행할 수 있다는 것이다. 일반 인공 지능이 바로 눈앞에 있는 것이 확실하다!

그러나 그런 생각에는 은유적 오류가 있다. 그것은 우리가 여러 가지 서로 다른 정신적 활동을 "직관"으로 묶었다는 것이다. 신경망이 특정한 형식의 직관을 포착하는 일에 능숙하다고 해서 다른 형식의 직관에도 뛰어날 것이라고 볼 수는 없다. 어쩌면 우리가 지금 직관이 필요하다고 생각하는 다른 일에서는 신경망이 전혀 뛰어나지 않을 수도 있다.

실제로 신경망에 대한 현재 우리의 이해는 중요한 점에서 매우 부족하다. 예를 들면, 2014년의 논문은 신경망을 속여 넘기는 데에 이용할 수 있는 "부정적인 예"를 소개했다.[4] 저자들은 이미지 인식에 매우 훌륭한 신경망으로 연구를 시작했다. 그것은 신경망으로 패턴 인식 능력을 학습하는 고전적인 승리처럼 보였다. 그러나 그들은 이미지를 아주 조금 변경하는 것만으로도 신경망을 속일 수 있다는 사실을 보여주었다.

현재 시스템의 또다른 한계는, 학습을 시작하기 위해서 인간의 도움이 많이 필요하다는 것이다. 예를 들면, 알파고는 15만 건의 인간 게임으로부터 학습을 시작했다. 엄청나게 많은 양의 게임이다! 그와 반대로 인간은 훨씬 더 적은 수의 게임에서 엄청나게 많은 것을 학습할 수 있다. 마찬가지로 이미지를 인식하고 조작하는 신경망도 이미지의 형식에 대한 정보가 주석으로 달려 있는 수백만 개의 이미지로 훈련을 받는다. 그래서 이제는 인간이 제공하는 훨씬 더 적은 수의 데이터와 더 적은 부수적 정보를 이용해서 학습할 수 있는 더 나은 시스템을 만드는 것이 중요한 도전 과제이다.

그런 전제에서 알파고와 같은 시스템은 매우 흥미로운 것이다. 우리는 컴퓨터 시스템을 이용해서 적어도 인간 직관의 어느 형태를 재현할 수 있다는 사실을 알게 되었다. 이제 우리가 도전해야 할 훌륭한 과제들이 많아졌다. 우리가 대변할 수 있는 직관의 형식을 확장시키고, 시스템을 안정적으로 만들고, 그것들이 작동하는 이유와 방법을 이해하고, 컴퓨터 시스템에 대해서 이미 알고 있는 장점과 결합시키는 더 나은 방법을 찾아내는 노력이 필요하다. 조만간 우리도 수학적 증명을 하거나 스토리나 훌륭한 해설에 필요한 직관적 판단의 정체를 파악할 수 있게 되지 않을까? 인공 지능에게는 매우 희망적인 상황이다.

딥 러닝의 블랙박스를 활짝 열어주는 새 이론

내털리 볼초버

"심층 신경망(deep neural network)"이라고 알려진 기계들이 대화를 하고, 자동차를 운전하고, 비디오 게임과 바둑 챔피언을 이기고, 꿈을 꾸고, 그림을 그리고, 과학적 발견을 도와주고 있다. 소위 "딥 러닝(deep learning)"이라는 알고리즘이 이렇게 잘 작동할 것이라고 기대하지 않았던 인간 창조자들이 당혹스러워하고 있는 것이 사실이다. 그런 학습 시스템의 설계에는 (아무도 작동 원리를 제대로 이해하고 있지 못한) 뇌의 구조에서 유추한 어설픈 영감 이외에는 다른 원리의 도움이 없었다.

뇌와 마찬가지로 심층 신경망도 컴퓨터 메모리로 구성된 인공적인 신경세포들의 층상 구조를 가지고 있다. 뉴런이 발사한 신호는 위층에 연결된 뉴런에게 전달된다. 딥 러닝의 과정에서는, 예를 들면, 개의 사진에 포함된 픽셀과 같은 입력 데이터의 신호를 층상 구조를 통해서 "개"와 같은 높은 수준의 개념과 연결된 뉴런에 더 잘 전달하도록 만들기 위해서 신경망의 연결을 강화시키거나 약화시킨다. 수천 장의 개 사진으로 학습한 심층 신경망은 사람과 마찬가지로 새로운 사진에서 개를 정확하게 알아낼 수 있다. 특별한 사례로부터 정확하게 일반화된 개념으로 이어지는 학습 과정에서의 마술적인 도약이, 심층 신경망에게 인간의 이

경험으로부터의 학습

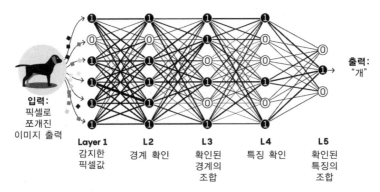

입력:
픽셀로
쪼개진
이미지 출력

Layer 1
감지한
픽셀값

L2
경계 확인

L3
확인된
경계의
조합

L4
특징 확인

L5
확인된
특징의
조합

출력:
"개"

그림 6.1 심층 신경망은 여러 층상 구조를 통해서 정확하게 일반화된 개념과 관련된 뉴런들에게 입력 신호를 더 잘 전달하도록 자신들이 연결 강도를 조절하는 과정을 통해서 학습한다. 데이터가 신경망에 입력되면, ("1"로 표시된) 활성화된 인공 뉴런이 다음 층에 있는 일부 뉴런들에게 신호를 보내고, 여러 개의 신호를 받은 뉴런들이 다시 신호를 보낼 수도 있다. 그런 과정에서 잡음은 걸러지고, 가장 적절한 특징이 남겨진다.

성과 창의성, 그리고 흔히 "지능"이라고 부르는 다양한 능력을 제공한다. 전문가들은 딥 러닝에서 무엇이 그런 일반화를 가능하게 만들어주고, 뇌가 어느 정도까지 그런 방법으로 실재를 파악하게 되는지를 알고 싶어한다.

2017년 8월 유튜브를 통해서 많은 인공지능 연구자들이 공유했던 베를린 학술회의의 강연이 그런 의문에 대한 가능한 답을 제공해주었다. 예루살렘 히브리 대학교의 컴퓨터과학자 겸 신경과학자인 나프탈리 티쉬비는 베를린의 강연에서 딥 러닝이 어떻게 작동하는지를 설명해주는 새로운 이론을 입증하는 증거를 제시했다. 티쉬비는 심층 신경망의 학습은 자신과 두 명의 동료가 1999년에 이론적으로만 설명했던 "정보 병목(information bottleneck)"이라고 부르는 과정에 의해서 이루어진다고 주장했다.[1] 네트워크가, 관련이 없는 정보로 이루어진 잡음에 해당하는 입력 자료를 제거하는 과정에서 정보를 쥐어짜서 병목을 통과시킴으로써 일반적인 개념에 가장 잘 맞는 특징을 걸러내는 방법을 사용한다는 것이 아이디어였다. 티쉬비와 그의 학생인 라비드 슈바르츠-지브는 최소한 그들이 연구한 딥 러닝에서만큼은, 그런 쥐어짜기가 어떻게 일어나는지를 보여주는 놀라운 실험을 소개했다.[2]

티쉬비의 결과는 AI 학계를 흥분시켰다. 이미 정보 병목 분석을 대규모 심층 신경망에 적용하기 위한 새로운 근사 방법을 개발했던 구글 연구소의 알렉스 알레미는 "나는 정보 병목 아이디어가 미래의 심층 신경망 연구에 매우 중요할 수 있다고 믿는다"고 말했다.[3] 병목은 "우리의 신경망이 지금처럼 그렇게 잘 작동하는 이유를 이해하는 이론적 도구일 뿐만 아니라 신경망의 새로운 목표와 구조를 구축하는 도구가 될 수도 있다."

이론이 딥 러닝의 성공을 완전히 설명해줄 것이라는 주장에 대해서 회의적인 연구자도 있지만, 대형강입자충돌기에서 일어나는 입자 충돌의 분석에 머신 러닝(machine learning)을 활용하고 있는 뉴욕 대학교의 입자물리학자 카일 크랜머는 병목 이론이 "어쨌든 옳은 것이라는 냄새가 풍기는" 일반 학습 원리일 수 있다고 말했다.

구글과 토론토 대학교에서 활동하는 딥 러닝의 선구자인 제프리 힌턴은 베를린 강연을 본 후에 티쉬비에게 이메일을 보냈다. "그것은 지극히 흥미로운 것이다." 힌턴이 썼다. "나는 그것을 정확하게 이해하기 위해서 1만 번이나 다시 들어야 했지만, 요즘은 진정으로 독창적이고 정말 중요한 수수께끼에 대한 해결책이 될 수 있는 아이디어를 소개하는 강연을 보는 일이 흔하지 않다."

알고리즘이든, 집파리이든, 의식이 있는 존재이든, 창발적 행동에 대한 물리학 계산이든 상관없이 정보 병목을 학습의 근본적인 원리로 활용한다고 생각하는 티쉬비에 따르면, "학습의 가장 중요한 부분은 실제로 망각"이라는 것이 오래 전부터 찾고 싶었던 답이다.

병목

티쉬비는 다른 연구자들이 심층 신경망을 처음 훈련시키기 시작했을 무렵부터 정보 병목에 대한 연구를 시작했다. 그 당시에는 심층 신경망과 병목이라는 두 개념에 이름도 붙여지지 않았다. 그때는 1980년대였다. 티쉬비는 당시 AI에게는 심각한 도전이었던 대화 인식에서 사람들이 매우 뛰어난 능력을 발휘하고 있다는 사실을 주목하고 있었다. 티쉬비는 문제의 가장 중요한 핵심은 적절성(relevance)의 문제라는 사실을 깨달았다. 말로 표현된 단어의 가장 적절한 특징이 무엇이고, 악센트, 웅얼거림, 억양과 같이 수반되는 변수들로부터 그런 특징을 어떻게 파악할까? 일반적으로 우리가 실재를 구성하는 데이터의 바다를 마주할 때에 우리는 어떤 신호에 주목할까?

"적절한 정보에 대한 개념은 역사에서 여러 차례 등장했지만 한 번도 정확하게 정리된 적이 없었다." 티쉬비가 2017년 인터뷰에서 말했다. "셰넌의 잘못된 개념에서 시작했던 사람들은, 정보 이론(information theory)이 적절성을 고려하는 옳은 방법이 아니라고 생각했다."

정보 이론의 창시자인 클로드 셰넌은 어떤 의미에서는 정보에 대한 연구를 해방시켜주었다. 그는 1940년대부터 정보 이론을 순전히 수학적 의미만을 가지는 1과 0으로 구성된 추상적 영역에서 생각하도록 만들었다. 티쉬비의 표현에 따르면, 셰넌은 "정보가 의미론에 대한 것이 아니다"라고 생각했다. 그러나 티쉬비는 그것이 사실이 아니라고 주장했다. 그는 정보 이론을 이용하면 "'적절함'을 정확한 의미로 정의할 수 있다"

는 사실을 깨달았다.

X를 개 사진의 픽셀과 같은 복잡한 데이터 세트이고, Y는 "개"라는 단어처럼 그런 데이터로 표현되는 훨씬 더 단순한 변수라고 생각해보자. Y에 대한 예측 가능성을 잃어버리지 않는 범위에서 X를 최대한 압축하면 X에 들어 있는 Y에 대한 "적절한" 정보를 전부 파악할 수 있다. 티쉬비와 현재 구글에 있는 페르난도 페레이라, 그리고 프린스턴 대학교에 있는 윌리엄 비아렉은 1999년에 발표한 논문에서 그것을 수학적 최적화 문제로 정리했다. 당시의 연구는 킬러 어플리케이션*도 없었던 기본적인 아이디어였다.

"나는 지난 30여 년간 다양한 영역에서 이런 생각을 해왔다." 티쉬비가 말했다. "심층 신경망이 이렇게 중요해진 것이 나에게는 행운이었다."

사람들의 얼굴을 찍은 영상에 있는 눈

심층 신경망의 개념은 수십 년 전에 등장했지만, 대화와 이미지 인식과 같은 일에 적용되기 시작한 것은 개선된 훈련 방식과 더 강력한 컴퓨터 프로세서가 등장한 2010년대 초반이었다. 티쉬비는 물리학자 데이비드 슈밥과 판카지 메타의 놀라운 논문을 읽었던 2014년에야 심층 신경망이 정보 병목과 관련이 있을 것이라는 가능성을 인식했다.[4]

두 사람은 힌턴이 개발한 "심층 신뢰망(deep belief net)"이라는 딥 러닝 알고리즘이 특별한 경우에는 규격화(規格化)처럼 정확하게 작동한다는 사실을 발견했다. 규격화는 물리학에서 사용하는 방법으로, 물리적 시스템을 세부 사항을 무시한 엉성한 알갱이로 간주하고 전체 상태를

---

* 새로운 운영체제를 개발할 정도로 인기 있는 소프트웨어.

계산한다. 모든 규모에서 스스로 닮은 프랙탈*의 특성을 나타내는 "임계점"에 있는 자석에 심층 신뢰망을 적용했던 슈밥과 메타는, 신경망이 자석의 상태를 찾아내는 과정에서 자동적으로 규격화 기법을 사용한다는 사실을 발견했다. 생물물리학자 일리야 네멘만은 "통계물리학의 입장에서 적절한 특징을 추출하는 것과 딥 러닝의 입장에서 적절한 특징을 추출하는 것은 단순히 비슷한 것이 아니라 하나의 똑같은 것"이라는 놀라운 지적을 해주었다.

일반적으로 실제 세상은 프랙탈이 아니라는 것이 유일한 문제였다. "자연 세계는 귀 위에 있는 귀 위에 있는 귀 위에 있는 귀가 아니라 화면에 등장한 사람의 얼굴에 있는 눈이다." 크랜머가 말했다. "그래서 나는 [재규격화 과정이] 딥 러닝이 자연의 이미지들에 대해서 잘 작동하게 되는 이유라고 말하지는 않을 것이다." 그러나 당시에 췌장암으로 화학요법 치료를 받고 있던 티쉬비는 딥 러닝과 엉성한 알갱이 과정 모두가 범위가 더 넓은 아이디어에 포함될 수 있다는 사실을 깨달았다. "과학에 대해서 생각하는 것과 나의 오랜 아이디어의 역할에 대해서 생각하는 것이 나의 투병과 회복에서 중요한 부분이었다." 그가 말했다.

2015년 그는 자신의 학생 노가 자스라브스키와 함께 딥 러닝이 자료가 표현하는 것에 대한 정보를 보존하면서, 잡음에 해당하는 자료를 최대한 제거하는 정보 병목 과정이라는 가설을 제시했다.[5] 티쉬비와 슈바르츠-지브가 심층 신경망으로 수행했던 더 새로운 실험은 병목 과정이 실제로 어떻게 진행되는지를 밝혀주었다. 어떤 경우에는, 연구자들이 입력 자료를 1이나 0("개" 또는 "개 아님"을 나타낸다)으로 표시하도록 교육받을 수 있는 작은 네트워크를 이용해서 282개의 신경 연결 부위에

---

* 동일한 기본 패턴이 서로 다른 규모에서 반복되어서 만들어지는 패턴.

무작위적으로 초기 강도를 부여했다. 그런 후에 그들은 네트워크가 3,000개의 표본 입력 자료 세트를 이용해서 딥 러닝을 수행하는 동안에 일어나는 일을 추적했다.

대부분의 딥 러닝 과정에서 데이터에 따라 신경 연결을 변경하기 위해서 사용하는 기본적인 알고리즘은 "확률적 기울기 강하법(stochastic gradient descent, SGD)"이라는 것이다. 훈련용 데이터가 네트워크에 입력될 때마다 일련의 발사 활동이 인공 신경의 계층을 위쪽으로 훑어 나간다. 신호가 최상위층에 도달하면, 최종 발사 패턴이 1 또는 0, 즉 "개" 또는 "개 아님"과 같은 영상의 표식과 맞는지를 비교한다. 발사 패턴과 옳은 패턴 사이의 모든 차이는 계층을 따라 "거꾸로 전파된다." 그것은 교사가 답안지를 수정해주는 것과 마찬가지로 그런 알고리즘이 네트워크 계층 구조가 올바른 출력 신호를 만들어내는 각각의 연결을 강화시키거나 약화시켜준다는 뜻이다. 훈련을 거듭하는 과정에서 훈련용 데이터의 공통된 패턴이 연결을 강화시켜주는 데에 반영됨으로써 네트워크는 개, 단어, 또는 1을 인식하여 데이터에 옳은 표식을 붙이는 전문가로 발전하게 된다.

티쉬비와 슈바르츠-지브는 실험을 통해서 심층 신경망의 각 계층이 입력 데이터의 정보를 얼마나 잘 유지하고, 출력 표식에 얼마나 많은 정보를 넘겨주는지를 추적했다. 계층별로 네트워크가 정보 병목의 이론적 한계로 수렴한다는 사실을 확인했다. 그것은 티쉬비, 페라이라, 비아렉의 첫 논문에서 시스템이 적절한 정보를 가장 잘 추출할 수 있는 이론적 한계라고 밝혔던 것이었다. 그런 한계에서는 네트워크가 표식을 정확하게 예측할 수 있는 능력을 훼손하지 않는 범위에서 입력 자료를 최대한 압축하게 된다.

티쉬비와 슈바르츠-지브는 또한 딥 러닝이 네트워크가 훈련용 데이터에 표식을 붙이는 방법을 배우는 과정인 짧은 "적응"과 새로운 시험 데이터의 표식 성과로 측정되는 일반화에 익숙해지는 훨씬 더 긴 "압축"이라는 두 단계를 거쳐서 진행된다는 흥미로운 사실도 밝혀냈다.

심층 신경망이 확률적 기울기 강하법(SGD)으로 연결을 조정할 때에 처음 연결이 입력의 패턴을 암호화하고, 네트워크가 그것에 들어맞는 표식을 찾아내는 과정에서 입력 데이터에 대해서 저장하는 비트의 수는 대략 일정하거나 조금 증가한다. 일부 전문가들은 그 단계를 기억화로 보기도 한다.

그런 후에는 학습이 압축 단계로 전환된다. 네트워크는 출력 표식에 가장 적합한 상관성을 가지는 가장 두드러진 특징만을 추적하면서 입력 데이터에 대한 정보를 저장하기 시작한다. 그런 일이 일어나는 것은, 확률론적 기울기 하강의 반복 단계에서는 네트워크가 훈련 데이터와의 우연에 가까운 상관성에 따라 신경 연결망을 무작위적 걸음으로 오르내리면서 세기를 조절하도록 해주는 서로 다른 일을 지시하기 때문이다. 그런 무작위화는 실질적으로 입력 데이터에 대한 시스템의 표현을 압축하는 것과 똑같다. 예를 들면, 개의 사진 중에는 배경에 집이 있는 경우도 있지만, 그렇지 않은 경우도 있다. 네트워크는 그런 훈련용 사진을 살펴보는 과정에서 일부 사진에서 관찰되는 집과 개 사이의 상관관계를 그렇지 않은 사진의 영향 때문에 "잊어버릴" 수도 있다. 티쉬비와 슈바르츠-지브는, 그런 구체적 사항의 망각이 시스템에 일반적인 개념을 형성하도록 해준다고 주장한다. 실제로 그들의 실험에 따르면, 심층 신경망은 압축 과정에서 일반화 성과가 향상되기 때문에 훈련 데이터의 표식 작업을 더 잘하게 된다. (예를 들면, 사진에서 개를 인식하도록 훈련된 심층 신경망은 개가 포함되거나 포함되지 않은 새로운 사진으로 시험해 볼 수 있다.)

정보 병목이 모든 딥 러닝 영역을 지배하는지, 아니면 압축 이외에 다른 일반화 경로가 있는지는 앞으로 더 살펴보아야 한다. 일부 AI 전문가들은 티쉬비의 아이디어를 최근에 등장한 딥 러닝에 대한 여러 가지 중요한 이론적 통찰 중의 하나로 보고 있다. 하버드 대학교의 AI 연구자이면서 이론 신경과학자인 앤드루 색스는 매우 큰 규모의 일부 심층 신경망에서는, 좀더 나은 일반화를 위해서 오랜 시간이 걸리는 압축 단계가 필요하지 않은 것 같다는 사실을 지적했다. 그 대신에 연구자들은 네트워크가 처음부터 너무 많은 상관관계를 암호화하지 않도록 훈련을 줄이는 조기 중단이라고 부르는 방법을 이용한다.

티쉬비는 색스와 그의 동료들이 분석한 네트워크 모델이 표준 심층 신경망 구조와 다른 것이라고 주장하지만, 그럼에도 불구하고 정보 병목 이론의 한계가 네트워크의 일반화 성능을 다른 방법보다 더욱 잘 정의해준다. 티쉬비와 슈바르츠-지브는 자신들의 과거 논문에 포함되지 않았던 좀더 최근의 실험을 통해서 병목이 더 큰 신경망에서 적용되는지에 대한 의문을 부분적으로 살펴보았다. 이 실험에서 그들은 훨씬 더 많은 33만 개의 연결을 가진 심층 신경망을 딥 러닝 알고리즘의 성능 평가를 위한 목적의 잘 알려진 벤치마크인 6만 장의 이미지로 구성된 국립표준기술연구원(NIST)의 수정 데이터베이스에 저장된 손으로 쓴 숫자를 인식하도록 훈련시켰다. 과학자들은 네트워크가 정보 병목 이론의 한계로 똑같이 수렴하는 것을 보았다. 그들은 또한 딥 러닝의 구분되는 두 단계가 더 작은 네트워크에서보다 훨씬 더 분명한 전이(轉移)에 의해서 구별된다는 사실을 관찰했다. "이제 나는 이것이 일반적인 현상이라는 사실을 완전하게 확신한다." 티쉬비가 말했다.

인간과 기계

뇌의 학습 규칙을 역설계하고 싶어하던 AI 선구자들이 처음에 심층 신경망에 관심을 가지게 된 이유는, 뇌가 우리의 감각으로부터 오는 신호를 어떻게 걸러서 우리의 인식적 지각의 수준으로 끌어올리는지에 대한 신비 때문이었다. 기술적 발전을 위해서 정신없이 노력하던 AI 개발자들은, 생물학적 가능성을 충분히 고려하는 대신에 오직 성능만을 향상시켜주는 것처럼 보이는 부가적 기능에 집착했다. 언젠가는 AI가 존재적 위협이 될 것이라는 우려가 제기될 정도로 사고(思考) 기계가 점점 더 놀라운 성과를 거두게 되면서 많은 연구자들이 사고 기계에 대한 탐구를 통해서 학습과 지능에 대한 일반적인 통찰을 얻게 될 것이라고 기대한다.

인간과 기계의 학습 방법에서 닮은 점과 다른 점을 연구하는 뉴욕 대학교의 심리학과 데이터사이언스 조교수인 브렌든 레이크는 티쉬비의 발견들이 "신경망의 블랙박스를 여는 데에 중요한 성과"라는 사실을 인정하면서도, 뇌가 훨씬 더 크고, 훨씬 더 알 수 없는 블랙박스라는 점을 강조했다. 860억 개의 뉴런과 수백조 개의 연결로 이루어진 성인의 뇌는 십중팔구 유아기에 만들어지고, 여러 가지 측면에서 딥 러닝을 닮은 것일 수도 있는 기본적인 이미지와 소리 인식 학습 과정을 넘어서는 일반화의 다양한 강화 기법을 활용하고 있을 것이다.

예를 들면, 레이크는 자신이 연구했던 아이들이 손글씨를 인식하는 방법에서는 티쉬비가 확인했던 적응과 압축 단계와 유사한 과정을 찾을 수 없었다고 말했다. 아이들은 글자를 인식하고 스스로 쓰기 위해서 오랜 기간에 걸쳐 수천 개의 글자를 보고, 자신들의 정신적 표현을 압축해야 할 필요가 없다. 사실 아이들은 하나의 예에서도 충분히 배울 수 있다. 레이크와 그의 동료들이 제시한 모델에 따르면, 뇌는 새로운 글자를 이미 존재하는 정신적 구성인 일련의 획으로 분해해서 얻은 글자에 대한 인식을 이미 가지고 있던 지식 체계에 추가해버린다.[6] 레이크는 표준적인 머신 러닝 알고리즘에서처럼 "글자의 이미지를 픽셀의 패턴으로 생각하고, 그런 특징을 대응시켜서 개념을 학습하는 대신에 (더 간단한 일반화 경로인) 글자의 간단한 인과적 모델을 만드는 것을 목표로 삼고 있다"고 설명했다.

뇌에 대한 그런 아이디어는 AI 연구자들에게 두 분야 사이의 상호 교류를 강화시키는 교훈이 될 수도 있다. 티쉬비는 자신의 정보 병목 이론이 AI에서보다는 인간의 학습에서 더 일반적인 형식을 취하겠지만, 궁극적으로 두 분야 모두에게 유용한 것으로 밝혀질 것이라고 믿는다. 그런 이론으로부터 얻을 수 있는 한 가지의 직접적인 통찰은, 실제 신경망과 인공 신경망으로 해결할 수 있는 문제의 유형이 어떻게 다른지를 더 잘 이해하게 된다는 것이다. "그것이 학습할 수 있는 문제를 완전하게 규정해준다." 티쉬비가 말했다. "그것은 분류할 수 있는 능력을 훼손하지 않는 범위에서 입력으로부터 잡음을 제거해줄 수 있는 문제들이다. 그것이 자연적인 시각과 대화 인식 문제이다. 그것이 또한 정확하게 우리의 뇌가 감당할 수 있는 문제들이기도 하다."

한편 실제 신경망과 인공 신경망은 세부적인 부분이 모두 중요하고, 사소한 차이가 전체 결과를 흔들어놓을 수 있는 문제에 대해서는 혼란을 겪는다. 예를 들면, 대부분의 사람들은 머릿속으로 두 개의 큰 수를 쉽게 곱하지 못한다. "우리에게는 변수 하나에서의 변화에 매우 민감한 그런 논리적 문제들이 많다." 티쉬비가 말했다. "분류 가능성, 이산(離散) 문제, 암호학 문제들이 그렇다. 나는 딥 러닝이 앞으로도 암호를 푸는 일에 도움이 될 것이라고 생각하지 않는다."

어쩌면 정보 병목을 가로지르는 일반화는 일부 세부 사항을 남겨둔다는 뜻일 수도 있다. 대수학을 얼렁뚱땅 해치우는 데에는 적절하지 않은 그런 일이 뇌의 주된 임무는 아니다. 우리는 많은 사람들 중에서 낯익은 얼굴을 찾아내고, 혼돈 속에서 질서를 찾아내고, 잡음이 가득한 세상에서 핵심적인 신호를 찾아내는 능력을 가지고 있다.

원자 스위치로 구성된 뇌도 학습을 할 수 있다

안드레아스 폰 버브노프

뇌는 사고와 문제 해결에서의 대표적인 성과 이외에도 에너지 효율의 귀감이다. 인간 뇌의 에너지 소비량은 20와트 백열전구 수준이다. 그에 반해서, 세계에서 가장 크고 가장 빠른 슈퍼컴퓨터 중 하나인 일본 고베의 K컴퓨터는 1만 가구의 에너지 소비량과 맞먹는 9.89메가와트의 에너지를 소비한다. 그럼에도 불구하고, 2013년에는 그렇게 많은 에너지를 소비하는 기계가 인간 뇌 활동의 1퍼센트에 해당하는 1초 동안의 일을 흉내내는 데에 무려 40분이 걸렸다.

이제 캘리포니아 대학교 로스앤젤레스에 있는 캘리포니아 나노시스템 연구소의 공학자들은 뇌의 구조를 흉내낸 시스템으로 뇌의 계산과 에너지 효율에 도전해보려고 노력하고 있다. UCLA의 화학 교수인 짐 김제프스키와 함께 프로젝트를 수행하고 있는 과학자이면서 연구소의 부소장인 애덤 스티그에 따르면, 그들은 어쩌면 최초로 "뇌로부터 얻은 영감을 이용해서 뇌가 하고 있는 일을 할 수 있도록 해주는 특성"을 가진 장치를 만드는 중이다.[1]

그 장치는 실리콘 칩 위에 고도로 정리된 패턴으로 인쇄된 미세한 와이어로 구성된 일상적인 컴퓨터와는 전혀 다른 것이다. 현재의 시험용 장치는 인공 시냅스로 연결된 은(銀) 나노 와이어로 만들어진 그물망으로, 크기는 가로와 세로가 각각 2밀리미터이다. 기하학적으로 정밀한 구조를 가지고 있는 실리콘 회로와 달리 이 장치는 "서로 뒤엉킨 국수"처럼 엉망으로 보인다고 스티그가 말했다. 그리고 UCLA 장치의 미세 구조는 의도적으로 설계된 것이 아니라 무작위적인 화학적, 전기적 과정을 통해서 스스로 조직화된 것이다.

그러나 은(銀)으로 만들어진 그물망은 복잡성 측면에서는 뇌를 닮았다. 그물망이 가지고 있는 인공 시냅스는 실제 뇌보다 몇백 배 정도 적어서 1제곱센티미터당 10억 개 수준에 지나지 않는다. 네트워크의 전기적 활동도 역시 뇌와 같은 복잡계에서 특징적으로 나타나는 최대 효율을 가진 질서와 카오스의 "임계성(臨界性)"을 나타낸다.

더욱이 예비 실험에 따르면, 이런 뇌신경형(neuromorphic)의 은 그물망은 엄청난 기능적 가능성을 가지고 있는 것으로 보인다. 이 장치는 이미 간단한 학습과 논리 조작을 수행하고 있다. 수신한 신호에서 원하지 않는 잡음을 제거할 수 있는 능력은, 일상적인 컴퓨터에게는 도전적일 수밖에 없는 음성 인식과 같은 과제에 중요한 것이다. 그리고 그런 장치의 존재는 언젠가 뇌와 같은 정도의 에너지 효율로 계산을 할 수 있는 장치를 만들 수 있을 것이라는 가능성을 보여준다.

특히 실리콘 마이크로프로세서의 소형화와 효율화에서 한계가 드러나고 있는 상황에서는 그런 장점이 더욱 매력적인 것으로 보인다. "무어 법칙은 더 이상 유효하지 않게 되었고, 트랜지스터는 더 이상 작아지지 않을 것이다. [사람들은] '맙소사, 이제 무엇을 해야 하나?'라고 당황하고 있다." 산타페에 있는 뇌신경형 컴퓨터 회사인 노움의 CEO이면서 UCLA 프로젝트에는 참여하지 않았던 알렉스 누젠트가 말했다. "나는 그 아이디어와 그들의 연구 방향에 매우 흥분하고 있다. 전통적인 컴퓨터 플랫폼은 수십억 배나 효율이 떨어진다."

시냅스처럼 행동하는 스위치

김제프스키가 10여 년 전에 은 와이어 프로젝트를 시작한 것은 에너지 효율성 때문이 아니었다. 오히려 따분함이 동기였다. 20여 년 동안 주사 터널현미경으로 원자 수준에서 전자회로를 살펴보던 그는 "나는 완벽함과 정밀한 통제에 지쳐버렸고, 환원주의도 조금은 지루하게 느껴지기 시작했다"고 말했다.

2007년 일본 츠쿠바의 국제재료 나노건축학 연구소에 있는 아오노 마사카주가 그에게 자신들이 개발하고 있던 단원자 스위치를 함께 연구하자는 제안을 했다. 그 스위치에는 달걀에 닿으면 은 숟가락을 검게 변하게 만드는 것과 똑같은 성분이 들어 있었다. 고체의 금속성 은(銀) 사이에 끼어 있는 황화은이 바로 그런 성분이었다.

그런 스위치에 전압을 걸어주면 황화은에서 양전하를 가진 은 이온이 빠져나와 은 음극층으로 이동한 후에 금속성 은으로 환원된다. 원자 두께의 은 필라멘트가 만들어지면서 결국에는 금속성 은 전극 사이의 틈새가 메워지게 된다. 결과적으로 스위치가 켜지고, 전류가 흐를 수 있게 된다. 전류가 흐르는 방향을 바꿔주면 반대의 효과가 나타난다. 은으로 된 연결다리가 녹으면서 스위치가 꺼지게 된다.

그러나 아오노 연구진은 스위치를 개발한 후부터 불규칙적인 현상이 나타나는 것을 관찰하게 되었다. 자주 사용할수록 스위치가 더 쉽게 켜졌다. 한동안 사용하지 않고 놓아두면, 스위치가 저절로 꺼진다. 실질적으로 스위치가 자신의 역사를 기억하는 셈이었다. 아오노와 그의 동료들은 스위치들이 상호작용한다는 사실도 발견했다. 임의의 스위치를 켜면 가끔씩 근처에 있는 다른 스위치가 작동을 하지 않거나 꺼져버리는 경우도 있었다.

아오노 연구진의 연구자들은 스위치의 그런 이상한 성질을 제거하고 싶어했다. 그러나 김제프스키와 (그의 연구실에서 갓 박사 학위를 마친) 스티그는 경험에 따라 반응이 달라지고, 서로 상호작용하는 인간 뇌의 신경 세포들 사이에 작동하는 스위치인 시냅스를 떠올렸다. 여러 차례 일본을 방문하는 동안 그들에게 아이디어가 떠올랐다. "우리는 그 장치를 포유류 뇌의 피질을 닮은 구조에 넣어두고 연구를 해보면 어떨까라고 생각했다." 스티그가 말했다.

그렇게 복잡한 구조를 만드는 것은 상당한 도전이었지만, 스티그와 최근에 대학원 학생으로 연구진에 합류한 오르드리우스 아비지에니스가 그런 장치를 만드는 방법을 개발했다. 작은 구리 공에 질산은을 쏟아부으면 얇고 서로 연결된 미시적인 은 와이어 네트워크가 성장하도록 만들 수 있다. 그런 후에 아오노 연구진이 원자 스위치를 만들 때와 마찬가지로 네트워크를 황 기체에 노출시키면 은 와이어 사이에 황화은 층을 만들 수 있었다.

자기조직화된 임계성

김제프스키와 스티그로부터 프로젝트에 대한 이야기를 들은 사람들은 아무도 그것이 작동할 것이라고 생각하지 않았다. 스티그의 기억에 따르면, 그 장치가 한 종류의 정적인 행동을 보여준 후에는 그 상태로 남아있을 것이라고 말한 사람도 있었다. 정반대의 짐작을 한 사람도 있었다. "그들은 한꺼번에 스위치가 켜져서 전부가 그냥 타버릴 것이라고 했다." 김제프스키가 말했다.

그러나 장치는 녹아버리지 않았다. 오히려 김제프스키와 스티그가 적외선 카메라로 관찰하는 동안에 장치에서 입력 전류가 지나가는 경로가 계속 바뀌고 있었다. 네트워크에서의 활동이 특정 영역에 한정되지 않고, 뇌에서와 마찬가지로 분산되어 있다는 증거였다.

그리고 2010년 어느 가을 날, 아비지에니스와 그의 동료 대학원 학생 헨리 실린이 장치에 걸어주는 입력 전압을 증가시키자 갑자기 은 와이어로 만들어진 네트워크가 마치 살아난 것처럼 출력 전압이 무작위적으로 요동치기 시작했다. "우리는 그것을 정신없이 바라보고 앉아 있었다." 실린이 말했다.

그들은 무엇인가 중요한 것을 잡았다는 사실을 알았다. 며칠 동안 수집한 모니터링 자료를 분석한 아비지에니스는 네트워크가 긴 시간보다는 짧은 시간 동안에 똑같은 활동도 수준에 머물러 있는 경우가 많다는 사실을 발견했다. 훗날 그들은 활동도 영역이 작은 경우가 큰 경우보다 더 흔하게 나타난다는 사실도 발견했다.

아비지에니스는 그것을 "우리가 처음으로 멱법칙(冪法則, Power-law)을 발견한 때"라고 기억하고, "정말 굉장한 결과"였다고 말했다. 멱법칙은 한 변수가 다른 변수의 몇 제곱에 따라 변화하는 수학적 관계를 말한다. 그런 법칙은 더 큰 규모와 더 오래 걸리는 사건이 더 작은 규모와 더 자주 일어나는 사건보다 훨씬 드물기는 하지만, 우연에 의한 정상 분포에서 예상되는 것보다는 훨씬 더 흔한 시스템에서 성립한다. 2002년에 사망한 덴마크의 물리학자 페르 박이 처음으로, 멱법칙이 오랜 시간 규모와 장거리에 걸쳐서 조직화될 수 있는 모든 종류의 복잡한 동력학적 계의 특징이라고 주장했다.[2,3] 그는, 멱법칙 거동이 복잡계가 질서와 카오스 사이의 동력학적 스위트 스폿에서 작동하고 있다는 사실을 보여준다고 말했다. 그런 상태는 모든 부분이 서로 상호작용하면서 최대의 효율로 연결된 "임계" 상태에 해당한다.

박이 예측했듯이, 멱법칙 거동은 인간의 뇌에서도 관찰되었다. 2003년에 국립보건원의 신경과학자인 디트마르 플렌즈는 신경 세포의 집단이 다른 신경 세포를 활성화시키고, 그것들이 다른 신경 세포를 활성화시켜서 계 전체가 한꺼번에 활성화되어 사태(沙汰)가 일어나기도 한다는 사실을 관찰했다. 플렌즈는 그런 사태의 크기가 멱법칙 분포를 따르고, 뇌는 걷잡을 수 없는 활동의 위험을 감수하지 않으면서 활동을 최대한 전파시킬 수 있다는 사실을 발견했다.

플렌즈는 UCLA 장치도 역시 멱법칙 거동을 보여준다는 사실이 대단한 것이라고 말했다. 그것은 뇌에서와 마찬가지로 활성화와 억제 사이의 정교한 균형에 의해서 모든 부분이 상호작용하게 된다는 뜻이기 때문이다. 활동이 네트워크를 압도하지는 않지만, 그렇다고 사라지는 것도 아니다.

김제프스키와 스티그는 훗날 은 네트워크와 뇌 사이의 추가적인 유사성도 발견했다. 수면 상태의 인간 뇌에서는 깨어 있을 때의 뇌에서보다 짧은 활성화가 덜 흔하게 나타나듯이, 은 네트워크에서도 입력 에너지가 작을수록 짧은 활성화 상태가 덜 흔하게 나타난다. 따라서 어떤 식으로든지 장치에 주어지는 에너지의 입력양이 줄어들면 인간 뇌의 수면 상태와 비슷한 상태가 만들어진다.

훈련과 비축 계산

그런데 은 와이어 네트워크가 뇌와 같은 성질을 가졌다고 해서 계산 업무도 수행할 수 있을까? 예비 실험에 따르면, 그런 장치가 전통적인 컴퓨터와는 거리가 멀기는 하지만 가능성은 있다.

우선 소프트웨어가 없다. 그 대신 연구자들은 네트워크가 어디에서 출력을 측정하는지에 따라서 입력 신호를 여러 가지 방법으로 변형시킬 수 있다는 사실을 주목한다. 장치가 스스로 잡음이 섞인 입력 신호를 깨끗하게 만들어줄 수 있기 때문에, 그런 사실은 음성이나 이미지 인식에 사용할 수 있을 것이라는 뜻이 된다.

그러나 그것은 또한 그런 장치를 비축 계산(reservoir computing)이라고 부르는 과정에 사용할 수 있다는 뜻이기도 하다. 하나의 입력이 원칙적으로 수백만 가지의 다양한 출력("비축")을 만들어낼 수 있기 때문에 사용자가 입력에서 원하는 계산 결과를 얻을 수 있도록 출력을 선택하거나 조합할 수 있을 것이다. 예를 들면, 장치의 서로 다른 두 곳을 동시에 자극하면, 두 입력의 합을 나타내는 출력이 수백만 가지로 나타날 수 있다.

적절한 출력을 찾아내어 해독해서 네트워크가 이해할 수 있도록 정보를 부호화하는 최적의 방법을 찾아내는 것이 과제이다. 그런 일을 하도록 만드는 방법은 장치를 훈련시키는 것이다. 처음에 한 종류의 입력을 제공한 후에 다른 종류의 입력을 제공해서 어느 출력이 임무에 가장 잘 맞는지를 비교하는 일을 수백 번 또는 수천 번 반복한다. "우리는 장치를 직접 프로그램 하는 대신 [네트워크가] 흥미롭고 유용한 방식으로 움직이도록 정보를 부호화하는 최적의 방법을 선택한다." 김제프스키가 말했다.

2017년에 발표된 논문에서 연구자들은 간단한 논리 조작을 수행하도록 와이어 네트워크를 훈련시켰다.[4] 그리고 다른 실험에서는 간단한 기억 임무에 대응하는 문제를 해결하도록 만든 네트워크를 실험실 쥐에게 학습용으로 사용하는 T-미로 시험으로 훈련시켰다. 그 시험에서는 T-형태의 미로에 있는 쥐가 빛에 반응해서 올바른 방향으로 회전하는 것을 배우면, 쥐는 보상을 받는다. 적절한 방법으로 훈련시킨 네트워크도 94퍼센트의 경우에서 올바른 반응을 보여주었다.

누젠트에 따르면, 지금까지의 결과는 원칙에 대한 증명의 수준에 지나지 않는다. "T-미로에서 의사 결정을 하는 작은 쥐는 머신 러닝을 하는 누군가가 전통적인 컴퓨터로 자신의 시스템을 평가하는 경우와는 비교할 수 없다." 그가 말했다. 그는 그런 장치가 앞으로 몇 년 안에 유용한 일을 하는 칩으로 발전하지는 못할 것이라고 생각하고 있다.

그러나 그는 가능성이 엄청나다고 강조했다. 뇌와 마찬가지로 네트워크도 처리 과정과 기억을 분리하지 않기 때문이다. 전통적인 컴퓨터에서는 정보가 두 기능을 처리하는 서로 다른 영역 사이를 오고가야만 한다. "도선에 전하를 채우려면 에너지가 필요하기 때문에 그런 모든 추가적인 소통이 누적된다." 누젠트가 말했다. 그는 전통적인 기계를 이용하면 "문자 그대로 완전한 인간의 뇌를 적절한 해상도로 모사하기 위해서 필요한 전력의 양은 프랑스 전체를 움직일 수 있을 정도"라고 말했다. 은 와이어 네트워크와 같은 장치가 궁극적으로 주어진 임무를 전통적인 컴퓨터에서 작동하는 머신 러닝 알고리즘만큼 효율적으로 처리할 수 있게 된다면, 전력 소비는 10억 분의 1 정도로 줄어들게 될 것이다. "그렇게 되는 순간에 그들은 에너지 효율 면에서 쉽게 승리하게 될 것이다"라고 누젠트가 말했다.

UCLA의 결과는 적절한 환경에서는 어떤 주형(鑄型)이나 설계 과정이 없더라도 자기조직화에 의한 지능적 시스템이 만들어질 수 있을 것이라는 입장을 뒷받침해주기도 한다. 초기 단계의 프로젝트를 지원한 국방고등연구기획청(DARPA)의 전임 관리자였던 토드 힐턴은 은 네트워크가 "자발적으로 등장했다"고 말했다. "에너지가 [장치를 통해서] 흘러가면 거대한 무도회가 벌어진다. 새로운 구조가 만들어질 때마다 에너지가 다른 곳으로 가지 않기 때문이다. 사람들은 네트워크를 통해서 임계 상태에 도달하는 컴퓨터 모델을 만들기도 했었다. 그러나 이것은 그런 모든 일을 스스로 해치우는 그런 종류였다.”

김제프스키는 복잡한 처리 과정에 대한 예측에서는 은 와이어 네트워크나 그와 비슷한 장치가 전통적인 컴퓨터보다 훨씬 더 뛰어날 것이라고 믿는다. 전통적인 컴퓨터는 복잡한 현상을 근사할 때에 사용하는 방정식으로 세상을 모델화한다. 그런데 뇌신경형 원자 스위치 네트워크는 스스로의 고유한 구조적 복잡성을 모델화해야 하는 현상에 맞도록 배열한다. 그들은 또한 내재적으로 빨라서 네트워크의 상태는 초당 수만 번 이상 변화할 수 있다. “우리는 복잡계를 이용해서 복잡계를 분석하고 있다.” 김제프스키가 말했다.

2017년 샌프란시스코에서 개최된 미국화학회 학술대회에서 김제프스키와 스티그를 비롯한 그의 동료들은 로스앤젤레스의 도로 교통 상황에 대한 6년 동안의 자료 중에서 처음 3년 동안의 자료를 시간당 통과한 자동차의 대수를 나타내는 일련의 펄스 형태로 장치에 입력한 실험의 결과를 발표했다. 수백 번의 훈련 과정을 거친 후에 얻은 출력은, 장치가 한번도 본 적이 없는 후반부의 데이터에서 나타나는 통계적 경향을 비교적 잘 예측했다.

김제프스키는 언젠가 자신이 네트워크를 이용해서 증권시장을 예측할 수 있게 될 것이라는 농담을 했다. 그는 학생들에게 원자 스위치 네트워크를 가르치려고 노력하는 이유는 “그들이 나보다 더 많은 돈을 벌기 전에 그런 일을 해내고 싶기 때문”이라고 말했다.

똑똑한 기계가 호기심을 배운다

존 파블러스

슈퍼마리오라는 비디오 게임을 처음 경험했을 때의 느낌을 기억할 수는 없겠지만 상상해보자. 연한 푸른색 하늘, 모자이크 모양의 석조 바닥, 그리고 그 사이에 붉은 양복을 입은 땅딸막한 사람이 서서 기다리고 있는 8비트 게임의 세상이 깜박거리면서 등장한다. 오른쪽을 향하고 서 있는 그를 같은 방향으로 멀찌감치 밀어버린다. 몇 걸음 더 가면 머리 위에서 벽돌과 함께 화가 잔뜩 난 채로 움직이는 버섯처럼 보이는 것이 나타난다. 다시 게임 조작기를 누르면 픽셀 4개로 그려놓은 주먹을 하늘로 치켜든 남자가 튀어나온다. 이제 무엇을 할까? 오른쪽으로 미는 움직임과 위로 솟구치는 움직임을 합쳐볼까? 그런 후에 놀라운 일이 벌어진다. 작은 남자의 머리에 부딪힌 벽돌이 위로 올라갔다가 스프링에 퉁겨지듯이 아래로 떨어지고, 아래로 떨어지던 남자는 다가오는 화난 버섯 쪽으로 날아가서 순식간에 버섯을 깨뜨린다. 마리오는 슬쩍 뛰어올라서 부서진 부스러기를 피해버린다. 위에서는 "?" 기호가 번쩍이는 구리 빛깔의 상자가 질문을 던지는 것처럼 보인다. 이제 무엇을 할까?

1980년대에 성장한 사람들에게는 이런 장면이 익숙하겠지만, 풀키트 아그라왈의 유튜브에서는 훨씬 더 어린 선수들을 볼 수 있다. 캘리포니

349

아 대학교 버클리의 컴퓨터공학 연구자인 아그라왈은 선천적 호기심이 어떻게 슈퍼마리오처럼 익숙하지 않은 과제를 더 효율적으로 학습할 수 있도록 해주는지를 연구하고 있다. 핵심은 아그라왈의 비디오 게임을 하는 초보 선수는 사람도 아니고, 살아 있지도 않다는 것이다. 마리오와 마찬가지로 그것은 소프트웨어일 뿐이다. 그러나 아그라왈과 함께, 버클리 인공지능 연구소의 디팍 파탁, 알렉세이 A. 에프로스, 트레버 대럴이 기계에게 호기심을 가지도록 해주겠다는 놀라운 목적으로 설계한 이 실험용 기계는 학습 알고리즘을 갖추고 있다.[1]

"호기심은, 에이전트가 세상에 대해서 더 많은 것을 탐구할 수 있도록 스스로 내부적으로 만들어내는 일종의 보상이라고 생각할 수 있다." 아그라왈이 말했다. 인지심리학에서는 내부적으로 만들어지는 보상 신호를 "내인성(內因性) 동기"라고 부른다. 만약 앞에서 소개한 게임의 설명을 읽는 동안 시야가 미치지 않거나 손이 닿지 않는 곳이나 앞으로 일어날 일에 대해서 알아내고 싶다는 대리 욕구를 느꼈다면 그것이 바로 내인성 동기이다.

인간은 환경에서 비롯되는 외인성(外因性) 동기에도 반응한다. 직장에서 받는 봉급에서부터 총을 겨눈 괴한의 요구에 이르는 모든 것이 그런 예에 포함된다. 컴퓨터공학자들은 자신들이 개발한 알고리즘을 훈련시키기 위해서 강화 학습이라는 비슷한 방법을 활용한다. 소프트웨어는 원하는 작업을 수행하면 "점수"를 얻고, 원하지 않는 행동에 대해서는 "벌점"을 받는다.

그러나 머신 러닝에서 당근과 채찍 방법은 한계가 있다. 인공지능 연구자들은 내인성 동기를, 불안정한 기계가 아니라 인간이나 동물처럼 효율적이고 유연하게 학습할 수 있는 소프트웨어 에이전트를 개발하는 데에 필요한 중요한 요소로 생각하기 시작했다. AI에서 내인성 동기를 사용하는 방법은 심리학이나 신경생물학은 물론이고, 이제 다시 주목을 끌고 있는 수십년 전의 AI 연구에서 얻은 영감에 따른 것이다. ("머신 러닝에서 정말 새로운 것은 없다." 인공지능 연구자인 레인 하우트후프트가 말했다.)

이제 그런 에이전트는 비디오 게임을 학습할 수 있지만, 실제로 "호기심"을 가진 AI의 개발에 의한 충격은 어떤 새로움에 대한 매력도 능가할 것이다. "가장 좋아하는 응용 분야를 알려주면 예를 들어주겠다." 버클리 인공지능 연구소의 공동소장인 대럴이 말했다. "가정에서는 청소와 정리를 자동화하고 싶어한다. 물류 산업에서는 재고품을 이리저리 옮기고 관리하고 싶어한다. 우리는 복잡한 환경에서 운행할 수 있는 자동차와 건물을 탐색해서 구조가 필요한 사람을 찾아낼 수 있는 구조 로봇을 원한다. 이런 모든 경우에서 우리는 정말 어려운 문제를 해결하려고 노력하고 있다. 스스로 해야 할 일을 알아서 찾아낼 수 있는 기계를 어떻게 만들 것인가?"

점수를 딸 수 있는 문제

강화 학습은 구글 알파고가 세계 최고의 바둑 기사를 이길 수 있도록 해주었다. 고대의 직관적인 게임인 바둑은 머신 러닝으로는 난공불락일 것이라고 알려져 왔었다. 특정한 영역에서 강화 학습을 성공적으로 사용한 자세한 내막은 복잡하지만 일반적인 아이디어는 간단하다. 학습 알고리즘인 "에이전트"에게 수학적으로 정의된 신호를 찾아서 극대화시키는 보상 기능을 갖춰주는 것이다. 그런 후에 그것을 실제나 가상 세계의 환경 속에 풀어놓는다. 에이전트가 환경에서 작동하는 과정에서 보상 기능의 값을 증가시키는 행동은 강화된다. 컴퓨터가 인간보다 훨씬 뛰어난 영역인 반복을 충분히 거듭하면, 에이전트는 보상 기능을 최대화시키는 행동의 패턴, 즉 정책(政策)을 학습하게 된다. 이상적으로는 프로그래머나 엔지니어가 임무를 수행하는 에이전트에게 필요한 모든 단계를 지시해주지 않더라도, 그런 정책이 에이전트로 하여금 ("바둑에서의 승리"와 같은) 원하는 최종 상태에 도달하도록 해주게 될 것이다.

다시 말해서, 보상 기능은 강화 학습으로 작동하는 에이전트가 목표를 향해 가도록 이끌어주는 가이드 시스템이다. 목표가 더 명백하게 정의될수록 에이전트는 기능을 더 잘 수행하게 된다. 흔히 점수를 근거로 단순한 외인성 보상 방법을 사용하는 과거의 비디오 게임을 이용해서 그런 방법을 시험하고 있는 것도 그런 이유 때문이다. (뭉툭한 2차원 그래픽도 역시 유용하다. 그런 게임은 비교적 간단하게 흉내낼 수 있기 때문에 연구자들이 실험을 빠르게 수행하고 반복할 수 있다.)

그러나 "실제 세상에서는 점수라는 것이 없다." 아그라왈이 말했다. 컴퓨터 과학자들은 자신들의 창작물이 처음부터 정량화할 수 있는 대상으로 채워져 있지 않은 새로운 환경을 탐색하도록 만들고 싶어한다.

더욱이 환경이 외인성 보상을 충분히 빠르고 규칙적으로 공급해주지 못하면, 에이전트는 "일을 제대로 하고 있는지, 잘못 하고 있는지를 가려낼 실마리를 찾지 못하게 된다." 하우트후프트가 말했다. 목표물을 찾지 못하는 열추적(熱追跡) 미사일처럼, 그런 에이전트는 "환경에서 [스스로를 가이드해줄] 방법이 없기 때문에 걷잡을 수 없게 되고 만다."

더욱이 세계 최고의 인간 바둑 기사에게 승리한 알파고와 같은 인상적인 지적 능력을 갖추도록 해줄 수 있는 외인성 보상 함수를 어렵게 정의하더라도, 그것을 대폭 수정하지 않고 에이전트가 다른 상황에서도 쓸 수 있도록 이전하거나 일반화하기는 결코 쉽지 않다. 그리고 우리가 직접 수작업으로 그런 일을 해내야 한다. 그런데 그런 수작업이 바로 처음부터 우리가 머신 러닝을 이용해서 피하고 싶었던 작업이다.

미사일처럼 구체화된 목표를 반드시 명중시킬 수 있는 유사 지능을 가진 에이전트 대신 우리가 AI에게 정말 원하는 것이 바로 내부 조종(internal pilot) 능력과 같은 것이다. "스스로 보상을 만든다는 것이다." 아그라왈이 말했다. "이것을 하면 '1점을 주고', 다른 것을 하면 '1점을 뺀다'고 끊임없이 말해주는 신(神)은 없다."

부조종사 역할을 하는 호기심

디팍 파탁은 호기심처럼 대수롭지 않은 심리학적 대상을 컴퓨터 코드로 모델화해본 적이 없었다. "'호기심'이라는 단어는 '잡음이 있는 환경을 효율적으로 탐구할 수 있는 능력을 가진 에이전트를 만드는 모델'을 말하는 것일 뿐이다." 버클리에 있는 대럴의 연구실의 연구원이자 최근에 발표한 논문의 주저자인 파탁이 말했다.

그러나 2016년에 파탁은 강화 학습을 위한 희소(稀疏) 보상 문제에 관심을 가지고 있었다. 그 당시에 강화 학습 기술로 작동하는 딥 러닝 소프트웨어는 스페이스 인베이더(Space Invaders)나 브레이크아웃(Breakout)처럼 단순히 점수를 올리기 위한 아타리 게임에서 결정적인 도움이 되고 있었다. 그러나 슈퍼마리오처럼 조금 더 복잡한 게임은 여전히 AI의 영역을 벗어나 있었다. 그런 게임에서는 지속적인 보상이 없이 시간과 공간에서 멀리 떨어져 있는 목표를 찾아가야 하거나, 달리면서 동시에 뛰어오르는 것처럼 복합적인 행동을 배우고 실행하는 능력이 필요했다.

대럴과 에프로스와 함께 연구하던 파탁과 아그라왈은 자신들의 학습 에이전트에게 (하우트후프트의 표현을 빌리면) 실패하지 않고 게임을 할 수 있도록 설계된 내인성 호기심 모듈(intrinsic curiosity module, ICM)이라고 부르는 것을 장착했다. 어쨌든 에이전트는 슈퍼마리오라는 게임에 대한 사전 지식을 전혀 가지고 있지 않았다. 사실 에이전트는 초보자라고 도 할 수 없는 신생아와 같은 수준이었다.

아그라왈과 파탁은 발달심리학자인 버클리의 앨리슨 고프니크와 MIT의 로라 슐츠가 했던 연구에서 영감을 얻었다. 그들은 신생아와 걸음마를 하는 아이들이 외적 목표의 달성에 도움이 되는 물체보다 자신들을 가장 놀라게 만든 물체에 대해서 자연적으로 더 많은 관심을 가진다는 사실을 밝혀냈다. "그런 종류의 호기심을 설명하는 한 가지 방법은, 아이들이 이미 세상에 대해서 아는 것으로 모델을 구축한 후에는 자신들이 모르는 것에 대해서 더 많이 배우기 위한 실험을 한다는 것이다." 아그라왈이 말했다. 그런 "실험"이 바로 (이 경우에 신생아에 해당하는) 에이전트가 흔하지 않거나 예상하지 못했다고 생각한 결과를 만드는 어떤 것이 될 수 있다. 아이들은 새로운 느낌을 만들어내는 ("근육 옹알이"이라고 알려진) 팔다리의 무작위적 움직임에서부터 장난감을 깨물거나 블록 더미에 기어 올라가서 무슨 일이 일어나는지를 보는 것까지, 그런 훨씬 더 복잡한 행동으로 나아간다.

놀라움에 의해서 유도되는 호기심이 반영된 파탁과 아그라왈의 머신러닝에서는, AI가 처음에는 슈퍼마리오 게임의 현재 비디오 장면을 어떻게 보는지를 수학적으로 표현한다. 그리고 나서 몇 장면 이후의 게임이 어떻게 보일 것인지를 예측한다. 그런 정도의 능력은 현재의 딥 러닝 시스템이 쉽게 할 수 있는 범위에 속한다. 그러나 파탁과 아그라왈의 ICM은 그 이상의 일을 한다. 그것은 그런 예측 모델이 얼마나 틀렸는지에 따라 정해진 내인성 보상 신호를 만든다. 오류 빈도가 높아져서 더 놀라운 상태가 될수록 그런 내인성 보상 함수의 값이 더 커진다. 다시 말해서, 예상했던 것이 아니라는 사실, 즉 오류를 확인하는 것을 놀라움이라고 하면, 파탁과 아그라왈의 시스템은 놀라움에 대해서 보상을 받게 된다.

이렇게 내부적으로 생성된 신호가 에이전트를 게임이 탐색해보지 않은 상태로 유도해준다. 편하게 말하자면, 에이전트가 미처 알아내지 못한 것에 대해서 호기심을 가지게 된다. 그리고 에이전트가 학습을 통해서 예측 모델의 오류를 점점 더 감소하게 만들면, ICM에서 생성되는 보상 신호가 감소하고, 에이전트는 더 놀라운 다른 상황을 탐색함으로써 보상 신호를 극대화하는 여유를 가지게 된다. "그것이 탐색을 더 빠르게 만드는 방법이다." 파탁이 말했다.

그런 피드백 회로가 AI로 하여금 스스로를 거의 비어 있는 무지의 상태로부터 빠르게 벗어나도록 해준다. 처음에는 에이전트가 장면에 나타나는 임의의 기본적 움직임에 대해서 호기심을 가진다. 오른쪽 버튼을 누르면 마리오가 오른쪽으로 움직인 후에 멈춘다. 오른쪽 버튼을 연속해서 여러 번을 누르면 마리오가 곧바로 멈추지 않고 계속 움직이게 된다. 위쪽 버튼을 누르면 마리오가 공중으로 뛰어오른 후에 다시 아래로 내려온다. 아래쪽 버튼은 아무 효과가 없다. 이렇게 흉내낸 근육 옹알이는 곧바로 에이전트가 알지는 못하지만 게임을 계속하도록 해주는 유용한 행동으로 빠르게 수렴된다.

예를 들면, 아래쪽 버튼은 언제나 아무 효과가 없기 때문에 호기심에 의해서 제공되는 보상 신호는 상쇄되고, 그래서 에이전트는 곧바로 그런 행동의 효과를 완벽하게 예측하는 방법을 배우게 된다. 그러나 위쪽 버튼을 누르면 여러 가지의 예상하지 못한 효과가 나타난다. 마리오가 곧장 위로 올라가기도 하고, 원을 그리면서 올라가기도 한다. 짧게 건너뛰기도 하고, 멀리 뛰기도 한다. (우연히 장애물 위에 올라서게 되어서) 다시 아래로 내려오지 못하는 경우도 있다. 에이전트의 예측 모델에는 그런 모든 결과들이 오류로 등록되고, ICM으로부터 보상 신호가 발생하기 때문에 에이전트는 그런 행동으로 실험을 계속하게 된다. (거의 언제나 더 많은 게임 세상을 보여주는) 오른쪽으로 움직이는 것도 호기심 관련된 비슷한 효과를 만들어낸다. 아그라왈의 시범용 비디오에서는 위쪽으로 움직인 후에 오른쪽으로 움직이고 싶어하는 충동을 분명히 알아볼 수 있다. 몇 초 안에 AI에 의해서 통제되는 마리오는 지나치게 활동적인 아이처럼 오른쪽으로 뛰어가기 시작하고, (날아다니는 벽돌에 충돌하거나 우연히 버섯을 으깨버리는 것과 같이) 더 이상 예측할 수 없는 효과를 일으키면서 더 많은 탐구를 촉발시킨다.

"그런 호기심을 이용하면 에이전트는 점프나 적을 죽이는 것처럼 세상을 탐색하는 데에 필요한 모든 것을 수행하는 방법을 배운다." 아그라왈이 말했다. "심지어 죽더라도 벌점을 받지는 않는다. 그러나 에이전트는 죽지 않는 것이 탐색을 극대화시켜주기 때문에 죽는 것을 회피하는 방법도 배우게 된다. 에이전트는 게임에 의해서 강화되는 것이 아니라 스스로 강화된다."

새로움의 덫을 회피해야 한다

인공 호기심은 적어도 1990년대 초부터 AI 연구의 주제가 되어왔다. 소프트웨어에 호기심을 포함시키는 한 가지 방법이 새로움의 추구이다. 에이전트는 환경에서 익숙하지 않은 상태를 탐색하도록 프로그램이 되어 있다. 그렇게 모호한 정의는 호기심의 경험에 대한 직관적인 이해를 담고 있는 것처럼 보이지만, 사실은 에이전트가 내장된 보상에 만족하지만 더 이상의 탐색은 불가능하게 만드는 상태에 갇히도록 만들 수도 있다.

예를 들면, 화면에 정지 신호만 보여주는 텔레비전을 생각해보자. 정의에 따라 순간순간마다 완전히 예측 불가능하게 무작위적으로 반짝이는 시각적 잡음에 해당하는 사각형은 새로운 것을 찾는 에이전트의 호기심을 자극하게 된다. 에이전트의 입장에서는 정적으로 나타나는 모든 패턴이 아주 새로운 것으로 보이게 되고, 내재된 보상 함수는 환경에서 전혀 쓸모없는 특징을 계속 주목하도록 만들 것이다. 즉, 에이전트는 그 속에 갇히게 된다.

AI가 정말 유용해지기 위해서 적응하도록 학습해야 하는 다양한 종류의 특징을 가진 가상 또는 실제 환경에는 어디에나 이런 형식의 무의미한 새로움이 존재하는 것으로 밝혀졌다. 예를 들면, 새로움을 추구하는 내재적 보상 함수를 갖춘 자동 운전 배달 차량은 절대로 한 블록을 벗어나지 못하게 된다. "길을 따라 이동하고 있는데 바람이 불어서 나뭇잎이 움직인다고 해보자." 아그라왈이 말했다. "나뭇잎이 어느 쪽으로 갈 것인지를 예측하는 것은 매우 어렵다. 픽셀의 움직임을 예측한다면, 이런 종류의 상호작용은 예측 오류를 증폭시켜서 호기심을 자극할 것이다. 우리는 그런 경우를 피하고 싶다."

아그라왈과 파탁은 에이전트가 호기심을 가지고 있기는 하지만, 지나치지 않도록 만들어야만 했다. 딥 러닝과 컴퓨터 시각을 이용해서 매 순간마다 에이전트의 시야 전체를 모델화하도록 해주는 픽셀의 예측 방법이 집중력을 방해할 가능성이 있는 것을 걸러내기 어렵게 만들었다. 그런 일에 필요한 계산이 너무 비싸지기 때문이다.

그래서 버클리의 연구자들은 마리오 게임을 하는 에이전트가 시각적 입력 자료를 본래의 픽셀에서 추상화된 실재로 번역하도록 만들었다. 그런 추상화에는 에이전트에게 영향을 주는 (또는 에이전트가 영향을 미치게 될 가능성이 있는) 환경적 특징만을 고려한다. 핵심적으로 에이전트가 사물과 상호작용을 할 수 없으면 처음부터 인식조차 하지 않는다.

그렇게 단순화시킨 (가공하지 않은 "픽셀 공간"과 대비되는) "특성 공간"을 이용하면 에이전트의 학습 과정을 단순화시키고, 더 나아가서 새로움의 덫을 확실하게 회피하게 된다. "에이전트는 머리 위에서 움직이는 구름을 모델화하더라도 구름의 움직임에서 발생하는 효과를 예측하더라도 어떤 도움도 받지 못한다." 대럴이 설명했다. "그래서 호기심이 느껴지더라도 구름에 대해서는 관심을 기울이지 않을 것이다. 과거의 호기심 형식에서는 실제로 픽셀 수준의 예측만을 고려하는 경우도 있었다. 전혀 예측할 수는 없지만 매우 지루한 환경을 지나가는 경우가 아니라면 그것도 괜찮은 방법이다."

인공 호기심의 한계

대럴은 그런 호기심의 모형이 완벽하지 않다는 사실에 동의한다. "이 시스템은 적절한 것을 학습하지만, 언제나 그것을 제대로 학습할 것이라는 보장은 없다." 그가 말했다. 실제로, 에이전트는 슈퍼마리오 게임에서 첫 단계의 절반 정도에 도달하자 스스로의 이상한 국부적 최적 상태에 갇혀버렸다. "에이전트가 15 또는 16가지의 연속적인 행동을 매우 특별한 순서로 수행해야만 건너뛸 수 있는 큰 틈이 있었다." 아그라왈이 말했다. "그 틈을 건너뛰는 것은 불가능하기 때문에 그곳에 도달할 때마다 번번이 죽어버린다. 그리고 그런 결과를 확실하게 예측하게 된 후에는 게임을 계속하는 일에 호기심을 느끼지 않게 되었다." (아그라왈은 에이전트의 입장에서 그런 오류가 나타나는 이유를 밝혔다. AI는 모사하는 방향을 불연속적으로만 조절할 수 있기 때문에 절대 불가능한 움직임이 있을 수 있다는 것이다.)

궁극적으로 인공 호기심에 대한 문제는, 수년 동안 내인성 동기를 연구했던 연구자들마저도 호기심이 무엇인지를 정확하게 정의할 수 없게 만들었다. 미네소타 대학교에서 계산적 인식 및 행동 연구소를 운영하고 있는 신경과학자 폴 슈레이터는 버클리 모델이 "단기간에 자동적으로 새로운 환경을 학습하도록 해주는 가장 지능적인 에이전트"이기는 하지만 "호기심에 대한 직관적 개념"보다는 근육 옹알이나 조절과 좀더 깊은 관계가 있을 것이라고 생각한다. "그것은 인식의 바탕이 되고, 몸이 수행하는 일과 세부적으로 더 깊은 관계가 있는 것을 조절하고 있다." 그가 말했다.

슈레이터의 입장에서 버클리 연구진의 새로운 아이디어는, 슈퍼마리오를 단순한 순차적 픽셀의 틀보다 특성 공간으로 인식하는 에이전트에게 그들의 내인성 호기심 모듈을 연결하는 것이었다. 그런 방법이 대략적으로 우리 자신의 뇌가 "특별한 종류의 임무에 적합한 시각적 특징을 추출하는" 방법에 가까울 수 있다는 것이 그의 주장이었다.

프랑스 보르도의 인리아 연구소의 소장인 피에르-이브 우데예는, 호기심도 역시 에이전트가 적어도 어느 정도까지는 실질적으로 의미가 있는 환경에서 (시각적이나 물리적으로) 구현해야 할 필요가 있는 것이라고 말했다. 우데예는 10여 년 이상 호기심에 대한 컴퓨터 모델을 개발해 왔다. 세상이 매우 크고 풍요롭기 때문에 에이전트는 어디에서나 경이로움을 발견할 수 있다는 것이 그의 주장이었다. 그러나 그것만으로는 충분하지 않다. "분리된 에이전트가 호기심을 이용해서 대규모의 특성 공간을 탐색하게 되면, 어떤 구속 조건도 부여되지 않는 행동은 단순히 무작위적 탐색처럼 보이게 될 뿐이다." 우데예가 말했다. "예를 들면, 몸의 구속 조건이 세상의 단순화를 가능하게 해준다." 그런 조건이 관심을 집중시켜서 탐색을 유도하도록 해준다.

그러나 산업용 로봇의 역사가 분명하게 보여주듯이, 구현된 에이전트가 모두 내인성 동기화를 필요로 하는 것은 아니다. 바닥에 칠해진 황색 선을 따라 화물을 한 곳에서 다른 곳으로 운반해주는 것처럼 단순하게 특정할 수 있는 임무의 경우에는, 호기심이 오히려 머신 러닝을 과잉 상태로 만들어버릴 수 있다.

"그런 에이전트에게 완벽한 보상 함수를 제공해서 필요한 모든 것을 미리 알 수 있도록 해줄 수는 있다." 대럴이 설명했다. "우리는 그런 문제를 10년 전에 해결할 수 있었을 것이다. 그러나 재난용과 구호용 수색의 경우처럼 미리 모델화할 수 없는 상황에서는, 로봇이 나가서 무엇을 할 것인지를 스스로 배워야만 한다. 그것은 단순히 지도를 그리는 것 이상의 문제이다. 로봇이 자신의 행동이 환경에 미치는 영향까지도 학습해야만 한다. 에이전트가 임무를 어떻게 수행할 것인지를 학습할 때는 호기심을 가지고 있기를 바랄 것이다."

비공식적으로 AI를 "아직 컴퓨터가 할 수 없는 것"이라고 정의하기도 한다. 내인성 동기화와 인공 호기심이 에이전트로 하여금 우리가 아직 자동화하지 못하고 있는 임무를 파악할 수 있도록 해주는 방법이라면, 하우트후프트는 "나는 그것이 우리가 모든 AI에게 기대하는 것이라고 확신한다"고 말했다. "그것을 미세 조정하기는 어렵다." 아그라왈과 파탁이 개발한 마리오 에이전트는 자신의 노력만으로는 월드 1-1 게임을 이기지 못할 수도 있다. 그러나 어쩌면 그것이 아기들의 걸음마처럼 호기심을 미세 조정하는 모습일 수도 있다. 그것을 인공지능이라고 부를 것인지는 중요하지 않다.

제 7 부

어떻게 더 많이 알아낼까?

마침내 발견한 중력파

내털리 볼초버

블랙홀들이 격렬하게 합쳐지면서 발생하는 시공간에서의 파동이 검출되었다. 알베르트 아인슈타인의 일반상대성이론에서 "중력파(gravitational wave)"를 예측한 이후 100년이 지났고, 물리학자들이 본격적으로 찾아나선 지 50년 만의 일이었다.

고등레이저 간섭계중력파관측소(Laser Interferometer Gravitational-Wave Observatory, Advanced LIGO[고등 라이고])의 연구진이 최초의 관측 자료를 분석하고 있다는 소문이 알려지고 몇 달이 지난 2016년 2월에 이 기념비적인 발견이 공개되었다. 천체물리학자들은 중력파의 검출이 광학 망원경으로는 볼 수 없을 정도로 먼 곳의 우주에서 일어나는 사건에 의한 희미한 흔들림을 느끼거나 들을 수 있게 해줌으로써, 우주에 대한 새로운 창을 열어주었다고 이야기한다.

"우리가 중력파를 검출했다. 우리가 해냈다!" 워싱턴 D.C.에서 개최된 국립과학재단의 기자회견에서 1,000명으로 구성된 연구진의 대표인 데이비드 라이츠가 선언했다.

중력파는 아인슈타인 이론의 예측 가운데 가장 애매했던 것으로, 그와 당시 그의 동료들이 수십 년 동안 논란을 벌였던 문제이기도 했다.

그의 이론에 따르면, 공간과 시간이 무거운 물체에 의해서 휘어지는 신축적인 천(fabric)을 만들고, 움직이는 물체가 중력을 느끼는 것은 그런 천의 휘어짐을 따라 떨어지기 때문이다. 그러나 "시공간"의 천이 북의 가죽처럼 물결칠 수 있을까? 자신의 방정식이 무엇을 의미하는지에 대해서 혼란스러웠던 아인슈타인은 변덕을 부렸다. 그러나 그의 확고부동한 신봉자들도 중력파는 너무 약하기 때문에 관찰할 수 없을 것이라고 생각했다. 격렬한 사건으로부터 발생한 중력파는 바깥쪽으로 퍼져나가면서 시공간을 번갈아가며 잡아늘이거나 수축하게 만든다. 그러나 멀리 떨어진 발원지에서 출발한 파동이 지구에 도착할 때쯤이 되면, 그것은 1마일의 공간을 원자핵의 폭보다 훨씬 더 작은 정도로 잡아늘이거나 수축하게 만든다.

파동을 검출하기 위해서는 인내와 정교한 손재주가 필요하다. 고등 라이고에서는, 워싱턴 주 한포드와 루이지애나 주 리빙스턴에 있는 L자 모양의 검출기 2대에 설치된 4킬로미터에 이르는 날개를 따라 앞뒤로 반사되는 레이저 빔을 이용해서 중력파가 지나가는 동안에 날개가 동시에 팽창하거나 수축하는 흔적을 찾아낸다. 과학자들은 안정기, 진공, 수천 개의 센서 등의 첨단 장비를 이용해서 날개의 길이에서 나타나는 양성자의 수천 분의 1에 해당하는 미세한 변화를 측정했다. 그런 정도의 민감도는 한 세기 전에는 상상도 할 수 없었던 것이다. MIT의 라이너 바이스가 라이고(LIGO)로 발전된 실험을 고안했던 1968년에도 많은 사람들이 그런 실험은 불가능한 것이라고 생각했다.

"그들이 결국 해냈다는 것이 정말 놀랍다. 그들은 그렇게 작은 눈곱을 검출해냈다." 알칸소 대학교의 이론물리학자이고 2007년에 출간된 『생각의 속도로 여행하기 : 아인슈타인과 중력파의 정복(Traveling at the Speed of Thought : Einstein and the Quest for Gravitational Waves)』의 저자인 대니얼 케네픽이 말했다.

라이고의 검출은 초고밀도의 질량 때문에 빛마저도 빠져나올 수 없을 정도로 시공간을 심하게 휘어지게 만드는 블랙홀의 형성, 분포, 은하계에서의 역할에 대한 이해를 증진시킬 중력파 천문학의 새로운 시대를 열어주었다. 블랙홀들이 나선형으로 서로 접근해서 합쳐지면, 음정과 진폭이 크게 증가하다가 갑자기 멈춰버리는 시공간의 파동인 "처프(chirp)"가 발생한다. 라이고가 검출할 수 있는 소리는 우연히도 가청(可聽) 범위 안에 들어가지만, 소리의 크기가 너무 작아서 맨 귀로는 들을 수가 없다. 피아노 건반을 따라 손가락을 움직이면 그런 소리를 재현할 수 있다. "피아노의 가장 낮은 음에서 시작해서 중간 C까지 간다." 바이스가 말했다. "그것이 우리가 들었던 소리였다."

물리학자들은 지금까지 검출된 신호의 수와 세기에 놀랐다. 지금까지 예상했던 것보다 훨씬 더 많은 블랙홀이 존재하고 있다는 뜻이었기 때문이다. "우리는 운이 좋았지만, 나는 언제나 우리가 운이 좋을 것이라고 예상했었다"라고 칼텍의 이론물리학자 킵 손이 말했다. 그는 바이스와 칼텍에 있었던 고(故) 로널드 드레버와 함께 라이고를 처음 구축했다. "이런 일은 보통 우주에 대해서 전혀 새로운 창문이 열릴 때 일어나는 것이다."

중력파를 엿듣는 일은 우주에 대한 우리의 견해를 완전히 다른 방식으로 바꿔놓았다. 어쩌면 아무도 상상하지 못했던 우주적 사건의 정체가 밝혀질 수도 있을 것이다.

"나는 이것을 우리가 망원경으로 하늘을 처음 보았던 일에 비유하고 싶다." 컬럼비아 대학교 바너드 대학의 이론천체물리학자 재나 레빈이 말했다. "사람들은 저 먼 곳에 볼 것이 있다는 사실을 깨닫기는 했지만, 우주에 존재하는 거대하고, 믿을 수 없을 정도로 다양한 가능성을 예상하지는 못했다." 마찬가지로 레빈은 중력파 검출이 어쩌면 "우주가 망원경으로는 검출할 수 없는 암흑물질로 가득 채워져 있다"는 사실을 밝혀 줄 수도 있을 것이라고 말했다.

최초의 중력파 검출 이야기는 2015년 9월의 어느 월요일 아침에 폭음(爆音)과 함께 시작되었다. 너무나도 크고 분명한 신호였기 때문에 바이스는 "이것은 허튼 소리이고, 쓸모가 없을 것"이라고 생각했다.

엄청난 흥분

공식적인 자료 수집이 시작되기 이틀 전, 시험 가동을 하고 있던 2015년 9월 14일 이른 아침에 최초의 중력파가 리빙스턴의 고등 라이고 검출기를 지나가고, 7밀리초 후에 한포드의 검출기를 지나갔다.

5년 동안 2억 달러를 투입해서 실시간으로 외부 진동의 영향을 상쇄시키는 잡음 제거용 거울 지지 장치와 능동적 되먹임 장치를 설치한 검출기의 가동을 시작한 직후였다. 바이스의 표현에 따르면, 고등 라이고의 민감도는 2002년부터 2010년까지 "완벽하게 아무것도 검출하지 못했던 1세대 라이고"보다 획기적으로 개선되었다.

큰 신호가 도달했던 9월의 아침이 밝아오던 시각에 유럽의 과학자들은 미국의 동료들에게 미친 듯이 전자우편을 보냈다. 동료들이 잠에서 깨어나면서 소식이 빠르게 퍼져나갔다. 바이스에 따르면, 거의 모든 사람들이 회의적이었다. 특히 신호를 보고 난 후에는 더욱 그랬다. 교과서에서나 볼 수 있을 정도로 깨끗한 처프를 본 많은 사람들은 누군가가 해킹을 한 것이라고 의심했다.

중력파를 찾는 과정에서 잘못된 주장은 오래 전에도 있었다. 1960년대 말 메릴랜드 대학교의 조지프 웨버는 알루미늄 막대가 파동과 공명

(共鳴)을 일으키는 것을 관찰했다고 생각했다. 더욱 최근에는 2014년의 BICEP2 실험에서는 빅뱅에서 시작되어 이제는 우주 전체로 확산되어 우주의 구조에 영원히 얼어붙어버린 원시 중력파를 검출했다는 보고가 있었다. BICEP2 연구진은 결과에 대한 동료 평가가 나오기도 전에 엄청난 환영을 받았지만, 우주 먼지에 의한 신호였던 것으로 밝혀지면서 망신을 당하고 말았다.

애리조나 주립대학교의 우주론 학자인 로런스 크라우스는 고등 라이고의 검출 소식을 들었을 때 "처음 떠오른 생각은 엉터리로 주입된 결과라는 것"이었다고 말했다. 초기 라이고를 운영하는 동안에 사람들의 반응을 시험해보기 위해서 조작된 신호를 연구진에게 알리지 않고 몰래 넣은 일이 있었다. 내부 사람으로부터 이번에는 그런 것이 아니라는 소식을 들은 크라우스는 흥분을 감출 수가 없었다.

2015년 9월 25일 그는 20만 명의 팔로워들에게 "라이고 검출기에서 중력파를 검출했다는 소문. 사실이라면 놀라운 일. 사실로 밝혀지면 자세한 내용을 올릴 것임"이라는 트윗을 보냈다. 그리고 2016년 1월 11일에 "내가 알려주었던 라이고에 대한 소문을 독립적으로 확인했음. 주목하기 바람! 중력파를 발견했을 수 있음!"이라는 트윗을 보냈다.

확실하게 확인할 때까지 신호에 대해서 침묵을 지키는 것이 연구진의 공식 입장이었다. 비밀 유지 약속을 지켜야 했던 손은 심지어 자신의 아내에게도 말하지 않았다. "나 개인적으로 축하를 했다." 그가 말했다. 연구진의 첫 임무는 되돌아가서 검출기에 장착된 수천 개의 서로 다른 측정 채널을 통해서 신호가 어떻게 전파되었고, 신호가 관찰된 순간에 어떤 이상한 일이 일어나지 않았는지를 고통스러울 정도로 자세하게 분석하는 것이었다. 그들은 특이한 사실을 발견하지 못했다. 실험에서 사용하는 수천 개의 데이터 흐름에 대해서 누구보다 많이 알고 있어야만 했을 해커의 가능성도 배제되었다. "엉터리 자료를 넣었던 연구진조차도 완벽하지 못했기 때문에 삽입하면서 수많은 흔적을 남길 수밖에 없었다." 손이 말했다. "그런데 이번에는 그런 흔적이 없었다."

몇 주일 후에 훨씬 약한 또 하나의 처프가 나타났다.

최초의 두 신호를 분석하는 동안에 더 많은 신호를 검출한 과학자들은 「피지컬 리뷰 레터스」에 논문을 제출했다.[1] 가장 컸던 첫 번째 신호의 통계적 유의성은 과학자들이 진실성을 99.9999퍼센트 확신한다는 의미의 "5-시그마" 이상으로 추정되었다.

중력의 소리 듣기

아인슈타인의 일반상대성 방정식은 너무 복잡해서 대부분의 물리학자들이 중력파가 존재하고, 검출할 수 있다는 사실을 이론적으로 인정하기까지 40년이나 걸렸다.

처음에 아인슈타인은 물체가 중력 복사(輻射)의 형태로 에너지를 방출할 수 없을 것이라고 생각했다가 마음을 바꿨다. 그는 1918년의 세기적인 논문에서 이중성(二重星, binary stars)이나 폭죽처럼 터지는 초신성과 같이 동시에 두 축을 중심으로 회전하는 아령 모양의 시스템이 시공간에서 파동을 만들 수 있다는 사실을 밝혔다.

그러나 아인슈타인과 그의 동료들은 여전히 머뭇거리고 있었다. 그런 파동이 존재하더라도 세상이 파동과 함께 진동할 것이기 때문에 실제로 그런 파동을 검출할 수가 없을 것이라고 주장하는 물리학자들도 있었다. 1957년이 되어서야 리처드 파인만이 만약 중력파가 존재한다면 이론적으로 검출할 수 있을 것이라는 사실을 증명하는 사고실험으로 이 문제를 해결했다. 그러나 우주에서 우리 근처에 아령 모양의 물체가 얼마나 흔하게 존재하고, 그렇게 만들어지는 파동이 얼마나 강하거나 약한지를 아는 사람은 아무도 없었다. "우리가 정말 언젠가 중력파를 검출할 수 있을 것인지가 궁극적인 의문이었다." 케네픽이 말했다.

조지프 웨버가 중력파를 검출했다는 소식이 전해졌던 1968년에 "라이" 바이스는 실험학자였던 자신은 잘 알지 못하는 이론인 일반상대성이론에 대해서 강의를 해야만 했던 MIT의 젊은 교수였다. 웨버는 미국의 서로 다른 2개의 주(州)에 설치해두었던 책상 크기의 알루미늄 막대 3개가 모두 중력파에 의해서 울렸다고 보고했다.

바이스의 학생들이 그에게 중력파를 설명해주고, 그 뉴스에 대해서 평가를 해달라고 요구했다. 문제를 살펴본 그는 복잡한 수학에 질려버렸다. "나는 [웨버가] 도대체 무엇을 하고 있었고, 막대가 중력파와 어떻게 상호작용하는지를 알아낼 수가 없었다." 그는 오랜 시간 동안 앉아서 스스로에게 물었다. "중력파를 검출하기 위해서 생각해낼 수 있는 가장 원시적인 방법이 무엇일까?" 스스로 "라이고의 개념적 근거"라고 불렀던 아이디어가 떠올랐다.

삼각형의 꼭짓점에 해당하는 곳에 놓아둔 거울처럼 시공간에 있는 3개의 물체를 생각해보자. "한 물체에서 다른 물체로 빛을 보낸다." 바이스가 말했다. "빛이 한 물체에서 다른 물체까지 전해지는 데에 걸리는 시간을 측정하고, 그 시간이 변화했는지를 살펴본다." 그는 "그런 일을 신속하게 할 수 있다"는 사실을 확인했다. "나는 [학생들에게] 숙제를 내주었다. 거의 모든 학생들이 계산을 할 수 있었다."

다른 연구자들이 웨버의 공명 막대기 실험의 결과(그가 관찰했던 것이 무엇인지는 여전히 불확실하지만, 중력파는 아니었다)를 재현하려고 노력했다가 실패하는 몇 년 동안 바이스는 훨씬 더 정교하고 야심찬 중력 간섭계라는 실험을 기획하기 시작했다.[2] 레이저 빛이 L자 모양으로 배열된 3개의 거울 사이를 오가면서 2개의 빛살을 만들어낸다. 빛 파동의 피크와 골 사이의 간격을 이용해서 시공간에서 x와 y축으로 생각할 수 있는 두 길이를 정확하게 측정한다. 막대가 정지 상태라면, 두 빛 파동은 꼭짓점에서 반사된 후에 서로 상쇄되어 검출기에는 아무 신호도 나타나지 않게 된다. 그러나 중력파가 지구를 지나가면 한쪽 막대는 늘어나고, 다른 쪽 막대는 수축된다. (반대의 현상이 번갈아가면서 나타난다.) 두 빛살의 배열이 어긋나면, 검출기에 공간과 시간에서의 일시적인 흔들림을 보여주는 신호가 나타나게 된다.

처음에 동료 물리학자들은 회의적이었지만, 칼텍에서 블랙홀을 비롯한 중력파의 발생원과 그곳에서 만들어지는 신호를 연구하던 손이 관심을 보이기 시작했다. 손은 웨버의 실험과 러시아 물리학자들의 비슷한 시도에 흥미를 가지고 있었다. 1975년에 학술회의에서 바이스와 이야기를 나누었던 손은 "나는 중력파 검출이 성공할 수 있을 것이라고 믿기 시작했고, 칼텍도 참여하고 싶다"고 말했다. 손은 칼텍으로 하여금 스코틀랜드의 실험학자이자 역시 중력파 간섭계를 만들어야 한다고 주장하던 로널드 드레버를 채용하도록 했다. 결국 손, 드레버, 바이스가 연구진을 구성했고, 각자가 실험이 가능하게끔 하기 위하여 해결해야만 했던 수많은 문제들을 나누었다. 세 사람은 1984년에 라이고를 설립했고, 시제품을 제작하고, 더 많은 연구진과 협력하면서 1990년대 초에는 국립과학재단(NSF)로부터 1억 달러 이상의 연구비를 확보했다. 거대한 L자 모양의 검출기 한 쌍을 위한 청사진이 마련되었다. 10년 후에 검출기가 작동하기 시작했다.

한포드와 리빙스턴에 설치된 검출기의 팔은 길이가 4킬로미터로 레이저, 빔 경로, 거울이 지구의 끊임없는 흔들림으로부터 최대한 고립되도록 진공 상태로 만들어져 있다. 요행을 바라지 않는 라이고 과학자들은 데이터를 수집할 때마다 수천 개의 기기를 이용해서 검출기를 감시했다. 지진 활동, 대기압, 번개, 우주선(線)의 도달, 장비의 진동, 레이저 빔 근처에서의 소리 등을 포함하여 측정할 수 있는 모든 것을 측정했다. 그런 후에 확보한 데이터에서 다양한 배경 잡음에 해당하는 부분을 제거했다. 아마도 가장 중요한 사실은 두 개의 검출기를 함께 사용함으로써 데이터를 상호 확인해서 일치하는 신호만 찾아낸다는 것이다.

2016년 당시에 라이고 협력팀의 부대변인이었던 마르코 카바글리아는 레이저와 거울을 고립시키고 안정화시켰음에도 불구하고 진공 안에는 "언제나 이상한 신호들이 나타났다"고 말했다. 과학자들은 "코이 피쉬", "유령", "털이 달린 바다 괴물" 등을 비롯한 몹쓸 진동 패턴들이 나타나는 원인을 찾아내서 제거해야만 했다. 박사후 연구원으로 연구진의 유명한 해결사였던 제시카 맥이버는 시험 단계에서 어려운 일이 있었다고 기억했다. 데이터에 상당히 자주 나타나는 주기적이고 단일 진동수의 잡음이 있었다. 그녀와 동료들이 거울의 진동을 가청(可聽) 파일로 변환시켰더니, "전화가 울리는 소리가 분명하게 들렸다." 맥이버가 말했다. "통신판매원이 레이저 실험실로 전화를 했던 것으로 밝혀졌다."

고등 라이고 검출기들의 민감도는 앞으로 더 개선될 것이고, 이탈리아에서도 고등 비르고(Advanced Virgo)라고 부르는 세 번째 간섭계가 가동을 시작했다. 데이터를 이용해서 해결할 수 있는 의문 중의 하나는 블랙홀이 어떻게 만들어지는지에 대한 것이다. 블랙홀은 가장 초기에 만들어졌던 거대한 별들이 자체적으로 폭발하면서 만들어진 것일까, 아니면 별들이 밀집된 성단의 내부에서 일어나는 충돌에 의해서 만들어진 것일까? "그것은 두 가지 가능성일 뿐이다. 나는 문제가 해결되기까지 몇 가지의 아이디어들이 더 나올 것이라고 믿는다." 바이스가 말했다. 과학자들은 앞으로 라이고에서 수집된 데이터를 통해서 블랙홀의 기원에 대한 이야기를 속삭임으로 듣게 될 것이다.

그 모양과 크기로 판단할 때, 최초의 가장 큰 처프는 대략 태양 질량의 30배 정도에 해당하는 두 개의 블랙홀이 억겁에 이르는 동안 서로의 중력에 이끌려 느리게 춤을 추다가 드디어 합쳐졌던 약 13억 광년 떨어진 곳에서 발생한 것으로 보인다. 최후의 순간이 가까워지면 블랙홀들은, 하수구에 물이 내려갈 때처럼 점점 더 빠른 속도로 서로를 향해서 휘돌아 들어가면서 거의 눈 깜짝할 사이에 3개의 태양에 해당하는 정도의 에너지를 중력파로 방출한다. 그 병합(倂合)에서는 지금까지 관찰했던 사건들 중에서 가장 강력한 에너지가 방출될 것이다.

"우리는 폭풍이 부는 바다를 한 번도 본 적이 없었던 것과 같다." 손이 말했다. 그는 1960년대부터 시공간에서의 폭풍을 기다리고 있었다. 마침내 파동이 도달했을 때 그가 받은 느낌은 흥분이 아니라 전혀 다른 심오한 만족감이었다고 말했다.

충돌하는 블랙홀이 별에 대한 새로운 이야기를 들려준다

내털리 볼초버

2016년 캘리포니아 산타 바버라에서의 강연에서 셀마 드 밍크는 세계적으로 유명한 천체물리학자들에게 곧바로 본론을 이야기하기 시작했다. "그들은 어떻게 만들어졌을까?" 그녀의 첫 발언이었다.

누구나 알고 있었듯이 "그들"은 10억 년보다 더 오래 전에 우주의 외딴 구석에서 서로 휘돌다가 합쳐지면서 공간과 시간의 구조에 파동을 만들어냈던 두 개의 육중한 블랙홀들이었다. 그렇게 만들어진 "중력파"는 바깥으로 퍼져나가서, 2015년 9월 14일에 지구를 지나가면서 고등레이저 간섭계중력파관측소의 초민감 검출기를 퉁겼다. 2016년 2월에 공개된 라이고의 발견은 중력파가 존재한다는 알베르트 아인슈타인의 1916년 예측을 성공적으로 입증해주었다. 시공간에서의 작은 흔들림을 이용해서 빛조차도 중력을 빠져나가지 못할 정도로 밀도가 큰 블랙홀의 보이지 않는 활동을 처음으로 밝혀낸 라이고가, 갈릴레오가 처음으로 망원경으로 하늘을 보았을 때처럼, 우주에 대한 새로운 창을 열어줄 것이 확실해졌다고 이야기하는 사람들이 있다.

새로운 중력파 데이터가 천체물리학 분야를 뒤흔들어 놓았다. 2016년 8월 산타 바버라의 카블리 이론물리학 연구소(KITP)에서 2주일 동안 개최된 학술회의에 30여 명의 전문가들이 모여서 그 의미를 분석했다.

곧바로 본론으로 들어간 암스테르담 대학교의 천체물리학자 드 밍크는, 라이고가 그때까지 검출했던 신호 중에서 가장 강력한 중력파를 발생시킨 GW150914라는 2개 이상의 블랙홀들이 하나로 합쳐져버린 사건이 가장 심오한 수수께끼라고 설명했다. 라이고를 이용하면 태양 질량의 10배 정도의 블랙홀 쌍을 찾아낼 수 있을 것이라고 예상했었다. 그런데 이번에 검출된 경우는 블랙홀 하나의 질량이 대략 태양 30개 정도에 해당했다. "블랙홀들이 거기에 있었다. 육중한 블랙홀들은 우리가 생각했던 것보다 훨씬 더 무거웠다." 드 밍크가 청중에게 말했다. "그렇다면 그들은 어떻게 만들어졌을까?"

그녀는 두 가지 의문점을 해결해야 한다고 설명했다. 붕괴되는 과정에서 블랙홀이 되기도 하는 항성(붙박이 별)의 물질은 대부분 죽기 전의 폭발 과정에서 흩어져버린다. 그런데 블랙홀들이 어떻게 그렇게 육중해졌을까? 그리고 그런 블랙홀들이 어떻게 우주의 수명이 다하기 전에 서로 합쳐질 수 있을 정도로 가까이 접근할 수 있었을까? "이런 의문은 서로 배타적인 것이다." 드 밍크가 말했다. 서로 가까운 곳에서 탄생한 한 쌍의 거대한 별들은, 보통 서로 어우러져서 지내다가 블랙홀로 붕괴되기 전에 서로 합쳐지기 때문에 검출될 수 있을 정도로 강력한 중력파를 방출하지 못한다.

천체물리학자 마테오 칸티엘로는 GW150914에 숨겨진 이야기를 밝혀내는 것이 "우리 이해의 모든 것에 대한 과제가 될 것"이라고 말했다. 전문가들은 병합의 순간에 대한 정보를 근거로 하여, 한 쌍의 별들이 태어나서 일생을 보내고 죽음에 이르기까지에 대해서 아직 해결하지 못한 천체물리학적 과정의 불확실한 단계들을 거꾸로 추적해내야만 한다. "그런 노력이 별들에 대한 우리의 이해에서 남아 있는 오래된 몇 가지

의문들을 해결하기 위한 노력에 새로운 활기를 불어넣어줄 것이 분명하다."캘리포니아 대학교 버클리의 천문학과 교수이면서 KITP 프로그램의 조직위원이기도 한 엘리엇 쿼타에르트가 말했다. 라이고의 데이터를 이해하기 위해서는 별들이 언제, 어떤 이유로 초신성으로 변했는지를 밝혀내야 하고, 그것은 다시 어떤 별이 어떤 종류의 별로 변하게 되는지, 별의 조성과 질량과 회전이 진화에 어떤 영향을 미치는지, 그리고 별의 자기장이 어떻게 작동하는 등에 대해서도 알아내야만 한다.

그런 작업들이 이제 막 시작되었지만, 이미 라이고의 첫 검출 덕분에 이중 블랙홀 형성에 대한 두 가지 이론이 전면에 등장하게 되었다. 2016년에 드 밍크와 동료들이 제안했던 블랙홀 이중성 형성에 대한 새로운 "화학적 균일" 모형과 다른 많은 전문가들이 지지하는 고전적인 "공통 봉투" 모형 사이의 경쟁이 산타 바버라에서의 2주일 동안에 뜨겁게 펼쳐졌다. (다른 경쟁 이론들을 포함한) 두 이론이 모두 우주의 어느 곳에서는 진실일 수도 있겠지만, 아마도 그 중 어느 하나만이 대부분의 블랙홀 병합을 설명해줄 수 있을 것이다. "과학에서는 어떤 경우라도 하나의 압도적인 과정만 남는 것이 일반적이다."공통 봉투 모형을 지지하는 시카고 대학교의 대니얼 홀츠가 말했다.

별 이야기들

GW150914에 대한 이야기는 거의 확실히 태양보다 최소한 8배 이상 무겁고, 드물기는 하지만 은하에서 주역을 담당하는 무거운 별들로부터 시작한다. 무거운 별이란 초신성 폭발을 일으키는 과정에서 물질을 우주 공간으로 뿜어내서 새로운 별로 재활용되도록 해주고, 그 중심은 감마선 폭발, 펄서, X-선 이중성과 같은 이색적이고 영향력이 큰 현상을 일으키는 블랙홀과 중성자 별로 붕괴되는 별을 말한다. 2012년에 드 밍크와 동료들은 대부분의 알려진 무거운 별들이 이중성을 이루고 있다는 사실을 밝혀냈다.[1] 그녀의 이야기에 따르면, 이중성을 구성하는 무거운 별들은 환경에 따라서 "춤"을 추고, "키스"를 하고, "흡혈귀"처럼 서로의 수소 연료를 빨아들인다. 그러나 그 별들이 어떤 환경에서 어둠의 베일 속으로 사라지거나 충돌하게 될까?

1970년대 알렉산드르 투투코프와 레프 유겔손 등의 소련 과학자들의 연구에서 시작된 통상적인 공통 봉투 이론은 넓은 폭의 궤도에서 탄생한 거대한 별들의 쌍에 대한 이야기이다. 첫 번째 별의 중심에서 연료가 바닥이 나면, 외층(外層)의 수소가 부풀어 오르면서 "적색 초거성"이 만들어진다. 수소 기체의 대부분은 흡혈귀 역할을 하는 두 번째 별에 의해서 흡수되고, 첫 번째 별의 중심은 결국 블랙홀로 붕괴되어버린다. 그런 상호작용이 두 별을 더 가까이 다가가도록 만들고, 두 번째 별이 초거성으로 부풀어 오를 때가 되면, 두 별이 모두 하나의 봉투 속으로 휩쓸려 들어가게 된다. 두 별은 수소 기체 속을 떠도는 과정에서 더 가까워진다. 결국 포장은 공간으로 사라져버리고, 두 번째 별의 중심도 첫 번째 별의 중심과 마찬가지로 블랙홀로 붕괴되어버린다. 두 개의 블랙홀은 충분히 가까이 있어서 언젠가 하나로 합쳐진다.

별들은 엄청난 질량을 흩뿌리기 때문에 이 모델에서는 10개의 태양 정도에 해당하는 비교적 가벼운 블랙홀의 쌍이 만들어질 것으로 예상된다. 태양 8-14개의 질량을 가진 블랙홀의 병합에서 나온 것으로 보이는 라이고의 두 번째 신호는 공통 봉투 모델로 가장 잘 설명된다. 그러나 그런 이론은 첫 번째 신호였던 GW150914에는 잘 맞지 않는다고 주장하는 전문가들이 있다.

2016년 6월 「네이처」에 발표된 논문에서 홀츠와 그의 동료인 크르지

스토프 벨진스키, 토머스 불리크, 리처드 오쇼그네시는 공통 봉투도 이론적으로는 태양 30개 질량의 블랙홀의 병합을 만들어낼 수 있다고 주장했다. 태양 90개에 해당하는 질량을 가지고 있으며, (질량 손실을 가속시켜주는) 금속이 거의 들어 있지 않은 별의 경우에 그렇다는 것이다.[2] 그런 정도로 무거운 이중성은 우주에서 비교적 드물 것이기 때문에 라이고가 그렇게 예외적인 경우를 그렇게 빨리 관찰했다는 것에 대해서 의문을 제기하는 사람도 있다. 산타 바버라에 모였던 과학자들도, 만약 라이고가 가벼운 경우와 비교해서 매우 무거운 병합을 여러 차례 검출한다면 공통 봉투 시나리오에 대한 근거가 설득력을 잃어버리게 될 것이라는 데에 동의했다.

통상적인 이론의 그런 약점이 새로운 아이디어가 등장할 수 있는 길을 열어주었다. 2014년에 새 아이디어가 싹트기 시작했다. 드 밍크와 버밍햄 대학교의 천체물리학자이면서 라이고 협력에도 참여하고 있던 일리야 맨들이, 드 밍크가 몇 년 동안 연구하고 있던 종류의 이중성이 무거운 이중 블랙홀을 형성하도록 해줄 수 있다는 사실을 깨달았다.

화학적 균일 모델은 매우 가까운 거리에서 매우 빠르게 회전하며 탱고를 추는 무용수들처럼 "서로 밀착되어" 있는 무거운 별의 쌍에서 시작한다. 탱고를 보면 "두 사람이 매우 가까이 있어서 몸이 언제나 밀착되어 있다." 댄스를 좋아하던 드 밍크가 말했다. "그리고 두 사람이 서로에 대해서 회전할 뿐만 아니라 스스로의 축을 중심으로도 회전해야만 한다." 그런 회전이 별을 휘저어서 뜨겁게 달아오르고, 전체적으로 균일하게 만들어준다. 그리고 두 별이 연료를 모두 소진할 때까지 그런 과정이 중심 부위만이 아니라 내부 전체에서 병합이 일어날 수 있도록 해준다. 별들이 절대 팽창하지 않기 때문에 서로 뒤엉켜버리거나 질량을 내뿜지는 않는다. 그 대신 각자가 스스로의 질량에 의해서 무거운 블랙홀로 붕괴되고 만다. 블랙홀은 수십억 년 동안 춤을 추면서 점진적으로 더 가까이 휘돌다가 시공간에서 눈 깜짝할 순간에 합쳐져버린다.

드 밍크와 맨들은 2016년 1월에 온라인에 올린 논문에서 화학적 균일 모형에 대한 자신들의 이론을 제시했다.[3] 며칠 뒤에 본 대학교의 대학원 학생 파블로 마르찬트를 비롯한 연구자들도 똑같은 아이디어를 제시하는 논문을 올렸다.[4] 다음 달에 라이고에서 GW150914의 검출이 공개되자 화학적 균일 이론이 유명세를 탔다. "적절한 질량의 블랙홀이 만들어질 때까지는 내가 제시한 이론이 아주 정신 나간 이야기였다." 드 밍크가 말했다.

그러나 몇 가지 임의적인 증거를 제외하면 뒤섞인 별의 존재는 추론적이었다. 그리고 어떤 전문가들은 모델의 효과에 의문을 제기하기도 한다. 시뮬레이션에 따르면, 화학적 균일 모델을 이용해서 라이고의 두 번째 신호처럼 훨씬 더 작은 블랙홀 이중성을 설명하는 데에는 어려움이 있다. 더욱 고약한 것은 가장 중요한 성공 사례로 알려진 GW150914를 그 이론이 얼마나 잘 설명하고 있느냐에 대한 의문이 떠오르고 있다는 것이다. "그것은 매우 우아한 모델이다." 홀츠가 말했다. "또한 매우 매력적이다. 문제는 그것이 완벽하게 작동하는 것처럼 보이지 않는다는 것이다."

모든 것이 더 빠르게

라이고의 중력파 신호는 충돌하는 블랙홀의 질량 이외에도 블랙홀 자체가 회전을 하는지도 알려준다. 처음에는 연구자들이 회전 측정에 대해서 큰 관심을 보이지 않았다. 중력파는 블랙홀이 서로 회전하는 궤도와 같은 축을 중심으로 회전하는 경우에만 정보를 제공하고, 다른 방향의 회전에 대해서는 아무 정보도 제공해주지 않는다는 것이 부분적인 이유였다. 그러나 2016년 5월에 발표된 논문에서 뉴저지 주 프린스턴 고등연구소와 예루살렘의 히브리 대학교의 연구자들은 라이고가 측정한 종류의 스핀은 블랙홀이 화학적 균일 채널을 통해서 형성되는 경우에만 예상되는 것이라고 주장했다.[5] (탱고 댄서들은 스스로 회전하면서 같은 방향으로 서로의 주위를 돈다.) 그러나 여전히 GW150914에 포함된 태양 30개 질량의 블랙홀은 아주 작은 스핀을 가지고 있는 것으로 측정된다는 사실이 탱고 시나리오에 대한 약점인 것처럼 보였다.

"스핀이 화학적 균일 채널에게 문제가 될까?" 캘리포니아 공과대학의 천체물리학 교수인 슈테를 피니가 어느 날 오후에 산타 바버라 연구자들에게 질문을 던졌다. 논란 끝에 과학자들은 그렇다는 데에 동의했다.

그러나 드 밍크, 마르찬트, 칸티엘로는 며칠 만에 해결책을 찾아냈다. 최근에 별의 자기장을 연구하기 시작한 칸티엘로는 화학적 균일 채널에서 탱고를 추는 별은 근본적으로 강력한 자기장을 나타내는 전하를 가진 회전하는 공이고, 그런 자기장은 별의 외층을 강력한 자기극(磁氣極) 쪽으로 몰려가게 만들 가능성이 크다는 사실을 깨달았다. 회전하는 피겨 스케이트 선수가 팔을 펼치면 회전 속도가 줄어드는 것과 마찬가지로 자기극이 브레이크와 같은 역할을 하기 때문에 별의 회전이 점진적으로 느려지게 된다는 것이다. 그 이후에 세 사람은 자신들의 계산이 그런 설명과 일치하는가를 보기 위한 연구를 계속했다. 쿼타에르트는 그런 아이디어가 "가능성은 있지만 조금 교활한 것일 수 있다"고 평가했다.

라이고가 좀더 향상된 민감도로 재작동을 시작해서 더 많은 중력파 신호를 수집하게 된 중요한 가을을 기념하는 무대가 된 학술회의의 마지막 날에, 과학자들은 자신들이 논의했던 다양한 이론의 예측을 분명하게 밝히는 "피니 선언(Phinney's Declaration)"에 서명을 했다. "블랙홀 이중성에 대한 모든 모델은 (우리의 경쟁자들이 제안한 몇몇의 열등한 제안을 제외하면) 대등하게 만들어졌지만, 조만간 관측 데이터가 그들을 확실하게 차등화시켜줄 것이라고 기대한다." 피니가 초안을 마련한 선언문은 그렇게 시작한다.

데이터가 축적되면서, 예를 들면 이중성이 "구상 성단"이라고 부르는 밀집된 별 형성 영역의 내부에서 일어나는 동력학적 상호작용을 통해서 형성될 수 있을 것이라는 견해와 같은 빈약한 블랙홀 이중성 형성 이론이 탄력을 받을 수도 있게 될 것이다. 라이고의 첫 번째 가동에서 블랙홀 병합이 구상 성단 모델이 예측하는 것보다 훨씬 더 흔하다는 사실이 밝혀졌다. 그러나 지난번의 실험은 단순히 운이 좋았을 뿐이었고, 앞으로 병합 속도의 추정치는 줄어들 수도 있을 것이다.

여러 주장들에 더해지면서, 몇몇 우주론 학자들은 GW150914가 처음부터 별이 아니었고, 빅뱅 직후에 많은 에너지를 가진 시공간의 영역이 붕괴해서 만들어진 원시적 블랙홀의 병합에서 방출된 것이라는 이론을 내놓았다. 흥미롭게도 「피지컬 리뷰 레터스」에 발표한 논문에서 연구자들은 태양 30개 정도의 질량을 가진 그런 원시적 블랙홀들이, 우주를 가득 채우고 있지만 여전히 찾지 못하고 있는 "암흑물질(dark matter)"의 일부 또는 전부일 수도 있다고 주장했다.[6] 그런 아이디어를 신속 라디오 폭발이라고 부르는 천체물리학적 신호와 구분하는 방법이 있다.

그렇게 매력적인 가능성에 대한 고민은 너무 설익은 것일 수 있다. 천체물리학자들은 빅뱅에서 생성된 블랙홀이 우연히 138억 년이 지나서 우리가 검출할 수 있는 적절한 시각에 병합하기에는 의심스러울 정도의 행운이 필요하다는 사실을 지적했다. 이것은 중력파 천문학의 여명기에 연구자들이 직면해야만 하는 또다른 새로운 논리의 예이다. "우리는 정말 흥미로운 단계에 와 있다." 드 밍크가 말했다. "우리가 이런 방식으로 생각하게 된 것은 처음이다."

중성자 별의 충돌이 시공간을 뒤흔들고, 하늘을 밝게 만든다

카티아 모스크비치

2017년 8월 17일 고등레이저 간섭계중력파관측소에서 무엇인지 새로운 것이 관측되었다. 대략 1억3,000만 광년 떨어진 곳에서 도시 정도로 작지만 태양보다 훨씬 무거운 두 개의 초고밀도 중성자 별이 서로 충돌하는 과정에서 킬로노바(kilonova)*라고 부르는 엄청난 격변이 일어났고, 세밀한 파동이 시공간을 통해서 지구에까지 전달되었다.

라이고가 신호를 검출했을 당시에 천문학자 에도 버거는 하버드 대학교의 사무실에서 위원회 회의에 시달리고 있었다. 버거는 라이고가 검출한 충돌의 잔광(殘光)을 찾는 연구를 감독하고 있었다. 하지만 사무실로 전화가 걸려왔을 때, 그는 전화를 무시해버렸다. 얼마 후에 그의 휴대전화가 울렸다. 그는 문자 메시지가 쏟아지는 것을 흘낏 보았다.

에도, 이메일을 확인하세요!
전화를 받으세요!

"나는 바로 그 순간에 모든 사람들을 내보내고 곧바로 행동에 뛰어

---

* 중성자 별이나 블랙홀로 구성된 이중성이 하나로 병합되는 과정에서 분출되는 물질로 우라늄이나 백금과 같은 무거운 원소들이 합성된다.

들었다." 버거가 말했다. "그런 일이 일어날 것이라고 기대하지는 않았
었다."

루이지애나 주와 워싱턴 주에 있는 초민감도의 라이고 검출기 한 쌍
은 2015년에 블랙홀 두 개의 충돌에서 방출된 중력파를 기록하는 역사
적인 일을 해냈고, 그 발견 덕분에 이 실험의 설계자들은 2017년 노벨
물리학상을 받았다. 첫 발견 이후로 블랙홀의 충돌에서 더 많은 신호들
이 검출되었다.

블랙홀은 빛을 방출하지 않기 때문에, 중력파가 아니라면 그렇게 먼
곳에서 발생하는 격변을 관찰하는 것은 불가능했다. 그러나 중성자 별
의 충돌은 불꽃을 쏟아낸다. 과거에는 천문학자들이 그런 장관을 직접
본 적이 없었지만, 이제 라이고가 그들에게 어디를 보아야 하는지를 알
려주고 있었고, 그런 정보에 따라 충돌 직후에 모든 영역의 전자기파
신호에서 나타나는 증거를 포착하기 위해서 버거의 연구팀처럼 바삐 움
직이는 연구진이 구성되어 있었다. 모두 합쳐서 70개 이상의 망원경이
같은 곳의 하늘을 관찰했다.

그들은 광맥을 찾았다. 최초의 검출 이후 며칠 동안, 천문학자들은 광
학, 라디오파, X-선, 감마선, 자외선 망원경을 이용해서 충돌하는 중성
자 별을 성공적으로 관찰할 수 있었다. 「피지컬 리뷰 레터스」, 「네이처」,
「사이언스」, 「애스트로피지칼 저널 레터스」 등의 학술지에 10여 편의
논문으로 자세하게 소개된 대규모 공동 연구 덕분에 천체물리학자들은
사건에 대해서 일관된 설명을 듣게 되었을 뿐만 아니라 천체물리학에서
오랫동안 해결하지 못했던 의문에 대한 답도 찾을 수 있었다.

"중력파 측정이 한꺼번에 핵 천체물리학, 중성자 별 통계학과 물리
학, 정밀한 천문학적 거리에 대한 문을 열어주었다" MIT의 카블리 천
체물리학 및 우주 연구소의 천체물리학자인 스콧 휴즈가 말했다. "그것

이 얼마나 대단한 것인지 일상적인 언어로 표현할 수가 없다."

버거는 그런 발견이 "천문학의 역사에 길이 남을 것"이라고 말했다.

X로 점찍기

전화, 이메일, 자동화된 공식적인 라이고 경보를 통해서 중성자 별 병합이 일어난 곳의 좌표를 파악한 버거는 자신의 연구진이 곧바로 광학 현미경을 이용해서 그 이후에 일어나는 일을 관찰해야 한다는 사실을 알고 있었다.

시기가 적절했다. 유럽에서는 라이고의 두 검출기와 비슷한 새로운 중력파 관측소인 비르고(VIRGO)가 온라인 가동을 시작하고 있었다. 세 곳의 중력파 검출기를 함께 사용하면 신호를 삼각화시킬 수 있었다. 비르고가 데이터 수집을 시작하기 한두 달 전에 중성자 별 병합이 일어났더라면 신호가 출발한 하늘의 영역의 "오류 범위"가 너무 커서 후속 관측을 준비하고 있던 연구진이 의미 있는 것을 발견할 가능성이 거의 없었을 것이다.

라이고와 비르고의 과학자들에게 또다른 행운도 찾아왔다. 중성자 별의 병합에서 방출된 중력파는 블랙홀에서 방출되는 것보다 훨씬 약해서 검출하기가 더 어려웠다. 독일 하노버에 있는 알베르트 아인슈타인 연구소의 천체물리학자이자 라이고의 연구진이기도 한 토머스 덴트에 따르면, 실험은 3억 광년 이내에서 일어나는 중성자 별 병합만을 관측할 수 있다. 그런데 이번 병합은, 그것을 관측한 라이고는 물론 전 영역의 전자기파 망원경 모두가 수월하게 관찰할 수 있는 훨씬 더 가까운 거리에서 일어났다.

그러나 당시에 버거와 그의 동료들은 그런 사실들 중 어느 것도 모르고 있었다. 그들은 칠레의 빅토르 M. 블랑코 망원경에 장착된 암흑에너지 카메라라고 부르는 장비를 사용하기 위해서 해가 질 때까지 애를 태우면서 기다려야만 했다. 천문학자들에 따르면, 그 카메라는 매우 넓은 영역의 하늘을 빠르게 훑어볼 수 있기 때문에 어느 곳을 보아야 하는지를 정확하게 모르는 경우에 유용한 것이었다. 버거는 중부 뉴멕시코 주에 있는 초대형망원경(VLA), 칠레의 아타카마 대형 밀리미터 망원경(ALMA), 우주 공간에 설치된 찬드라 X-선 관측소도 예약을 해두었다. (라이고의 경보를 받은 다른 연구진들도 VLA와 ALMA의 사용을 요청했었다.)

몇 시간 후에 암흑에너지 카메라의 데이터가 들어오기 시작했다. 버거의 연구진은 45분 만에 새로운 밝은 광원을 찾아냈다. 빛은 라이고의 경보에서 지목된 히드라라는 성단에 있는 NGC 4993이라고 부르는 은하에서 라이고가 살펴보라고 했던 거리에 해당하는 곳으로부터 오는 것으로 보였다.

"그 때문에 우리는 정말 흥분했고, 나는 지금도 '맙소사, 이 은하 근처의 밝은 광원을 보게!'라는 어느 동료의 이메일을 보관하고 있다." 버거가 말했다. "이렇게 빨리 성공할 수 있을 것이라고 생각하지 않았던 우리 모두는 충격에 빠졌다." 연구진은 라이고에서 검출된 이후에도 무엇인가를 발견하기까지는 몇 년 동안의 여러 시도가 있어야만 할 것이라고 생각했고, 오랜 기간의 고전을 예상했었다. "그런데 곧바로 X로 점을 찍는 것과 같은 일이 벌어졌다." 그가 말했다.

지금까지 최소 다섯 팀이 독자적으로 새로운 밝은 광원을 발견했고, 수백 명의 연구자들이 다양한 후속 관찰을 했다. 캘리포니아 대학교 산타크루즈의 천문학자 데이비드 콜터와 동료들은 칠레의 스워프 망원경으로 사건이 일어난 정확한 위치를 알아냈고, 라스 쿰브레 관측소의 천문학자들도 지구 전체에 설치된 20개의 망원경으로 구축된 자동화된 네트워크를 이용해서 동일한 작업을 했다.

버거와 암흑에너지 카메라 후속연구진에게는 허블 우주망원경을 찾아야 할 때가 되었다. 베테랑 기기의 시간을 확보하려면 보통 몇 달은 아니더라도 몇 주일이 걸린다. 그러나 특별한 상황에서는 "소장의 재량 시간"을 이용해서 끼어드는 방법이 있었다. 하버드-스미소니언 천체물리학 연구소의 천문학자인 맷 니콜이 연구진을 대신해서 허블의 자외선 측정 장치의 사용을 요청하는 제안서를 제출했다. 아마도 역사상 가장 짧은 제안서였을 것이다. "제안서는 2쪽이었다. 우리가 한밤중에 할 수 있는 것은 그 뿐이었다." 버거가 말했다. "단순히 우리가 이중 중성자 별 병합을 최초로 발견했고, UV 스펙트럼을 찍을 필요가 있다고 말하는 것이 전부였다. 그리고 우리는 승인을 받았다."

여러 장비로부터 쏟아지기 시작한 데이터들은 점점 더 놀라워졌다. 전체적으로 라이고/비르고 발견과 과학자들에 의한 다양한 후속 관측을 근거로 10여 편의 논문이 발표되었다. 모두 병합의 과정과 이후에 일어난 천체물리학적 과정을 설명하는 내용이었다.

신비스러운 폭발들

중성자 별은 무거운 별이 초신성 폭발로 죽은 후 중심부에 중성자가 밀집되어 만들어진 것이다. 찻숟가락 정도의 중성자 별은 질량이 10억 톤까지 될 수 있다. 중성자 별의 내부 구조는 완전히 밝혀지지 않았다. 중성자 별들이 서로 상대의 주위를 회전하는 단단하게 엮인 이중성 쌍으로 모이는 이유도 밝혀지지 않았다. 천문학자 조 테일러와 러셀 헐스가 1974년에 그런 쌍을 처음 발견했고, 그 공로로 1993년 노벨 물리학상을 받았다. 그들은 두 개의 중성자 별이 대략 3억 년 안에 서로 충돌하게 될 것이라고 주장했다. 라이고가 새로 발견한 두 별의 경우에는 훨씬 더 오랜 시간이 걸렸다.

버거와 그의 연구진에 의한 분석에 따르면, 새로 발견된 쌍은 110억 년 전 두 개의 육중한 별이 수백만 년 간격으로 초신성이 되는 과정에서 탄생했다. 두 폭발이 일어나는 사이에 어떤 이유에서인지 두 별이 가까워졌고, 우주 역사의 대부분에 해당하는 긴 시간 동안 계속 서로 회전해왔다. 그런 발견들이 "이중 중성자 별 형성의 모델과 훌륭하게 일치한다"고 버거가 말했다.

중성자 별의 병합은 지난 50여 년 동안 천체물리학자들을 성가시게 만들었던 다른 미스터리도 해결해주었다.

1967년 7월 2일에 미국의 두 인공위성 벨라 3호와 4호가 감마선 섬광을 찾아냈다. 연구자들은 처음에는 소련이 비밀스럽게 핵실험을 했을 것이라고 의심했다. 그들은 곧바로 그 섬광이 오늘날 감마선 폭발(gamma ray burst, GRB)이라고 알려진 현상의 첫 사례라는 사실을 깨달았다. GRB는 밀리초에서 몇 시간 동안 "천체물리학적 천체 중에서 가장 강렬하고 격렬한 복사를 방출한다." 덴트가 설명했다. 소위 (2초 이내로 지속되는) "단기" 감마선 폭발이 중성자 별 병합의 결과일 수 있다고 생각하는 사람들도 있지만, GRB의 기원은 여전히 수수께끼로 남아 있다. 지금까지는 직접적으로 확인할 수 있는 방법이 없었다.

2017년 8월 17일에 페르미 감마선 우주망원경과 국제 감마선 천체물리학실험실이 히드라 성단 방향을 살펴보고 있었던 것도 또다른 행운이었다. 라이고와 비르고가 중력파를 검출했던 것과 마찬가지로 감마선 우주 망원경에도 미약한 GRB 신호가 잡혔고, 라이고와 비르고처럼 속보를 내보냈다.

중성자 별 병합은 매우 강한 감마선 폭발을 일으키게 되고, 그 과정에서 방출되는 에너지는 대부분 제트(jet)라고 부르는 매우 좁은 영역으로 쏟아져 나오게 된다. 연구자들은 지구에 도달한 GRB 신호가 약한 것은 제트가 정확하게 우리 쪽을 향하고 있지 않기 때문이라고 생각한다. 대략 2주일 후에 관측소들이 GRB와 함께 방출되는 X-선과 라디오파를 검출한 증거가 확인되었다. "이것은 중성자 별 병합에 의해서 정상적인 단기 감마선 폭발이 일어난다는 명백한 증거이다." 버거가 말했다. "그것이 두 가지 현상이 명백하게 연관되어 있다는 최초의 직접적이고 확실한 증거이다."

휴즈는 그런 관찰이 "우리가 단기 감마선 폭발의 원인을 확실하게 밝혀낸" 최초의 사례였다고 말했다. 그런 결과들은 적어도 일부의 GRB가 중성자 별의 충돌에서 발생한다는 사실을 밝혀주었지만, 모든 GRB가 그렇다고 보기는 너무 이르다.

노다지를 캐다

중성자 별 병합 이후에 수집된 광학과 적외선 데이터도 역시 r-과정 핵합성(r-process nucleosynthesis)에 의한 우라늄, 백금, 금처럼 우주에서 가장 무거운 원소의 형성에 대한 의문을 해결하는 데에 도움이 되었다. 과학자들은 오래 전부터 다른 대부분의 원소들과 마찬가지로 이 희귀하고 무거운 원소들도 초신성 폭발과 같은 고에너지 사건에서 만들어진다고 믿었다. 최근에 관심을 모으고 있는 경쟁 이론에서도 중성자 별 병합이 그런 원소들의 대부분을 만들어낼 수 있다고 주장한다. 그런 이론에 따르면, 중성자 별들의 충돌에서는 킬로노바라는 물질이 분출된다. "중성자 별이 중력장을 벗어난 후에는 그런 물질이 우리가 지구와 같은 암석형 행성에서 보는 무거운 원소로 가득 채워진 구름으로 핵변환된다." 덴트가 설명했다.

그런 무거운 원소들이 방출하는 방사성 빛이 광학 망원경으로 검출되었다. 과학자들은 그것이 중성자 별 충돌이 우주에서 금과 같은 무거운 원소들을 만들낸다는 강력한 증거라고 말한다.

"그런 병합을 통해서 우리는 그런 원소들의 생성에 대해서 예상했던 모든 특징을 볼 수 있었고, 그래서 우리는 그런 원소들이 어떻게 형성되는지에 대한 천체물리학의 중요한 미해결 과제를 풀고 있는 중이다. 우리는 과거에도 그에 대한 힌트를 가지고 있었지만, 이제 우리는 정말 바로 옆에 강력한 데이터를 제공해주는 천체를 가지게 되었고, 더 이상 모호한 것은 없다." 버거가 말했다. 시카고 대학교의 대니얼 홀츠에 따르면, "대략적인 계산에 의하면 단 한번의 충돌에 의해서 지구의 무게보다 더 많은 양의 금이 만들어진다."

과학자들은 또한 중성자 별 충돌 이후에 일어났을 것으로 보이는 일련의 사건들을 유추함으로써 별의 내부 구조에 대한 통찰도 얻을 수 있었다. 전문가들은 충돌의 결과가 "별들이 얼마나 크고, 얼마나 '부드럽거나 탄력이 있는지', 즉 초강력 중력에 의한 변형을 얼마나 견뎌낼 수 있는지에 따라 크게 달라진다"는 사실을 알고 있었다고 덴트가 설명했다. 매우 부드러운 별들은 새로 형성되는 블랙홀의 내부로 곧장 빨려들어가고, 감마선 폭발을 일으킬 수 있는 물질을 외부에 남겨두지 않게 된다. "정반대의 경우에는 두 개의 중성자 별이 병합되어서 불안정하고, 빠르게 회전하는 대단히 무거운 중성자 별이 만들어지고, 수십 초나 수백 초 정도 지난 후에 감마선 폭발을 일으킬 수 있다." 그가 말했다.

가장 가능성이 높은 상황은 중성자 별의 병합과 블랙홀 붕괴의 중간 어디에 해당할 것이다. 두 개의 중성자 별이 도넛 모양의 불안정한 중성자 별로 병합되고 나서 최종적으로 블랙홀로 붕괴되기 전에 대단히 많은 에너지를 가진 뜨거운 물질의 제트를 분출하게 될 수도 있다고 덴트가 말했다.

그런 의문은 중성자 별 병합에 대한 미래의 관측을 통해서 해결될 것이다. 그리고 전문가들은 신호가 쏟아져서 들어오면, 병합이 우주론 학자들의 정밀 도구가 될 수 있을 것이라고 말한다. 중력파 신호와 전자기 신호의 적색편이 또는 팽창의 비교가, 우주의 나이와 팽창 속도를 알려주는 소위 허블 상수를 측정하는 새로운 방법이 될 것이다. 한 번의 병합으로 이미 연구자들은 다른 방법으로 상수를 추정할 때에 필요한 "다양한 가정을 사용하지 않는 놀라울 정도로 근원적인 방법으로" 허블 상수를 측정할 수 있게 되었다. 라이고 협력팀의 연구원이면서 오스트레일리아 스윈번 기술대학교의 교수인 매슈 베일스가 말했다. 홀츠는 중성자 별 병합을 (초신성에 사용하던 "표준 촛불"이라는 용어를 흉내내서) "표준 사이렌"이라고 부른다. 초기의 계산에 따르면, 우주가 초당 메가파섹당* 70킬로미터의 속도로 팽창해서 라이고의 허블 상수는 "[지금까지 얻은] 추정치들의 중간에 해당하는" 것으로 밝혀졌다.

측정 결과를 개선하려면 과학자들이 더 많은 수의 중성자 별 병합을 찾아내야만 할 것이다. 지금도 라이고와 비르고의 민감도를 향상시키기 위한 미세조정이 이루어지고 있다는 사실을 알고 있는 버거는 낙관적인 입장이다. "그런 일을 관찰할 빈도는 예상보다 클 것이 분명하다." 그가 말했다. "나는 2020년까지 적어도 매달 한두 개씩은 관측할 것이라고 예상한다. 엄청나게 놀라운 일이 될 것이다."

---

*우주 공간에서의 거리를 나타내는 단위인 파섹(parsec)은 3.26광년으로 연주시차가 1초에 해당하는 거리이다.

제 8 부

여기서부터 어디로 갈까?

새로운 입자가 없다는 것이 물리학에 어떤 의미일까?

내털리 볼초버

유럽의 대형강입자충돌기(LHC)에서 활동하는 물리학자들은 과거 어느 때보다도 더 높은 에너지로 자연의 성질을 탐구해오면서 심오한 사실을 발견했다. 그것은 새로운 것이 없다는 것이었다.

그런 결론은 프로젝트를 처음 시작했던 30년 전에는 아무도 예상하지 못했던 것이었다.

2015년 12월의 데이터에 나타났다가 사라져버린 유명한 "이중광자 봉우리(diphoton bump)"는 결국 혁명적인 새로운 기본 입자가 아니라 일시적으로 나타나는 통계적 요동 때문이었던 것으로 밝혀졌다. 실제로 충돌기의 실험에서는, 지금까지 오랜 영광을 누려왔지만 불완전한 입자물리학의 "표준 모형"에 수록되어 있는 입자 이외의 다른 입자를 전혀 찾아내지 못했다. 물리학자들은 충돌의 잔해에서 암흑물질을 구성할 것으로 보이는 입자도 찾아내지 못했고, 힉스 보손의 형제나 사촌도 찾지 못했고, 추가적인 차원의 흔적도 찾지 못했고, 경입자쿼크(leptoquark)도 찾지 못했다. 그리고 무엇보다도 방정식을 완성시켜주고, 자연 법칙이 어떻게 작용해야 하는지에 대한 "자연다움(naturalness)" 법칙을 만족할 것으로 생각해서 필사적으로 찾아다녔던 초대칭 입자도 발견하지 못했다.

우리는 "30년 동안이나 고민해왔지만, 그들이 관찰했던 것 중에서 어느 하나도 정확하게 예측하지 못했다는 사실이 놀랍다." 고등연구소의 니마 아르카니-하메드가 말했다.

2016년 여름 시카고에서 개최된 국제 고에너지 물리학 학술대회에서, 17마일에 이르는 고리의 6시와 12시 방향에 성당 모양의 탐지기가 설치되어 있는 LHC의 ATLAS와 CMS 연구진의 발표에서 처음으로 그런 소식이 전해졌다. 각각 3,000명 이상의 연구자로 구성된 두 연구진은 충돌기에서 3달 동안 얻어낸, 엄청난 양의 데이터를 분석하기 위해서 열심히 노력했다. 드디어 완전한 상태의 가동을 시작하게 된 충돌기에는 13조(兆) 전자볼트(TeV)의 에너지를 가진 양성자들이 충돌하는 과정에서 혹시 존재할 수도 있는 기본 입자들을 만들어낼 수 있는 원료가 충분히 공급되었다.

지금까지 가시화된 것은 없다. 특히 많은 사람들에게 마음의 상처를 주었던 것은, 2015년 13-TeV 예비 실험에서 나타났었고 이론학자들이 500여 편의 관련 논문을 발표했던 과잉의 광자쌍에 의한 이중광자 봉우리가 사라져버린 것이었다. 2016년 6월부터 봉우리가 사려져버렸다는 소문이 흘러나오면서 이론물리학계 전체에서 "이중광자 후유증"이 발생했다.

"그것은 일방적으로 입자 실험의 미래를 흥미롭게 만들어주었다." 메릴랜드 대학교의 이론물리학자인 라만 순드럼이 말했다. "그것이 사라지면서 우리는 과거에 있었던 곳으로 되돌아가야만 했다."

새로운 물리학의 결핍은 LHC를 처음 가동했던 2012년에 시작된 위기를 더욱 심화시켰다. 8-TeV의 충돌에서는 표준 모형을 넘어서는 새로운 물리학이 얻어지지 않을 것이라는 사실이 확실해졌었다. (그해에 발견된 힉스 보손은 표준 모형의 확장이 아니라 마지막 수수께끼에 지나지 않는 것이었다.) 여전히 언젠가 백마를 탄 기사와 같은 입자가 등장할 수도 있을 것이고, 오랜 시간 동안 통계 자료가 축적이 되면서 이미 알려진 입자들의 거동(擧動)에서 관찰되는 미묘한 놀라움이 새로운 물리학에 대한 간접적인 힌트가 될 수도 있을 것이다. 그러나 이제 이론학자들은 LHC가 자연에 대한 더욱 완전한 이론을 향한 길을 열어주지 못할 것이라는 "악몽 같은 시나리오"가 현실화될 가능성에 대해서 준비를 하고 있다.

아무 결과도 얻지 못했다는 메시지에 대해서 물리학 분야 전체가 깊은 고민을 시작해야 할 때가 되었다고 주장하는 이론학자들도 있다. 새로운 입자가 없다는 것은 물리학 법칙이 물리학자들이 생각해왔던 방식으로 자연적이지 않다는 것이 거의 확실하다는 뜻이다. "자연다움은 충분한 근거가 있는 것이기 때문에 실제로 그렇지 않다는 사실 자체가 중요한 발견이다." 순드럼이 말했다.

잃어버린 조각들

물리학자들이 표준 모형이 전부가 아닐 것이라고 확신하는 가장 중요한 이유는, 표준 모형의 요체(要諦)인 힉스 보손이 매우 비자연적으로 보이는 질량을 가지고 있기 때문이다. 힉스는 표준 모형의 방정식을 통해서 다양한 입자들과 연결되어 있다. 입자들은 그런 연결 덕분에 질량을 가지게 되고, 그래서 줄다리기 선수들처럼 힉스 질량의 값에 다시 영향을 미치게 된다. 선수들 중 일부는 힉스 질량에 1,000조(兆)TeV까지 영향을 줄 수 있는 (또는 줄여줄 수 있는) 중력과 관련된 가상 입자처럼 매우 강하다. 그런데 어떤 이유인지는 몰라도 줄다리기 선수들이 거의 완벽한 무승부를 이룬 것처럼 힉스 입자의 질량은 0.125TeV으로 밝혀졌다. 서로 경쟁하는 팀들의 실력이 거의 똑같은 이유에 대한 합리적인 설명을 제시하지 못한다면, 그런 결과는 터무니없는 것일 수밖에 없다.

이론학자들이 1980년대 초에 깨달았듯이, 초대칭성(supersymmetry)이 절묘한 역할을 한다. 초대칭 이론에 따르면, 자연에 존재하면서 힉스 질량을 증가시켜주는 역할을 하는 전자나 쿼크와 같은 물질의 입자인 "페르미온"에 대해서 반대로 힉스 질량을 감소시켜주는 역할을 하는 힘 전달 입자인 초대칭적 "보손"이 존재한다. 줄다리기 경기에 참가하는 모든 선수에게는 같은 세기를 가진 경쟁자가 있기 때문에 힉스는 자연스럽게 안정화된다. 이론학자들은 자연스러움에 대한 대안적 제안도 고안해냈지만, 초대칭성에는 또다른 장점이 있다. 높은 에너지에서는 초대칭성이 세 가지 양자 힘의 세기를 정확하게 수렴하도록 만들어준다는 것이고, 그것은 우주의 초기에는 세 힘이 통일되어 있었다는 뜻이다. 그리고 그것이 암흑물질에게 적절한 질량을 가진 비활성의 안정한 입자도 제공해주었다.

"우리는 그 모든 것들을 알아냈다." 칼텍의 입자물리학자이고 CMS의 연구원인 마리아 스피로풀루가 말했다. "나와 같은 세대의 대부분은, 발견하지는 못했지만 초대칭이 존재한다고 배웠다. 그리고 우리는 그것을 믿었다."

그래서 알려진 입자의 초대칭 짝이 등장하지 않았던 것은 놀라운 일이었다. 1990년대의 대형 전자-양전자 충돌기(Large Electron-Positron Collider) 이후에 1990년대와 2000년대 초의 테바트론(Tevatron)에서도 그랬고, 이제 LHC에서도 그랬다. 충돌기를 통해서 점점 더 높은 에너지 영역을 살펴보게 되면서 알려진 입자와 가상적인 초대칭 짝 사이의 간격은 점점 더 벌어졌다. 충돌기에서 검출되지 않으려면 초대칭 짝이 훨씬 더 무거워야 하기 때문이었다. 결국 초대칭은 완전히 "깨졌고", 힉스 질량에 해당하는 입자와 초대칭 짝의 영향은 더 이상 상쇄되지 못하게

표준 모형

그림 8.1

되었다. 초대칭성은 더 이상 자연스러움 문제에 대한 해결책이 될 수 없다는 뜻이었다. 우리가 2016년에 이미 그런 지점을 지나왔다고 주장하는 전문가들도 있다. 일부 요인들이 어떻게 배열되어야 하는지에 대해서 자유롭게 생각할 수 있는 전문가들은 1TeV의 질량까지 살펴본 ATLAS와 CMS에서 0.173 TeV의 질량을 가진 톱(top) 쿼크의 가상적인 초대칭 짝인 스톱(stop) 쿼크의 존재를 확인하지 못했던 때가 바로 그 순간이었다고 말했다. 그것만으로도 힉스 줄다리기에서 톱과 스톱 사이에는 거의 6배 이상의 불균형이 존재한다는 뜻이었다. 만약 1TeV보다 무거운 스톱이 존재한다고 하더라도, 해결하려던 문제를 풀기에는 힉스를 너무 강하게 잡아당기는 셈이 된다.

"나는 1TeV가 심리학적 한계라고 생각한다." LHC를 운영하는 연구소인 CERN의 선임연구원이고, 벨기에 안트베르펜 대학교의 교수인 알베르 드 뢰크가 말했다.

그 정도면 충분하다는 사람도 있겠지만, 아직도 바로잡아야 할 허술한 부분이 있다고 보는 사람도 있을 것이다. 표준 모형에 대한 수많은 초대칭적 확장 중에는 1TeV보다 무거운 스톱 쿼크가 추가적인 초대칭 입자들과 함께 톱 쿼크와 균형을 맞춰서 힉스 질량을 조절해준다는 훨씬 더 복잡한 이론도 있다. 그 이론에는 너무 많은 변종이나 개별적인 "모형"들이 있어서 모든 것을 한꺼번에 포기해버리기는 거의 불가능하다. 2012년 CMS 연구진을 대표해서 힉스 보손의 발견을 선언했고, 현재는 스톱 쿼크를 찾고 있는 캘리포니아 대학교 산타 바버라의 물리학자인 조 인칸델라는 "무엇을 보고 있다면, 모델과 상관없이 무엇을 보고 있다는 주장을 할 수 있다. 그런데 아무것도 보지 못하는 경우에는 사정이 좀더 복잡하다"고 말했다.

입자는 구석구석에 숨을 수 있다. 예를 들면, 스톱 쿼크와 (암흑물질의 초대칭 후보인) 가장 가벼운 뉴트랄리노(neutralino)가 우연히 거의 같은 질량을 가지고 있다면, 지금까지도 감춰진 상태로 있을 수 있을 것이다. 스톱 쿼크가 충돌에 의해서 생성된 후에 붕괴되면서 뉴트랄리노를 만들어낸다면, 운동의 형식으로 방출되는 에너지는 매우 작을 것이기 때문이다. "스톱이 붕괴될 때에는 암흑물질 입자가 그곳에 그대로 남아 있게 된다." ATLAS의 연구원인 뉴욕 대학교의 카일 크랜머의 설명이었다. "우리는 그것을 보지는 못한다. 그래서 그 영역에서는 찾아내기가 매우 어렵다." 그런 경우에는 0.6TeV 정도로 작은 질량을 가진 스톱 쿼크도 여전히 데이터 속에 숨겨져 있을 수 있을 것이다.

실험학자들은 앞으로 몇 년 동안 허술한 부분을 해결하거나, 감춰진 입자를 찾아내기 위해서 노력할 것이다. 그리고 이미 움직이기 시작한 이론학자들은 자연이 어느 길로 가라고 알려주는 이정표가 없다는 사실에 직면하고 있다. "아주 헝클어지고 불확실한 상황이다." 아르카니-하메드가 말했다.

새로운 희망

이제는 많은 입자 이론학자들은 오래 전부터 떠돌아다니던 가능성을 인정한다. 힉스 보손의 질량이 작은 것은, 우주적 줄다리기에서 우연하게 발생하는 미세 조정된 상쇄 때문에 나타난 비자연적인 결과일 뿐이고, 그런 이상한 성질이 관찰된 것은 우리가 그런 곳에 살고 있기 때문이라는 것이다. 그런 시나리오에서는 결과들이 서로 다른 확률로 조합되는 수많은 우주가 존재한다. 그렇게 많은 우주 중에서 우연히 가벼운 질량의 힉스 보손을 가진 우주에서만 원자들이 만들어지고, 그래서 생명이 탄생하게 된다. 그러나 그런 "인간 중심적" 주장은 실제로 시험해볼 수 없을 것 같다는 이유 때문에 싫어하는 사람들이 많다.

지난 몇 년 동안 일부 이론물리학자들은 인간 중심적 합리화를 근거로 하는 운명론을 피하고, LHC에서 발견되는 새로운 입자에 의존하지 않으면서도 힉스 질량에 대한 전혀 새로우면서도 자연적인 설명을 고안해내기 시작했다. 이론학자들은, 힉스 질량이 대칭성에 의해서 결정되지 않고, 오히려 우주의 탄생에 의해서 동력학적으로 모습을 갖추게 된다는 이완 가설과 같은 아이디어와 그런 아이디어를 시험해볼 수 있는 가능한 방법을 제시해왔다.[1] "중성적 자연스러움(neutral naturalness)"이라는 가설에 대해서 연구하고 있는 캘리포니아 대학교 산타 바버라의 너새니얼 크레이그는 2016년 CERN 워크숍에서의 전화 통화에서 이렇게 말했다. "이제 모든 사람들이 이중광자 후유증에서 벗어났으며, LHC에서 새로운 물리학을 찾지 못한 현실을 제대로 설명하기 위한 근본적인 의문으로 되돌아가야 한다."[2]

최근에 몇몇 동료들과 함께 "N 자연스러움(N naturalness)"이라는 전혀 다른 방법을 제시한 아르카니-하메드가 말했다. "다음 입자의 세부적인 사항이 아니라 정말 거대하고, 구조적인 의문을 해결해야 하는 정말 독특한 시기에 살고 있다고 느끼는 이론학자들이 많고, 나도 그중 한 사람이다. 우리가 생전에 중요하고, 입증 가능한 발전을 이룩하지 못하는 한이 있더라도 그런 시기에 살게 된 것은 정말 행운이다."[3]

이론학자들이 칠판 앞으로 돌아간 사이, CMS와 ATLAS에서 연구 중인 6,000명의 실험학자들은 과거에 살펴보지 않았던 영역에 대한 탐구로 바빴다. "악몽이라니. 그것이 무슨 뜻인가?" 악몽 시나리오에 대한 이론학자들의 우려에 대해서 스피로풀루가 말했다. "우리는 자연을 탐구하고 있다. 데이터의 홍수에 빠져서 극도로 흥분하고 있는 우리에게 그런 악몽에 대해서 생각할 여유가 없다."

새로운 물리학이 등장하게 될 가능성은 여전히 남아 있다. 그러나 아무것도 발견하지 못한 것도 역시 똑같은 발명이라는 것이 스피로풀루의 견해이다. 그것이 오랫동안 아껴왔던 아이디어의 몰락을 뜻하는 경우에는 더욱 그렇다. "실험학자들에게는 종교가 없다." 그녀가 말했다.

그 견해에 동의하는 이론학자들도 있다. 아르카니-하메드는 그런 절망의 표현은 "정신 나간 것"이라고 말했다. "그것이 실제 자연이다! 우리는 답을 배워가고 있다! 6,000명의 사람들이 열심히 노력하고 있는데, 당신은 원하는 사탕과자를 얻지 못했다고 어린아이처럼 토라져 있는 것이다.

물리학의 가장 심오한 신비를 해결하려면 두 종류의 법칙을 합쳐라

로베르트 데이크흐라프

외계인이 지구에 찾아와서 우리의 현재 과학을 배우고 싶어한다고 생각해보자. 나는 「10의 제곱들(Powers of 10)」이라는 40년 전의 다큐멘터리에서 시작할 것이다. 그것이 약간 시대에 뒤떨어진 것이라는 사실은 인정하지만, 유명한 디자이너 부부인 찰스와 레이 임스가 쓰고 감독을 했던 이 짧은 다큐멘터리는 10분도 안 되는 시간에 우주에 대한 완전한 견해를 소개해준다.

각본은 단순하고 우아하다. 다큐멘터리가 시작되면, 시카고 공원에서 소풍을 즐기는 부부가 등장한다. 장면이 멀어진다. 매 10초마다 시야가 사방 10미터에서 100미터로, 그리고 1,000미터 등으로 10배씩 넓어진다. 눈앞에 느린 속도로 큰 그림이 나타난다. 도시, 대륙, 지구, 태양계, 인접한 별들, 은하수, 그리고 우주의 가장 큰 구조에 이르기까지 모든 것이 등장한다. 그리고 다큐멘터리의 후반부에서는, 장면이 다시 가까워지면서 점점 더 미시적인 모습을 보여주는 작은 구조 속으로 들어간다. 사람의 손에서 시작해서, 세포가 나타나고, DNA 분자의 이중 나선과 원자핵이 보이고, 마침내 양성자 안에서 진동하는 기본입자인 쿼크에 도달하게 된다.

대우주와 미소 우주의 놀라운 아름다움을 보여주고, 기초과학의 과제를 소개해주는 다큐멘터리의 결말에서는 손에 땀이 날 정도가 된다. 당시 여덟 살이었던 아들은 다큐멘터리를 처음 보고 나서 "앞으로 어떻게 되나요?"라고 물었다. 그렇다! 다음 장면을 이해하는 것이 우주의 가장 큰 구조와 가장 작은 구조를 이해하기 위한 첨단을 개척하는 과학자들의 목표이다. 마침내, 나는 아들에게 아빠가 어떤 일을 하는지를 설명해줄 수 있었다!

「10의 제곱들」은 우리가 길이, 시간, 에너지의 다양한 규모를 가로지르는 사이에 서로 다른 지식의 영역을 여행하게 된다는 사실도 알려준다. 심리학은 인간의 행동을 연구하고, 진화생물학은 생태계를 살펴보고, 천체물리학은 행성과 별을 조사하고, 우주론은 우주 전체에 집중한다. 마찬가지로 내부로 들어가면, 우리는 생물학, 생화학, 원자물리학, 핵물리학, 입자물리학의 영역을 지나간다. 그것은 마치 과학의 영역들이 그랜드 캐니언에 노출되어 있는 지질학적인 층에 해당하는 지층(地層)을 형성하고 있는 것과 마찬가지다.

한 층에서 다른 층으로 옮겨가는 과정에서 우리는 현대 과학의 매우 중요한 두 가지 구성 원리인 창발성(emergence)과 환원주의(reductionism)의 예를 만나게 된다. 장면을 멀리서 바라보면 개별적인 구성 블록들의 복잡한 행동으로부터 새로운 패턴이 "창발되는" 것을 보게 된다. 생화학적 반응들이 지각(知覺)을 가진 존재를 만들어낸다. 개별적인 개체들이 모여서 생태계가 된다. 수천억 개의 별들이 모여서 은하의 장엄한 소용돌이가 만들어진다.

우리가 뒤로 돌아서서 미시적 관점을 취하면, 환원주의가 작동하는 것을 보게 된다. 복잡한 패턴들이 근원적이고 단순한 비트로 분해된다. 생명은 DNA, RNA, 단백질, 다른 유기분자들 사이에서 일어나는 반응으로 환원된다. 화학의 복잡성은 양자역학적 원자의 우아한 아름다움으로 단순화된다. 그리고 마지막으로 입자물리학의 표준 모형은 물질과 복사(輻射)의 모든 요소들을 고작 4종류의 힘과 17종의 기본 입자로 표현한다.

환원주의와 창발성의 두 가지 과학적 원리 중 어느 것이 더 강력할까? 전통적인 입자물리학자들은 환원주의를 강조할 것이고, 복잡한 물질을 연구하는 응축상 물리학자들은 창발성을 선호할 것이다. 노벨상 수상자(이고 입자물리학자인) 데이비드 그로스가 정확하게 표현했듯이, 자연의 어디에서 아름다움을 발견하고, 어디에서 쓰레기를 발견할 것인가?

우리를 둘러싸고 있는 실재의 복잡성을 살펴보자. 전통적으로 입자물리학자들은 자연을 몇 종류의 입자들과 그들 사이의 상호작용을 이용해서 설명한다. 그러나 응축상 물리학자들은 일상적으로 마시는 한 잔의 물에 대해서 어떤가를 묻는다. 표면에 생기는 물결을 기본 입자들은 제쳐두더라도 대략 10^{24}개의 개별적인 물 분자의 움직임으로 설명하는 시도는 어리석은 것이다. 응축상 물리학자들은, 전통적인 입자물리학자들을 괴롭히는 작은 규모에서의 감당할 수 없는 복잡성("쓰레기") 대신 수동력학(水動力學)과 열역학과 같은 창발적 법칙의 "아름다움"에 의존한다. 사실 분자의 수(數)가 (환원주의적 관점에서는 최대 쓰레기에 해당하는) 무한대가 되면, 그런 자연 법칙은 훌륭한 수학적 표현이 된다.

많은 과학자들이 지난 세기 동안에 대단히 성공적으로 적용되었던 환원주의적 접근에 대해서 찬사를 보내지만, 핵물리학에서부터 블랙홀에 이르는 다양한 주제를 연구했던 프린스턴 대학교의 영향력 있는 물리학자인 존 휠러는 흥미로운 대안을 제시했다. "극단적인 상황에서는 모든 물리학 법칙이 수학적으로 완벽하고 정밀하기보다 통계적이고 근사적인 것으로 밝혀진다." 그가 말했다. 휠러는 창발적 법칙이 근사적 성격 때문에 미래의 진화를 수용할 수 있는 유연성을 가지게 된다는 중요한 특징을 지적했다.

많은 입자들의 수많은 미시적 세부 상황에 상관없이 집단적 거동을 설명해주는 열역학은, 여러 가지 면에서 창발적 법칙의 황금 표준이다. 열역학은 놀라울 정도로 광범위한 종류의 현상을 간결한 수학식으로 표현해준다. 열역학의 법칙은 엄청난 보편성을 가지고 있고, 사실 물질의 원자적 특성이 정립되기도 전에 발견되었다. 그리고 허술한 부분도 없다. 예를 들면, 열역학 제2법칙은 감춰진 미시적 정보의 양을 나타내는 시스템의 엔트로피가 시간에 따라 언제나 증가한다고 말한다.

현대 물리학은 사물이 규모화(規模化)되는 방법을 담고 있는 소위 재규격화 군(renormalization group)이라는 정교한 언어를 제공한다. 이 수학적 방법이 우리에게 작은 규모에서 큰 규모로 체계적으로 옮겨갈 수 있도록 도와준다. 핵심적인 단계는 평균을 구하는 것이다. 예를 들면, 물질을 구성하는 개별적인 원자들의 거동을 살펴보는 대신에 우리는 각 변이 원자 10개의 폭에 해당하는 작은 상자를 선택해서 새로운 구성 블록으로 생각해볼 수 있다. 그런 다음 똑같은 평균화 과정을 반복할 수 있다. 그것은 각각의 물리적 계에 대해서 개별적인 「10의 제곱들」이라는 다큐멘터리를 제작하는 것과 같다.

재규격화 이론은, 관찰을 하는 길이의 규모를 증가시키면 물리적 시스템의 성질이 어떻게 바뀌는지를 자세하게 설명해준다. 양자적 상호작용에 따라 증가하거나 감소할 수 있는 입자의 전기 전하가 잘 알려진 예이다. 개인의 행동에서 출발해서 다양한 규모의 집단이 나타내는 거동을 연구하는 것이 사회학적 예가 된다. 군중의 집단 지성이 있을까? 아니면 집단은 무책임하게 행동할까?

가장 흥미로운 것은, 재규격화 과정의 양쪽 극단에 해당하는 무한히 큰 경우와 무한히 작은 경우이다. 여기서는 모든 세부적인 사항들이 씻겨 나가거나 또는 환경이 사라지기 때문에 문제가 전형적으로 단순화될 것이다. 「10의 제곱들」에서 손에 땀이 나게 하는 두 가지 마지막 장면이 그와 비슷한 경우가 된다. 우주의 가장 큰 구조와 가장 작은 구조는 모두 놀라울 정도로 단순하다. 우리는 바로 그런 극단에서 입자물리학과 우주론의 두 가지 "표준 모형"을 발견하게 된다.

놀랍게도 양자 중력장 이론을 개발하려는 이론물리학의 가장 힘겨운 도전에 대한 현대적인 통찰에서는 환원주의적 관점과 창발적 관점을 모두 활용한다. 양자 중력에 대한 섭동적 끈 이론(perturbative string theory)과 같은 전통적 접근에서는, 모든 입자와 힘에 대한 완벽하게 일관된 미시적 설명이 목표가 된다. 그런 "최종 이론"에는 필연적으로 중력장의 기본 입자인 중력자(graviton)에 대한 이론이 포함된다. 예를 들면, 끈 이론에서는 특별한 방법으로 진동하는 끈에서 중력자가 형성된다. 끈 이론의 초기 성공 사례 중의 하나가 바로 그런 중력자의 거동을 계산하는 틀이었다.

그러나 그것은 부분적인 답일 뿐이다. 아인슈타인은 우리에게 중력이 훨씬 더 넓은 범위를 가지고 있다는 사실을 가르쳐주었다. 중력이 공간과 시간의 구조와 관련되어 있다는 것이다. 그러나 극단적으로 짧은 거리와 시간 규모에서의 양자역학적 설명에서는 공간과 시간이 의미를 잃어버리게 된다. 무엇이 그런 근원적인 개념을 대체해줄 것인지에 대한 의문이 생기게 된다.

중력과 양자론을 결합하는 상호보완적인 방법은, 1970년대에 제이컵 베켄슈타인과 스티븐 호킹이 제안했던 블랙홀의 정보 함량에 대한 획기적인 아이디어에서 출발해서 1990년대 후반에 후안 말다세나의 중요한 연구로 완성되었다. 이 이론에서는 전혀 다른 "홀로그램적" 설명에서 모든 입자와 힘이 포함된 양자적 시공간이 창발된다. 홀로그램적 시스템은 양자역학적이지만, 그 속에는 명시적 형식의 중력이 들어 있지 않다. 더욱이 그 시스템은 일반적으로 훨씬 더 낮은 공간적 차원을 가지고 있다. 그러나 그 시스템은 시스템이 얼마나 큰지를 나타내는 숫자에 의해서 지배된다. 그 숫자를 증가시키면, 고전적 중력계에 대한 근사가 훨씬 더 정밀해진다. 결국에는 홀로그램적 시스템에서부터 아인슈타인의 일반상대성 방정식과 함께 시공간이 창발된다. 그런 과정은 개별적 분자의 움직임에서 열역학 법칙이 창발되는 것과 비슷하다.

어떤 의미에서 그런 연습은 아인슈타인이 얻으려고 노력했던 것과 정반대이다. 시공간의 동력학으로부터 모든 자연 법칙을 만들어서 물리학을 순수한 기하학으로 환원시키는 것이 그의 목표였다. 그에게 시공간은, 과학적 대상의 무한한 위계질서에서 그랜드 캐니언의 바닥에 해당하는 자연적인 "1층"에 해당하는 것이었다. 그러나 현재의 관점에서는 시공간을 출발점이 아니라, 한 잔의 물을 지배하는 열역학과 마찬가지로 양자적 정보의 복잡성으로부터 자연적 구조가 창발되는 종말점이라고 생각한다. 돌이켜 보면, 어쩌면 아인슈타인이 가장 좋아했던 두 가지 물리학 법칙인 열역학과 일반상대성이 창발적 현상이라는 공통된 기원을 가지고 있다는 것은 우연이 아니었을 수도 있다.

여러 측면에서 창발성과 환원주의의 놀라운 결합 덕분에 우리는 두 세상의 장점을 모두 즐기게 된 것이다. 물리학자들에게 아름다움이란 스펙트럼의 양쪽 끝 모두에서 발견되는 것이다.

끈 이론의 이상한 제2의 삶

K. C. 콜

끈 이론은 30여 년 전에 완벽 그 자체로 자랑스럽게 등장했다. 아인슈타인의 부드럽게 휘어진 시공간과 그속에 들어 있는 모든 것을 구성하는 근원적으로 불안정하고 양자화된 조각들 사이에 존재하지만 추적할 수 없는 것으로 악명 높은 부조화를 포함하는 기초물리학의 얽히고설킨 문제들을 해결해줄 것처럼 보이던 끈 이론은 우아한 단순성의 상징이었다.

마이클 패러데이의 말을 바꿔서 표현하면, 단순히 무한히 작은 입자들을 작은 (그러나 유한한) 진동하는 끈으로 대체한 그 이론은 진실이 아니라고 하기에는 너무 훌륭한 것처럼 보였다. 진동이 노래를 통해서 쿼크, 전자, 글루온, 광자는 물론 그들의 확장된 가족을 불러냈고, 우리가 알아낼 수 있는 세상의 모든 재료를 조화롭게 만들어냈다. 무한히 작은 것의 회피는 다양한 재앙의 회피를 뜻했다. 양자 불확정성 자체가 시공간을 갈가리 찢어놓을 수는 없었다. 마침내 쓸모 있는 양자 중력 이론을 찾은 것처럼 보였다.

말로 설명하는 이야기보다 더 아름다운 것은 일부 물리학자들을 열광하게 만드는 힘을 가지고 있었던 수학의 우아함이었다.

분명히 하자면, 그 이론에는 불안한 함의도 담겨 있었다. 끈은 실험으

407

로 탐구하기에는 너무 작았지만 최대 11차원의 공간에서 존재했다. 그런 차원은 복잡한 종이접기 식으로 접혀서 "소형화"되었다. 차원이 소형화되는 방법은 아무도 몰랐다. 그렇게 되는 가능성은 무한히 많은 것처럼 보였지만, 어떤 배열은 익숙한 힘과 입자들을 만들어 내는 것이 분명했다.

한동안 많은 물리학자들은 끈 이론이 양자역학과 중력을 통합하는 유일한 방법을 제시해줄 것이라고 믿었다. "희망이 있었다. 한동안은." 소위 프린스턴 사중주단의 창립 연주자였고, 노벨상 수상자이자 캘리포니아 대학교 산타 바버라의 카블리 이론물리학연구소의 영구 회원인 데이비드 그로스가 말했다. "심지어 1980년대 중반에는 한동안 그것이 유일한 이론이라고 생각하기도 했다."

그런데 물리학자들이 하나의 유일한 이론에 대한 꿈은 환상이라는 사실을 깨닫기 시작했다. 모든 가능한 교환에 의한 끈 이론의 복잡성은 우리의 세상을 설명해주는 하나의 이론으로 환원되지 않았다. "1990년대 초의 어느 시점이 지난 후에는 사람들이 실제 세상과 연결시키려는 노력을 포기하기 시작했다." 그로스가 말했다. "지난 20여 년 동안 이론적 도구는 크게 확장되었지만 실제로 세상에 무엇이 있는지를 이해하는데에는 거의 발전이 없었다."

돌이켜보면, 많은 사람들이 기대를 너무 많이 했었다. 1970년대에 입자물리학의 견고하고 강력한 "표준 모형"을 완성한 동력을 경험했던 그들은, 이제 거대하고 모든 것을 포용하는 규모로 그런 성공담을 재현할 수 있을 것이라고 기대했었다. "우리는 모든 것을 설명해주는 아주 간단한 방정식이 있었던 때의 성공을 목표로 삼으려고 노력했다." 뉴저지 주 프린스턴의 고등연구소 소장인 로베르트 데이크흐라프가 말했다. "그런 우리가 엄청난 혼란에 빠져 있다."

성숙한 아름다움이 흔히 그렇듯이 끈 이론도 관계가 풍부해지면서 복잡하고, 다루기 어렵고, 광범위한 영향을 미치게 되었다. 끈 이론의 촉수들이 이론물리학의 다양한 분야에 깊숙이 파고들게 되면서 끈 이론학자들마저도 그 정체를 인식하지 못하게 되었다. "상황은 거의 포스트모던처럼 되어버렸다." 수리물리학자이면서 화가인 데이크흐라프가 말했다.

끈 이론에서 개발된 수학은 우주론이나 물질과 그 성질을 연구하는 응축상 물리학과 같은 분야에서도 활용되고 있다. 그것은 어디에서나 사용되기 때문에 "모든 끈 이론 연구진을 해체하더라도, 응축상 물질의 연구자, 우주론의 연구자, 양자 중력의 연구자들이 그 연구를 계속할 것"이라고 데이크흐라프가 말했다.

"정말 어디에 경계선을 그어놓고, 이것이 끈 이론이고, 저것은 끈 이론이 아니라고 말하기가 어렵다." 고등연구소의 물리학자인 더글러스 스탠퍼드가 말했다. "아무도 자신들이 더 이상 끈 이론학자라고 말할 수 있는지 알지 못한다." 옥스퍼드 대학교의 수리물리학자 크리스 빔이 말했다. "매우 혼란스러워졌다."

오늘날 끈 이론은 거의 프랙탈(fractal)처럼 보인다. 사람들이 어느 한 구석을 더 자세하게 탐구하면, 더 많은 구조를 발견하게 된다. 특정한 틈새를 파고드는 사람도 있고, 더 웅장한 패턴을 이해하기 위해서 멀리서 바라보는 사람도 있다. 결과적으로 오늘날의 끈 이론은 더 이상 끈 이론처럼 보이지 않는다는 것이다. 배음(倍音)을 통해서 (정체가 불확실한 중력자를 포함해서) 자연에 알려진 모든 입자와 힘을 만들어줄 것으로 믿었던 끈의 작은 고리를 학술회의의 칠판에서는 더 이상 찾아볼 수 없게 되었다. 2015년의 대규모 연례 끈 이론 학술회의에서 스탠퍼드 대학교의 끈 이론학자 이바 실버슈타인은 자신이 "끈 이론"에 대해서 발표하는 몇 안 되는 사람들 중 한 명이라는 사실을 발견하고 놀랐다고 했다.

그녀는 많은 시간을 우주론과 관련된 의문에 대한 연구를 하고 있다.

끈 이론의 수학적 도구들이 물리 과학의 넓은 분야에서 활용되고 있기는 하지만 물리학자들은 여전히 끈 이론의 핵심 갈등을 해결하기 위해서 노력하고 있다. 과연 끈 이론이 당초의 목표를 달성할 수 있을 것인가? 연구자들에게 장난감 우주가 아니라 우리가 살고 있는 실제 우주에서 중력과 양자역학이 서로 어떻게 화해할 수 있을 것인지에 대한 통찰을 제공해줄 수 있을까?

"문제는 끈 이론이 이론물리학의 풍경 속에 존재한다는 것이다." 오늘날 이 분야에서 가장 유명한 사람이라고 할 수 있는 후안 말다세나가 말했다. "그러나 우리는 여전히 그것이 어떻게 중력 이론으로 자연과 연결되는지를 알지 못하고 있다." 끈 이론을 "자연적 기하 구조에서의 견고한 이론적 연구(Solid Theoretical Research in Natural Geometric Structures; STRINGS)"라고 부르는 말다세나도 "끈"이 우주의 근원적인 것일 필요가 없는 분야를 포함한 물리학의 다른 분야에서 가지는 중요성과 끈 이론의 한계를 인정한다.

양자장의 폭발

끈 이론이 모든 것의 이론으로 정점에 이르렀던 것은, 말다세나가 5차원에서 중력을 포함한 끈 이론이 4차원의 양자장 이론과 동등하다는 사실을 밝혔던 1990년대 말이었다. 이런 "AdS/CFT"* 이중성(二重性)은 과거에 잘 이해되었던 양자장 이론과의 연결을 통해서 당시 가장 골치 아

---

* 끈 이론이나 M-이론으로 표현한 양자중력 이론에서 사용되는 기하학과 소립자를 설명해주는 양자장 이론의 하나인 등각장 이론(CFT)과 대립하고 있는 반(反) 드 지터 등각장 이론(Anti-de Sitter/Conformal field theory).

픈 수수께끼였던 중력을 이해하는 방향을 제시해주는 것처럼 보였다.

그러나 그런 동등성을 완벽한 실제 세상에 대한 모형이라고 여겼던 적은 없었다. 그것이 작동하는 5차원 공간은 우리 우주와 조금도 비슷하지 않은 M. C. 에셔형의 이상한 풍경인 "반(反) 드 지터(anti-de Sitter)" 기하학의 특성을 가지고 있다.

그러나 이중성의 다른 면을 깊이 연구하던 연구자들은 깜짝 놀라게 되었다. 대부분의 사람들은, 데이크흐라프가 "버터 바른 빵과 같은 물리학"이라고 불렀던, 양자장 이론(quantum field theory)이 잘 이해되어왔다고 믿었었다. 나중에 밝혀졌듯이 "우리는 그것을 매우 제한된 방법으로만 이해하고 있었다." 데이크흐라프가 말했다.

양자장 이론은 1950년대에 특수 상대성과 양자역학을 통일하기 위해서 개발되었다. 그 이론은 충분히 오랫동안 충분히 잘 적용되어왔기 때문에 매우 작은 규모와 높은 에너지에서 어려움이 있다는 사실은 크게 문제가 되지 않았다. 그러나 고등연구소의 물리학자 니마 아르카니-하메드의 말에 따르면, 오늘날 "60년 전에 이해했다고 생각했던 부분"을 재검토해본 물리학자들은 크게 놀랄 수밖에 없는 "놀라운 구조들"을 발견했다. "우리가 양자장 이론을 이해했다는 생각은 모든 면에서 틀린 것으로 밝혀졌다. 양자장 이론은 엄청나게 더 큰 야수였다."

지난 10여 년 동안 연구자들은 서로 다른 물리계를 연구하는 데에 사용했던 엄청난 수의 양자장 이론을 개발했다. 빔은 심지어 양자장으로 설명할 수 없는 양자장 이론도 있을 것이라고 추측한다. "엉터리처럼 보이는 의견은 대부분 끈 이론 때문이다."

새로운 종류의 양자장 이론이 폭발에 가까울 정도로 쏟아져 나온 것은 1930년대의 물리학과 놀라울 정도로 닮아 있었다. 당시에 전혀 예상하지 못했던 새로운 종류의 입자였던 뮤온(muon)의 등장에 놀란 라비는

"도대체 누가 주문한 것인가?"라고 물었었다. 1950년대까지 이어진 새로운 입자들의 홍수에 대해서 엔리코 페르미는 "만약 내가 이 모든 입자들의 이름을 기억할 수 있다면 식물학자가 되었을 것"이라고 불평했다.

물리학자들은 입자를 구성하는 더욱 근원적인 구성 블록인 쿼크와 글루온을 발견하고 나서야 새로운 입자의 홍수 속에서 길을 찾아내기 시작했다. 이제 많은 물리학자들은 양자장 이론에 대해서도 똑같은 일을 시도하고 있다. 동물원을 이해하기 위한 시도에서 여러 물리학자들이 일부 독특한 이론의 모든 것을 최선을 다해서 연구하고 있다.

등각장 이론(conformal field theory, AdS/CFT의 오른쪽)이 출발점이다. 칼텍의 물리학자 데이비드 시먼스-더핀에 따르면, 그것은 작은 거리나 큰 거리에서 똑같이 행동하는 단순화된 형식의 양자장 이론에서 출발한다. 그와 같은 특정한 종류의 장이론을 완벽하게 이해할 수 있다면, 심오한 질문에 대한 대답도 분명해질 수 있을 것이다. "코끼리의 다리를 정말, 정말 잘 이해하게 된다면, 그 사이의 값을 덧붙여서 전체가 어떻게 생겼는지를 알아낼 수도 있을 것이라는 아이디어이다."

많은 동료들과 마찬가지로 시먼스-더핀은 충분히 정립되지 않은 분야에서의 기본적인 물리학을 연구하는 사람들이 포괄적으로 사용하는 의미에서는 자신도 끈 이론학자라고 말한다. 그는 현재 등각장 이론으로 설명되기는 하지만 끈과는 아무 상관이 없는 물리 시스템에 관심을 가지고 있다. 사실 그 시스템은 기체와 액체 사이의 구분이 사라지는 "임계점"에 있는 물[水]이다. 그것이 흥미로운 이유는 임계점에서 물이 무엇인가 훨씬 더 간단한 것에서 생겨나는 복잡한 창발적 시스템의 특징을 보여주기 때문이다. 그래서 임계점의 물이 양자장 이론의 창발에 숨겨져 있는 동력학에 대한 힌트를 제공해줄 수도 있을 것이다.

빔은 물리학자들이 의도적 단순화라고 부르는 또다른 장난감 모형인 초대칭 장 이론에도 관심을 가지고 있다. "우리는 그런 이론을 다루기 쉽도록 만들기 위해서 비현실적인 특징들까지 추가하고 있다." 그가 말했다. 구체적으로 그들은 "많은 것을 계산 가능하게 만들어주는" 다루기가 쉬운 수학을 활용하고 있다.

장난감 모형은 많은 연구에서 사용하는 표준 도구이다. 그러나 단순화시킨 시나리오에서 얻은 결과가 실제 세상에는 적용되지 않을 수 있다는 두려움이 있다. "악마와의 흥정일 수도 있다." 빔이 말했다. "끈 이론은 양자장 이론보다 훨씬 덜 정교하게 구성된 아이디어이기 때문에 기대 기준을 조금 낮출 수 있어야만 한다." 그가 말했다. "그러나 그에 대한 보상은 받게 될 것이다. 그것이 연구할 수 있는 훌륭하고 더 큰 영역을 제공해줄 것이다."

그런 종류의 연구는 칼텍의 숀 캐럴과 같은 사람들에게 "만물 이론(theory of everything)"은 아니더라도 적어도 양자 중력 이론 정도를 찾겠다는 초기의 야망에서 너무 멀리 벗어나버린 것이 아닌지 의심하게 만든다. "실제로 양자 중력에 대한 심오한 질문에 대한 답은 찾지 못했다." 그가 말했다. "망치는 전부 갖추었고, 이제 못을 찾아 나서고 있다." 그는 그런 현실을 받아들이면서 양자 중력에 대한 새로운 이론을 개발하려면 몇 세대가 더 필요할 것이라는 사실까지 인정한다. "그러나 실제 세상을 설명하는 것이 궁극적인 목적이라는 사실을 잊어버리는 것은 문제가 된다."

그는 친구들에게 질문했다. 양자장 이론을 자세하게 연구하는 이유가 무엇인가? "꿈이 무엇인가?" 그가 물었다. 친구들의 대답은 논리적이지만 우리 우주에 대한 진정한 설명을 찾는 것과는 거리가 있었다.

그는 오히려 "양자역학의 내부에서 중력을 발견하는" 방법을 찾고 있다. 동료들과 함께 쓴 논문에서 그는 자신이 바로 그런 목표를 향해 가고 있다고 주장했다.[1] 끈 이론과는 상관이 없다.

끈의 광범위한 영향력

아마도 끈 이론이 꽃을 피우면서 가장 큰 이익을 챙긴 분야는 수학 그
자체일 것이다. 연못가의 벤치에 앉아서 풀 사이로 한가롭게 걷고 있는
푸른 왜가리를 바라보던 고등연구소의 연구원 클레이 코르도바는 끈을
활용하는 방법을 상상함으로써 난해한 수학 문제를 해결했던 경험을
이야기해주었다. 예를 들면, 시공간을 압축화하는 방법을 설명해줄 것
으로 기대되는 복잡하게 접힌 구조인 칼라비-야우 다양체(Calabi-Yau
manifold) 안에 몇 개의 구(球)를 넣을 수 있을까? 수학자들은 길을 찾
지 못하고 있었다. 그러나 2차원의 끈은 그렇게 복잡한 공간에서도 이
리저리 돌아다닐 수 있다. 그런 과정에서 수학적 다차원 올가미와 같은
새로운 통찰을 찾을 수 있을 것이다. 그것은 아인슈타인이 잘 했던 것
으로 유명한 사고실험이었다. $E = mc^2$을 알아내게 된 것이 바로 광선과
함께 움직이는 사고실험 덕분이었다. 중력은 힘이 아니라 시공간의 성
질이라는 가장 위대한 발견도 건물에서 추락하는 모습에 대한 상상 덕
분이었다.

물리학자들도 끈이 제공해주는 물리학적 통찰을 이용해서 내장구(內
藏球) 문제 등을 해결해주는 강력한 식을 만들어냈다. "그들은 수학자들
이 용납하지 않는 도구를 이용해서 그런 식을 찾아냈다." 코르도바가 말
했다. 끈 이론학자들이 답을 찾고 나자 수학자들도 스스로의 방법으로
그것을 증명했다. "그것은 일종의 실험이다." 그가 말했다. "그것은 내부
의 수학적 실험이다." 끈을 이용한 답은 틀린 것이 아닐 뿐만 아니라
필즈 메달을 수상하는 수학으로 발전하기도 했다. "그런 일들이 계속 일

어났다." 그가 말했다.

끈 이론은 우주론에도 핵심적인 기여를 했다. 실버슈타인에 따르면, 빅뱅 직후에 양자 효과와 중력이 정면으로 충돌했던 순간에 일어난 우주의 인플레이션 팽창(급팽창)에 감춰진 메커니즘에 대한 사고에서 아무 끈(조건)도 달려 있지 않았지만 끈 이론의 역할은 "놀라울 정도로 강력했다."

실버슈타인과 동료들은, 여러 가지 인플레이션 이론에서 관찰할 수 있을 것으로 보이는 특징을 확인하는 방법을 찾기 위해서 여전히 끈 이론을 사용하고 있다. 그녀는, 양자장 이론에서도 똑같은 통찰을 얻을 수도 있겠지만, 실제로는 성공하지 못했다. "추가적인 구조를 가진 끈 이론에서 그런 일은 훨씬 더 자연스러운 것이다."

인플레이션 모델은 여러 가지 방법으로 끈 이론과 연결되어 있다. 우리 우주가, 어쩌면 우리 우주를 탄생시킨 것과 똑같은 메커니즘에 의해서 등장한 무한히 많은 우주들 중 하나라는 다중우주(multiverse)도 마찬가지이다. 많은 물리학자들은 끈 이론과 우주론 사이에서 가능한 우주의 무한한 풍경이라는 아이디어를 단순히 수용하는 정도가 아니라 당연한 것으로 받아들였다. 실버슈타인에 따르면, 선택 효과가 우리 세상이 이렇게 만들어진 이유에 대한 아주 자연스러운 설명이 될 것이었다. 전혀 다른 우주에서는, 그런 이야기를 할 수 있는 우리가 존재하지 않을 것이다.

그 효과는 끈 이론이 풀어줄 것으로 생각하는 큰 문제에 대한 하나의 답이 될 수도 있을 것이다. 그로스가 말했듯이, "무한히 넘쳐나는 가능성" 중에서 무엇이 표준 모형이라는 "특정한 이론을 선택하도록 해주었을까?"

실버슈타인은 실제로 선택 효과가 끈 이론에 대한 훌륭한 논거라고 생각한다. 그녀에 따르면, 가능한 우주의 무한한 풍경은 우리가 "끈 이론으로부터 찾을 수 있는 다양한 구조"와 직접 연결되어 있을 수 있다. 끈 이론의 다중 시공간이 스스로 접혀질 수 있는 수없이 다양한 방법들이 그런 구조이다.

새로운 지도책 만들기

적어도 연구자들이 문제를 새로운 방법으로 살펴볼 수 있도록 해주는 수학적 수단을 갖춘 성숙된 끈 이론은, 겉으로는 양립할 수 없는 것처럼 보이는 자연에 대한 설명들이 어떻게 모두 진실일 수 있는지를 보여주는 강력하고 새로운 방법을 제공해주었다. 물리학의 역사는 동일한 현상에 대한 이중적 설명의 발견으로 채워져 있다. 제임스 클러크 맥스웰은 150년 전에 전기와 자기가 동전의 양면이라는 사실을 알아냈다. 양자론은 입자와 파동 사이의 관계를 밝혀주었다. 이제 물리학자들은 끈을 가지게 되었다.

빔은 "우리가 공간을 살펴보기 위해서 사용하는 기본적인 수단이 입자가 아니라 끈이라는 사실이 확인된다면", 끈이 "사물을 전혀 다른 모습으로 보이도록 해줄 것"이라고 말했다. 만약에 양자장 이론을 이용하면 A에서 B로 가는 것이 너무 어려운 문제이더라도, 끈 이론으로 다시 생각해보면 "길이 있을 것"이라고 빔이 말했다.

우주론에서 끈 이론은 "물리적 모형을 생각하기 더욱 쉽도록 포장을 해준다." 실버슈타인이 말했다. 헝클어진 끈을 모두 모아서 일관된 이론으로 만들려면 몇 세기가 걸릴 수도 있겠지만, 빔과 같은 젊은 연구자들은 전혀 신경을 쓰지 않는다. 그의 세대는 끈 이론이 모든 것을 해결해줄 것이라고 생각했던 적이 없었다. "우리는 막다른 길에 갇힌 것이 아니다." 그가 말했다. "우리가 당장 모든 것을 알아내게 될 것이라고 생각하지는 않지만, 나는 매일 어제보다 더 많은 것을 알아내고 있다. 아마도 우리는 어디로인가 다가가고 있을 것이다."

스탠퍼드는 그것을 큰 십자말풀이 수수께끼라고 생각한다. "끝난 것은 아니지만, 풀기 시작하면 그것이 풀 수 있는 수수께끼라는 사실을 알 수 있다." 그가 말했다. "그것은 언제나 일관성 검사를 통과하고 있다."

"어쩌면 우주를 쉽게 정의할 수 있으면서도 모든 것이 포함된 공과 같은 형식으로 설명할 수는 없을 수도 있다." 아인슈타인의 상관이었던 로버트 오펜하이머가 사용했었고, 여러 개의 창문으로 IAS의 거대한 잔디밭과 멀리 있는 연못과 숲이 내려다보이는 사무실에 앉아 있는 데이크흐라프는 말했다. 아인슈타인 역시 만물 이론을 찾으려고 노력했다가 실패했지만 천재라는 그의 명성에는 아무 흠집이 생기지 않았다.

"어쩌면 진정한 모습은 전혀 다른 종류의 정보가 담겨 있고, 저마다 많은 점들이 찍힌 지도가 실려 있는 지도책과 더 비슷할 수도 있다." 데이크흐라프가 말했다. "그런 지도책을 사용하려면 물리학이 동시에 많은 언어와 많은 해결 방법에 익숙해야만 할 것이다. 그들의 연구는 여러 가지의 서로 다른 방향에서 진행되고, 아마도 광활할 것이다."

그는 그것이 "매우 낯설지만" 동시에 "훌륭하다"고 생각한다.

아르카니-하메드는, 우리가 1920년대에 양자역학이 등장한 이후 물리학에서 가장 흥미로운 시대에 살고 있다고 믿는다. 그러나 당장은 아무 일도 일어나지는 않을 것이다. "만약 당신이 책임감을 가지고 역사상 가장 거대한 존재론적 물리학 문제에 도전하는 것에 흥미를 느낀다면, 당연히 흥분해야만 한다." 그가 말했다. "그러나 앞으로 15년 이내에 스톡홀름으로 가는 비행기 표를 원한다면 아마도 그럴 필요가 없을 것이다."

과학의 영혼을 위한 투쟁

내털리 볼초버

물리학자들은 보통 "새들에게 조류학자가 필요한 것처럼 자신들에게도 과학 철학자와 사학자가 필요하다고 생각한다." 노벨상 수상자 데이비드 그로스가 독일 뮌헨의 발표장을 가득 메우고 있던 철학자, 사학자, 물리학자들에게 리처드 파인만의 말을 빌려서 말했다.

그러나 절박한 시기에는 절박한 대책이 필요하다.

그로스는 기초물리학자들이 심각한 문제에 직면하고 있다고 설명했다. 문제가 너무 심각해서 외부인들의 시각이 꼭 필요하다고 했다. "나는 지금 이 시점에 우리가 서로를 필요로 하지 않는다고 확신할 수 없다." 그가 말했다.

이 날은 2015년 12월 루트비히 막스밀리안 대학교(LMU 뮌헨)에 있는 로마네스크 스타일의 강연장에서 사흘 동안 개최되는 워크숍의 개막식이었다. 이 날은 강연장의 앞줄에 앉아 있는 백발의 두 물리학자 조지 엘리스와 조 실크가 「네이처」에 발표했던 선동적인 칼럼을 통해서 그와 같은 학술회의의 개최를 요구하고 1년이 지난 후였다.[1] 100명의 참석자들이 엘리스와 실크가 선언했던 "물리학의 핵심에 대한 전투"를 위해서 화려한 물리학과 과학철학 전통을 자랑하는 곳을 찾았던 것이었다.

엘리스와 실크에 따르면, 현대 물리학 이론에서 확산되고 있는 과학적인 방법을 위험할 정도로 벗어난, 지극히 추론적인 특성이 위험하다는 것이다. 끈 이론과 다중우주 가설을 지지하는 사람들을 비롯한 오늘날의 이론학자들은 대부분 이론의 시험이 불가능함에도 불구하고 아름답다거나 논리적으로 설득력이 있다는 이유만으로 자신들의 아이디어를 확신하고 있다. 엘리스와 실크는 그런 이론학자들이 과학의 "골대를 옮겨버려서" 물리학과 유사과학의 경계를 애매하게 만들어버렸다고 비난했다. "과학에 대한 공인은 시험이 가능한 이론에게만 주어져야 한다." 엘리스와 실크가 칼럼에서 밝혔다. 결국 지난 40년 동안 선도적이었던 대부분의 이론들은 자격을 잃어버리게 되는 것이다. "그래야만 우리가 과학에 대한 공격을 막아낼 수 있다."

그들은 부분적으로 오스트리아의 철학자 리하르트 다비트의 논쟁적인 아이디어에 반발하고 있었다. 다비트는 2013년 자신의 책 『끈 이론과 과학적 방법(*String Theory and the Scientific Method*)』에서 경험적 데이터가 존재하지 않는 과학 이론에 대한 신뢰를 구축하는 데에 도움이 될 수 있는 세 종류의 "비(非)경험적" 증거를 제시했다. 당시 LMU 뮌헨의 연구원이었던 다비트는 엘리스와 실크의 선전 포고에 대응해서 양편의 입장을 가진 다양한 분야의 학자들을 세간의 이목을 끄는 학술회의에 초청했다.

원자들을 서로 달라붙게 만드는 힘에 대한 연구로 2004년 노벨 물리학상을 받았고, 끈 이론을 지지하는 그로스가 먼저 물리학 자체가 아니라 우리가 지난 4세기 동안 추구해왔던 "자연의 섭리(fact of nature)"가 문제라고 주장했다.

자연의 모든 힘을 지배하는 근원적인 이론을 끈질기게 추구하기 위해서는 물리학자들이 우주를 점점 더 자세하게 살펴보아야만 한다. 예를 들면, 물질에 들어 있는 원자, 원자에 들어 있는 양성자와 중성자, 그리고 그런 양성자와 중성자에 들어 있는 쿼크를 살펴보아야만 한다. 그러나 그렇게 자세히 살펴보려면 더욱 많은 에너지가 필요하고, 새로운 기계를 만드는 어려움과 비용이 에너지에 대해서 기하급수적으로 증가한다고 그로스가 말했다. "센티미터에서 현재 스위스에 있는 대형강입자충돌기의 분해능 수준인 센티미터의 100만 분의 100만 분의 100만분의 1까지 다가갔던 지난 400년 동안에는 그렇게 심각한 문제가 아니었다." 그가 말했다. "우리는 멀리까지 왔지만, 이 에너지 제곱이 우리를 끝장내고 있다."

우리가 자연의 근원적 법칙을 살펴보는 능력의 현실적인 한계에 다가가게 되면서, 이론학자들의 생각은 실제로 관찰할 수 있는 가장 짧은 거리와 가장 높은 에너지 영역에서 크게 벗어나게 되었다. 우주의 가장 근원적인 구성요소는 LHC의 분해 능력보다 1,000조 정도 작은 크기 규모에 있다는 데에 대한 확실한 실마리가 있다. 그것은 "만물 이론"의 후보 중 하나인 끈 이론이 설명하려고 시도하는 자연의 영역이다. 그러나 그것은, 어떻게 접근해야 하는지에 대해서 아무도 알지 못하는 영역이기도 하다.

우주를 우주적 규모에서 이해하려는 물리학자의 목표에도 어려움이 있다. 우리 우주의 우주 지평선을 넘어선 영역에서 다중우주 가설이 제시하는 다른 우주를 살펴볼 수 있는 망원경은 앞으로도 개발되지 않을 것이다. 그런데도 현대의 우주론은 논리적으로 우리 우주가 여러 우주들 중 하나일 것이라는 가능성을 제시하고 있다.

너무 멀리 지나쳐간 이론학자가 문제이거나, 아니면 가장 심오한 비밀을 너무 깊이 감춰놓은 자연이 문제이거나 상관없이, 이론이 실험에서 이탈했다는 결론은 똑같은 것이다. 이제 이론적 추론의 대상이 지구

증거의 한계

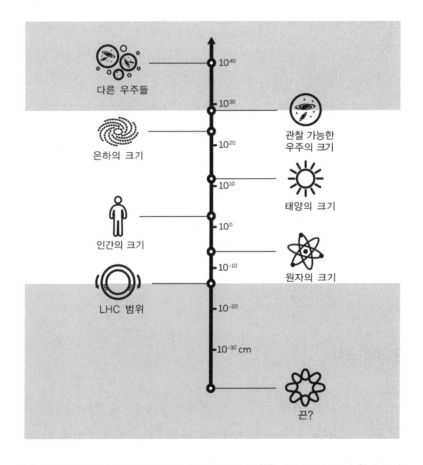

그림 8.2 인간은 엄청난 크기 영역의 우주(흰색)를 관찰할 수 있지만, 여러 현대 물리학 이론에는 그 영역을 벗어난 규모(회색)가 필요하다.

에 설치해둔 기기로 도달하거나 배제하기에는 너무 멀리 있거나, 너무 작거나, 너무 에너지가 크거나, 지나치게 먼 과거에 있게 되었다. 그렇다면 무엇을 해야 할까? 엘리스와 실크가 주장했듯이, "물리학자, 철학자, 그리고 여러 과학자들이 현대 물리학의 범위를 다룰 수 있는 과학적 방법에 대한 새로운 서술을 만들어내야만 한다."

"다음 단계에서 직면해야 하는 문제는 이데올로그가 아니라 과학을 하는 가장 유용한 방법이 무엇인가라는 전략에 대한 것이다."그로스가 말했다.

비교적 온화했던 겨울의 사흘 동안 학자들은 이론(theory), 확인(confirmation), 진리(truth)의 의미, 과학이 어떻게 작동하는지, 그리고 바로 이 시기에 철학이 물리학의 연구를 선도해야 하는지, 아니면 반대가 되어야 하는지에 대해서 씨름을 했다. 긴박하면서도 시류에 흔들리지 않는 논의를 통해서 어느 정도의 합의가 이루어졌다.

게임의 규칙

역사적으로 보면, 과학 법칙은 성급하게 만들어졌다가 진화하는 환경에 따라 수정되어왔다. 고대의 사람들은 자신들이 과학적 진리에 이르는 길을 합리적으로 추론할 수 있을 것이라고 믿었다. 그러다가 17세기에 아이작 뉴턴이, 그런 "합리주의자"의 철학 대신에 과학적 지식은 경험적 관찰을 통해서만 유도될 수 있다는 "경험주의자"의 입장을 수용하는 현대 과학의 불씨를 피웠다. 다시 말해서, 이론이 지식의 책에 수록되려면 반드시 실험적으로 증명되어야 한다는 것이었다.

그러나 검증되지 않은 이론이 과학적인 것으로 인정을 받으려면 어떤 조건을 만족해야만 할까? 이론학자들은 시험의 대상이 될 아이디어를 생각해낸 후에 실험적 결과를 해석하는 것으로 과학을 이끌어간다. 무엇이 이론학자들을 과학의 영역을 벗어나지 않도록 해줄 것인가?

오늘날 대부분의 물리학자들은 오스트리아와 영국의 철학자 칼 포퍼의 경험 법칙을 이용해서 이론의 정당함을 판단한다. 1930년대에 포퍼는 알베르트 아인슈타인과 지그문트 프로이트의 성과를 비교함으로써 과학과 비(非)과학의 경계를 분명히 했다. 중력을 공간과 시간에서의 휘어짐으로 규정한 아인슈타인의 일반상대성이론은 위험스러운 예측을 제시했다. 그런 성과들이 화려하게 성공하지 못했더라면, 이론의 반증에 의해서 비참하게 실패했을 것이다. 그러나 프로이트의 심리분석은 다루기 어려운 것이었다. 어머니의 모든 실수가 당신의 진단에 포함될 수 있다. 그의 이론은 반증될 수 없었고, 그래서 포퍼는 그것이 과학이 아니라고 판단했다.

반대론자들은 끈 이론과 다중우주 가설과 우주가 어떻게 시작되었는지에 대한 선도적인 이론인, 인플레이션 우주론이 모두 포퍼의 경계선에서 반대쪽에 포함된다고 주장한다. 반대론자들은, 컬럼비아 대학교의 물리학자 피터 보이트가 2006년에 썼던 끈 이론에 대한 책의 제목을 빌려서 표현하면, 그런 아이디어들이 "심지어 틀리지도 않은 것(not even wrong)"이라고 말한다. 엘리스와 실크는 자신들의 칼럼에서 포퍼의 정신을 다시 언급했다. "과학적 이론은 반드시 반증이 가능해야만 한다."

그러나 놀랍게도 뮌헨에 참석했던 많은 학자들에게는 반증주의(falsificationism)는 더 이상 과학의 지배적인 철학이 아니었다. 뉴욕 시티 대학교 대학원연구소의 철학자인 마시모 피그리우치는 반증가능성이 포퍼 자신이 인식했던 과학과 비과학을 구분하는 근거로 매우 적절하지 않다는 사실을 이야기했다. 예를 들면, 점성술은 반증가능하고, 실제로 지겹도록(*ad nauseam*) 반증되었지만, 그렇다고 과학이라고 하지는 않는다. 물리학자들의 포퍼에 대한 집착은 "이제 정말 버려야 할 필요가 있다"고 피그리우치가 말했다. "우리는 현재의 과학철학에 대해서 이야기를 해야 할 필요가 있다. 50년 전에 유행하던 것에 대해서 이야기하는 것이 아니다."

워크숍에 참석한 몇몇 철학자들이 지적했듯이, 오늘날 포퍼의 반증주의는 영국의 통계학자이면서 목사였던 토머스 베이즈의 18세기 확률 이론을 근거로 한 현대적 체계인 베이즈 확인 이론(Bayesian confirmation theory)에 해당하는 베이즈주의(Bayesianism)로 대체되었다. 베이즈주의는 직접 관찰할 수 있는 수준을 훨씬 넘어서는 현대 과학 이론을 용납한다. 실제로 원자를 직접 본 사람은 아무도 없다. 그래서 오늘날의 이론은 반증-비반증의 이분법을 거부하는 경우가 많다. 그 대신 새로운 정보가 확보되면서 이론에 대한 신뢰는 0에서 100퍼센트 사이를 아래위로 오르내리는 연속선에 있게 된다. 포퍼 이론보다 "베이즈 체계가 훨씬 더 유연하다." LMU의 베이즈 철학자인 슈테판 하르트만이 말했다. "그것은 이성의 심리학과도 훌륭하게 연결된다."

그로스도 동의한다. 다비트의 책을 통해서 베이즈 확인 이론을 알게 된 그는 "'맙소사, 나는 평생 산문(散文)을 말하고 있었군!'이라고 말했던 몰리에르* 작품 속의 등장인물처럼 느껴졌다"고 말했다.

하르트만은, 다비트와 같은 철학자들이 "이런 비경험적 증거가 어떻게 들어맞는지 또는 들어맞을 수 있는지"를 알아낼 수 있도록 해주는 것이 베이즈주의의 또다른 장점이라고 말한다.

---

* 17세기 독특한 감정 이입을 통해서 인간 본래의 약점을 드러내는 새로운 희극의 전통을 확립한 프랑스의 극작가.

다른 종류의 증거

긴 갈색 머리칼의 겸손하고 미소 띤 표정의 다비트는 이론물리학자로 경력을 시작했다. 1990년대 말에 끈 이론 연구의 중심지였던 캘리포니아 대학교 버클리에 있던 다비트는 끈 이론에 대한 실험적 증거가 전혀 없음에도 불구하고 자신들이 옳은 길로 가고 있다고 확신하는 여러 끈 이론학자들의 모습에 매력을 느꼈다. "그들이 이론을 신뢰하는 이유가 무엇일까?" 그는 자신이 의아해하던 경험을 기억했다. "그것에 대해서 고전적인 방식과는 다른 사고방식을 가지고 있는 것일까?"

기본 입자들을 가까이에서 자세하게 살펴보면 차원성(dimensionality)을 가지고 있고, 자연에서 가장 크게 확대한 수준에서는 구불구불한 고리들 (또는 "끈들")과 막(membrane)처럼 보인다는 것이 끈 이론의 주장이다. 이론에 따르면, 추가적인 차원이 공간 자체의 구조에서 구현되기도 한다. 더 높은 차원의 공간에서 존재하는 끈의 여러 가지 진동 모드가 관찰 가능한 세상을 구성하는 다양한 입자들을 만들어낸다. 특히 진동 모드 중에는 중력과 관련된 가상적 입자인 "중력자"의 특징과 일치하는 진동도 있다. 따라서 끈 이론은 현재 아인슈타인의 일반상대성이론으로 설명되는 중력을 입자물리학의 다른 입자들과 통일시켜준다.

그러나 1960년대 말에 개발된 아이디어에서 출발한 끈 이론은 관찰 가능한 우주에 대한 시험해볼 만한 예측을 내놓지 못했다. 그런데도 그렇게 많은 연구자들이 그것을 신뢰하는 이유를 이해하기 위해서 다비트는 과학철학 강의를 수강했고, 그런 현상에 대한 연구가 전혀 이루어지지 않고 있다는 사실을 발견한 그는 분야를 바꿨다.

2000년대 초에 그는, 옹호론자들이 끈 이론을 신뢰하도록 해주는 세 가지 비경험적 논거를 찾아냈다. 첫째, (여러 가지 수학적 표현 방법이 있기는 하지만) 일관된 방법으로 통일을 달성시켜줄 수 있는 끈 이론은 하나뿐인 것처럼 보인다. 더욱이 엄청난 노력에도 불구하고, 모든 기본적인 힘을 통일시킬 수 있는 "만물 이론"은 발견된 적이 없었다. (고리 양자 중력[loop quantum gravity]이라는 경쟁적 접근법이 양자 수준에서 중력을 설명해주기는 하지만 그 이론으로는 다른 힘과의 통일이 불가능하다.) 흔히 "끈 이론이 이 분야에서 유일한 게임이다"라는 식으로 표현되는 이런 "대안 부재(no-alternatives)" 논거가 이론학자들의 확신을 강화시켜준다. 4가지의 기본적인 힘을 통일시켜줄 수 있는 다른 대안이 없기 때문에 끈 이론이 옳은 접근법이 될 가능성이 높다는 것이다.

둘째, 끈 이론은 표준 모형에서 파생되었고, 알려진 모든 기본 입자들과 (중력을 제외한) 힘을 하나의 수학적 체계에 포함시키고, 경험적으로 확인된 이론인 표준 모형도 그 형성 과정에 대한 다른 대안이 없었다. 다비트가 "메타 귀납적(meta inductive)"이라고 부르는 이 논거는 그것이 과거에도 비슷한 맥락에서 작동했음을 보여주는 것으로써 대안 부재 논거에 힘을 실어준다. 그것은 단순히 물리학자들이 존재하는 대안을 찾아낼 정도로 똑똑하지 못할 가능성을 반박하는 논거이다.

세 번째 비경험적 논거는, 끈 이론이 당초 목표로 했던 통일 문제 이외에 예상하지 못했던 몇 가지 다른 이론적 문제에 대한 설명을 제공해주었다는 것이다. 뮌헨의 학술대회에서 다비트가 자리를 비웠을 때, 캘리포니아 대학교 산타 바버라의 확고한 끈 이론학자인 조지프 폴친스키는 다비트가 "뜻밖의 주석적 상호접속(unexpected explanatory interconnections)"이라고 부르던 논거에 해당하는 몇 가지 사례에 대한 논문을 발표했다.[2] 예를 들면, 끈 이론은 블랙홀들의 엔트로피를 설명해주고, 지난 15년 동안 폭발적인 연구가 이루어지도록 해준 놀라운 발견은 수학적으로 원자의 핵을 설명해주는 것과 같은 입자 이론으로 해석할 수 있다는 것이다.

우리가 예외적일 정도로 미세한 자연의 근원적 크기 규모에서 얼마나 멀리 왔는지를 고려하면, 폴친스키는 우리가 스스로 운이 좋았다고 생각할 수밖에 없다고 말했다. "끈 이론이 존재하고, 우리는 그것을 발견해냈다."(폴친스키는 다비트의 비경험적 논거를 이용해서 다중우주가 존재할 베이즈 확률을 94퍼센트로 계산하기도 했다. 인터넷에서 목소리를 높이는 다중우주 반대론자들은 그의 결과를 조롱거리로 삼았다.)

다비트도 자신의 강연에서 인정했듯이, 비경험적 논거를 베이즈 확신 이론에 포함시키는 것이 자칫 "모든 과학적 법칙을 포기하도록 수문(水門)을 여는 일"이 될 우려가 있다. 어설픈 아이디어에 대한 논거로 온갖 종류의 비경험적 핑계를 제시할 수 있게 된다는 것이다. "위험성이 분명히 존재하고, 그런 종류의 추론은 반드시 경계해야 한다." 다비트가 말했다. "그러나 비경험적 확인이 과학의 일부이고, 상당히 오랜 동안 과학의 일부였다는 사실을 인정하는 것이 마치 그것이 존재하지도 않는 것처럼 가장하면서 나는 그렇게 하지 않았다고 이야기하는 것보다 그런 논의에 대한 더 나은 근거가 될 수 있다. 일단 그것이 널리 인정되고 나면, 특정한 맥락 안에서 그런 논거의 장단점을 논의할 수 있게 된다."

뮌헨 논쟁

역사의 쓰레기 더미에는 아름다운 이론들이 흩어져 있다. 2011년에 출간했던 『더 높은 추론들(*Higher Speculations*)』에서 그런 실패 사례들을 자세하게 소개했던 덴마크의 우주론사학자 헬게 크라그는 뮌헨에서 19세기의 원자 소용돌이 이론(vortex theory of atoms)을 소개했다. 스코틀랜드의 피터 테이트와 켈빈 경이 개발했던 "빅토리아 시대의 만물 이론"에서는 원자가, 공간을 가득 채우고 있다고 믿었던 유체 매질인 에테르에 존재하는 미시적 소용돌이라고 가정했다. 수소와 산소를 비롯한 모든 원자들은 단순히 서로 다른 종류의 소용돌이 매듭이었다. 처음에는 이론이 "매우 성공적인 것처럼 보였다." 크라그가 말했다. "당시의 사람들은 앞으로 몇 세기 동안 수학자들을 바쁘게 만들어줄 것이라고 믿었던 풍부한 수학에 매료되었다." 맙소사, 그러나 원자는 소용돌이가 아니었고, 에테르는 존재하지 않았고, 이론적 아름다움도 언제나 진리가 되는 것은 아니다.

가끔씩 나타나는 예외를 제외하면 그렇다. 합리성은 아인슈타인을 상대성 이론으로 이끌어주었고, 그는 시험을 해보기 전부터 진심으로 합리적 근거를 믿었다. "나는 옛 사람들이 꿈꿨듯이 순수한 사고만으로 실재를 이해할 수 있다고 믿는다." 자신의 이론이 태양 주위에서 휘어지는 별빛의 관찰을 통해서 확인이 되고 몇 년이 지난 1933년에 아인슈타인이 말했다.

철학자들에게 주어지는 질문은 다음과 같다. 실험을 하지 않은 채로 소용돌이 이론의 비경험적 가치와 아인슈타인 이론의 가치를 구분할 수 있는 방법이 있을까? 비경험적 근거만으로 이론을 신뢰할 수 있을까?

워크숍의 세 번째 날 오후 논의에서 철학자인 라딘 다르다쉬티는, 다비트의 철학이 구체적으로 어떤 비경험적 논거에 중점을 두어야 하는지를 밝혀줌으로써, 과학자들이 "단순성에 근거를 두지 않은 평가, 즉 아름다움에 근거를 두지 않은 평가를 할 수 있도록 만들어주었다"고 주장했다. 다르다쉬티에 따르면, 다비트적 평가는 단순성이나 아름다움보다 훨씬 더 객관적이고, 이론의 진정한 전망을 더 잘 드러내 보여준다.

그로스는, 물리학자들이 "추론, 새로운 아이디어, 새로운 이론에 대한 확신을 얻기 위해서" 사용하는 전략을 다비트가 "아름답게 설명해주었다"고 말했다.

"그것이 진리라고 확신하는 겁니까?" 존스홉킨스 대학교 철학자이면서 과학사학자인 80세의 피터 아친슈타인이 물었다. "그것이 유용하다고 확신하는가요? 무슨 확신을 말하는 것인지……"

"확신에 대한 조작적 정의를 해봅시다. 저도 계속 노력하겠습니다." 그로스가 대답했다.

"몹시 빈약합니다." 아친슈타인이 말했다.

"과학에서는 그렇지 않습니다." 그로스가 했다. "그것은 중요한 문제입니다."

크라그는, 심지어 포퍼도 오늘날 끈 이론학자들에게 동기를 부여한 것과 같은 종류의 사고(思考)를 가치가 있는 것으로 보았다는 사실을 지적했다. 포퍼는 시험 가능한 예측을 제시하지 못하는 추론을 "형이상학"이라고 불렀지만, 미래에 시험 가능하게 될 수도 있기 때문에 그런 활동은 가치가 있는 것이라고 생각했다. 많은 19세기 물리학자들이 절대 실험적으로 확인하지 못할 것이라고 생각했던 원자론의 경우가 그랬다. "포퍼는 순진한 포퍼주의자가 아니었다." 크라그가 말했다. "어떤 이론이 반증 가능하지 않더라도 포기하지 말아야 한다. 기다려야만 한다." 크라그가 포퍼를 인용해서 말했다.

그러나 워크숍에 참석했던 몇 사람들은 베이즈 확신 이론과 특히 다비트의 비경험적 논거에 대한 거부감을 표시했다.

(끈 이론과 경쟁하는) 고리 양자 중력의 옹호자인 프랑스 엑스-마르세유 대학교의 카를로 로벨리는 베이즈 확신 이론을 반대한다. 그런 이론으로는 과학자들이 확신하는 이론과 여전히 시험 중인 이론 사이의 과학에 존재하는 중요한 구분이 불가능하다는 이유 때문이다. 원자가 존재한다는 사실에 대한 베이즈의 "확신"은 수없이 많은 실험 결과들 때문에 100퍼센트일 수밖에 없다. 그러나 로벨리는, 원자 이론에 대한 확신

의 정도는 끈 이론의 경우와 같은 단위로 측정할 수 없는 것이라고 말한다. 예를 들면, 끈 이론은 원자론의 10퍼센트만큼도 확신할 수 있는 것이 아니다. 두 이론은 전혀 다른 위상을 가지고 있다는 뜻이다. "다비트의 '비경험적 논거'의 어려움은 그것이 핵심을 파악할 수 없도록 만든다는 것이다." 로벨리가 말했다. "그리고 물론 문제를 그런 식으로 헝클어뜨려버린 것을 오히려 다행으로 생각하는 끈 이론학자도 있다. 그래야 끈 이론이 '확인되었다'고 얼버무릴 수 있기 때문이다."

독일의 물리학자 자비네 호셀펠더는 강연을 통해서 기초물리학에서의 발전은 (어쩌면 자연의 힘이 통일되어야만 한다는 가설처럼) 널리 알려진 편견을 버리는 것에서부터 시작되는 경우도 많다고 주장했다. 그런 관점에 동조하는 로벨리는 "그것이 우리 자신의 과거 신뢰의 기반이었기 때문에 다비트의 비경험적 확인의 아이디어가 발전의 가능성에 걸림돌이 된다"고 말했다. 그것이 "'당신 자신의 생각을 믿지 말아라'라는 과학적 사고의 수단이나 어쩌면 영혼이라고 해야 할 것을 제거해준다."

엘리스에 따르면, 워크숍에 참석했던 끈 이론학자들도 자신들의 이론이 검증이라는 의미에서는 "확인된" 것이 아니라는 사실에 동의했다는 것이 워크숍의 중요한 결과라고 했다. "데이비드 그로스는 자신의 입장을 분명하게 밝혔다. 다비트의 기준은 이론에 적용하는 것을 정당화시키는 목적으로는 훌륭하지만, 이론이 비경험적 방법으로 확인되었다고 말하기에는 적절하지 않다." 엘리스는 이메일에 그렇게 적었다. "내 입장에서는 그것이 좋은 생각이고, 구체적으로 말하자면 그것이 바로 발전이다."

이론학자들이 앞으로 어떻게 나아가야 할지에 대해서 논의했던 많은 참석자들은, 끈 이론과 아직 검증되지 않은 다른 아이디어에 대한 연구는 계속되어야만 한다는 입장을 표명했다. "추론을 계속해야 한다." 워크숍이 끝난 후 아친슈타인은 이메일에 그렇게 적었다. 그러나 "추론할 동기를 부여하고, 설명을 해야지만 그것이 유일하게 가능한 설명일 뿐이라는 사실을 인정해야 한다."

"어쩌면 언제인가 상황이 바뀌어서 추론이 시험 가능하게 될 수도 있을 것이다. 그렇지 않을 수도 있고, 절대 그렇지 않을 수도 있다." 아친슈타인이 말했다. 우리는 우주가 모든 거리와 모든 시간에서 작동하는 방법을 영원히 알아낼 수 없을지도 모른다. "어쩌면 남아 있는 가능성을 몇 개로 줄일 수는 있을 것이다." 그가 말했다. "나는 그것이 상당한 발전이 될 것이라고 생각한다."

감사의 글

출판물은 그것을 제작하는 사람들만큼이나 좋은 법이다. 저널리즘이나 출판계에서 혼자의 노력으로 이루어낼 수 있는 가치는 거의 없기 때문이다. 첫째, 나는 이 책에 글과 그림을 채워주고, 훌륭한 과학 이야기에 생명을 불어넣어준 엄청난 재능을 가진 많은 저술가, 편집자, 화가들에게 진심으로 감사를 드린다. 특히 이 책에 많은 기여를 해준 물리학 선임작가 내털리 볼초버와 전임 생물학 선임작가 에밀리 싱어에게 감사의 인사를 전하고 싶다.

　이름을 밝힌 필자들 이외에도 글의 아이디어를 훌륭하게 검토해주고, 필자들을 찾아주고, 「퀀타 매거진」의 수준을 지켜준 존경받는 공동편집자 마이클 모이어와 존 레니, 잡지의 시각적 정체성을 관통하는 절묘한 비전을 가진 미술감독 올레나 슈마할로, 불가능할 정도로 추상적인 개념을 아름답고, 이해하기 쉽도록 시각화시켜준 그래픽 편집자 루시 리딩-이칸다, 책에 사용할 그래픽을 아름답고 일관성 있는 스타일로 수정해준 객원 아티스트 쉐리 최, 표지 디자이너 TK for TK, 글을 깨끗하게 다듬어준 로베르타 클라라이히를 비롯한 모든 객원 편집자와 최후의 방어자로 활약해서 내가 밤에 편히 잘 수 있도록 해준 맷 마호니를 비롯한 객원 사실 확인자들과 같은 이름 없는 영웅들, 참고 문헌을 깨끗하게 정리해준 몰리 프란시스, 모든 것을 중단시킬 수도 있었던 사소한 일들을 해준 제작자 지닛 카즈마르작과 미셸 윤에게 감사한다.

「퀀타 매거진」과 그 연장선에 있는 이 책들은 시몬스 재단의 넉넉한 지원이 없었더라면 출판될 수 없었을 것이다. 재단을 이끌고 있는 짐과 매릴린 시몬스와 이 잡지 사업을 신뢰해주고, 모든 단계에서 친절함과 지혜와 지적 열정을 제공한 마리온 그린업에게 가장 깊은 감사를 표하고 싶다. 나는 우리의 일을 더 쉽게 만들어주고, 사무실 자체를 즐거운 곳으로 만들어준, 하지만 일일이 이름을 적기에는 그 수가 너무 많은 「퀀타 매거진」의 모든 직원들과 훌륭한 자문위원들과 우리의 훌륭한 재단 동료들에게도 감사한다.

칼텍의 이론물리학자, 대중 연설가, 유명한 과학 저술가로 활동하는 바쁜 일정 속에서도 귀한 시간을 내서 이 책의 원고를 읽어주고, 자신의 전문가적 의견을 제시해주고, 서문을 써준 저술가 숀 캐럴에게도 특별한 감사를 드린다.

나는 함께 일하는 것이 즐거웠던 편집자 제르미 매슈스를 비롯한 MIT 출판사의 훌륭한 직원들에게도 감사하고 싶다. 특히 나에게 「퀀타 매거진」을 책으로 출판할 수 있는 가능성을 문의해주고, 이 작업이 꽃을 피울 수 있도록 리더십과 열정과 자원을 제공한 에이미 브랜드에게 감사를 표하고 싶다.

책을 제작하는 것은, 수없이 많은 움직이는 부품과 수없이 많은 실수와 실패의 가능성이 있는 거대한 루브 골드버그 기계를 조립하는 것과 비슷하다. 지혜로운 피드백과 안내로 수많은 실수를 극복하고, 이 책을 완성할 수 있도록 해준 사이언스 팩토리의 출판중개인 제프 슈리브를 만난 것이 나에게는 큰 행운이었다.

나는 우리 기자들과 편집자들과 사실 확인자들의 전화를 받아주고, 인내심을 가지고 우리가 기술적 지뢰들이 가득한 위험한 영역을 무사하게 통과할 수 있도록 이끌어준 과학자들과 수학자들에게 감사한다.

나에게 평생토록 과학과 수학의 가치를 이해할 수 있는 재능을 주신 부모님인 데이비드와 리디아, 고등학교 수학 교사로서 영감을 가진 동생 벤, 그리고 내 삶에 무한한 의미를 부여한 아내 제니와 두 아들 줄리안과 토비아스에게 고마움을 느낀다.

토머스 린

집필진

마이클 닐슨(Michael Nielsen)은 샌프란시스코 YC연구소의 연구원이다. 그는 양자 컴퓨팅, 개방 과학, 딥 러닝 등에 대한 책을 썼다. 지금은 집단인지와 지적 증폭에 대한 연구를 하고 있다.

로베르트 데이크흐라프(Robbert Dijkgraaf)는 뉴저지 주 프린스턴에 있는 고등연구소의 소장이고 레온 레비(Leon Levy) 교수이다. 그는 에이브러햄 플렉스너와 함께 저술한 『쓸모없는 지식의 유용성(The Usefulness of Useless Knowledge)』의 저자이다.

토머스 린(Thomas Lin)은 「퀀타 매거진(Quanta Magazine)」의 창립 편집장이다. 그는 「뉴욕 타임스(The New York Times)」의 온라인 과학과 국내 뉴스의 관리자로 활동하면서 백악관 뉴스 사진사협회의 "역사의 눈" 상을 받았고, 과학, 테니스, 기술에 대한 기사를 썼다. 그는 「뉴요커(The New Yorker)」와 「테니스 매거진(Tennis Magazine)」 등에도 기고를 했었다.

카티아 모스크비치(Katia Moskvitch)는 런던에서 활동하는 과학기술 저널리스트이다. 그녀는 물리학과 천문학 등에 관한 글을 「퀀타 매거진」, 「네이처(Nature)」, 「사이언스(Science)」, 「사이언티픽 아메리칸(Scientific American)」, 「이코노미스트(The Economist)」, 「노틸러스(Nautilus)」, 「뉴 사이언티스트(New Scientist)」와 BBC 등에 기고해왔다. 기계공학자인 그녀는 『나를 '팝스'라고 불러라: 길거리의 좋은 하느님(Call me 'Pops': Le Bon Dieu Dans La Rue)』의 저자이다.

조지 무서(George Musser)는 「사이언티픽 아메리칸」의 객원 편집인이고, 『장거리 유령 작용(Spooky Action at a Distance)』과 『끈 이론에 대한 멍청이의 가이드(The Complete Idiot's Guide to String Theory)』의 저자이다. 그는 2011년 미국물리학회 과학저술상을 받았고, 2014년부터 2015년까지 MIT에서 나이트 과학저널리즘 펠로였다.

안드레아스 폰 버브노프(Andreas von Bubnoff)는 뉴욕 시에서 활동하는 수

상 업적을 가진 과학 저널리스트이고 멀티미디어 제작자이다. 그의 작품은 「퀀타 매거진」, 「로스앤젤레스 타임스(*The Los Angeles Times*)」, 「시카고 트리뷴(*Chicago Tribune*)」, 「노틸러스」, 「네이처」, 「차이트(*Die Zeit*)」, 「프랑크푸르트 알게마이네 차이퉁(*Frankfurter Allgemeine Zeitung*)」, 「리프리포터(*RiffReporter*)」 등에 실렸다.

필립 볼(Philip Ball)은 런던에서 활동하는 과학 저술가이자 「퀀타 매거진」, 「네이처」, 「뉴 사이언티스트」, 「프로스펙트(*Prospect*)」, 「노틸러스」, 「애틀란틱(*The Atlantic*)」 등의 잡지에 기고하는 작가이다. 그가 저술한 책에는 『물 왕국(*The Water Kingdom*)』, 『브라이트 어스(*Bright Earth*)』, 『볼 수 없는 것(*Invisible*)』 등과 최근에 발간된 『이상한 것 너머에(*Beyond Weird*)』가 있다.

내털리 볼초버(Natalie Wolchover)는 물리과학을 담당하는 「퀀타 매거진」의 수석 작가이다. 그녀의 글은 「수학 선집(*The Best Writing on Mathematics*)」에 실렸고, 2016년 에버트 클라크/세스 페인 상과 2017년 미국물리학회 과학저술상을 받았다. 그녀는 캘리포니아 대학교 버클리에서 물리학과 대학원 과정을 수료했다.

에밀리 싱어(Emily Singer)는 「퀀타 매거진」의 수석 생물학 작가와 객원 편집인을 지냈다. 그녀는 「SFARI.org」의 뉴스 편집과 「테크놀로지 리뷰(*Technology Review*)」의 생물의학 편집인을 지내기도 했다. 그녀는 「네이처」, 「뉴 사이언티스트」, 「로스앤젤레스 타임스」, 「보스턴 글로브(*Boston Globe*)」에 기고해왔고, 캘리포니아 대학교 샌디에이고에서 신경과학 석사 학위를 받았다.

페리스 야브르(Ferris Jabr)는 오리건 주의 포틀랜드에서 활동하는 작가이다. 그는 「퀀타 매거진」, 「사이언티픽 아메리칸」, 「뉴욕 타임스 매거진(*The New York Times Magazine*)」, 「아웃사이드(*Outside*)」, 「라팜스 쿼터리(*Lapham's Quarterly*)」 등에 기고해왔다.

제니퍼 오울렛(Jennifer Ouellette)은 자유 저술가이고, 『나, 자아, 그리고 이유 : 자아의 과학을 찾아서(*Me, Myself, and Why: Searching for the Science of Self*)』를 비롯한 대중 과학서의 저자이다. 그녀는 「퀀타 매거진」, 「디스커버(*Discover*)」, 「뉴 사이언티스트」, 「스미소니언(*Smithsonian*)」, 「네이처」, 「피직스 투데이(*Physics Today*)」, 「피직스 월드(*Physics World*)」, 「슬레이트(*Slate*)」, 「살롱(*Salon*)」 등에도 기고해왔다.

프랭크 윌첵(Frank Wilczek)은 강력(强力)에 대한 이론으로 2004년 노벨 물리학상을 받았다. 최근에는 『아름다운 질문 : 자연에 숨겨진 심오한 설계의 발견(*A Beautiful Question: Finding Nature's Deep Design*)』을 저술했다. 윌첵은 매사추세츠 공과대학 물리학과의 허만 페쉬바흐(Herman Feshbach) 교수이고 스톡홀름 대학교의 물리학과 교수이다.

칼 짐머(Carl Zimmer)는「뉴욕 타임스」의 과학 칼럼니스트이고,『그녀는 엄마의 미소를 가지고 있다(*She Has Her Mother's Laugh*)』와『파라사이트 렉스(*Parasite Rex*)』등 13권의 저서를 발간했다.

K. C. 콜(K. C. Cole)은『우주와 찻잔 : 진리와 아름다움의 수학(*The Universe and the Teacup: The Mathematics of Truth and Beauty*)』과『믿을 수 없을 정도로 신기한 일이 일어나다(*Something Incredibly Wonderful Happens*)』를 비롯한 8권의 저서를 썼다. 그녀는「로스앤젤레스 타임스」의 과학 특파원을 지냈고,「뉴요커」,「뉴욕 타임스」,「디스커버」에도 그녀의 글이 실렸다.

존 파블러스(John Pavlus)는「퀀타 매거진」,「사이언티픽 아메리칸」,「블룸버그 비즈니스위크(*Bloomberg Businessweek*)」,「미국 과학 및 자연 선집(*The Best American Science and Nature Writing*)」등에 기고했다. 그는 오리건 주의 포틀랜드에서 살고 있다.

댄 팔크(Dan Falk)는 캐나다 토론토에서 활동하는 과학 언론인이다. 그는『시간을 찾아서(*In Search of Time*)』와『셰익스피어의 과학(*The Science of Shakespeare*)』등을 저술했다.

코트니 험프리스(Courtney Humphries)는 보스턴에서 활동하면서 과학, 자연, 의약품, 인공적으로 건조된 환경 등에 대한 글을 쓰는 자유 기고가이다. 그녀의 글은「퀀타 매거진」,「보스턴 글로브」,「노틸러스」,「네이처」,「테크놀로지 리뷰」,「시티랩(*CityLab*)」등에 실렸다. 그녀는 최근에 매사추세츠 공과대학의 나이트 과학저널리즘 펠로에 임명되었다.

주

자연은 비자연적일까?

1. Marco Farina, Duccio Pappadopulo, and Alessandro Strumia, "A Modified Naturalness Principle and Its Experimental Tests," *Journal of High Energy Physics 2013*, no. 22 (August 2013), https://arxiv.org/abs/1303.7244.

2. Steven Weinberg, "Anthropic Bound on the Cosmological Constant," *Physical Review Letters* 59, no. 22 (November 30, 1987), https://journals.aps.org/prl/abstract/10.1103/PhysRevLett.59.2607.

3. Raphael Bousso and Joseph Polchinski, "Quantization of Four-Form Fluxes and Dynamical Neutralization of the Cosmological Constant," *Journal of High Energy Physics* 2000, no. 6 (June 2000), https://arxiv.org/pdf/hep-th/0004134.pdf.

4. Raphael Bousso and Lawrence Hall, "Why Comparable? A Multiverse Explanation of the Dark Matter-Baryon Coincidence," *Physical Review D* 88, no. 6 (September 2013), https://arxiv.org/abs/1304.6407.

5. V. Agrawal et al., "The Anthropic Principle and the Mass Scale of the Standard Model," *Physical Review D* 57, no. 9 (May 1, 1998), https://arxiv.org/pdf/hep-ph/9707380v2.pdf.

앨리스와 밥이 화염의 벽을 만나다

1. Ahmed Almheiri et al., "Black Holes: Complementarity or Firewalls?" *Journal of High Energy Physics* 2013, no. 62 (February 2013), https://arxiv.org/pdf/1207.3123.pdf.

2. Leonard Susskind, "Singularities, Firewalls, and Complementarity," *Journal of High Energy Physics* (August 16, 2012), https://arxiv.org/abs/ 1208.3445.

3. Raphael Bousso, "Complementarity Is Not Enough," *Physical Review D* 87, no. 12 (June 20, 2013), https://arxiv.org/abs/arXiv:1207.5192.

웜홀이 블랙홀 패러독스를 풀어준다

1. Almheiri, "Black Holes: Complementarity or Firewalls?," 62.

2. Juan Maldacena and Leonard Susskind, "Cool Horizons for Entangled Black Holes,"

Fortschritte der Physik 61, no. 9 (September 2013): 781-811, https://arxiv.org/abs/1306.0533.

3. Juan Maldacena, Stephen H. Shenker, and Douglas Stanford, "A Bound on Chaos," *Journal of High Energy Physics* 2016, no.8 (August 2016), https://arxiv.org/abs/1503.01409.

4. Vijay Balasubramanian et al., "Multiboundary Wormholesand Holographic Entanglement," *Classical and Quantum Gravity* 31, no. 18 (September 2014), https://arxiv.org/abs/1406.2663.

양자 쌍들이 시공간을 엮어주는 방법

1. Román Orús, "Advances on Tensor Network Theory: Symmetries, Fermions, Entanglement, and Holography," *European Physical Journal B* 87, no. 11 (November 2014), https://arxiv.org/abs/1407.6552.

2. Shinsei Ryu and Tadashi Takayanagi, "Aspects of Holographic Entanglement Entropy," *Journal of High Energy Physics* 2006, no. 8 (August 2006), https://arxiv.org/abs/hep-th/0605073.

3. Brian Swingle and Mark Van Raamsdonk, "Universality of Gravity from Entanglement" (May 12, 2014), https://arxiv.org/abs/1405.2933.

다중우주에서, 확률은 얼마나 될까?

1. Alan H. Guth, "Inflationary Universe: A Possible Solution to the Horizon and Flatness Problems," *Physical Review D* 23, no. 2 (January 15, 1981), https://journals.aps.org/prd/abstract/10.1103/PhysRevD.23.347.

2. Weinberg, "Anthropic Bound on the Cosmological Constant."

3. Agrawal et al., "The Anthropic Principle and the Mass Scale of the Standard Model."

4. Abraham Loeb, "An Observational Test for the Anthropic Origin of the Cosmological Constant," *Journal of Cosmology and Astroparticle Physics* 2006(April 2006), https://arxiv.org/abs/astro-ph/0604242.

5. Jaume Garriga and Alexander Vilenkin, "Watchers of the Multiverse," *Journal of Cosmology and Astroparticle Physics* 2013 (May 2013), https://arxiv.org/abs/1210.7540.

6. Alan H.Guthand Vitaly Vanchurin, "Eternal Inflation, Global Time Cut off Measures, and a Probability Paradox" (August 2, 2011), https://arxiv.org/abs/1108.0665.

7. Raphael Bousso, "Holographic Probabilities in Eternal Inflation," *Physical Review Letters* 97, no. 19 (November 2006), https://arxiv.org/abs/hep-th/0605263.

8. Raphael Bousso et al.,"Predicting the Cosmological Constant from the Causal Entropic Principle," *Physical Review D* 76, no. 4 (August 2007), https://arxiv.

org/abs/hep-th/0702115.

9. Bousso, "Why Comparable? A Multiverse Explanation."

다중우주 충돌이 하늘에 남긴 흔적

1. Stephen M. Feeney et al., "First Observational Tests of Eternal Inflation," *Physical Review Letters* 107, no. 7 (August 2011), https://journals.aps.org/prl/abstract/10.1103/PhysRevLett.107.071301.

2. Stephen M. Feeney et al., "Forecasting Constraints from the Cosmic Microwave Background on Eternal Inflation," *Physical Review D* 92, no. 8 (October 16, 2015), https://arxiv.org/pdf/1506.01716.pdf.

3. John T. Giblin Jr., et al., "How to Run through Walls: Dynamics of Bubble and Soliton Collisions," *Physical Review D* 82, no. 4 (August 2010), https://journals.aps.org/prd/abstract/10.1103/PhysRevD.82.045019.

파인만 도형이 어떻게 공간을 구원해주었을까?

1. Frank Wilczek, "Viewpoint: A Landmark Proof," *Physics* 4, no. 10 (February 2011), https://physics.aps.org/articles/v4/10.

2. David Lindley, "Focus: Landmarks-Lamb Shift Verifies New Quantum Concept," *Physics* 5, no. 83 (July 27, 2012), https://physics.aps.org/articles/ v5/83.

3. R. P. Feynman, "Space-Time Approach to Quantum Electrodynamics," *Physical Review* 76, no. 6 (September 1949), https://doi.org/10.1103/PhysRe v.76.769.

양자물리학의 중심에 있는 보석

1. Nima Arkani-Hamed and Jaroslav Trnka, "The Amplituhedron"(December 6, 2013), https://arxiv.org/pdf/1312.2007.pdf.

2. Nima Arkani-Hamed et al., "Scattering Amplitudes and the Positive Grassmannian" (March 17, 2014), https://arxiv.org/abs/1212.5605.

대안적 양자론에 대한 새로운 증거

1. Berthold-George Englert et al., "Surrealistic Bohm Trajectories," *Zeitschrift für Naturforschung* A 47, no. 12: 1175–1186. https://doi.org/10.1515/zna-199 2-1201.

2. Dylan H. Mahler et al., "Experimental Nonlocal and Surreal Bohmian Trajectories," *Science Advances* 2, no. 2 (February 2016), https://doi.org/10.1126/sciadv. 1501466.

3. Englert et al., "Surrealistic Bohm Trajectories."

4. Mahler et al., "Experimental Nonlocal and Surreal Bohmian Trajectories."

단순화된 얽힘

1. Daniel M. Greenberger, Michael A. Horne, and Anton Zeilinger, "Going Beyond Bell's Theorem," in *Bell's Theorem, Quantum Theory, and Concept ions of the Universe*, ed. Kafatos (Dordrecht: Kluwer Academic Publishers, 1989), 69–

72, https://a rxiv.org/abs/0712.0921.

간단한 물리학 법칙으로 재구성한 양자론

1. Maximilian Schlosshauer, Johannes Kofler, and Anton Zeilinger, "A Snapshot of Foundational Attitudes toward Quantum Mechanics," *Studies in History and Philosophy of Science Part B: Studies in History and Philosophy of Modern Physics* 44, no. 3 (August 2013): 222–230, https://arxiv.org/abs/1 301.1069.
2. Lucien Hardy, "Quantum Theory from Five Reasonable Axioms" (September 25, 2001), https://arxiv.org/abs/quant-ph/0101012.
3. Lucien Hardy, "Reformulating and Reconstructing Quantum Theory" (August 25, 2011), https://arxiv.org/abs/1104.2066.
4. G. Chiribella, G. M. D'Ariano, and P. Perinotti, "Informational Derivation of Quantum Theory," *Physical Review A* 84, no. 1 (July 2011), https://arxiv.org/abs/1011.6451.
5. Rob Clifton, Jeffrey Bub, and Hans Halvorson, "Characterizing Quantum Theory in Terms of Information-Theoretic Constraints," *Foundations of Physics* 33, no. 11 (November 2003), https://arxiv.org/abs/quant-ph/0211089.
6. Borivoje Dakic and Caslav Brukner, "Quantum Theory and Beyond: Is Entanglement Special?" (November 3, 2009), https://arxiv.org/abs/0911.0695.
7. Lucien Hardy, "Quantum Gravity Computers: OntheTheoryofComputation with Indefinite Causal Structure," in *Quantum Reality, Relativistic Causality, and Closing the Epistemic Circle*, The Western Ontario Series in Philosophy of Science, Vol. 73 (Dordrecht: Springer, 2009), 379–401, https://arxiv.org/abs/quant-ph/0701019.
8. Giulio Chiribella, "Perfect Discrimination of No-Signalling Channels via Quantum Superposition of Causal Structures," *Physical Review A* 86, no. 4 (October 2012), https://arxiv.org/abs/1109.5154.

양자의 근원까지 거슬러 올라간 시간의 화살

1. Noah Linden et al., "Quantum Mechanical Evolution towards Thermal Equilibrium," *Physical Review E* 79, no. 6 (June 2009), https://doi.org/10.1103/PhysRevE.79.061103.
2. Peter Reimann, "Foundation of Statistical Mechanics under Experimentally Realistic Conditions," *Physical Review Letters* 101, no. 19 (November 7, 2008), https://doi.org/10.1103/PhysRevLett.101.190403.
3. Anthony J. Short and Terence C. Farrelly, "Quantum Equilibration in Finite Time," *New Journal of Physics* 14 (January 2012), https://doi.org/10.1088/1367-2630/14/1/013063.
4. Artur S. L. Malabarba et al., "Quantum Systems Equilibrate Rapidly for Most Observables," *Physical Review E* 90, no. 1 (July 2014), https://arxiv.org/abs/

1402.1093.

Sheldon Goldstein, Takashi Hara, and Hal Tasaki, "Extremely Quick Thermalization in a Macroscopic Quantum System for a Typical Nonequilibrium Subspace," *New Journal of Physics* 17 (April 2015), https://doi.org/10.1088/1367- 2630/17/4/045002.

Seth Lloyd, "Black Holes, Demons and the Loss of Coherence: How Complex Systems Get Information, and What They Do with It" (July 1, 2013), https://arxiv.org/pdf/1307.0378.pdf.

Paul Skrzypczyk, Anthony J. Short, and Sandu Popescu, "Extracting Work from Quantum Systems" (February 12, 2013), https://arxiv.org/abs/1302.2811.

이제 양자 기묘함은 시간문제이다

S. Jay Olson and Timothy C. Ralph, "Extraction of Time like Entanglement from the Quantum Vacuum," *Physical Review A* 85, no. 1 (January 2012), https://doi.org/10.1103/PhysRevA.85.012306.

T. C. Ralph and N. Walk, "Quantum Key Distribution without Sending a Quantum Signal," *New Journal of Physics* 17 (June 2015), https://doi.org/10.1088/1367-2630/17/6/063008.

J. D. Franson, "Generation of Entanglement outside of the Light Cone," *Journal of Modern Optics* 55, no. 13 (2008): 2111–2140, https://doi.org /10.1080/09500340801983129.

Lucien Hardy, "Probability Theories with Dynamic Causal Structure: A New Framework for Quantum Gravity" (September 29, 2005), https://arxiv.org/abs/gr-qc/0509120.

Ognyan Oreshkov, Fabio Costa, and Časlav Brukner, "Quantum Correlations with No Causal Order," *Nature Communications* 3 (October 2, 2012), https://doi.org/10.1038/ncomms2076.

Lorenzo M. Procopio et al., "Experimental Superposition of Orders of Quantum Gates," *Nature Communications* 6 (August 7, 2015), https://doi.org/10.1038/ncomms8913.

Mateus Araújo, Fabio Costa, and Časlav Brukner,"ComputationalAdvantage from Quantum-Controlled Ordering of Gates," *Physical Review Letters* 113, no. 25 (December 19, 2014),https://doi.org/10.1103/PhysRevLett.113.250402.

시간의 물리학에 대한 논란

Julian Barbour, Tim Koslowski, and Flavio Mercati, "Identification of a Gravitational Arrow of Time," *Physical Review Letters* 113, no. 18 (October 2014), https://doi.org/10.1103/PhysRevLett.113.181101.

Sean M. Carroll and Jennifer Chen, "Spontaneous Inflation and the Origin of the Arrow of Time" (October 27, 2004), https://arxiv.org/abs/hep-th/0410270.

George F. R. Ellis, "The Evolving Block Universe and the Meshing Togetherof

주 445

Times," *Annals of the New York Academy of Sciences* 1326 (October 13, 2014): 26–41, https://arxiv.org/pdf/1407.7243.pdf.

4. Maqbool Ahmed et al., "Everpresent Λ," *Physical Review D* 69, no. 10 (May 2004), https://arxiv.org/pdf/astro-ph/0209274.pdf.

생명에 대한 새로운 물리학 이론

1. Jeremy L. England, "Statistical Physics of Self-Replication," *Journal of Chemical Physics* 139, no. 12 (September 28, 2013), https://doi.org/10.1063/1.4818538.
2. Gavin E. Crooks, "Entropy Production Fluctuation Theorem and the Nonequilibrium Work Relation for Free Energy Differences," *Physical Review E* 60, no. 3 (September 1999), https://arxiv.org/pdf/cond-mat/ 9901352v4.pdf.
3. England, "Statistical Physics of Self-Replication."
4. Philip S. Marcus et al., "Three-Dimensional Vortices Generated by Self-Replication in Stably Stratified Rotating Shear Flows," *Physical Review Letters* 111, no. 8 (August 23, 2013), https://doi.org/10.1103/PhysRevLett.11 1.084501.
5. Zorana Zeravcic and Michael P. Brenner, "Self-Replicating Colloidal Clusters," *Proceedings of the National Academy of Sciences* 111, no. 5 (February 4, 2014), https://doi.org/10.1073/pnas.1313601111.

무질서로부터 생명(그리고 죽음)이 시작되는 방법

1. R. Landauer, "Irreversibility and Heat Generation in the Computing Process," *IBM Journal of Research and Development* 5, no. 3 (July 1961), https://doi.org/ 10.1147/rd.53.0183.
2. Carlo Rovelli,"Meaning = Information + Evolution"(November 8, 2016), https:// arxiv.org/abs/1611.02420.
3. Nikolay Perunov, Robert A. Marsland, and Jeremy L. England, "Statistical Physics of Adaptation," *Physical Review X* 6, no. 2 (April–June 2016), https://doi.org/10.1103/PhysRevX.6.021036.
4. Susanne Still et al., "Thermodynamics of Prediction," *Physical Review Letters* 109, no. 12 (September 21, 2012), https://doi.org/10.1103/PhysRevLett.109. 120604.
5. E. T. Jaynes, "Information Theory and Statistical Mechanics," *Physical Review* 106, no. 4 (May 15, 1957): 620–630, https://doi.org/10.1103/Phys Rev.106.620.
6. A. D. Wissner-Gross and C. E. Freer, "Causal Entropic Forces," *Physical Review Letters* 110, no. 16 (April 19, 2013), https://doi.org/10.1103/ PhysRevLett.110. 168702.
7. Andre C. Barato and Udo Seifert, "Thermodynamic Uncertainty Relation for Biomolecular Processes," *Physical Review Letters* 114, no. 15 (April 17, 2015), https://doi.org/10.1103/PhysRevLett.114.158101.
8. Jerry W. Shay and Woodring E. Wright, "Hayflick, His Limit, and Cellular

Ageing," *Nature Reviews Molecular Cell Biology* 1 (October 1, 2000): 72‒76, http://doi.org/10.1038/35036093.

9. Xiao Dong, Brandon Milholland, and Jan Vijg, "Evidence for a Limit to Human Lifespan," *Nature* 538 (October 13, 2016): 257‒259, https://doi.org/10.1038/nature19793.

10. Harold Morowitz and D. Eric Smith, "Energy Flow and the Organization of Life" (August 2006), https://doi.org/10.1002/cplx.20191.

새로 창조된 생명, 핵심 신비

1. Clyde A. Hutchison III et al., "Design and Synthesis of a Minimal Bacterial Genome," *Science* 351, no. 6280 (March 25, 2016), https://doi.org/10.1126/science.aad6253.

2. C. M. Fraser et al., "The Minimal Gene Complement of Mycoplasma genitalium," *Science* 270, no. 5235 (October 20, 1995): 397‒403, https://doi.org/10.1126/science.270.5235.397.

3. D. G. Gibson et al., "Complete Chemical Synthesis, Assembly, and Cloning of a Mycoplasma Genitalium Genome," *Science* 319, no. 5867 (February 29, 2008): 1215‒1220, https://doi.org/10.1126/science.1151721.

4. D. G. Gibson et al., "Creation of a Bacterial Cell Controlled by a Chemically Synthesized Genome," *Science* 329, no. 5987 (July 02, 2010): 52‒56, https://doi.org/10.1126/science.1190719.

5. K. Lagesen, D. W. Ussery, and T. M. Wassenaar, "Genome Update: The 1000th Genome—A Cautionary Tale," *Microbiology* 156 (March 2010): 603‒608, https://doi.org/10.1099/mic.0.038257-0.

박테리아에 숨겨진 DNA 편집기의 돌파구

1. Jennifer A. Doudna and Emmanuelle Charpentier, "The New Frontier of Genome Engineering with CRISPR-Cas9," *Science* 346, no. 6213 (November 28, 2014), https://doi.org/10.1126/science.1258096.

2. Motoko Araki and Tetsuya Ishii, "International Regulatory Landscape and Integration of Corrective Genome Editing into In Vitro Fertilization," *Reproductive Biology and Endocrinology* 12 (November 24, 2014), https://doi.org/10.1186/1477-7827-12-108.

3. Ruud Jansen et al., "Identification of Genes That Are Associated with DNA Repeats in Prokaryotes," *Molecular Microbiology* 43, no. 6 (March 2002): 1565‒1575, https://doi.org/10.1046/j.1365-2958.2002.02839.x.

4. Eugene V. Koonin and Mart Krupovic, "Evolution of Adaptive Immunity from Transposable Elements Combined with Innate Immune Systems," *Nature Reviews Genetics* 16 (2015): 184‒192, https://doi.org/10.1038/nrg3859.

유전적 알파벳에 더해진 새로운 글자

1. M. M. Georgiadis et al., "Structural Basis for a Six Nucleotide Genetic Alphabet," *Journal of the American Chemical Society* 137, no. 21 (June 3, 2015): 6947-6955, https:// doi.org/10.1021/jacs.5b03482.

2. L. Zhang et al., "Evolution of Functional Six-Nucleotide DNA," *Journal of the American Chemical Society* 137, no. 21 (June 03, 2015): 6734-6737, https://doi.org/10.1021/jacs.5b02251.

3. D. A. Malyshev et al., "A Semi-Synthetic Organism with an Expanded Genetic Alphabet," *Nature* 509 (May 15, 2014): 385-388, https://doi.org/10.1038/nature 13314.

4. Georgiadis et al., "Structural Basis for a Six Nucleotide Genetic Alphabet."

5. Zhang et al., "Evolution of Functional Six-Nucleotide DNA."

생명 복잡성의 놀라운 기원

1. L. Fleming and D. W. McShea, "Drosophila Mutants Suggest a Strong Drive toward Complexity in Evolution," *Evolution & Development* 15, no. 1 (January 2013): 53-62, https://doi.org/10.1111/ede.12014.

2. Arlin Stoltzfus, "Constructive Neutral Evolution: Exploring Evolutionary Theory's Curious Disconnect," *Biology Direct* 7 (2012): 35, https://doi.org/10.1186/1745-6150-7-35.

3. M. W. Gray, "Evolutionary Origin of RNA Editing," *Biochemistry* 51, no. 26 (July 3, 2012): 5235-5242, https://doi.org/10.1021/bi300419r.

고대 생존자들이 성(性)을 다시 정의할 것이다

1. J. F. Flot et al., "Genomic Evidence for Ameiotic Evolution in the Bdelloid Rotifer *Adineta vaga*," *Nature* 500, no. 7463 (August 22, 2013): 453-457, https://doi.org/10.1038/nature12326.

2. D. B. Mark Welch, and M. Meselson, "Evidence for the Evolution of Bdelloid Rotifers without Sexual Reproduction or Genetic Exchange," *Science* 288, no. 5469 (May 19, 2000): 1211-1215, https://doi.org/10.1126/science.288.5469.1211.

3. D. B. Mark Welch, J. L. Mark Welch, and M. Meselson, "Evidence for Degenerate Tetraploidy in Bdelloid Rotifers," *Proceedings of the National Academy of Sciences* 105, no. 13 (April 1, 2008): 5145-5149, https://doi.org/10.1073/pnas.0800972105.

4. E. A. Gladyshev, M. Meselson, and I. R. Arkhipov, "Massive Horizontal Gene Transfer in Bdelloid Rotifers," *Science* 320, no. 5880 (May 30, 2008): 1210-1213, https://doi.org/10.1126/science.1242592.

5. Chiara Boschetti et al., "Biochemical Diversification through Foreign Gene Expression in Bdelloid Rotifers," *PLOS Genetics* (November 15, 2012), https://doi.org/10.1371/journal.pgen.1003035.

6. B. Hespeels et al., "Gateway to Geneti cExchange? DNA Double-Strand Breaks

in the Bdelloid Rotifer *Adineta vaga* Submitted to Desiccation," *Journal of Evolutionary Biology* 27 (February 15, 2014):1334-1345, https://doi.org/10. 1111/jeb.12326.

뉴런은 두 번 진화했을까?
1. C. W. Dunn et al., "Broad Phylogenomic Sampling Improves Resolution of the Animal Tree of Life," *Nature* 452, no. 7188 (April 10, 2008): 745-749, https:// doi.org/10.1038/nature06614.
2. Joseph F. Ryan et al., "The Genome of the Ctenophore Mnemiopsis leidyi and Its Implications for Cell Type Evolution," *Science* 342, no. 6164 (December 13, 2013), https://doi.org/10.1126/science.1242592.
3. Marek L. Borowiec et al., "Dissecting Phylogenetic Signal and Accounting for Bias in Whole-Genome Data Sets: A Case Study of the Metazoa,"*BioRxiv* (January20, 2015), https://doi.org/10.1101/013946.

인간은 어떻게 거대한 뇌를 진화시켰을까?
1. Raymond A. Dart, "*Australopithecus africanus*: The Man-Ape of South Africa," *Nature* 115 (February 7, 1925): 195-199, https://doi.org/10.1038/ 115195a0.

고독의 필요성에 대한 새로운 증거
1. G. A. Matthews et al., "Dorsal Raphe Dopamine Neurons Represent the Experience of Social Isolation," *Cell* 164, no. 4 (February 11, 2016), https://doi.org/10.1016/ j.cell.2015.12.040.
2. Pascalle L. P. Van Loo et al., "Do Male Mice Prefer or Avoid Each Other's Company? Influence of Hierarchy, Kinship, and Familiarity," *Journal of Applied Animal Welfare Science* 4, no. 2 (2011), https://doi.org/10.1207/S15327604 JAWS0402_1.
3. Raymond J. M. Niesink and Jan M. VanRee, "Short-Term Isolation Increases Social Interactions of Male Rats: A Parametric Analysis," *Physiology & Behavior* 29, no. 5 (November 1982), https://doi.org/10.1016/0031-9384(82)90331-6.
4. John T. Cacioppo et al., "Loneliness within a Nomological Net: An Evolutionary Perspective," *Journal of Research in Personality* 40, no. 6 (December 2006): 1054-1085, https://doi.org/10.1016/j.jrp.2005.11.007.

네안데르탈인의 DNA가 인류에게 어떤 도움을 주었을까?
1. T. Higham et al., "The Timing and Spatiotemporal Patterning of Neanderthal Disappearance," *Nature* 512, no. 7514 (August 21, 2014): 306-309, https://doi.org/ 10.1038/nature13621.
2. S. Sankararaman et al., "The Date of Interbreeding between Neandertals and Modern Humans," *PLOS Genetics* 8, no. 10 (October 4, 2012), https://doi.org/

10.1371/journal.pgen.1002947.

3. Matthias Meyer et al., "A High Coverage Genome Sequence from an Archaic Denisovan Individual," *Science* 338, no. 6104 (October 12, 2012): 222–226, https://doi.org/10.1126/science.1224344.

4. X. Yi et al., "Sequencing of 50 Human Exomes Reveals Adaptation to High Altitude," *Science* 329, no. 5987 (July 2, 2010): 75–78, https://doi.org/10.1126/science.1190371.

5. E. Huerta-Sánchez et al., "Altitude Adaptation in Tibetans Caused by Introgression of Denisovan-like DNA," *Nature* 512, no. 7513 (August 14, 2014): 194–197, https://doi.org/10.1038/nature13408.

6. David Reich et al., "Genetic History of an Archaic Hominin Group from Denisova CaveinSiberia," *Nature* 468 (December 23, 2010): 1053–1060, https://doi.org/10.1038/nature09710.

7. P. W. Hedrick, "Adaptive Introgression in Animals: Examples and Comparison to New Mutation and Standing Variation as Sources of Adaptive Variation," *Molecular Ecology* 22, no. 18 (September 2013): 4606–4618, https://doi.org/10.1111/mec.12415.

8. S. Sankararaman et al., "The Genomic Landscape of Neanderthal Ancestry in Present-Day Humans," *Nature* 507, no. 7492 (March 20, 2014): 354–357, https://doi.org/10.1038/nature12961.

9. B. Vernot and J. M. Akey, "Resurrecting Surviving Neandertal Lineages from Modern Human Genomes," *Science* 343, no. 6174 (February 28, 2014): 1017–1021, https://doi.org/10.1126/science.1245938.

10. M. Dannemann, A. M. Andrés, and J. Kelso, "Introgression of Neandertal- and Denisovan-like Haplotypes Contributes to Adaptive Variation in Human Toll-like Receptors," *American Journal of Human Genetics* 98, no. 1 (January 7, 2016): 22–33, https://doi.org/10.1016/j.ajhg.2015.11.015.

11. C. N. Simonti et al., "The Phenotypic Legacy of Admixture between Modern Humans and Neandertals," *Science* 351, no. 6274 (February 12, 2016):737–741, https://doi.org/10.1126/science.aad2149.

잘못된 결정에 숨겨진 신경과학

1. Ryan Webb, Paul Glimcher, and Kenway Louie, "Rationalizing Context-Dependent Preferences: Divisive Normalization and Neurobiological Constraints on Choice" (October 7, 2016), https://doi.org/10.2139/ssrn.2462 895.

2. M. Carandini, D. J. Heeger, and J. A. Movshon, "Linearity and Normalization in Simple Cells of the Macaque Primary Visual Cortex," *Journal of Neuroscience* 17, no. 21 (November 1, 1997): 8621–8644, http://www.jneurosci.org/content/17/21/8621.

3. E. P. Simoncelli and D. J. Heeger, "A Model of Neuronal Responsesin Visual

Area MT," *Vision Research* 38, no. 5 (March 1998): 743‒761, https://doi.org/10.1016/S0042-6989(97)00183-1.

4. O. Schwartz and E. P. Simoncelli, "Natural Signal Statistics and Sensory Gain Control," *Nature Neuroscience* 4, no. 8 (August 2001): 819‒825, https://doi.org/10.1038/90526.

5. D. J. Heeger, "Normalization of Cell Responses in Cat Striate Cortex," *Visual Neuroscience* 9, no. 2 (August 1992): 181‒197, https://doi.org/10.1017/S0952523800009640.

6. K. Louie, P. W. Glimcher, and R. Webb, "Adaptive Neural Coding: From Biological to Behavioral Decision-Making," *Current Opinion in Behavioral Sciences* 5 (October 1, 2015): 91‒99, https://doi.org/10.1016/j.cobeha.2015.08.008.

7. K. Louie, M. W. Khaw, and P. W. Glimcher, "Normalization Is a General Neural Mechanism for Context-Dependent Decision Making," *Proceedings of the National Academy of Sciences* 110, no. 15 (April 9, 2013): 6139‒6144, https://doi.org/10.1073/pnas.1217854110.

아기의 뇌가 마음의 형성 과정을 보여준다

1. Ben Deen et al., "Organization of High-Level Visual Cortex in Human Infants," *Nature Communications* 8 (January 10, 2017), https://doi.org/10.1038/ncomms13995.

2. Martha Ann Bell and Kimberly Cuevas, "Using EEG to Study Cognitive Development: Issues and Practices," *Journal of Cognition and Development* 13, no. 3 (July 10, 2012): 281‒294, https://doi.org/10.1080/15248372.2012.691143.

3. Golijeh Golarai, Kalanit Grill-Spector, and Allan L. Reiss, "Autism and the Development of Face Processing," *Clinical Neuroscience Research* 6, no. 3 (October 2006): 145‒160, https://doi.org/10.1016/j.cnr.2006.08.001.

알파고가 정말 대단한 것일까?

1. David Silver et al., "Mastering the Game of Go with Deep Neural Networks and Tree Search," *Nature* 529 (January 28, 2016): 484‒489, https://doi.org/10.1038/nature16961.

2. Volodymyr Mnih et al., "Human-Level Control through Deep Reinforcement Learning," *Nature* 518 (February 26, 2015): 529‒533, https://doi.org/10.1038/nature14236.

3. Leon A. Gatys, Alexander S. Ecker, and Matthias Bethge, "A Neural Algorithm of Artistic Style" (September 2, 2015), https://arxiv.org/abs/1508.06576.

4. Christian Szegedy et al., "Intriguing Properties of Neural Networks" (February 19, 2014), https://arxiv.org/abs/1312.6199.

딥 러닝의 블랙박스를 활짝 열어주는 새 이론

1. Naftali Tishby, Fernando C. Pereira, and William Bialek, "The Information Bottleneck Method" (April 24, 2000), https://arxiv.org/pdf/physics/0004057.pdf.
2. Ravid Shwartz-Zivand Naftali Tishby, "Opening the Black Box of Deep Neural Networks via Information" (April 29, 2017), https://arxiv.org/abs/1703.00810.
3. Alexander A. Alemiet al., "Deep Variational Information Bottleneck" (July 17, 2017), https://arxiv.org/pdf/1612.00410.pdf.
4. Pankaj Mehta and David J. Schwab, "An Exact Mapping between the Variational Renormalization Group and Deep Learning" (October 14, 2014), https://arxiv.org/abs/1410.3831.
5. Naftali Tishby and Noga Zaslavsky, "Deep Learning and the Information Bottleneck Principle" (March 9, 2015), https://arxiv.org/abs/1503.02406.
6. Brenden M. Lake, Ruslan Salakhutdinov, and Joshua B. Tenenbaum, "Human-Level Concept Learning through Probabilistic Program Induction," *Science* 350, no. 6266 (December 11, 2015): 1332–1338, https://doi.org/10.1126/science.aab3050.

원자 스위치로 구성된 뇌도 학습을 할 수 있다

1. Audrius V. Avizienis et al., "Neuromorphic Atomic Switch Networks," *PLOS One* (August 6, 2012), https://doi.org/10.1371/journal.pone.0042772.
2. Mogens Høgh Jensen, "Obituary: PerBak(1947–2002)," *Nature* 420, no.284 (November 21, 2002), https://doi.org/10.1038/420284a.
3. Per Bak, *How Nature Works: The Science of Self-Organized Criticality* (NewYork: Springer, 1996), https://doi.org/10.1007/978-1-4757-5426-1.
4. Kelsey Scharnhorst et al., "Non-Temporal Logic Performance of an Atomic Switch Network" (July 2017), https://doi.org/10.1109/NANOARCH.2017.8053728.

똑똑한 기계가 호기심을 배운다

1. Deepak Pathak et al., "Curiosity-Driven Exploration by Self-Supervised Prediction" (May 15, 2017), https://arxiv.org/abs/1705.05363.

마침내 발견한 중력파

1. B. P. Abbott et al., "Observation of Gravitational Waves from a Binary Black Hole Merger," *Physical Review Letters* 116, no. 6 (February 12, 2016), https://doi.org/10.1103/PhysRevLett.116.061102.
2. Rainer Weiss, "Electronically Coupled Broadband Gravitational Antenna," *Quarterly Progress Report, Research Laboratory of Electronics (MIT)*, no. 105 (1972): 54, http://www.hep.vanderbilt.edu/BTeV/test-DocDB/0009/000949/001/Weiss_1972.pdf.

충돌하는 블랙홀이 별에 대한 새로운 이야기를 들려준다

1. H. Sana et al., "Binary Interaction Dominates the Evolution of Massive Stars," *Science* 337, no. 6093 (July 27, 2012): 444–446, https://arxiv.org/abs/ 1207.6397.
2. Krzysztof Belczynski et al., "The First Gravitational-Wave Source from the Isolated Evolution of Two Stars in the 40–100 Solar Mass Range," *Nature* 534 (June 23, 2016): 512–515, https://doi.org/10.1038/nature18322.
3. S. E. de Mink and I. Mandel, "The Chemically Homogeneous Evolutionary Channel for Binary Black Hole Mergers: Rates and Properties of Gravitational-Wave Events Detectable by Advanced LIGO," *Monthly Notices of the Royal Astronomical Society* 460, no. 4 (August 21, 2016): 3545–3553, https://arxiv.org/abs/1603.02291.
4. Pablo Marchant et al., "A New Route towards Merging Massive Black Holes," *Astronomy & Astrophysics* 588 (April 2016), https://arxiv.org/abs/1601.03718.
5. Doron Kushnir et al., "GW150914: Spin-Based Constraints on the Merger Time of the Progenitor System," *Monthly Notices of the Royal Astronomical Society* 462, no. 1 (October 11, 2016): 844–849, https://arxiv.org/abs/1605.03839.
6. Simeon Bird et al., "Did LIGO DetectDark Matter?" *Physical Review Letters* 116, no. 20 (May 20, 2016), https://doi.org/10.1103/PhysRevLett.116.201301.

새로운 입자가 없다는 것이 물리학에 어떤 의미일까?

1. Peter W. Graham, David E. Kaplan, and Surjeet Rajendran, "Cosmological Relaxation of the Electroweak Scale," *Physical Review Letters* 115, no. 22 (November 2015), https://arxiv.org/abs/1504.07551.
2. Nathaniel Craig, Simon Knapen, and Pietro Longhi, "Neutral Naturalness from Orbifold Higgs Models," *Physical Review Letters* 114, no. 6 (February 13, 2015), https:// doi.org/10.1103/PhysRevLett.114.061803.
3. Nima Arkani-Hamed et al., "Solving the Hierarchy Problem at Reheating with a Large Number of Degrees of Freedom," *Physical Review Letters* 117, no. 25 (December 16, 2016), https://arxiv.org/abs/1607.06821.

끈 이론의 이상한 제2의 삶

1. ChunJun Cao, Sean M. Carroll, and Spyridon Michalakis, "Space from Hilbert Space: Recovering Geometry from Bulk Entanglement," *Physical Review D* 95, no. 2 (January 15, 2016), https://arxiv.org/abs/1606.08444.

과학의 영혼을 위한 투쟁

1. George Ellis and Joe Silk, "Scientific Method: Defend the Integrity of Physics," *Nature* 516, no. 7531 (December 18, 2014), https://doi.org/10.10 38/516321a.
2. Joseph Polchinski, "String Theory to the Rescue" (December 16, 2015), https:// arxiv.org/abs/1512.02477.

역자 후기

과학은 지난 400여 년 동안 숨 가쁘게 발전해왔다. 오늘날 우리가 알고 있는 과학 지식은 놀라울 정도로 방대하고, 다양하다. 우주가 무엇으로 구성되어 있고, 자연이 어떻게 작동하고, 신비스러운 생명은 어디에서 등장했는지에 대해서 거의 모든 것을 알아냈다. 그리고 교과서나 교양서, 또는 일부 과학자들의 화려한 대중 강연을 통해서 과학을 알게 된 사람들은 대체로 그렇게 생각한다. 더욱이 어렵고 딱딱하고, 난해한 개념들로 가득 채워진 과학에서는 사람의 체취를 느낄 수 없다는 것이 일반적인 인식이다.

과학은 지금도 빠르게 진화하고 있다. 경제 성장에 필요한 첨단 기술의 개발 현장은 말할 것도 없다. 우주와 자연과 생명의 정체와 의미를 알아내는 것을 목표로 하는 '기초과학'의 현장도 바쁘게 돌아가고 있다. 현대 과학이 완성의 수준에 도달한 것이 아니기 때문이다. 아직도 과학이 풀어야 할 숙제는 산더미처럼 남아 있다.

근대 과학혁명의 불씨를 당겨준 물리학은 여전히 기초과학의 핵심 기둥이다. 양자역학과 일반상대성 이론, 표준 모형, 빅뱅 우주론이 화려하게 꽃을 피우고 있지만, 우리에게는 아직도 해결하지 못하고 남아 있는 의문들이 넘쳐나고 있다.

우선 양자역학과 상대성 이론에 함축되어 있는 의미를 모두 알아낸 것이 아니다. 양자역학의 실용적 가치는 충분히 확인되었지만, 아직도 양자역학 자체의 의미는 정확하게 밝혀내지 못하고 있다. 근대 과학혁명을 촉발한 중력에 대한 이해는 아직도 턱없이 부족하다. 아인슈타인이 꿈꾸던 '대통일 이론'은 여전히 아득히 먼 곳에 있을 뿐이다. 확률적 해석을 강요하는 양자역학의 진정한 의미가 무엇인지도 정확하게 파악하지 못하고 있다. 양자얽힘에 의해서 서로 얽혀 있는 입자들의 시공간에 대한 이해도 턱없이 부족하다. 과연 우리가 세상을 구성하는 모든 입자와 모든 차원을 알아낸 것인지조차 불확실하다.

지난 반세기 동안 눈부신 발전을 거듭해온 생명과학에도 여전히 많은 숙제들이 산재해 있다. 150년 전부터 천착해왔던 '생명의 진화'가 더욱 풍부한 모습으로 더욱 빠르게 '진화'하고 있다. 덕분에 생명에 대해서 과거 어느 때보다 많은 것을 알아냈지만, 여전히 우리는 출발선에서 크게 벗어나지 못하고 있는 형편이다. 지렁이나 박테리아의 생존 전략조차 정확하게 파악하지 못하고 있다. 앞으로 더욱 빛나는 가치를 자랑하게 될 생명과학은 지극히 도전적인 기초과학 분야이다. 생물학적 복잡성에서는 아무리 사소한 것이라도 함부로 포기할 수 없기 때문이다. 그런 뜻에서 생명과학의 대상인 생명은 세상에서 가장 이해하기 어려운 복잡계이다.

DNA에 담겨 있는 유전정보가 하필이면 A, T, G, C만으로 구성되어야 할 이유가 무엇일까? 끊임없이 변화하는 환경에 적응하면서 생존을 위해서 치열하게 경쟁할 수밖에 없는 생명에게 필요한 진화적 능력은 결코 쉽게 밝혀내고, 이해할 수 있는 것이 아니다. 생명의 기원과 복잡성을 이해하는 일도 간단하지 않다. 우리 몸속의 신경계가 어떻게 구성되고 진화하는지에 대한 현대 과학적 이해는 아직도 걸음마 상태이다. 심지어 우리의 뇌가 어떻게 작동하고, 어떻게 진화해왔는지도 확실하게 알아내지 못하고 있다.

기초과학이 단순히 과학적 호기심을 만족시켜주기 위해서 필요한 것은 아니다. 미래 사회에서 무엇보다 중요한 역할을 할 것이 분명한 인공지능의 개발에도 고도의 기초과학이 필요하다. 인간의 가장 독특한 특성인 '생각'과 '직관'의 정체도 알아내야 하고, 인간의 생존과 번영에 핵심적인 역할을 하는 '학습'의 구체적인 방법도 파악해야만 한다. 인간의 뇌에 대한 기초과학적 연구에서 시작하는 수밖에 다른 도리가 없다.

기초과학의 현장은 치열하고 냉혹하다. 1등이 모든 것을 독차지한다. 노벨상도 1등에게만 돌아가고, 특허에 대한 보상도 마찬가지이다. 2등은 실패와 크게 다를 것이 없다. 실패가 성공의 아버지라는 주장은 말이 그렇다는 뜻일 뿐이다. 그렇다고 경쟁만이 과학의 견인차 역할을 하는 것은 아니다. 희망에 들뜨고, 공포에 떠는 연약한 인간의 활동임에 틀림이 없는 과학의 현장에도 인간미가 넘쳐날 수밖에 없다. 특히 현대 과학에서는 집단 지성이 무엇보다 강력한 힘을 발휘하고 있다. 20세기 말에 등장한 인터넷이 지구촌 과학자들의 협력 가능성을 획기적으로 강화시켜주었다. 기초과학의 연구 성과를 실시간으로 공유하는 과정에서 인간미가 넘쳐흐르는 미래의 과학이 만들어지고 있다.

「퀀타 매거진」(www.quantamagazine.org)은 독자들에게 현대의 대표적인 기초과학 분야인 수학, 이론물리학, 이론컴퓨터과학, 그리고 생명과학의 현장을 생생하게 소개하는 것을 목표로 하는 무료 온라인 매체이다. 연구 현장에서 활동하고 있는 과학자들의 협력과 경쟁이 아니라 실제 과학자들이 해결하고 싶어 하는 본격적인 과학의 문제를 소개하는 것이 「퀀타」의 목표이다. 과학자들이 어떤 문제에 관심을 가지고, 도전하고 있는지를 있는 그대로 보여주는 것을 목표로 한다.

「퀀타」가 다루고 있는 내용은 결코 아무나 쉽게 이해할 수 있는 것은 아니다. 그렇다고 포기할 필요는 없다. 현대의 기초과학이 도대체 어떤 문제에 도전하고 있고, 과학자들이 어떻게 노력하고 있는지를 살펴보는 것도 충분히 가치 있는 일이다. 정체조차 이해하기 어려운 문제에 끈질기게 도전하는 과정에서 과학자들이 느끼는 보람과 성취감에 대한 공감은 소중한 것이다. 지구상에서 인류의 미래는 보장된 것이 아니다. 우리가 스스로 적극적이고 지혜로운 노력을 포기한다면 우리의 미래도 암울해질 수밖에 없다.

이덕환

인명 색인

464